Springer-Lehrbuch

Nanny Wermuth · Reinhold Streit

Einführung in statistische Analysen

Fragen beantworten mit Hilfe von Daten

Mit 59 Abbildungen

 Springer

Professor Dr. Nanny Wermuth
Mathematische Statistik
Chalmers/Universität Göteborg
Tvärgata 3
41296 Göteborg
Schweden
wermuth@math.chalmers.de

Dr. Reinhold Streit
Wermuth Asset Management
Mainzer Landstraße 47
60329 Frankfurt/Main
Deutschland
reinhold.streit@uni-mainz.de

Mathematics Subject Classification (2000): 6201, 6207, 62J05, 62J10, 62J12, 62P12, 62P15, 62P20, 62P25, 62P30

ISBN-10   3-540-33930-2 Springer Berlin Heidelberg New York
ISBN-13   978-3-540-33930-4 Springer Berlin Heidelberg New York

Bibliografische Information Der Deutschen Bibliothek
Die Deutsche Bibliothek verzeichnet diese Publikation in der Deutschen Nationalbibliografie; detaillierte bibliografische Daten sind im Internet über <http://dnb.ddb.de> abrufbar.

Springer ist ein Unternehmen von Springer Science+Business Media

springer.de

© Springer-Verlag Berlin Heidelberg 2007

Umschlaggestaltung: Design & Production, Heidelberg

SPIN 11749271   154/3153-5 4 3 2 1 0 – Gedruckt auf säurefreiem Papier

Vorwort

Dieses Buch wendet sich an alle, die verstehen möchten, wie man Fragen mit Hilfe von Daten beantworten kann. Es ist nach vielen Jahren Unterricht für Erst- und Zweitsemester der Psychologie an der Johannes Gutenberg-Universität in Mainz entstanden. Wir hatten Tutoren, die in ihrer Arbeit mit Kleingruppen direkt sahen, welcher Stoff gut verstanden wurde, was schwierig war, und was verändert werden musste. Mit solchen Rückmeldungen wurde uns langsam klar, wie ein Buch aussehen sollte, mit dem man Laien für statistische Konzepte und Analysen begeistern kann.

Was ist nötig? Möglichst wenig Fachsprache; schrittweises Einführen in neue Begriffe; nachvollziehbare Erklärungen und Beweise, die man lesen kann, aber nicht lesen muss; einfache Rechenbeispiele, die sich auf komplexere Fragen und Daten übertragen lassen; gute Beispiele von Fragen und Studien, in denen Ergebnisse statistischer Analysen Erwartungen widerspiegeln oder sie widerlegen und – nicht zuletzt– möglichst viele unterschiedliche Beispiele zur Interpretation statistischer Ergebnisse, sowie zahlreiche Aufgaben.

Wir haben versucht, uns an diese Vorgaben zu halten. Wir wollen keine umfassende Übersicht geben, sondern vor allem zeigen, wie man wichtige statistische Methoden verstehen und anwenden kann und wir haben eine umfangreiche Sammlung von Aufgaben im Anhang zusammengestellt. Wir haben insbesondere solche Verfahren ausgewählt und in ihrer einfachsten Form dargestellt, mit denen man Abhängigkeiten verschiedener Art und sogar Entwicklungsprozesse systematisch abbilden kann.

Unser Dank geht an viele Studierende und Tutoren, die uns darin bestärkten, ein Lehrbuch zu schreiben, sowie an die Kollegen, die uns erlaubten, ihre Originaldaten zu verwenden: Heinz Giesen, Judith Kappesser, Nicolai Klessinger, Carl-Walter Kohlmann, Manfred Laucht, Martin Leber, Norwin Schmidt und Andreas Schwerdtfeger. Besonders danken wir Judith Kappesser und Nicolai Klessinger, die über Jahre hinweg Teile des Manuskripts kritisch gelesen und mit konstruktiven Vorschlägen an uns zurückgegeben haben.

Göteborg und Frankfurt am Main, *Nanny Wermuth und Reinhold Streit*
August 2006

Inhaltsverzeichnis

Kapitel 1
Beobachtete Variable

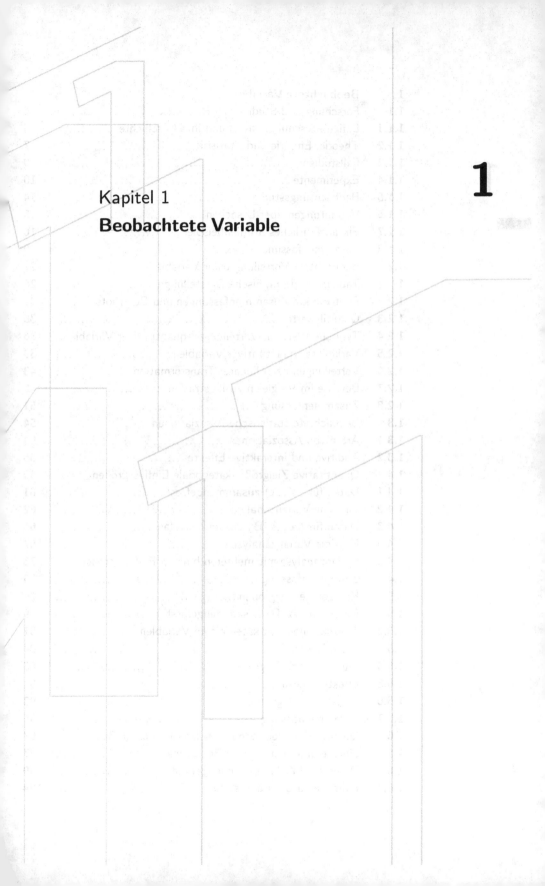

1

1   **Beobachtete Variable**

1

1 Beobachtete Variable

1.1 Forschung und Studien

1.1.1 Einige Forschungsfragen und ihre Geschichte

In der **Forschung** werden Fragen gestellt, abgewandelt und so untersucht, dass man sie beantworten oder zumindest besser verstehen kann. Forschungsfragen und Behauptungen können einfach formuliert, aber dennoch schwer zu beantworten sein. Beispiele sind:

— Sind alle geraden Zahlen größer als Zwei die Summe von zwei Primzahlen?
— Dreht sich die Sonne um die Erde?
— Verursacht Rauchen Lungenkrebs?
— Lernen Tiere auf dieselbe Weise wie Menschen?

Diese vier Forschungsfragen unterscheiden sich nach den **Gebieten** die sie betreffen: Mathematik, Physik, Medizin und Psychologie, und nach den **Methoden**, mit denen sie untersucht werden können. Im Folgenden werden Geschichte und Hintergründe dieser vier Fragen kurz beschrieben.

Sind gerade Zahlen größer Zwei die Summe von zwei Primzahlen?
Diese Frage betrifft Primzahlen, also positive ganze Zahlen größer als Eins, die nur durch Eins und sich selbst teilbar sind. Sie enthält eine besondere Vermutung, für die in mehr als 250 Jahren weder ein mathematischer Beweis noch ein Gegenbeispiel gefunden wurde, obwohl sich viele Wissenschaftler damit befasst haben. Sie wird die Goldbach'sche Vermutung genannt, da sie in einem Brief von Christian Goldbach (1690-1764) an Leonhard Euler (1707-1783) als Behauptung formuliert wurde.

Dreht sich die Sonne um die Erde?
Erst seit etwa 150 Jahren gilt der Beleg als gesichert, nachdem es Friedrich Bessel (1784-1846) gelungen war, bestimmte astronomische Messungen durchzuführen, dass sich die Erde um die Sonne und nicht die Sonne um die Erde dreht. Der Weg dorthin war mühsam. Als der griechische Astronom Aristarch von Samos diese so genannte heliozentrische Auffassung etwa 250 Jahre vor Christus vertrat, stieß er nur auf Ablehnung unter seinen Zeitgenossen und wurde sogar der Gotteslästerung beschuldigt. Nikolaus Kopernikus (1473-1543) wäre es vermutlich ähnlich ergangen, wäre sein Hauptwerk „Sechs Bücher über die Umläufe der Himmelskörper" nicht erst erschienen,

als er 1543 bereits im Sterben lag. Als Galileo Galilei (1564-1642) versuchte, die Überlegungen des Kopernikus zu verbreiten, wurde das Werk von der katholischen Kirche von 1616 bis 1757 auf den Index der verbotenen Bücher gesetzt.

Jeder von uns kann immer wieder beobachten, dass die Sonne im Osten auf- und im Westen untergeht, dass sie sich also um die Erde zu drehen scheint. Dennoch ist es die Erde, die sich um sich selbst und um die Sonne dreht, und zwar so, dass man die Sonne am Morgen zuerst im Osten und am Abend zuletzt im Westen sieht. Inzwischen kann man mit Modellen, in denen Kugeln die Planeten und die Sonne darstellen, diese Bewegungen anschaulich nachahmen.

Verursacht Rauchen Lungenkrebs?

Den Ursachen von Lungenkrebs wurde in einer Fülle von Studien an Menschen und an Tieren nachgegangen. Ein Bericht für die amerikanische Gesundheitsbehörde im Jahr 1964 [42] gibt eine Übersicht und Bewertung der Studien und Ergebnisse, die damals hinsichtlich der vermuteten Ursache „Zigaretten rauchen" vorlagen und die hier kurz zusammengefasst sind.

In 29 so genannten retrospektiven (rückblickenden, siehe Abschnitt 1.1.5) Studien wurde jeweils eine Gruppe von Lungenkrebspatienten mit einer Gruppe von Personen ohne diese Krebserkrankung hinsichtlich der vermuteten Krankheitsursache verglichen. In 28 dieser 29 Studien wird ein Anteil von Rauchern unter den Lungenkrebspatienten berichtet, der erheblich höher ist als der in der Vergleichsgruppe der Nichtraucher.

In sieben prospektiven (vorwärtsblickenden, siehe Abschnitt 1.1.5) Studien wurde je eine Gruppe von Rauchern mit einer Gruppe von Nichtrauchern hinsichtlich des späteren Auftretens von Lungenkrebs verglichen. An einer dieser Studien nahmen 41 000 niedergelassene Ärzte in England teil [11]. Mit Hilfe dieser Studie wurde ein Risiko, an Lungenkrebs zu erkranken, für Zigarettenraucher berechnet. Es war 13 mal höher als für Nichtraucher.

In Experimenten an Tieren wurde nachgewiesen, dass das Risiko, an Lungenkrebs zu erkranken, mit jeweils steigender Nikotindosis zunimmt.

Lernen Tiere auf dieselbe Weise wie Menschen?

Menschen lernen oft durch Assoziationen. Das bedeutet, dass sie versuchen, in einer neuen Situation die Erfahrungen aus früheren ähnlichen Situationen zu verwenden. Sie erwarten, dass in der neuen Situation ähnliche Ereignisse wie in früheren vergleichbaren Situationen eintreten, das heißt sie lernen assoziativ.

Die Vermutung, dass Tiere ebenso wie Menschen assoziativ lernen, wurde zu Beginn des 20. Jahrhunderts in Experimenten mit Hunden erstmals belegt. Iwan Pawlow (1849-1936) fiel auf, dass seine Laborhunde beim Anblick bestimmter Pfleger zu erwarten schienen, dass sie gefüttert werden.

Er konstruierte ein Messinstrument für die Speichelabsonderung im Maul und konnte in mehreren Experimenten zeigen, dass Hunden, die eine Zeit lang auf eine Lichtanzeige hin gefüttert wurden, auch dann „das Wasser im Maul zusammen lief", wenn ihnen danach zwar Licht gezeigt wurde, sie aber kein Futter erhielten.

Darüber hinaus wies er auch nach, dass die vermehrte Speichelabsonderung auf das Lichtzeichen hin wieder aufhörte, wenn die Hunde danach eine Zeit lang ohne Licht gefüttert wurden. Damit war belegt, dass Hunde lernen, auf unübliche Signale ebenso wie auf den bloßen Anblick von Futter zu reagieren und dass sie die Assoziation zwischen Lichtsignal und Futter wieder vergessen, wenn sich die Erfahrung nicht mehr bewährt.

1.1.2 Theorie, Empirie und Statistik

Medizin, Psychologie und Physik sind Beispiele für so genannte **Substanzwissenschaften**. Ihre Forschung betrifft Lebewesen oder Objekte. Wichtige Bestandteile substanzwissenschaftlicher Forschung sind Theorie und Empirie.

Gemeinsam ist allen Forschungsfragen, dass Behauptungen formuliert werden, die grundsätzlich überprüfbar sind, und dass Wissenschaftler versuchen, diese Behauptungen anhand von Schlussfolgerungen oder Beobachtungen entweder zu belegen oder aber zu widerlegen. Aussagen, die Behauptungen oder Vermutungen über die untersuchten Phänomene (Erscheinungen) enthalten, werden auch **Hypothesen** genannt. Gewöhnlich treten Hypothesen als Teile einer umfassenderen **Theorie** auf, also in einer Darstellung, die mehrere Annahmen, Vermutungen, Begründungen und Folgerungen miteinander verbindet.

Empirie wird die Erfahrung genannt, die sich auf wissenschaftliches Beobachten und Beschreiben von tatsächlichem Geschehen gründet. In allen Substanzwissenschaften wächst einerseits das Vertrauen in eine Behauptung oder in eine Theorie, je deutlicher sie sich mit wiederholten Beobachtungen, also empirisch, bestätigen lässt. Andererseits werden empirische Untersuchungen um so zielgerichteter, je genauer sich die Behauptungen formulieren lassen, die zu überprüfen sind, je besser also das theoretische Vorwissen ist. Empirische Untersuchungen sind dagegen für **abstrakte Wissenschaften**, wie die reine Mathematik und die Philosophie, nur von geringer Bedeutung.

Die Formulierung einer Theorie und ihre empirischen Belege

Als im vorletzten Jahrhundert nach Ursachen für die in London wiederholt auftretenden Cholera-Epidemien gesucht wurde, formulierte John Snow (1813-1858) seine Theorie wie folgt ([38], Snow, 1855):

> Zahllose Beispiele zeigen, dass Cholera von Kranken auf Gesunde übertragen werden kann. Übertragbare Krankheiten müssen durch etwas verursacht werden, was die Eigenschaft hat, sich im Körper des Angegriffenen zu vermehren, zu verstärken. Dieser Erreger muss sich über gewisse Entfernungen hin, zum Beispiel über verschmutzte Tücher, übermitteln lassen. Der unmittelbare Kontakt mit einem Kranken kann nicht wesentlich sein. Cholera beginnt in allen Fällen mit einem Befall des Magen-Darmtrakts. Daraus folgt, dass der Choleraerreger durch Nahrungsaufnahme in den Körper gelangen muss, nicht aber zum Beispiel über die Lunge.

Als 1854 eine erneute Choleraepidemie in London auftrat, wurde ein Teil derselben Wohnviertel, die zuletzt am schwersten betroffen waren, nicht mehr mit Wasser aus der Themse versorgt. Snows Befragung ergab, dass von den 300 Cholera-Todesfällen 286 in jenen 40000 Haushalten eintraten, deren Trinkwasser aus der Themse kam. Die restlichen 14 Todesfälle gab es in den 26 000 Haushalten, die nicht mehr mit Themse-Wasser versorgt wurden: ein schon recht deutlicher Beleg für seine fünf Jahre früher formulierte Vermutung, dass der Cholera-Erreger durch Nahrungsaufnahme übertragen wird.

Die teilweise veränderte Trinkwasserversorgung in London im Jahr 1854 stellte eine, allerdings von Snow nicht geplante, **Intervention**, also einen Eingriff, dar. Der Vergleich der beiden Gruppen ermöglichte es Snow, seine Vermutung genau zu formulieren: Cholera wird über das Trinkwasser übertragen. Bei der erneuten Choleraepidemie gab es eine Personengruppe, die der Gefahr, an Cholera zu erkranken, ausgesetzt, also exponiert war, da ihr Trinkwasser aus der Themse kam, und eine nicht-exponierten Gruppe. Robert Koch (1843-1910) konnte 30 Jahre später den Choleraerreger als einen Wasserbewohner identifizieren.

Substanzwissenschaften und Statistik

Für Substanzwissenschaften stellt **Forschungsstatistik** ein wesentliches Bindeglied zwischen Theorie und Empirie dar. Es werden Methoden entwickelt und zur Verfügung gestellt, mit denen sich Theorien anhand von empirischen Untersuchungen überprüfen lassen. **Statistische Methoden** verwendet man, um empirische Studien zu planen, und Beobachtungen so zu sammeln und zu beschreiben, dass sie im Hinblick auf die Forschungsfragen analysiert und interpretiert werden können. Drei Hauptarten empirischer Studien lassen sich unterscheiden: Fallstudien, Experimente und Beobachtungs- oder Feldstudien.

1.1.3 Fallstudien

Fallstudien sind geplante Beobachtungen an einzelnen Personen oder an kleineren Gruppen von Personen, manchmal auch an einzelnen Ereignissen. Aufgrund von Fallstudien werden Vermutungen oft erstmals formuliert: Ähnlichkeiten im Erscheinungsbild fallen auf und es werden mögliche Erklärungen formuliert, weil man Ereignisse sieht, die gleichzeitig auftreten. Wir beschreiben zwei Beispiele ausführlich.

Fallstudie: Augenmissbildungen bei Neugeborenen

Einem Augenarzt fiel während einer Rötelnepidemie in Australien auf, dass viele Neugeborene mit einer bestimmten Augenmissbildung Eines gemeinsam hatten: ihre Mütter waren während der Schwangerschaft selbst an Röteln erkrankt oder sie hatten mit einem an Röteln Erkrankten direkten Kontakt ([15], Gregg, 1941).

> Im ersten Halbjahr 1941 wurde in Sydney eine unübliche Anzahl von Neugeborenen mit angeborener Linsentrübung beobachtet (...). Obwohl bereits bei den ersten Fällen die ungewöhnliche Art der Trübung auffiel, begann man erst dann über mögliche Ursachen nachzudenken, als mehr und mehr Fälle derselben Art auftraten (...). Die Frage tauchte auf, ob es einen Faktor gab, eine Krankheit, eine Infektion der Mutter während der Schwangerschaft, die die natürliche Entwicklung der Augenlinse gestört haben könnte. Nach dem Rückrechnen vom Geburtsdatum der Neugeborenen wurde angenommen, dass die erste Zeit der Schwangerschaft genau in die Zeit fiel, in der eine weit verbreitete Epidemie von Röteln 1940 ihren Höhepunkt erreicht hatte.

Diese Beobachtung führte zu einer großen Anzahl weiterer Untersuchungen, die zunächst die Vermutung sowohl zu bestätigen als auch zu widerlegen schienen. Es dauerte lange, bis die Hypothese so genau formuliert war, wie sie heute als klar belegt gilt: eine Schädigung des Ungeborenen kann nur eintreten, wenn die Schwangere nicht bereits vor der Schwangerschaft mit Röteln infiziert oder geimpft war, und wenn sie dann mit dem Rötelnvirus im ersten Drittel der Schwangerschaft in Kontakt kommt.

Fallstudie: Infektion im Krankenhaus
Ignaz Semmelweiss (1818-1865) fiel eine erheblich höhere Sterblichkeitsrate aufgrund von Kindbettfieber in einer bestimmten Station einer Wiener Klinik auf. Dort arbeiteten Studenten, deren Aufgabe es auch war, Leichen zu sezieren.

Es heißt, dass ihm der entscheidende Gedanke kam, als ein befreundeter Arzt an einer Infektion starb, die er sich nach einer Leichenöffnung zugezogen hatte: das Kindbettfieber kann auf Wöchnerinnen übertragen werden, wenn die sie Behandelnden zuvor mit infizierten Leichen in direktem Kontakt gekommen waren. Nachdem Semmelweiss die Desinfektion der Hände vor Betreten der Station zur Vorschrift gemacht hatte, sank die Sterblichkeit aufgrund von Kindbettfieber auf der genannten Station zunächst drastisch.

Er empfand es als einen großen Rückschlag, als plötzlich wieder zwölf Mütter in dieser Station an Kindbettfieber erkrankten und starben. Er erkannte nicht, dass eine Übertragung auch innerhalb der Station möglich wird, wenn derselbe Arzt infizierte und nicht infizierte Patientinnen ohne erneute Desinfektion seiner Hände untersucht. Obwohl Semmelweiss keine Anerkennung durch seine Zeitgenossen erfuhr, wird er heute als Begründer der Krankenhaushygiene angesehen [47].

Zur Bedeutung von Fallstudien
Fallstudien sind besonders zu Beginn von Forschungsarbeiten zu einem bestimmtem Thema von großer Bedeutung, also dann, wenn Aspekte erfasst werden sollen, über die es noch kein gesichertes Vorwissen gibt. Auch die Befragung von Experten, von so genannten Fokusgruppen, ist dann üblich, ebenso wie qualitative Auswertungen von Interviews, Videos oder Texten.

Sackett et al. ([71], 1996) schlugen vor, bestimmte Prinzipien statistischer Untersuchungen auch für die systematische Beobachtung einzelner Personen zu übernehmen. Dieses Vorgehen nannte er „evidence based medicine".

❯ 1.1.4 Experimente
Das **Experiment** ist die typische Forschungsmethode in den Naturwissenschaften. Es ist eine Untersuchung, die beliebig oft unter fast unveränderten, genau kontrollierbaren Bedingungen wiederholt werden kann. Zum Beispiel lässt sich die Aussage: „Elektrischer Strom kann nur dann fließen, wenn ein Stromkreis geschlossen ist" anschaulich mit einem einfachen Versuch immer wieder in der gleichen Form belegen, solange eine Glühbirne, eine Stromquelle und ein Kabel zur Verfügung stehen. Ein Beispiel aus der Chemie ist die

Behauptung: „Es gibt Stoffe, die vom festen Zustand direkt in einen gasförmigen Zustand übergehen". Wieder ist ein einfaches, beliebig oft wiederholbares Experiment möglich: Schwefel wird erhitzt, eine bläuliche Flamme entsteht, ein stechender Geruch entwickelt sich und es bleibt keine Asche zurück.

Für Forschungen, die Menschen oder Tiere betreffen, ist es nicht unmittelbar klar, ob das Experiment eine geeignete Methode ist. Die folgenden drei Experimente zeigen aber, dass es zum Beispiel psychologische Vermutungen gibt, die anhand von Experimenten überzeugend belegt werden können.

Experiment: Reaktionsgeschwindigkeit lässt sich erhöhen

Ein klassisches Experiment zur Reaktionszeitmessung stammt aus dem 19. Jahrhundert. Wilhelm Wundt (1832-1920), der das erste deutsche Institut für experimentelle Psychologie gründete, wollte zeigen, dass ein Ereignis, dessen Eintreten durch ein Signal angekündigt wird, wesentlich leichter vom Beobachter erfasst wird, als ein nicht so angekündigtes Ereignis [49].

Er ließ dazu Versuchsteilnehmer auf das Aufprallgeräusch einer Kugel mit Tastendruck reagieren. Entweder fiel die Kugel aus 25 cm Höhe aus der Hand des Versuchsleiters auf ein Brett, oder aber der Beobachter hörte ein Signal, nämlich das Geräusch einer sich öffnenden Feder des Apparats, der die Kugel festhielt, bevor sie auf das Brett fiel. Auf diese Weise konnte Wundt zeigen, dass sich über eine Reihe solcher Versuche die typische Reaktionszeit der Versuchspersonen in den Situationen mit Signal erheblich reduzierte: die Versuchspersonen brauchten nur noch etwa ein Drittel an typischer Reaktionszeit, wenn sich ihre Aufmerksamkeit durch ein Signal erhöhte.

Experiment: Verhalten lässt sich verstärken

In einer Untersuchung zur Auswirkung des Verhaltens von Autoritätspersonen [44] führte ein Versuchsleiter mit jedem von insgesamt 24 Versuchspersonen ein halbstündiges, genau strukturiertes Gespräch.

Während der ersten zehn Minuten, der so genannten neutralen Phase, gab es keine gezielte Aktion des Versuchsleiters. In den folgenden zehn Minuten verstärkte der Versuchsleiter die Meinungsäußerungen der Versuchsperson durch zustimmende, umschreibende Wiederholung (Verstärkungsphase). Während der letzten zehn Minuten äußerte der Versuchsleiter Widerspruch oder zeigte keine Reaktion (Löschungsphase).

Festgehalten wurde in jeder Phase der Anteil der Meinungsäußerungen der Versuchsperson, das heißt der Quotient aus Anzahl der Meinungsäußerungen und Gesamtanzahl der Äußerungen. Bei allen Versuchspersonen nahm der

Anteil der Meinungsäußerungen in der Verstärkungsphase zu und bei 21 von 24 nahm er während der Löschungsphase wieder ab.

Experiment: Schnecken können assoziativ lernen

Etwa 80 Jahre nach Pawlow's Experimenten mit Hunden wurden seine Ergebnisse von Alkon [1] auf sehr einfach strukturierte Tiere erweitert und zwar für eine bestimmte Art gehäuseloser Meeresschnecken. In ihrer natürlichen Umgebung bewegt sich diese Schnecke schnell auf Licht zu, wenn sie fressen will, weil sie ihr Futter nahe der Wasseroberfläche findet. Auf turbulente Wasserbewegungen aber reagiert die Schnecke mit verlangsamten Bewegungen und mit Festhalten an Gegenständen tiefer im Wasser, um zu vermeiden, dass sie an Land gespült wird.

In dem Experiment wurde Licht zunächst mit Wasserturbulenzen gekoppelt, danach wieder entkoppelt. Es zeigte sich, dass Schnecken, die eine Zeit lang erfahren, dass Licht gemeinsam mit Wasserturbulenzen auftritt, sich sehr viel langsamer auf das Licht zu bewegen als die übrigen Tiere. Die Schnecken ändern ihr Verhalten wieder, sobald sich diese Erfahrung nicht mehr bewährt.

Quasi-Experimente in der Medizin

In der Medizin sind es die **kontrollierten klinischen Versuche**, die Experimenten am ähnlichsten sind. Mit ihnen wird die Wirksamkeit neuer Medikamente überprüft. Dabei erhält eine Patientengruppe das neue Medikament als Behandlung und eine so genannte Kontrollgruppe von Patienten entweder ein bisher als Standard angesehenes Medikament oder aber ein Placebo, das heißt ein Medikament ohne Wirkstoff.

Werden Patienten mittels einer Technik, die **Randomisieren** genannt wird, entweder einer Behandlungsgruppe oder aber der Kontrollgruppe zugeteilt, hat jeder Patient dieselbe Chance, mit dem neuen Medikament behandelt zu werden. Bei erfolgreichem Randomisieren verteilen sich die weiteren Merkmale der Patienten in ähnlicher Weise auf beide Gruppen. Man versucht so, die Vergleichbarkeit der Gruppen auch hinsichtlich solcher Merkmale sicher zu stellen, die nicht direkt beobachtet werden.

Experimente an Menschen

Viele Vermutungen, die Verhalten, Beweggründe für Verhalten oder Gefühle von Menschen betreffen, lassen sich nicht in Experimenten klären. Der wichtigste Grund, der deutlich gegen ein Experiment sprechen kann, ist ein ethischer: ein Experiment sollte dann nicht durchgeführt werden, wenn es den Versuchsteilnehmern dauerhaften Schaden zufügen würde.

Es wird zum Beispiel von Kaiser Friedrich II (1194-1250) berichtet [16], dass er sich ein Experiment ausdachte, mit dem er in Erfahrung bringen wollte, welche Sprache Kinder nach ihrem Heranwachsen natürlicherweise sprächen, Hebräisch, Griechisch, Lateinisch, Arabisch oder die Sprache ihrer Eltern. Den Ammen einiger Säuglinge wurde aufgetragen, die Kinder wohl zu füttern und zu waschen, sie aber in keiner Weise zu liebkosen oder mit ihnen zu sprechen. Die Frage konnte nicht beantwortet werden, weil, so wird berichtet, alle Säuglinge starben.

Aus der Zeit des Dritten Reiches in Deutschland ist bekannt, dass Patienten in psychiatrischen Kliniken mit Bakterien infiziert wurden, um den Verlauf von Krankheiten zu studieren. Es wurde wissentlich in Kauf genommen, dass die Patienten litten und sogar starben.

Selbst dann, wenn es keine ethischen Bedenken gegen einen Versuch mit und an Menschen gibt, gibt es wesentliche Unterschiede zum traditionellen naturwissenschaftlichen Experiment. Zum Einen ist es unwahrscheinlich, dass sich Personen unter Laborbedingungen genauso wie in ihrer natürlichen Umgebung verhalten. Zum Anderen lassen sich bestimmte Versuche nicht in unveränderter Form mit denselben Personen wiederholen. Erfordert zum Beispiel ein Versuch Geschicklichkeit, so wird in der Regel ein erneuter Versuch mit denselben Teilnehmern zu veränderten Ergebnissen führen, weil jeder Teilnehmer im ersten Versuch lernt und daher im neuen Versuch in veränderter Weise reagiert. Oder, wenn in kurzer Abfolge im Wesentlichen dieselben Fragen beantwortet werden sollen, so kann der zweite Durchgang eine bloße Kopie des ersten werden, weil sich die Teilnehmer an die zuerst gegebenen Antworten erinnern.

Wieder andere Versuche, in denen nur das Verhalten von Menschen registriert wird oder Personen nur direkt befragt werden, lassen nicht notwendig auch Schlüsse auf die Beweggründe zu, die zu dem beobachteten Verhalten führen. Anschaulich hat Watzlawik ([45], 1983, S. 37) diese Tatsache beschrieben:

> Ein Mann will ein Bild aufhängen. Den Nagel hat er, aber nicht den Hammer. Der Nachbar hat einen. Also beschließt unser Mann, hinüberzugehen und ihn auszuborgen. Doch da kommt ihm ein Zweifel: Was, wenn der Nachbar mir den Hammer nicht ausleihen will? Gestern schon grüßte er mich nur so flüchtig. Vielleicht war er in Eile. Aber vielleicht war die Eile nur vorgeschützt, und er hat etwas gegen mich. Und was? Ich habe ihm nichts angetan, der bildet sich da etwas ein. Wenn jemand von mir ein Werkzeug borgen wollte, *ich* gäbe es ihm sofort. Und warum er nicht? Wie kann man einem Mitmenschen einen so einfachen Gefallen abschlagen? Leute wie dieser Kerl vergiften einem das

Leben... – Und so stürmt er hinüber, klingelt und schreit den Nachbarn an:
„Behalten Sie Ihren Hammer, Sie Rüpel!".

Interessieren vorwiegend Beweggründe und Ursachen, die zu einem bestimmten Verhalten führen, so ist wie in diesem Beispiel das beobachtete Verhalten
alleine oft kaum von Nutzen. Während also in den Naturwissenschaften das
Experiment als die wichtigste Forschungsmethode anzusehen ist, so gilt dies
nur mit Einschränkungen für Forschung, die Handlungen, Gefühle oder Einstellungen von Menschen betrifft.

❯ 1.1.5 Beobachtungsstudien

Eine **Beobachtungs- oder Feldstudie** unterscheidet sich von einem Experiment vor allem durch die Art der Intervention: ws werden den Personen keine bestimmten Behandlungen oder experimentellen Situationen zugeordnet,
sondern die Daten werden mehr oder minder passiv beobachtend erhoben.
Beobachtungsstudien werden einem Experiment um so ähnlicher, je mehr
der Beobachtungsbedingungen festgelegt und protokolliert werden können.
Wenn es möglich ist, werden die Art der Auswahl der Personen, der Zeitrahmen für die Datenerhebung, die Techniken zur Beobachtung sowie die
Messinstrumente im Hinblick auf vorgegebene Forschungsfragen geplant und
in Folgestudien genau so wieder verwendet.

Beobachtungsstudien lassen sich nach dem Zeitpunkt der Datenerhebung unterscheiden. Betreffen die wesentlichen Daten eines Individuums den derzei-
tigen Erhebungszeitpunkt, so handelt es sich um eine **Querschnittstudie**,
sonst um eine **Längsschnittstudie**. Besondere Arten von Längsschnittstudien sind jene, in denen dieselbe Personengruppe über mehrere Jahre wiederholt hinsichtlich derselben Merkmale befragt, untersucht oder beobachtet
wird. Man nennt sie **Kohortenstudien**.

Retrospektive Studien

In vielen empirischen Untersuchungen wird ein Teil der Beobachtungen rück-
blickend erfasst. Zum Beispiel werden in fast jeder medizinischen Studie das
Geschlecht, das Geburtsdatum und wichtige frühere Krankheiten als möglicherweise wichtige Eigenschaften eines Patienten berücksichtigt.

Vorwiegend rückblickende Studien werden vor allem in der **Epidemiologie**
verwendet, um zu entscheiden, ob eine vermutete Ursache für eine Erkrankung tatsächlich mit dieser in deutlicher Weise verbunden ist. In einer solchen
retrospektiven Studie geht man von einem Kollektiv von Erkrankten aus,
also zum Beispiel von einer Gruppe von Neugeborenen mit einer bestimmten

Missbildung, und sucht dann eine vergleichbare Gruppe Nichterkrankter aus, im Beispiel Neugeborene ohne diese Missbildung. Danach wird festgestellt, wie häufig die vermutete Ursache in beiden Gruppen vorkommt.

Solche Studien lassen sich relativ kostengünstig durchführen, allerdings kann man nicht ausschließen, dass es einen so genannten **recall bias** gibt. Werden zum Beispiel Personen, die selbst erkrankt sind oder aber ein erkranktes Kind haben, befragt, so ist es nahe liegend, dass sie sich viel intensiver mit der Vergangenheit beschäftigt haben als diejenigen in einer Vergleichsgruppe: es bleibt daher immer möglich, dass sie sich nur wegen der Erkrankung an mehr Ereignisse erinnern und Gruppenunterschiede allein deshalb beobachtet werden.

Prospektive Studien

In vielen empirischen Untersuchungen wird ein Teil der Beobachtungen erst in der Zukunft erfasst. Zum Beispiel wird in fast jedem kontrollierten klinischen Versuch der Zustand von Patienten vor und nach einer oder mehreren Behandlungen beobachtet und beschrieben.

In der Epidemiologie geht man mit **prospektiven Studien** von einer Gruppe von Personen aus, für die eine vermutete Krankheitsursache vorliegt und von einer weiteren, in der die vermutete Ursache nicht vorhanden ist. Man beobachtet in der Zukunft, ob und wann die Krankheit auftritt. Man wählt zum Beispiel Zigarettenraucher und Nichtraucher aus und beobachtet später, ob und wann sie an Lungenkrebs erkranken.

Den Ergebnissen aus einer guten prospektiven Untersuchung kommt im Allgemeinen mehr Gewicht zu als einer entsprechenden retrospektiven Studie. Andererseits sind retrospektive Studien sehr viel schneller durchzuführen. Zeigt sich nicht einmal in ihnen ein Zusammenhang zwischen einer Krankheit und ihrer vermuteten Ursache, so lohnt es eventuell nicht, eine erheblich aufwendigere prospektive Studie überhaupt zu beginnen.

1.1.6 Vermutungen über Ursachen

Ausgangspunkt für viele empirische Studien ist die Frage nach den Ursachen von Ereignissen oder von Verhalten, von Reaktionen und Aktionen von Individuen.

Solche Fragen werden am Besten durch Intervention in vermutete Entwicklungsprozesse untersucht. Sofern es gelingt, mit Interventionen jeweils dieselbe Art von typischen Veränderungen herbei zu führen, wird aus einer Vermutung über eine mögliche Ursache die Überzeugung, dass eine echte Ursache vorliegt.

In allen Situationen aber, in denen wiederholte Interventionen nicht möglich sind, gründet sich jedes scheinbar sichere Urteil über Ursachen auf zusätzliche Annahmen. Es gibt dann eine Reihe von möglichen Fehlinterpretationen ([58], Cox und Wermuth, 2001).

In der Medizin zum Beispiel ergeben sich dann besonders schwierige Situationen für die Forschung, wenn mehrere verschiedene Ursachen, die noch nicht bekannt sind, dasselbe Krankheitsbild bewirken können. Zum Beispiel hängt die erfolgreiche Behandlung eines „Schlaganfalls" von einer oft nicht direkt beobachtbaren Ursache ab: entweder hat sich im Gehirn ein Blutgerinnsel gebildet oder aber ein Blutgefäß ist bereits geplatzt.

Ein weiteres Beispiel ist der Wilms-Tumor, eine Nierengeschwulst, die in der frühen Kindheit auftritt. Zunächst gab es nach der Beschreibung des Erscheinungsbildes durch den Chirurgen Max Wilms (1867-1918) wenig Anlass, von verschiedenen Ursachen auszugehen. Erst die Analyse von etwa 5000 verstorbenen Patienten ergab Hinweise darauf. Gibt es eine genetische Ursache, so ist der Tumor oft mit angeborenem Fehlen der Iris und mit Anomalien der Genital- oder Harnorgane verbunden und führt zu einem späteren Befall der zweiten Niere. Ist die Ursache dagegen eine erworbene, die mit Wachstumsstörungen zu tun hat, so ergibt sich ein weniger bösartiger Befall nur einer Niere [4].

❯ 1.1.7 Ein ausführliches Studienbeispiel

Für sozialwissenschaftliche, medizinische oder psychologische Forschungsfragen sind die **beobachteten Einheiten** meistens Personen, es könnten aber zum Beispiel auch Tiere oder Institutionen sein. Beobachtete Einheiten haben verschiedene Merkmale. Wenn diese Merkmale mehrere Ausprägungen annehmen können, spricht man von **Variablen**. Beispiele für Variablen und ihre Ausprägungen sind das Geschlecht mit den Ausprägungen „männlich" und „weiblich" oder die Körpergröße, gemessen in Zentimetern.

Variable unterscheiden sich gewöhnlich im Hinblick auf die Forschungsfrage. Man spricht von Zielgrößen und Einflussgrößen und unterscheidet bei den Einflussgrößen vor allem zwischen vermittelnden Variablen und Kontextvariablen.

In den meisten Studien gibt es eine oder mehrere Zielgrößen. **Zielgrößen** sind diejenigen Variable, deren Veränderungen man verstehen oder erklären möchte. Variable die als Erklärungen für die Veränderungen in den Zielgrößen in Frage kommen, sind mögliche **Einflussgrößen**.

Die **Kontextvariablen** (oder Hintergrundvariablen) sind für die Forschungsfrage nicht direkt von Interesse, aber sie beschreiben möglicherweise wichtige Eigenschaften der Personen selbst oder der Situation, in der sie beobachtet werden. Typische Kontextvariablen sind zum Beispiel Geschlecht, Alter oder die Schulbildung.

Zwischen den Zielgrößen und den Kontextvariablen kann es eine Folge von vermittelnden Variablen geben. **Vermittelnde Variable** werden einerseits als mögliche Einflussgrößen für einige Zielgrößen verwendet, sind aber andererseits selbst Zielgrößen für andere erklärende Variable.

In diesem Buch verwenden wir eine Studie an Diabetikern [19], zuerst, um solche Begriffe anschaulich zu machen und später, um zu zeigen, wie sich Ergebnisse verschiedener statistischer Verfahren interpretieren lassen. Die Studie entstand in Zusammenarbeit mit Medizinern und Psychologen. Die Ärzte vermuteten, dass es auch andere als medizinische Faktoren gibt, die eine Rolle dabei spielen, wie gut sich die Patienten auf ihre chronische Erkrankung einstellen. An der Studie nahmen 68 Patienten teil, denen es am Hormon Insulin mangelte. Alle Patienten wurden traditionell therapiert, das heißt ihnen wurde einmal am Tag die für sie geeignete Insulindosis gespritzt. Die Erstdiagnose lag nicht länger als 24 Jahre zurück.

In dieser Diabetes-Studie gibt es acht Variable, die kurz mit Y, X, Z, U, V, W, A und B bezeichnet werden. Blutzuckergehalt, Y, ist die **primäre Zielgröße**, die hauptsächlich interessierende Variable. Sie erfasst, wie gut es den Patienten gelingt, sich auf ihre Krankheit einzustellen. Hohe Werte im Blutzuckergehalt bedeuten eine schlechte Einstellung, niedrige eine bessere. Bei Gesunden liegt der typische Blutzuckergehalt etwa bei fünf Prozent, bei den 68 untersuchten Diabetikern ist der typische Blutzuckergehalt dagegen bei etwa neun Prozent.

Alle übrigen Variable sind mögliche erklärende Variable für die primäre Zielgröße Y. Das krankheitsbezogene Wissen, X, ist eine **sekundäre Zielgröße**, das heißt, eine weitere Variable, für die man feststellen will, welche der beobachteten möglichen Einflussgrößen tatsächlich wichtig sind.

Die Variablen Z, U, V erfassen Einstellungen der Patienten gegenüber ihrer Krankheit, genauer drei verschiedene Aspekte der so genannten Attribution (siehe Anhang B.1). Ein hoher Wert für fatalistische Attribution, Z, bedeutet, dass der Patient das, was mit ihm und seiner Krankheit passiert, hauptsächlich als vom Zufall abhängig ansieht, ein hoher Wert für sozial-externale Attribution, U, dass er wesentlich die Ärzte dafür verantwortlich macht, und ein hoher Wert für internale Attribution, V, dass der Patient sich selbst als hauptverantwortlich für den eigenen Krankheitsverlauf sieht. Eine Einteilung in Zielgrößen und erklärende Variablen ist für diese drei Variablen nicht sinnvoll. Man nennt sie deshalb gleichgestellt.

Die Dauer der Erkrankung, W, der Schulabschluss, A, und das Geschlecht, B, sind die Kontextvariablen in dieser Studie.

Abbildung 1.1 enthält eine Übersicht, die eine **vermutete Abhängigkeitsfolge** der Variablen darstellt. Ausgehend von den Kontextvariablen (rechts, in Doppelrahmen) zeigt sie Variable (in Rahmen), die in der gezeigten Folge abhängig und für die primäre Zielgröße (links) wichtig sein können.

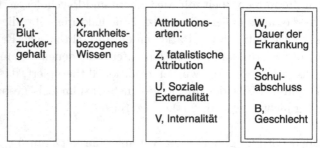

Abbildung 1.1. Vermutete Abhängigkeitsfolge für die Variablen der Diabetes-Studie. Blutzuckergehalt, Y: die primäre Zielgröße; krankheitsbezogenes Wissen, X: eine sekundäre Zielgröße; drei verschiedener Attributionsarten Z, U, V: weitere vermittelnde Variable; Dauer der Erkrankung, W, Schulabschluss, A, und Geschlecht, B: Kontextvariablen.

Die hier gezeigte Abfolge von Zielgrößen, vermittelnden Variablen und Kontextvariablen für die Diabetesstudie entstand in Absprache mit den an der Studie beteiligten Statistikern, Psychologen und Medizinern. Sie gibt einen Plan für die statistischen Analysen an. Zum Beispiel werden hier für die sekundäre Zielgröße X die Variablen Z, U, V, W, A, B als mögliche Einflussgrößen betrachtet, nicht aber Y. Für Y werden dagegen alle weiteren Variablen als mögliche wichtige Einflussgrößen in Betracht gezogen.

Mit vielen der statistischen Analysen, die in den folgenden Abschnitten dieses Buches detailliert beschrieben werden, findet man wichtige Einflussgrößen, die entweder unmittelbar, also **direkt** auf eine Zielgröße wirken oder nur **indirekt**, das heißt über vermittelnde Variable. Die Ergebnisse einzelner Analysen lassen sich danach oft in einer Abbildung zusammenfassen, so wie es hier in Abbildung 1.2 für die Diabetes-Daten gezeigt ist.

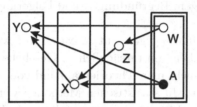

Abbildung 1.2. Wichtige direkte und indirekte Einflussgrößen für die Zielgrößen Y, X, Z in der Diabetesstudie (siehe auch Abbildung 1.1).

Von den sieben möglichen Einflussgrößen gibt es drei Pfeile, die auf den Blutzuckergehalt, Y, zeigen: vom krankheitsbezogenen Wissen, X, von der Dauer der Erkrankung, W, und vom Schulabschluss, A. Auf das Wissen, X, wirken die fatalistische Attribution, Z, und der Schulabschluss, A, direkt; auf den Fatalismus, Z, die Dauer der Erkrankung, W.

Interpretation
Eine erste mögliche Interpretation der Abhängigkeiten des Blutzuckergehalts, Y, in Abbildung 1.2 ist wie folgt. Das Wissen über Diabetes, X, ist eine direkte Einflussgröße für Y. Je geringer das Wissen über die Krankheit, desto weniger gelingt es einem Patienten, den Blutzuckergehalt gut zu kontrollieren. Zusätzlich zu X sind der Schulabschluss, A, und die Dauer der Erkrankung, W, direkte Einflussgrößen für Y.

Die fatalistische Attribution, Z, ist eine indirekte Einflussgröße für den Blutzuckergehalt, Y; Z wirkt auf Y über die vermittelnde Variable krankheitsbezogenes Wissen, X: je mehr ein Patient davon überzeugt ist, dass der Krankheitsverlauf vom Zufall abhängt, desto weniger wird er versuchen, über seine chronische Erkrankung zu erfahren. Alle weiteren Variablen sind keine direkten oder indirekten Einflussgrößen für die primäre Zielgröße Y und sind deshalb in Abbildung 1.2 nicht mehr dargestellt.

❯ 1.1.8 Zusammenfassung

Einige Begriffe

Hypothesen sind Aussagen, die Behauptungen oder Vermutungen über untersuchte Phänomene enthalten, die belegt oder widerlegt werden sollen. Sie sind oft Teile einer umfassenderen **Theorie**, einer Darstellung, die mehrere Annahmen, Vermutungen, Begründungen und Folgerungen verbindet.

Empirie wird die Erfahrung genannt, die sich auf wissenschaftliches Beobachten und Beschreiben von tatsächlichem Geschehen gründet. Mit **Forschungsstatistik** versucht man Theorien anhand von empirischen Untersuchungen zu überprüfen. Mit statistischen Methoden werden empirische Studien geplant und Beobachtungen so gesammelt, analysiert und beschrieben, dass sie im Hinblick auf die Forschungsfragen interpretiert werden können.

Arten empirischer Studien

Fallstudien sind geplante Beobachtungen an einzelnen Personen, an kleinen Gruppen von Personen, oder an einzelnen Ereignissen. Häufig werden sie zu Beginn von Forschungsarbeiten zu einem bestimmtem Thema durchgeführt, dann, wenn es noch nicht viel Vorwissen gibt. Als Ergebnisse von Fallstudien werden konkrete Vermutungen oft erstmals formuliert.

Das **Experiment** ist die typische Forschungsmethode in den Naturwissenschaften. Es ist ein Versuch, der beliebig oft unter fast unveränderten, genau kontrollierbaren Bedingungen wiederholt werden kann. Mittels **Randomisierung** werden Teilnehmer zufällig entweder Experimental- oder Kontrollgruppen zugeteilt. Ziel des Randomisierens ist es, die Gruppen hinsichtlich unbeobachteter Kontextvariablen vergleichbar zu machen. Kontrollierte klinische Versuche sind Experimenten ähnlich und werden in Medizin und Psychologie eingesetzt, um die Wirksamkeit neuer Medikamente oder Behandlungsformen zu überprüfen.

In einer **Beobachtungs- oder Feldstudie** werden Daten von Personen mehr oder minder passiv beobachtend erhoben. Je mehr Beobachtungsbedingungen festgelegt werden können, desto ähnlicher sind Beobachtungsstudien einem Experiment. Oft werden die Auswahl der Personen, der Zeitrahmen für die Datenerhebung, die Techniken zur Beobachtung sowie die Messinstrumente im Hinblick auf vorgegebene Forschungsfragen geplant und protokolliert und, wenn möglich, für Folgestudien festgelegt.

Werden die wesentlichen Daten jeder Person für nur einen Erhebungszeitpunkt erfasst, so spricht man von **Querschnitt-**, bei mehreren Erhebungs-
zeitpunkten von **Längsschnittstudien**. Besondere Untersuchungen in der
Epidemiologie sind retrospektive und prospektive Studien.

Variable

Beobachtete Einheiten, wie zum Beispiel Personen, Tiere, Krankenhäuser,
haben verschiedene Merkmale. Können diese Merkmale verschiedene Ausprägungen annehmen, spricht man von Variablen.

Variable können hinsichtlich ihrer Bedeutung für die Forschungsfrage klas-
sifiziert werden. So gibt es zum Beispiel reine **Zielgrößen**, **vermittelnde
Variable**, mögliche **erklärende Variable** und **Kontextvariable**.

Vor allem bei vielen Variablen ist es wichtig, Vorwissen über die Art der Variablen und Vermutungen über mögliche Entwicklungsprozesse zu formulieren.
Dies hilft festzulegen, welche statistischen Analysen durchzuführen sind.

1.2 Beobachtete Verteilung einer Variablen

Mit Methoden der Forschungsstatistik wird es möglich, empirische Untersuchungen gut zu planen und durchzuführen, sowie deren Ergebnisse zu beschreiben, zu analysieren und zu interpretieren. Damit sich Variable direkt für statistische Auswertungen eignen, müssen ihre beobachteten Ausprägungen gleicher Art sein und sich gegenseitig ausschließen. Beides trifft zum Beispiel nicht zu, wenn Patienten nach der Herkunft eines regelmäßig eingenommenen Medikamentes befragt werden und es drei Antwortmöglichkeiten gibt: 1. rezeptpflichtig, 2. frei verkäuflich, 3. vom Arzt empfohlen. Die Antworten „rezeptpflichtig" und „frei verkäuflich" schließen sich gegenseitig aus, aber ein Medikament kann sowohl rezeptpflichtig als auch vom Arzt empfohlen sein. Aus diesen Informationen können aber zwei statistische Variable formuliert werden: Rezeptpflicht (ja, nein) und ärztliche Empfehlung (ja, nein).

Die **Daten** für statistische Auswertungen sind die Ausprägungen statistischer Variablen. Diese werden entweder gemessen, oder es wird nur beobachtet, welche der möglichen Ausprägungen zutrifft.

Bevor man mit statistischen Analysen beginnt, ist es nützlich, die beobachteten Verteilungen der einzelnen Variablen so zu beschreiben und zusammenzufassen, dass man leicht wesentliche Eigenschaften der Verteilung erkennt und gleichzeitig möglichst viel Information erhalten bleibt.

Tabelle 1.1 enthält Daten für die 68 Patienten der Diabetesstudie (siehe Abschnitt 1.1.7) mit acht Variablen. Jedem Patienten ist eine Fallnummer ($l = 1, \ldots, 68$) zugeteilt, sowie beobachtete Werte für jede der acht Variablen.

Es gibt zwei **kategoriale** (qualitative) **Variable** in den Daten der Tabelle 1.1, Schulabschluss, A, und Geschlecht, B. Bei kategorialen Variablen sind die möglichen Ausprägungen vorgegebene Kategorien oder Klassen. Beobachtet und festgehalten wird für jede Person, welche Kategorie zutrifft.

Kategoriale Variable werden im Folgenden mit großen Buchstaben vom Anfang des Alphabets bezeichnet, also mit A, B, C, etc., ihre Kategorien meistens mit $i = 1, \ldots, I$, $j = 1, \ldots, J$, $k = 1, \ldots, K$. Dabei bezeichnen die großen Buchstaben I, J und K jeweils die Anzahl der Kategorien der Variablen A, B, C.

Die Art der **Codierung**, dass heißt die Zuteilung von Ziffern zu Klassen der kategorialen Variablen, ist frei wählbar. Für Merkmale mit zwei Ausprägungen sind zum Beispiel die Codes 0 und 1 oder -1 und 1 oder 1 und 2 üblich.

Tabelle 1.1. Die Daten der 68 Diabetes-Patienten für acht Variable.

l	$10\,Y$	X	Z	U	V	$12\,W$	A	B
1	115	40	12	39	42	8	-1	1
2	135	35	21	24	45	1	-1	1
3	108	34	15	27	48	5	-1	1
4	68	39	19	28	37	96	-1	1
5	90	27	33	30	27	140	-1	1
6	129	16	28	26	37	84	-1	1
7	69	39	22	25	38	120	-1	1
8	92	24	22	17	46	216	-1	1
9	74	40	15	14	47	195	-1	1
10	89	40	27	30	44	255	-1	1
11	90	30	28	28	43	240	-1	1
12	76	31	21	21	39	180	-1	1
13	80	42	16	23	34	170	-1	1
14	92	28	23	28	35	75	-1	1
15	68	42	16	32	43	216	-1	1
16	110	42	14	8	45	170	-1	1
17	130	34	18	20	37	3	-1	1
18	113	35	25	29	39	145	-1	1
19	85	37	22	27	38	270	-1	1
20	84	33	11	18	39	250	-1	1
21	101	31	24	31	47	260	-1	1
22	68	35	22	32	35	37	1	1
23	83	42	20	20	38	60	1	1
24	70	41	19	26	45	60	1	1
25	74	36	18	29	44	240	1	1
26	83	40	14	22	44	16	1	1
27	83	44	8	14	48	18	1	1
28	102	42	17	25	38	120	1	1
29	88	44	11	11	46	60	1	1
30	74	26	17	22	38	110	1	1
31	87	35	23	34	27	85	1	1
32	85	38	16	13	45	85	1	1
33	136	34	20	24	38	110	1	1
34	117	45	18	17	38	220	1	1
35	78	39	25	18	36	240	1	1
36	109	44	15	22	44	185	-1	-1
37	99	37	21	24	42	9	-1	-1
38	95	30	23	31	43	204	-1	-1
39	83	35	17	25	44	240	-1	-1
40	132	11	21	18	45	96	-1	-1

Tabelle 1.1., Fortsetzung. Die Daten der 68 Diabetes-Patienten für acht Variable.

l	$10\,Y$	X	Z	U	V	$12\,W$	A	B
41	91	28	21	29	44	288	-1	-1
42	97	27	30	42	46	240	-1	-1
43	73	42	17	25	47	210	-1	-1
44	104	26	31	29	43	75	-1	-1
45	141	32	15	27	47	60	-1	-1
46	117	42	14	23	40	84	-1	-1
47	112	41	21	24	38	140	-1	-1
48	100	24	13	33	39	200	-1	-1
49	108	21	25	34	38	25	-1	-1
50	110	37	12	14	48	60	-1	-1
51	87	42	20	17	35	100	-1	-1
52	107	26	22	24	37	120	-1	-1
53	99	38	28	30	37	105	1	-1
54	70	38	15	25	44	60	1	-1
55	88	41	28	35	48	204	1	-1
56	102	25	24	31	41	145	1	-1
57	62	41	18	17	47	18	1	-1
58	100	41	15	22	40	0	1	-1
59	115	34	17	21	42	135	1	-1
60	59	42	12	31	46	8	1	-1
61	64	37	14	29	34	5	1	-1
62	105	42	15	22	44	108	1	-1
63	92	34	14	13	45	240	1	-1
64	85	44	14	18	41	180	1	-1
65	54	38	13	17	40	120	1	-1
66	102	26	20	30	42	120	1	-1
67	80	35	19	24	40	120	1	-1
68	86	46	10	8	47	2	1	-1

Y: Blutzuckergehalt in mg/dl (die Angabe mit $10\,Y$ vermeidet Kommazahlen), X: krankheitsbezogenes Wissen, Z: fatalistische Attribution, U: sozial-externale Attribution, V: internale Attribution, $12\,W$: Dauer der Erkrankung in Monaten, A: Schulabschluss, B: Geschlecht

In Tabelle 1.1 sind die Variablen A und B und ihre Codes:
- A, Schulabschluss; $i = -1$: kein Abitur und $i = 1$: Abitur
- B, Geschlecht; $j = -1$: männlich und $j = 1$: weiblich

Wenn sich die Ausprägungen nur nach ihren Namen unterscheiden, spricht man von **nominalskalierten Variablen**. Wenn sich die Kategorien zusätzlich in eine Rangordnung bringen lassen, so nennt man sie **ordinalskaliert**.

Die Variable Geschlecht, B, hat nominale Kategorien. Die Variable Schulabschluss, A, hat ordinale Kategorien, da sie hier kürzere beziehungsweise längere Ausbildungszeiten bezeichnet.

Es gibt in den Daten der Tabelle 1.1 weiterhin sechs **quantitative** (numerische) **Variable**. Das sind Merkmale, deren mögliche Ausprägungen Ziffern sind, die im Gegensatz zu Codes eine Bedeutung haben. Die Ausprägungen der quantitativen Variablen können entweder direkt bestimmt oder gemessen werden, oder sie werden aus anderen Informationen berechnet. Zum Beispiel kann das Körpergewicht in Kilogramm gemessen sein, die Dauer einer Erkrankung in Jahren, der Blutdruck in Millimeter Quecksilbersäule (mm-Hg). Beispiele für berechnete quantitative Variable sind der Body Mass Index (BMI), der aus dem Gewicht und der Körpergröße bestimmt wird, oder psychologische Variable, die aus Antworten in Fragebögen berechnet werden.

Quantitative Variable werden im Folgenden mit großen Buchstaben vom Ende des Alphabets, also mit $X, Y, Z \ldots$, bezeichnet, ihre Ausprägungen mit den entsprechenden kleinen Buchstaben, also mit $x, y, z \ldots$.

Haben Abstände zwischen benachbarten Kategorien jeweils eine andere Bedeutung in Abhängigkeit davon, welche benachbarten Werte man auswählt, so sind auch quantitative Variable nur ordinalskaliert: Ranglistenplätze sind Beispiele dafür.

Geht man davon aus, dass ein Abstand zwischen zwei benachbarten Werten dasselbe bedeutet, gleichgültig, welche Differenzen man auswählt, so betrachtet man die Variable **intervallskaliert**. Blutzuckergehalt und Dauer der Erkrankung sind Beispiele für intervallskalierte Variable.

Die sechs quantitativen Variablen und ihre möglichen Ausprägungen in Tabelle 1.1 sind:

- Y, Blutzuckergehalt (GHb), gemessen in y = Milligramm pro Deziliter
- X, krankheitsbezogenes Wissen, mit Ausprägungen $x = 0, 1, \ldots 50$
- Z, fatalistische Attribution, mit Ausprägungen $z = 8, 9, \ldots, 48$
- U, sozial-externale Attribution, mit Ausprägungen $u = 8, 9, \ldots, 48$
- V, internale Attribution, mit Ausprägungen $v = 8, 9, \ldots, 48$
- W, Dauer der Erkrankung, gemessen in w = Jahren (Monate/12).

Die Ausprägungen x der Variablen krankheitsbezogenes Wissen, X, sind die Anzahlen richtiger Antworten in einem Multiple-Choice-Fragebogen. Es gibt

50 Fragen mit jeweils einer richtigen Antwort unter fünf Alternativen, die von Ärzten und Diabetesberatern zusammengestellt wurden. Die mögliche Anzahl richtiger Antworten liegt daher zwischen 0 und 50.

Die Variablen Z, U, V wurden aus einem Diabetes-spezifischen Fragebogen zur Attribution gebildet. Für jede der drei Variablen sind acht Fragen gestellt. Es gibt hier bei jeder Frage sechs Antwortmöglichkeiten:

1: sehr falsch   2: falsch   3: eher falsch

4: eher richtig   5: richtig   6: sehr richtig

Jeder Antwortmöglichkeit ist dabei die angegebene Punktzahl zugeordnet. Nach Aufsummieren über die acht Fragen erhält man mögliche Werte von 8 bis 48, die **Summenscores** genannt werden. Anhang B.1 beschreibt einen Fragebogen zur allgemeinen Attribution.

Konstruktion von Summenscores

Das Grundprinzip, beobachtete Werte aus Antworten zu berechnen, ist bei Multiple-Choice-Fragen und bei psychologischen Fragebögen ähnlich und lässt sich an vier Fragen mit jeweils nur zwei Antwortmöglichkeiten 0 oder 1 veranschaulichen. In Tabelle 1.2 sind die 16 möglichen Antwortkombinationen angegeben und aufsummiert. Die Tabelle zeigt, wie sich ein Summenscore mit fünf möglichen Ausprägungen $0, 1, 2, 3, 4$ ergibt.

Tabelle 1.2. Die 16 Antwortmöglichkeiten für vier 0-1-Variablen.

Frage 1:	0	1	0	1	0	1	0	1	0	1	0	1	0	1	0	1
Frage 2:	0	0	1	1	0	0	1	1	0	0	1	1	0	0	1	1
Frage 3:	0	0	0	0	1	1	1	1	0	0	0	0	1	1	1	1
Frage 4:	0	0	0	0	0	0	0	0	1	1	1	1	1	1	1	1
Summe:	0	1	1	2	1	2	2	3	1	2	2	3	2	3	3	4

Eine Person erhält zum Beispiel einen Summenscore von 1, wenn sie für genau eine der vier Fragen die Antwort 1 wählt, einen Score von 3, falls sie für genau drei der vier Fragen Antwort 1 gibt. Im Rahmen der **psychometrischen Testtheorie** werden Bedingungen untersucht, die eine solche Scorebildung rechtfertigen. Summenscores können oft ohne großen Informationsverlust wie intervallskalierte Variablen behandelt werden.

❯ 1.2.1 Tabellen und graphische Darstellungen

Für die Verteilung einer beobachteten Variablen beschreiben wir im Folgenden Häufigkeitstabellen, Säulen- und Kreisdiagramme und Stamm-und-Blatt-Darstellungen.

Häufigkeitstabellen

Gibt es insgesamt n Beobachtungen für eine Variable und werden die Ausprägungen mit $j = 1, \ldots J$ bezeichnet, so wird die **beobachtete Verteilung der Variablen** entweder in **Anzahlen** n_j (absoluten Häufigkeiten), in **Anteilen** n_j/n (relativen Häufigkeiten) oder in **Prozent** $P_j = 100 \times (n_j/n)$ angegeben.

Beobachtete Verteilungen sowohl für kategoriale als auch für quantitative Variable lassen sich in Häufigkeitstabellen darstellen. Quantitative Variable werden für diesen Zweck zunächst kategorisiert, das heißt es werden Klassen oder Kategorien gebildet.

Tabelle 1.3 zeigt die beobachtete Verteilung einer kategorialen Variablen in Anzahlen und Prozent. Die Daten stammen aus einer Untersuchung über die Auswirkungen des Rollenvorbilds von Eltern auf das Rauchverhalten Jugendlicher [40]. In dieser Studie berichten in etwa 24% der befragten Jugendlichen, dass ihre Eltern keine Zigaretten rauchen, 30%, dass entweder der Vater oder die Mutter Zigaretten raucht und 46%, dass beide Eltern rauchen.

Tabelle 1.3. Beobachtete Verteilung des Rauchverhaltens von Eltern, $n = 2209$.

| Klasse | Rollenvorbild | Häufigkeiten | |
| | | Anzahl | Prozent |
j	Eltern	n_j	$P_j = 100\,(n_j/n)$
1	kein Elternteil raucht	530	24,0%
2	genau ein Elternteil raucht	668	30,2%
3	beide Eltern rauchen	1011	45,8%

Tabelle 1.4 zeigt die Verteilung des Fatalismusscores, Z, in der Diabetes-Studie, für z-Werte in sechs gleich großen Klassen. Die Summe der Prozentzahlen ist 100,1, ein für die Interpretation unwichtiger **Rundungsfehler**.

Tabelle 1.4. Beobachtete Verteilung der fatalistischen Attribution, $Z, n = 68$.

| Klasse | Klassen- | Häufigkeiten | |
| | | Anzahl | Prozent |
j	grenzen	n_j	$P_j = 100\,(n_j/n)$
1	5 - 9	1	1,5%
2	10 - 14	14	20,6%
3	15 - 19	22	32,4%
4	20 - 24	20	29,4%
5	25 - 29	8	11,8%
6	30 - 34	3	4,4%

Zum Beispiel haben weniger als zwei Prozent der Patienten einen Fatalismus-Score kleiner oder gleich neun und etwas über 16 Prozent einen Score größer gleich 25; rund 60 Prozent der Personen haben Werte im Bereich von 15 bis einschließlich 24.

Säulen- und Kreisdiagramme

Häufigkeitsverteilungen kann man mit Säulen- oder Kreisdiagrammen veranschaulichen. In **Säulendiagrammen** von nominalen Variablen stehen die Säulen getrennt voneinander, in Säulendiagrammen von quantitativen Variablen (Histogramme) sind die Säulen aneinander gestellt.

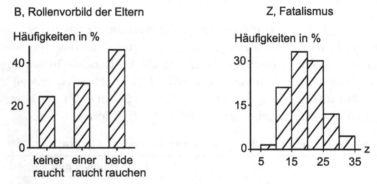

Abbildung 1.3. Links: Säulendiagramm, Verhalten von Eltern (Daten aus Tabelle 1.3, $n = 2209$); rechts: Histogramm, Fatalismus-Scores (Daten aus Tabelle 1.4, $n = 68$).

In einem **Kreisdiagramm** entspricht die Beobachtungsanzahl n den 360 Grad des gesamten Kreises, die Klasse j entspricht den 360 Grad multipliziert mit dem Anteil n_j/n.

Rechenbeispiel: Kreisdiagramme

Für die Daten in Tabelle 1.3 berechnen sich folgende Winkel:

$j = 1$: kein Elternteil raucht	$0,240 \times 360° =$	$86,4°$
$j = 2$: genau ein Elternteil raucht	$0,302 \times 360° =$	$108,7°$

Das dritte Kreissegment ergibt sich als Differenz zu 360 Grad. Abbildung 1.4 zeigt das zugehörige Kreisdiagramm für das Rollenvorbild der Eltern.

beide Elternteile rauchen

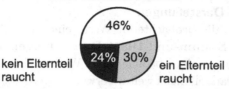

Abbildung 1.4.   Kreisdiagramm, Rauchverhalten von Eltern (Daten aus Tabelle 1.3, $n = 2209$).

Verteilungsformen

Als typische Formen von beobachteten Verteilungen einer Variablen lassen
sich unterscheiden: rechtsgipflige, linksgipflige, gleichförmige, glockenförmige,
U-förmige und mehrgipflige Verteilungen. Abbildung 1.5 enthält Beispiele.

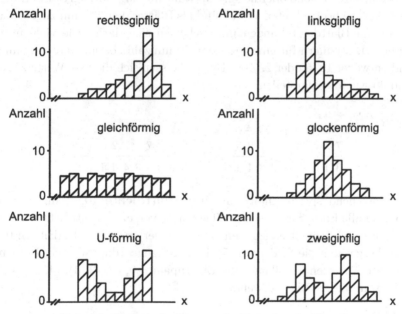

Abbildung 1.5. Beispiele für typische Formen eindimensionaler Verteilungen.
Oben: erreichte Punktzahlen in einer leichten (links) und einer schweren Klausur
(rechts). Mitte links: Anzahl von Geburten in einer Klinik pro Monat; Mitte rechts:
Kopfumfang gesunder Neugeborener. Unten links: Alter von Fußgängern, die bei
Autounfällen verletzt wurden; unten rechts: Körpergröße von weiblichen und
männlichen Schimpansen.

Stamm-und-Blatt-Darstellungen

Eine Übersicht, wie die beobachteten Werte einer quantitativen Variablen verteilt sind, bieten **Stamm-und-Blatt-Darstellungen**. In ihnen bleibt die Information über die einzelnen beobachteten Werte vollständig erhalten. Deshalb können diese Darstellungen weiter verwendet werden, zum Beispiel dazu, Verteilungen in Diagrammen darzustellen.

Jeder beobachtete Wert wird in zwei Teile gespalten, die Blattziffer und die Stammzahl. Die **Blattziffer** ist die letzte für den jeweiligen Inhalt relevante Ziffer eines Wertes, die übrigen Ziffern bilden die **Stammzahl**. Zum Beispiel wird ein Internalitätsscore von 42 aufgespalten in die Stammzahl 4 und die Blattziffer 2, ein Blutzuckerwert von 13,5 in die Stammzahl 13 und die Blattziffer 5.

Der Stamm wird stehend oder liegend als Linie mit zugehörigen Stammzahlen dargestellt. Die beobachteten Werte sind als Blätter dem Stamm zugeordnet. Stamm- und Blattdarstellungen unterscheiden sich darin, wie viele unterschiedliche Blattziffern für eine gegebene Stammzahl gezeigt werden können: es sind entweder 10, 5 oder 2. Zum Beispiel lassen sich die vier Werte 37, 42, 45 und 46 wie folgt darstellen:

$$
\begin{array}{ccc}
\begin{array}{c} 6 \\ 5 \\ \underline{7\ 2} \\ 3\ 4 \end{array} &
\begin{array}{c} 6 \\ \underline{7\ 2\ 5} \\ 3\ 3\ 4\ 4 \end{array} &
\begin{array}{c} \underline{7 \qquad 2\ 5\ 6} \\ 3\ 3\ 3\ 3\ 3\ 4\ 4\ 4\ 4\ 4 \end{array}
\end{array}
$$

Dementsprechend spricht man von einer **Blattdichte** 10, wenn zu einer Stammzahl alle Endziffern von 0 bis 9 gehören, von einer Blattdichte 5, wenn jede Stammzahl doppelt angegeben wird und der ersten die Endziffern 0, 1, 2, 3, 4, der zweiten die Endziffern 5, 6, 7, 8, 9 zugeordnet werden. Bei einer Blattdichte 2 werden als Blätter die Ziffernpaare (0, 1), (2, 3), (4, 5), (6, 7) und (8, 9) in dieser Folge verwendet.

Werden die beobachteten Werte einer Variablen aus einer Tabelle in eine Stamm-und-Blatt-Darstellung übernommen, so sind sie in der Regel zunächst ungeordnet und werden danach für jede Stammzahl aufsteigend geordnet. Stammteile ohne Blätter am oberen und am unteren Ende des Stammes werden gewöhnlich gestrichen.

Als Beispiel für eine ungeordnete und geordnete Stamm-und-Blatt-Darstellung verwenden wir die Internalitätswerte, V, von Patientinnen in der Diabetesstudie, das sind die ersten 35 Werte in Spalte 6 von Tabelle 1.1:

ungeordnet   geordnet

```
2 |                                               2 | 77
2 | 77                                            3 | 4
3 | 4                                             3 | 5567778888888999
3 | 7789579895888886                              4 | 233444
4 | 243344                                        4 | 5555667788
4 | 5867575865
```

Für die Zielgrößen Y, X sowie die erklärenden Variablen Z, U, V in Tabelle 1.1 ergeben sich für die $n = 68$ Patienten folgende (geordnete) Stamm-und-Blatt-Darstellungen:

Y, Blutzuckergehalt

```
                          9
                          8
                 4 8      4
         4    3 7 2    2
         4    3 7 2    2 9
      9 4    3 6 2 9 2 8 3 7
      8 3    3 5 1 9 1 8 2 7
       4 8 0 8 0 5 0 7 0 7 0 5      2 6
  4 9 2 8 0 6 0 5 0 5 0 5 0 5   9 0 5 1
 ──────────────────────────────────────
  5 5 6 6 7 7 8 8 9 9 1 1 1 1 1 1 1 1 1
                      0 0 1 1 2 2 3 3 4
```

X, krankheitsbezogenes Wissen

```
1 | 1
1 | 6
2 | 144
2 | 566667788
3 | 00112344444
3 | 555555677778888999
4 | 00001111122222222224444
4 | 56
```

Z, Fatalismus

```
0 | 8
1 | 01122233444444
1 | 5555555666777778888999
2 | 00001111112222233344
2 | 55578888
3 | 013
```

U, soziale Externalität

```
0 | 88
1 | 133444
1 | 777778888
2 | 00112222233444444
2 | 555556677788899999
3 | 0000111122344
3 | 59
4 | 2
```

V, Internalität

```
2 | 77
3 | 44
3 | 5556777778888888889999
4 | 00001122223333444444444
4 | 55555566667777778888
```

Beispiel mit Interpretation

Es lässt sich an der Stamm-und-Blattdarstellung nicht nur unmittelbar ablesen, in welchem Bereich die Werte liegen, auch die Form der Verteilung ist oft gut zu erkennen. Zum Beispiel liegen die beobachteten Blutzuckerwerte, Y, im Bereich von 5,4 bis 14,1, sie sind also gegenüber dem Normwert von 5 bei Nicht-Diabetikern deutlich erhöht. Die Verteilung der Internalität, V, ist rechtsgipflig, dagegen sind die Verteilungen des Fatalismus, Z, und der sozialen Externalität, U, annähernd glockenförmig.

Die meisten Patienten wissen recht viel über Diabetes, was sich in vielen hohen Werten und in der unsymmetrischen Form der Verteilung von X zeigt. Keiner der möglichen niedrigen Werte der Internalität, V, wurde beobachtet, das heißt alle Patienten, die an der Studie teilnahmen, fühlen sich in hohem Maße selbst verantwortlich dafür, wie ihre chronische Krankheit verläuft.

❯ 1.2.2 Fünf-Punkte-Zusammenfassungen und Box-Plots

Eine kompakte Art, die Verteilung einer quantitativen Variable zu beschreiben ist es, zunächst drei Schwellenwerte (cut-offs) festzulegen, die die beobachteten Werte in etwa vier gleich stark besetzte Bereiche aufteilen. Diese Schwellenwerte werden als die drei **Quartilswerte** Q_1, Q_2, Q_3 bezeichnet.

Sind die beobachteten Werte x_l für $l = 1, \ldots, n$ aufsteigend angeordnet, so kennzeichnen wir die geordneten Werte mit der Schreibweise $x_{(l)}$. Dabei bezeichnet $x_{(1)}$ den kleinsten Wert, $x_{(n)}$ den größten und zum Beispiel $x_{(4)}$ den Wert, der den vierten Rang belegt. Mit den fünf Werten $x_{(1)}$, Q_1, Q_2, Q_3, $x_{(n)}$ will man vier Bereiche mit annähernd gleich großen Beobachtungsanzahlen beschreiben. Die vier Bereiche werden **Quartile** genannt.

Die Quartilswerte sind mit Hilfe von Rangzahlen definiert:

Quartilswert Q_i	Rangzahl von Q_i	beobachtete Werte kleiner als Q_i
unterer, Q_1:	$0,25\,(n+1)$	etwa 25%
mittlerer, Q_2:	$0,50\,(n+1)$	etwa 50%
oberer, Q_3:	$0,75\,(n+1)$	etwa 75%

Der Bereich zwischen Q_1 und Q_3 wird als der **mittlere 50%-Bereich** der Verteilung bezeichnet, da etwa 50% der beobachteten Werte darin liegen.

Rechenbeispiel: Quartilswerte

Für die folgenden $n = 15$ Werte sind die Rangzahlen die geordneten Werte von 1 bis 15.

$x_{(l)}$:	1	3	3	5	5	7	7	7	8	8	8	9	9	10	10
Rangzahl:	1	2	3	$\boxed{4}$	5	6	7	$\boxed{8}$	9	10	11	$\boxed{12}$	13	14	15

$$Q_1 = x_{(4)} = 5, \qquad Q_2 = x_{(8)} = 7, \qquad Q_3 = x_{(12)} = 9$$

Die für Q_3 verwendete Rangzahl ist zum Beispiel $0,75 \times 16 = 12$. Der obere Quartilswert ist daher der beobachtete Wert mit Rangzahl 12: $Q_3 = x_{(12)} = 9$.

Ist $n+1$ durch vier teilbar, so sind die Rangzahlen für die Quartilswerte ganze Zahlen. Ist dies nicht der Fall, kann man gebrochene Rangzahlen erhalten und findet die zugehörigen Quartilswerte mit Hilfe von **linearer Interpolation**.

Rechenbeispiele: Interpolierte Quartilswerte

Für die folgenden $n = 6$ Werte sind die relevanten Rangzahlen

$$0,25 \times 7 = 1,75 \qquad 0,5 \times 7 = 3,5 \qquad 0,75 \times 7 = 5,25$$

Für $Q_1 = x_{(1,75)}$ wird zu $x_{(1)} = 2$ der Anteil $0,75$ der Strecke zwischen $x_{(2)}$ und $x_{(1)}$ addiert. Man erhält so $Q_1 = 5$. Für $Q_2 = x_{(3,5)}$ wird zu $x_{(3)} = 6$ die Hälfte der Differenz $x_{(4)} - x_{(3)} = 7 - 6$ addiert. Man erhält so $Q_2 = 6,5$.

$x_{(l)}$:	$x_{(1)} = 2$	$x_{(2)} = 6$	$x_{(3)} = 6$	$x_{(4)} = 7$	$x_{(5)} = 8$	$x_{(6)} = 10$
Rangzahl:	1	2	3	4	5	6

$$Q_1 = x_{(1,75)} = x_{(1)} + 0,75(x_{(2)} - x_{(1)}) = 2 + 0,75(6 - 2) = 5$$
$$Q_2 = x_{(3,50)} = x_{(3)} + 0,50(x_{(4)} - x_{(3)}) = 6 + 0,50(7 - 6) = 6,5$$
$$Q_3 = x_{(5,25)} = x_{(6)} + 0,25(x_{(6)} - x_{(5)}) = 8 + 0,25(10 - 8) = 8,5$$

Eine **Fünf-Punkte-Zusammenfassung** für eine beobachtete quantitative Variable besteht aus dem **kleinsten Wert**, $x_{(1)}$, den drei **Quartilswerten** Q_1, Q_2, Q_3 und **dem größten Wert**, $x_{(n)}$.

Beispiel mit Interpretation

Für die beobachteten Verteilungen der sechs quantitativen Variablen in der Diabetes-Studie ergeben sich die folgenden Fünf-Punkte-Zusammenfassungen:

Variable	$x_{(1)}$	Q_1	Q_2	Q_3	$x_{(68)}$
Y, Blutzucker	5,4	8,0	9,1	10,8	14,1
X, Wissen	11,0	31,0	37,0	41,0	46,0
Z, Fatalismus	8,0	15,0	18,5	22,0	33,0
U, Soz. Externalität	8,0	18,5	24,5	29,0	42,0
V, Internalität	27,0	38,0	42,0	45,0	48,0
W, Erkrankungsdauer	0,0	60,0	120,0	203,0	288,0

Für das Wissen über Diabetes, X, wurde als schlechtestes Ergebnis $x_{(1)} = 11$ von 50 richtigen Antworten erreicht, als bestes $x_{(68)} = 46$ richtige Antworten. Etwa ein Viertel der Patienten gab bis zu 31 richtige Antworten, ($Q_1 = 31$), annähernd drei Viertel der Patienten bis zu 41 ($Q_3 = 41$); für etwa die Hälfte der Patienten lag die Anzahl der richtigen Antworten zwischen 31 und 41.

Mit einem **Box-Plot** wird die Fünf-Punkte-Zusammenfassung einer beobachteten Verteilung graphisch dargestellt. Der mittlere 50%-Bereich ist als Kasten gezeichnet, Q_2 als Strich innerhalb des Kastens. Der kleinste Wert und der größte Wert sind jeweils durch eine Linie mit dem Kasten verbunden. Als Beispiel zeigt die Abbildung 1.6 den Box-Plot für den Blutzuckerspiegel, Y in der Diabetes-Studie.

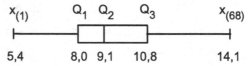

Abbildung 1.6. Box-Plot der Verteilung des Blutzuckergehalts, Y, Daten in Tabelle 1.1 ($n = 68$).

Boxplots können anstatt horizontal (wie in Abbildung 1.6) auch vertikal dargestellt werden (Abbildung 1.7). Manche Statistikprogramme erstellen Box-Plots mit etwas anderer Definition.

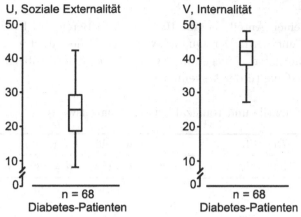

Abbildung 1.7. Box-Plots, soziale Externalität, U, und Internalität, V, Daten in Tabelle 1.1 ($n = 68$).

Beispiel mit Interpretation

Die möglichen Werte für die beiden Variablen soziale Externalität, U, und Internalität, V, reichen von 8 bis 48. In Abbildung 1.7 fällt unmittelbar auf, dass fast alle möglichen Werte der sozialen Externalität beobachtet wurden, aber nur hohe Werte ab 27 für die Internalität. Es gibt somit in der Studie Patienten, die die Ärzte fast gar nicht oder aber vollständig für den eigenen Krankheitsverlauf als verantwortlich sehen; aber alle erkennen die eigene Verantwortung für den Verlauf der chronischen Erkrankung.

1.2.3 Quantilswerte

Für manche quantitative Variable ist es wichtig zu wissen, in welchem Bereich Extremwerte liegen, zum Beispiel im unteren 5%-Bereich aller beobachteten Werte. Der entsprechende Bereich wird 5%-Quantil genannt, der zugehörige cut-off der 5%-Quantilswert. Die zuvor beschriebenen Quartile sind spezielle Quantile.

In Deutschland erhält zum Beispiel die Mutter jedes Neugeborenen eine Abbildung, auf der die Quartile und die 5%- und 95%-Quantile des Kopfumfangs von 1000 gesunden Kindern bis zum dritten Lebensjahr zu sehen sind. Die Mutter kann damit nachsehen, wie sich der Kopfumfang ihre Kindes im Vergleich entwickelt. Sie sollte zum Beispiel den Kinderarzt informieren, wenn der Kopfumfang des Kindes zunächst im mittleren 50%-Bereich liegt, später aber in einem der Extrembereiche liegt, also kleiner als der 5%-Quantilswert oder größer als der 95%-Quantilswert ist.

Bezeichnet k einen Anteil, so gibt $100 \times k$ einen Bereich in Prozent an, der **Quantil** genannt wird. Der Quantilswert $\tilde{x}_k$ ist der Wert mit Rangplatz $k \times (n + 1)$. Links von $\tilde{x}_k$ liegen in etwa $(100 \times k)\%$ der beobachteten Werte im $(100 \times k)\%$-Quantil der Verteilung

Beispiele für Quantile und Rangzahlen von Quantilswerten:

Anteil	Quantil	Rangzahlen $k \times (n + 1)$			
k	$(100 \times k)\%$	$n = 99$	$n = 100$	$n = 139$	$n = 68$
0,01	1%	1	1,01	1,40	0,69
0,05	5%	5	5,05	7,00	3,45
0,95	95%	95	95,95	133,00	65,55
0,99	99%	99	99,99	138,60	68,31

Ist die Rangzahl eine ganze Zahl, so ist der Quantilswert einer der beobachteten Werte. Zum Beispiel ist für $n = 139$ die Rangzahl des 5%-Quantilswertes $0,05 \times 140 = 7$. Der zugehörige Quantilswert $\tilde{x}_{0,05}$ ist dann $x_{(7)}$, der Wert mit Rangplatz 7.

Rechenbeispiele: Quantilswerte

Für $n = 68$ hat der 5%-Quantilswert die Rangzahl 3,45. Damit ergibt sich anhand der aufsteigend angeordneten Werte in der Stamm-und-Blatt-Darstellung für krankheitsbezogenes Wissen, X, (siehe S. 31) ein Quantilswert von

$$\tilde{x}_{0,05} = x_{(3)} + 0,45 \left(x_{(4)} - x_{(3)} \right) = 21 + 0,45 \left(24 - 21 \right) = 22,35.$$

Der 95%-Quantilswert hat die Rangzahl 65,55. Der zugehörige Quantilswert ist

$$\tilde{x}_{0,95} = x_{(65)} + 0,55 \left(x_{(66)} - x_{(65)} \right) = 44 + 0,55 \left(44 - 44 \right) = 44,0.$$

❯ 1.2.4 Typische Werte in Verteilungen quantitativer Variable

In der Regel ist es zu aufwendig, die Verteilungen aller Variablen einer Studie in Tabellen oder Abbildungen darzustellen. Deshalb versucht man, Eigenschaften der Verteilungen mit wenigen Maßen zu beschreiben. Typische Werte mit verschiedenen Eigenschaften sind zum Beispiel der Mittelwert, der Median und der Modalwert. Die typischen Werte einer Verteilung werden oft auch als Lagemaße bezeichnet.

Für beobachtete Ausprägungen x_l einer quantitativen Variablen X gilt:

Der **Mittelwert** ist die Summe aller Werte geteilt durch die Beobachtungsanzahl

$$\bar{x} = \frac{(x_1 + x_2 + \ldots + x_n)}{n} = \frac{\sum x_l}{n}$$

Für die Verwendung des Summenzeichens $\sum$ siehe Anhang C.1.

Behauptung   Der Mittelwert gibt an, welchen Wert jede Beobachtungseinheit erhielte, wäre die Summe der Beobachtungen gleichmäßig auf alle Einheiten verteilt.

Beweis   Aus der Definition des Mittelwerts, $\bar{x} = (\sum x_l)/n$ erhält man nach Multiplikation mit n die Form $n\bar{x} = \sum x_l$.

Der **Modalwert** oder Modus ist der Wert, der am häufigsten vorkommt (sofern es einen solchen Wert gibt).

Der **Median** ist der 50%-Quantilswert, Q_2, das heißt der Wert mit Rangplatz $0,5\,(n+1)$.

Man findet den Median für ungerade n immer als einen der beobachteten Werte, zum Beispiel für $n = 99$ als den 50sten Wert in der Reihe der aufsteigend geordneten Werte $x_{(l)}$. Für gerade n kann man den Median als den Mittelwert aus zwei benachbarten beobachteten Werten berechnen, zum Beispiel für $n = 10$ als Mittelwert aus dem fünften und dem sechsten Wert.

Behauptung   Der 50%-Quantilswert, $\tilde{x}_{0,5}$, ist für gerade Anzahlen n der Mittelwert aus $x_{\left(\frac{n}{2}\right)}$ und $x_{\left(\frac{n+2}{2}\right)}$.

Beweis

$$\tilde{x}_{0,5} = x_{\left(\frac{n}{2}\right)} + 0,5\{x_{\left(\frac{n+2}{2}\right)} - x_{\left(\frac{n}{2}\right)}\}$$

$$= \{x_{\left(\frac{n}{2}\right)} - 0,5 x_{\left(\frac{n}{2}\right)}\} + 0,5 x_{\left(\frac{n+2}{2}\right)} = 0,5\{x_{\left(\frac{n}{2}\right)} + x_{\left(\frac{n+2}{2}\right)}\}$$

Rechenbeispiele: Mittelwert, Median und Modalwert

Beispiel für $n = 3$: $x_1 = 3, \quad x_2 = 2, \quad x_3 = 5$

Mittelwert: $\bar{x} = (3 + 2 + 5)/3 = 3,\bar{3}$

geordnete Werte, $x_{(l)}$: $x_{(1)} = 2, \quad x_{(2)} = 3, \quad x_{(3)} = 5$

Median: $Q_2 = x_{(2)} = 3$

Modalwert: es gibt keinen Modalwert

Beispiel für $n = 4$: $x_1 = 1, \quad x_2 = 1, \quad x_3 = 6, \quad x_4 = 0$

Mittelwert $\bar{x} = (1 + 1 + 6 + 0)/4 = 2$

geordnete Werte, $x_{(l)}$: $x_{(1)} = 0, \quad x_{(2)} = 1, \quad x_{(3)} = 1, \quad x_{(4)} = 6$

Median: $Q_2 = 0,5(x_{(2)} + x_{(3)}) = 0,5(1 + 1) = 1$

Modalwert: 1

Der Modalwert ist zwar einfach zu bestimmen, aber stark von der beobachteten Verteilungsform abhängig. Der Median ist nicht Ausreißer-empfindlich. Als **Ausreißer** werden gültige Werte bezeichnet, die weit außerhalb des mittleren 50%-Bereichs liegen. Der Mittelwert ist extrem Ausreißer-empfindlich.

Abbildung 1.8 zeigt eine linksgipflige Verteilung mit Modalwert = 1, Median = 3, Mittelwert = 5. Es ist hier der Modalwert kleiner als der Median und der Median kleiner als der Mittelwert. Umgekehrt gilt in der Regel für rechtsgipflige Verteilungen, dass der Mittelwert kleiner als der Median und dieser kleiner als der Modalwert ist. Die drei verschiedenen typischen Werte liegen um so näher beieinander, je symmetrischer die Verteilung ist.

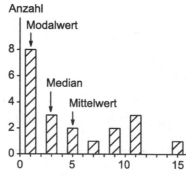

Abbildung 1.8. Typische linksgipflige Verteilung.

Beispiel mit Interpretation

Für die Variable krankheitsbezogenes Wissen, X, wurde in der Diabetesstudie ein Mittelwert von 35,4, ein Median von 37 und ein Modalwert von 42 beobachtet. Der Mittelwert sagt, dass jeder der 68 Patienten etwa 35 der 50 Multiple-Choice Fragen richtig beantwortet hätte, wäre die Summe der richtigen Antworten gleichmäßig auf alle Patienten verteilt. Der Median sagt, dass etwa die Hälfte der 68 Patienten 37 oder weniger Fragen richtig beantwortete. Der Modalwert sagt, dass am häufigsten 42 richtige Antworten beobachtet wurden.

1.2.5 Variabilität quantitativer Variablen

Verteilungen können sich stark voneinander unterscheiden, obwohl die drei typischen Werte Mittelwert, Median und Modalwert identisch sind. Abbildung 1.9 gibt drei Beispiele.

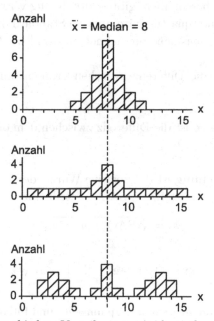

Abbildung 1.9. Drei verschiedene Verteilungen mit identischen typischen Werten.

Abbildung 1.10 zeigt, dass auch dann, wenn drei sehr unterschiedliche typische Werte in zwei Verteilungen übereinstimmen, sich die beiden Verteilungen dennoch deutlich in der Form unterscheiden können. Deshalb reichen in der Regel die typischen Werte alleine nicht aus, die wichtigen Eigenschaften einer beobachteten Verteilung gut zu beschreiben.

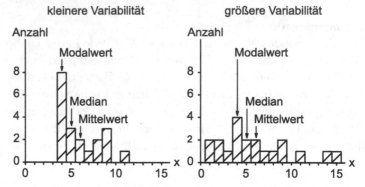

Abbildung 1.10. Zwei unterschiedliche Verteilungen, deren drei typische Werte übereinstimmen.

Um die Vielfalt oder Variabilität von beobachteten Werten x einer quantitativen Variablen X zu beschreiben, gibt es drei häufig verwendete Kennwerte: die Spannweite, die Interquartilsweite und die Standardabweichung. Sie werden oft auch als Streuungsmaße bezeichnet und sind wie folgt definiert:

Die **Spannweite** ist die Differenz zwischen größtem und kleinstem Wert, $x_{(n)} - x_{(1)}$.

Die **Interquartilsweite** ist die Differenz zwischen dem oberen und dem unteren Quartilswert, $Q_3 - Q_1$.

Die **Standardabweichung** ist die positive Wurzel der Summe der quadrierten Abweichungen vom Mittelwert, SAQ_x, geteilt durch $n - 1$

$$s_x = \sqrt{\mathrm{SAQ}_x/(n - 1)},$$

wobei

$$\mathrm{SAQ}_x = (x_1 - \bar{x})^2 + (x_2 - \bar{x})^2 + \ldots + (x_n - \bar{x})^2$$

Rechenbeispiel: Standardabweichung, Spannweite und Interquartilsweite

Beobachtete Werte x_i: 3   1   6   0
geordnete Werte $x_{(l)}$:   0   1   3   6

Kennwerte $\bar{x} = 2,5$; $Q_1 = 0,25$, $Q_3 = 5,25$

Summe der Abweichungsquadrate

$$\text{SAQ}_x = (x_1 - \bar{x})^2 + \ldots + (x_4 - \bar{x})^2$$
$$= (3 - 2,5)^2 + \ldots + (0 - 2,5)^2 = 21$$

Standardabweichung $\quad s_x = \sqrt{\text{SAQ}_x/(n-1)} = \sqrt{21/3} = 2,66$

Spannweite $\quad x_{(4)} - x_{(1)} = 6 - 0 = 6$

Interquartilsweite: $\quad Q_3 - Q_1 = 5,25 - 0,25 = 5$

Behauptung Eine alternative Berechnungsform der Summe der Abweichungsquadrate SAQ_x ist:

$$\text{SAQ}_x = \sum x_l^2 - n\bar{x}^2$$

Beweis Mit den Summenregeln (siehe Anhang C.1), der Binomischen Formel (siehe Anhang C.3) und $\sum x_l = n\bar{x}$ ergibt sich:

$$\sum(x_l - \bar{x})^2 = \sum(x_l^2 - 2x_l\bar{x} + \bar{x}^2) = \sum x_l^2 - 2\bar{x}\sum x_l + n\bar{x}^2 = \sum x_l^2 - n\bar{x}^2$$

Eigenschaften der Maße für die Variabilität

Bei der Spannweite ist damit zu rechnen, dass sie sich systematisch mit zunehmender Beobachtungsanzahl n vergrößert. Die Interquartilsweite ist weniger stark von n abhängig. Sie lässt sich aber nicht gut für Variablen vergleichen, die sich im Bereich ihrer möglichen Werte deutlich unterscheiden. Mittelwert und Standardabweichung sind dann gute Beschreibungen einer Verteilung, wenn es keine Ausreißer gibt und die Verteilung annähernd eingipflig ist. Die Standardabweichung ist extrem Ausreißer-empfindlich. Abbildung 1.11 zeigt zwei Verteilungen für $n = 25$, eine ohne Ausreißer und eine mit einem Ausreißer.

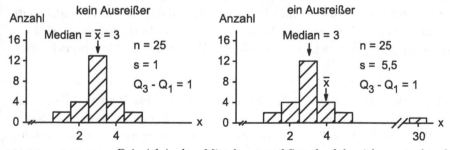

Abbildung 1.11. Beispiel, in dem Mittelwert und Standardabweichung stark auf einen Ausreißer reagieren, Median und Interquartilsweite nicht.

Die Standardabweichung hat eine Eigenschaft, die sie für Interpretationen höchst nützlich macht. Der russischen Mathematiker Pafnutij Chebychev (1821 - 1894) hat Folgendes bewiesen: für jede Verteilung mit Mittelwert $\bar{x}$ und Standardabweichung s_x und für eine beliebige Zahl $c > 2$ gilt, dass im Bereich $(\bar{x} - cs_x, \bar{x} + cs_x)$ mindestens $100 \times (1 - 1/c^2)\%$ aller Werte liegen. Insbesondere weiß man deshalb:

im Bereich $\bar{x} \pm 3s_x$ liegen mindestens 89% der x-Werte,

im Bereich $\bar{x} \pm 5s_x$ liegen mindestens 96% der x-Werte.

Damit kann man nur aus Kenntnis des Mittelwerts und der Standardabweichung darauf schließen, in welchem Bereich fast alle der beobachteten Werte liegen, gleichgültig welche Form die Verteilung hat.

Beispiel mit Interpretation

Die Variable soziale Externalität, U, in der Diabetesstudie hat einen Mittelwert von $\bar{u} = 24,2$ und eine Standardabweichung von $s_u = 7,03$. Das Ergebnis von Chebychev besagt, dass mindestens 89% der Werte der sozialen Externalität, U im Bereich zwischen 3,1 und 45,3 $(24,2 \pm 3 \times 7,03)$ liegen. Da die Variable nur Werte zwischen 8 und 48 annehmen kann, weiß man deshalb, dass mindestens 89% der beobachteten Werte zwischen 8 und 46 liegen.

Für die Internalität, V, sind der Mittelwert $\bar{v} = 41,3$ und die Standardabweichung $s_v = 4,73$. Damit liegen mindestens 89% der beobachteten Werte im Bereich zwischen 27,1 und 55,5 $(41,3 \pm 3 \times 4,73)$. Weniger als 11% können daher kleiner als 27,1 sein, da es auch für diese Variable nur mögliche Werte von 8 bis 48 gibt.

Abbildung 1.12 zeigt, inwiefern sich die Informationen aus Standardabweichung und Interquartilsweite ergänzen können. Die Standardabweichung ist gleich groß in der oberen und mittleren Verteilung, die Interquartilsweite in der oberen und der unteren Verteilung. Die Standardabweichung wird um so größer, je weniger sich die beobachteten Werte um den Mittelwert konzentrieren.

Für Spannweite und Standardabweichung bedeutet ein Wert von Null, dass es keinerlei Variabilität in den beobachteten Werten gibt. Dagegen bedeutet ein Wert von Null für die Interquartilsweite, dass es im mittleren 50% Bereich der Werte keine Variabilität gibt.

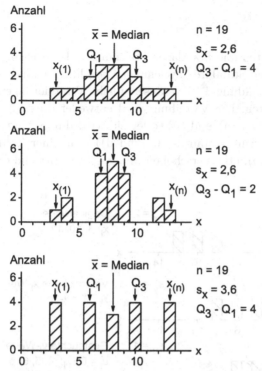

Abbildung 1.12. Drei deutlich unterschiedliche Verteilungen, in denen Mittelwert und Median identisch sind; die Standardabweichungen stimmen in der oberen und mittleren Verteilung überein, die Interquartilsweiten in der oberen und unteren.

1.2.6 Verteilungen nach linearer Transformation

Sind Mittelwert und Standardabweichungen in zwei Untersuchungen mit denselben Personen sehr unterschiedlich, so sind die beiden beobachteten Werte für jede einzelne Personen nicht direkt vergleichbar; sind zum Beispiel in einer ersten Klausur Mittelwert $\bar{x}_1 = 70$ und Standardabweichung $s_1 = 8$ und in einer zweiten Klausur $\bar{x}_2 = 82$, $s_2 = 4$, dann ist dieselbe Punktzahl 73 in der ersten Klausur gut, da sie größer als der Mittelwert ist, aber in der zweiten nicht, da sie dort mehr als zwei Standardabweichungen unter dem Durchschnitt liegt. Mit Hilfe von linearen Transformation wird es möglich, die Leistung jedes Studenten relativ zur jeweiligen Gesamtleistung der Gruppe zu sehen.

Beobachtungswerte x_l werden **linear transformiert**, wenn für $l = 1, \ldots, n$ jeder x_l-Wert mit einer beliebigen Zahl b multipliziert wird und zum Ergebnis eine weitere beliebige Zahl a addiert wird:

$$y_l = a + bx_l$$

Aus den Mittelwerten und Standardabweichungen der Ausgangswerte lassen sich Mittelwerte und Standardabweichungen von linear transformierten Werten berechnen. Abbildung 1.13 veranschaulicht Veränderungen an nur drei beobachteten Werten. Die Verteilung wird entweder durch Addition von a horizontal verschoben (a) und b)), oder sie wird durch Multiplikation mit einer Zahl kleiner Eins gestaucht (b) und d)), mit einer Zahl größer Eins gestreckt (b) und e)), oder verschoben und gestreckt (a) und e)).

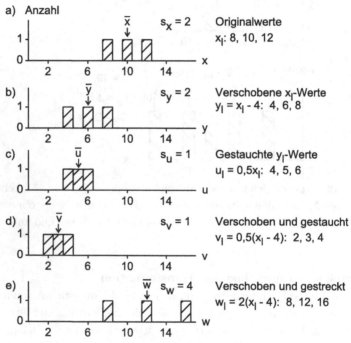

Abbildung 1.13. Veränderungen in der Verteilung von drei Werten nach linearen Transformationen.

Behauptung Der Mittelwert und die Standardabweichung von linear transformierten Werten, $y_l = a + bx_l$, sind $\bar{y} = a + b\bar{x}$, $s_y = |b|s_x$. Mit $|b|$ wird der **Betrag** von b bezeichnet, das heißt der positive Wert von b.

Beweis Aus $y_l = a + bx_l$ folgt $\sum y_l = \sum(a + bx_l) = na + b\sum x_l$.
Nach Division durch n erhält man: $\bar{y} = a + b\bar{x}$.

Für s_y berechnet man

$$\text{SAQ}_y = \sum(y_l - \bar{y})^2 = \sum\{(a + bx_l) - (a + b\bar{x})\}^2 = \sum b^2(x_l - \bar{x})^2 = b^2\text{SAQ}_x$$

Daher ist $s_y = |b| \sqrt{\text{SAQ}_x/(n-1)} = |b|s_x$

Rechenbeispiele: Kennwerte nach linearer Transformation

Die Werte $x_l = 8, 10, 12$ haben Mittelwert $\bar{x} = 10$ und Standardabweichung $s_x = 2$.

Beispiel für die Transformation $y_l = -2 + 0,5x_l$:
Für y_l sind die transformierten Werte $y_{(l)} = 2, 3, 4$. Verwendet man die Informationen $\bar{x} = 10$ und $s_x = 2$, so erhält man

$$\bar{y} = -2 + 0,5 \times 10 = 3, \qquad s_y = 0,5 \times 2 = 1.$$

Beispiel für die Transformation $y_l = -0,5x_l$:
Für die Transformation sind $y_{(l)} = -4, -5, -6$ und

$$\bar{y} = -0,5 \times 10 = -5, \qquad s_y = |-0,5|s_x = 0,5 \times 2 = 1.$$

Besondere lineare Transformationen sind diejenigen, die zu **0-1-standardisierten Werten** führen. Sie werden oft auch als z-Werte bezeichnet.

$$z_l = (x_l - \bar{x})/s_x.$$

Behauptung 0-1-standardisierte Werte haben Mittelwert Null und Standardabweichung Eins.

Beweis Für $z_l = a + bx_l$ erhält man, mit $a = -\bar{x}/s_x$ und $b = 1/s_x$,
$z_l = -\bar{x}/s_x + (1/s_x)x_l = (x_l - \bar{x})/s_x$, $\bar{z} = a + b\bar{x} = 0$ und $s_z = |b|s_z = 1$.

Abbildung 1.14 zeigt für 80 Studenten fiktive Punktzahlen und Histogramme in zwei aufeinander folgenden Klausuren, X_1 und X_2. Mittelwerte und Standardabweichungen unterscheiden sich erheblich: $\bar{x}_1 = 70$, $\bar{x}_2 = 82$, $s_1 = 8$, $s_2 = 4$. Deshalb ist zum Beispiel dieselbe Punktzahl in der ersten Klausur im Vergleich zur Leistung der Gruppe anders zu interpretieren als in der zweiten Klausur.

In Abbildung 1.15 sind die Punktzahlen mit Hilfe von 0-1-standardisierten Werten vergleichbar gemacht. Die vorhandenen Unterschiede in den Mittel-

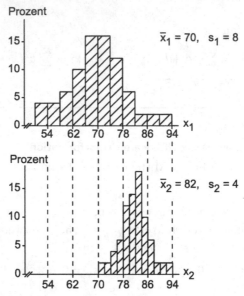

Abbildung 1.14. Histogramme, Ergebnisse von 80 Studenten in zwei Klausuren.

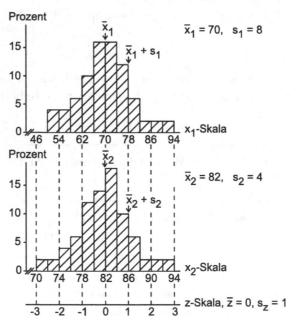

Abbildung 1.15. Histogramme der 0-1-standardisierten Werte zu Abbildung 1.14, $(x_1 - 70)/8$ und $(x_2 - 82)/4$.

werten und Standardabweichungen sind nach 0-1-Standardisierung nicht mehr zu erkennen. Man erkauft sozusagen die Vergleichbarkeit einzelner Werte mit dem Informationsverlust über die typischen Werte und die Variabilität der beobachteten Verteilungen in den beiden Klausuren.

Beispiel mit Interpretation

In Abbildung 1.15 ist zum Beispiel abzulesen, dass im Vergleich zum jeweiligen Gesamtergebnis die erreichte Punktzahl von 78 einer überdurchschnittlichen Leistung in der ersten Klausur entspricht ($78 = \bar{x}_1 + s_1$), aber nur einer unterdurchschnittlichen Leistung in der zweiten Klausur ($78 = \bar{x}_2 - s_2$). Die 0-1-standardisierten Werte sind entsprechend $+1$ und -1. Die Punktzahl 82 ist in der zweiten Klausur durchschnittlich ($82 = \bar{x}_2$), in der ersten Klausur überdurchschnittlich ($82 = \bar{x}_1 + 1,5s_1$). Die beiden Ergebnisse entsprechen den standardisierten Werten von 0 beziehungsweise von $1,5$.

Eine weitere Anwendung linearer Transformation ist es, die beobachteten Werte so zu verändern, dass sie einen neuen Mittelwert, $\bar{x}_{\text{neu}}$, und eine neue Standardabweichung s_{neu} erhalten, weil man wissen möchte, welchem Wert ein beobachtetes Ergebnis in einer anderen Skala entspricht. Man berechnet die transformierten Werte u_l wie folgt:

$$u_l = \bar{x}_{\text{neu}} + s_{\text{neu}}(x_l - \bar{x})/s_x$$

Abbildung 1.16 zeigt ein Beispiel für die Verteilung von Punktzahlen für $n = 200$ Studenten in einem Test. Die Originalwerte im Bereich von 4 bis 20 sind so verändert, dass sie einem Standardtest entsprechen, der einen Mittelwert von 500 und eine Standardabweichung von 100 hat.

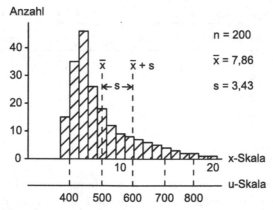

Abbildung 1.16. Verteilung vor und nach linearen Transformationen.

Die Abbildung verdeutlicht, dass durch lineare Transformation nur die Skala, das heißt die Beschriftung der horizontalen Achse, verändert wird. Die Form der Verteilung bleibt erhalten.

❯ 1.2.7 Beweise im Vergleich zu Illustrationen

Illustrationen sind Zahlenbeispiele, mit denen man verdeutlicht, was mathematische Behauptungen aussagen. Sie sind notwendig aber nicht hinreichend (siehe Anhang C.4) dafür, dass eine Behauptung stimmt. Dagegen enthält ein Beweis immer äquivalente Aussagen zu einer Behauptung. Diese sind sowohl notwendig als auch hinreichend. Wir zeigen an Beispielen, dass Illustrationen oft einen wichtigen Schritt darstellen, Behauptungen richtig zu interpretieren.

Behauptung   Die Summe der Abweichungen der beobachteten Werte vom Mittelwert ist gleich Null: $\sum(x_l - \bar{x}) = 0$.

Beweis $\sum(x_l - \bar{x}) = \sum x_l - \sum \bar{x} = 0$, da $\sum \bar{x} = n\bar{x} = \sum x_l$

Illustration dieser Eigenschaft des Mittelwerts

Tabelle 1.5 enthält für vier beobachtete x-Werte die Summe der einfachen Abweichungen vom Mittelwert als eine Funktion von c. Für diesen Zweck sind sechs Werte für c zwischen $x_{(1)}$ und $x_{(n)}$ gewählt.

Tabelle 1.5. Zahlenbeispiel zu $\sum(x_{(l)} - c)$ und $\sum(x_l - c)^2$.

Werte c	$x_{(1)}$	$x_{(2)}$	$x_{(3)}$	$x_{(4)}$	$\sum(x_{(l)} - c)$	$\sum(x_{(l)} - c)^2$
1	0	1	3	12	16	154
2	−1	0	2	11	12	126
3 = Median	−2	−1	1	10	8	106
4	−3	−2	0	9	4	94
5 = $\bar{x}$	−4	−3	−1	8	0	90
13	−12	−11	−9	0	−32	346

Abbildung 1.17 stellt die Summe der Abweichungen der vier beobachteten x-Werte von einer beliebigen Zahl c als Funktion von c graphisch dar. Im Beispiel ist $f(c) = \sum(x_l - c) = \sum x_l - nc = 20 - 4c$ eine Gerade mit Steigung

−4 und mit 20 als Schnittpunkt mit der vertikalen Achse. Für $c = 5$ ist $f(5) = 0$ und bestätigt somit die Behauptung am Beispiel, da der Mittelwert der vier x-Werte gleich 5 ist.

f(c): Summe der Abweichungen von c

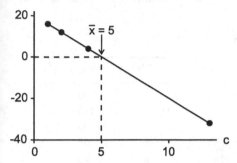

c	$f(c) = \sum(x_{(l)} - c)$
1	16
2	12
3	8
4	4
5	0
13	−32

Abbildung 1.17. Illustration einer Eigenschaft des Mittelwerts: die Funktion $f(c) = \sum(x_l - c)$ hat den Wert Null für $c = \bar{x}$.

Behauptung   Der Mittelwert minimiert die Summe der quadrierten Abweichungen der beobachteten Werte x_l von einer beliebigen Zahl c.

Beweis   Die Summe der quadrierten Abweichungen von c ändert sich nicht, wenn $\bar{x}$ subtrahiert und addiert wird:

$$\sum(x_l - c)^2 = \sum\{(x_l - \bar{x}) + (\bar{x} - c)\}^2$$

Ausmultiplizieren mit der binomischen Formel (Anhang C.3) und Vereinfachen der Summe ergibt

$$\sum(x_l - c)^2 = \sum\{(x_l - \bar{x})^2 + (\bar{x} - c)^2 + 2(\bar{x} - c)(x_l - \bar{x})\}$$
$$= \sum(x_l - \bar{x})^2 + n(\bar{x} - c)^2 + 2(\bar{x} - c)\sum(x_l - \bar{x}).$$

Da $\sum(x_l - \bar{x}) = 0$, ist der letzte Term gleich Null. Mit der Definition von $\text{SAQ}_x = \sum(x_l - \bar{x})^2$ ist daher

$$\sum(x_l - c)^2 = \text{SAQ}_x + n(\bar{x} - c)^2,$$

und die kleinstmögliche quadrierte Summe ergibt sich genau dann, wenn nichts zu SAQ_x addiert wird, also wenn $c = \bar{x}$ gewählt wird.

Illustration dieser weiteren Eigenschaft des Mittelwerts

Abbildung 1.18 stellt für vier beobachtete x-Werte die Summe der quadrierten Abweichungen von einer beliebigen Zahl c (siehe Tabelle 1.5) graphisch dar. Im Beispiel ist $f(c) = \sum(x_l - c)^2 = \sum x_l^2 - (2\sum x_l)\,c + nc^2 = 190 - 40c + 4c^2$ eine quadratische Funktion von c. Sie hat ein Minimum für $c = 5$, also für den Mittelwert.

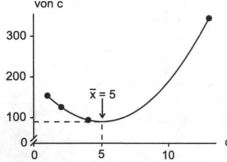

f(c): Summe der quadrierten Abweichungen von c

c	$f(c) = \sum(x_{(l)} - c)^2$
1	154
2	126
3	106
4	94
5	90
13	346

Abbildung 1.18.   Illustration einer weiteren Eigenschaft des Mittelwerts: die Funktion $f(c) = \sum(x_l - c)^2$ erreicht das Minimum für $c = \bar{x}$.

Behauptung   Der Median minimiert die Summe der Abstände (der Abweichungen dem Betrag nach) der beobachteten Werten x_l von einer beliebigen Zahl c.

Diese Behauptung wird hier nicht bewiesen, sondern nur mit dem folgenden Beispiel veranschaulicht.

Illustration dieser Eigenschaft des Medians

Tabelle 1.6. Zahlenbeispiel zu Abstandssummen $\sum |x_{(l)} - c|$

	$x_{(l)} - c$				
	$x_{(1)}$	$x_{(2)}$	$x_{(3)}$	$x_{(4)}$	Funktion von c
Werte c	1	2	4	13	$\sum |x_{(l)} - c|$
1	0	1	3	12	16
2	-1	0	2	11	14
3 = Median	-2	-1	1	10	14
4	-3	-2	0	9	14
5 = $\bar{x}$	-4	-3	-1	8	16
13	-12	-11	-9	0	32

In Abbildung 1.19 sind die berechneten Abstandssummen mit Geraden verbunden. Die Funktion wird am kleinsten für alle Werte zwischen $x_{(n/2)} = 2$ und $x_{((n+2)/2)} = 4$, also insbesondere auch für den Median, den Mittelwert aus zwei und vier.

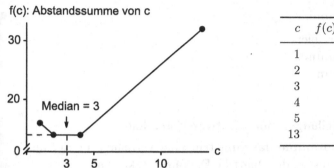

f(c): Abstandssumme von c

c	$f(c) = \sum \lvert x_{(l)} - c \rvert$
1	16
2	14
3	14
4	14
5	16
13	32

Abbildung 1.19. Illustration einer Eigenschaft des Medians: $f(c) = \Sigma \lvert x_{(l)} - c \rvert$ erreicht ein Minimum für $c = $ Median.

Das Beispiel veranschaulicht auch, dass diese Eigenschaft des Medians weniger attraktiv ist, als die vergleichbare Eigenschaft des Mittelwerts in Abbildung 1.18, da es außer dem Median noch andere Werte geben kann, für die die Abstandssumme genau so groß wird.

Aufgrund der beschriebenen Eigenschaften sieht man, dass einerseits der Mittelwert und die Standardabweichung zusammengehören und andererseits Median und Interquartilsweite, da man die Interquartilsweite als eine spezielle Abstandssumme interpretieren kann.

1.2.8 Zusammenfassung

Verteilung einer Variablen

Beobachtete Verteilungen kategorialer Variablen und kategorisierter quantitativer Variablen können mit **Häufigkeitstabellen** beschrieben werden. Häufigkeitstabellen enthalten für jede Ausprägung oder Klasse:
– Anzahlen, n_j,
– Prozente, $P_j = 100 \times (n_j/n)$.

In der Stamm-und-Blatt-Darstellung für eine quantitative Variable sind alle beobachteten Werte erhalten. Die Form der Verteilung ist, ähnlich wie in Histogrammen, zu erkennen.

Zur graphischen Darstellung einer beobachteten Verteilung eignen sich

— für quantitative Variable **Box-Plots**,
— für kategorisierte quantitative Variable:
  – **Histogramme**,
  – **Kreisdiagramme**,
— für kategoriale Variable:
  – **Säulendiagramme**,
  – **Kreisdiagramme**.

Kennwerte für Verteilungen quantitativer Variablen

Die **Fünf-Punkte-Zusammenfassung** teilt eine Verteilung in vier annähernd gleich große Bereiche, die Quartile. Die fünf Punkte sind

— der kleinste Wert: $x_{(1)}$,
— der untere Quartilswert, Q_1: Wert mit Rangzahl: $0,25 \times (n+1)$,
— der mittlere Quartilswert, Q_2: Wert mit Rangzahl: $0,50 \times (n+1)$,
— der obere Quartilswert, Q_3: Wert mit Rangzahl: $0,75 \times (n+1)$,
— der größte Wert: $x_{(n)}$.

Maße für typische Werte einer Verteilung sind
— der **Mittelwert**: $\bar{x} = (\sum x_l)/n$,
— der **Modalwert**: der häufigste Wert (existiert nicht immer),
— der **Median**, Q_2: der Wert mit Rangzahl: $0,5\,(n+1)$.

Maße für die Variabilität einer Verteilung sind
— die **Spannweite**: $x_{(n)} - x_{(1)}$,
— die **Interquartilsweite**: $Q_3 - Q_1$,
— die **Standardabweichung**: $s_x = \sqrt{\mathrm{SAQ}_x/(n-1)}$,
  wobei $\mathrm{SAQ}_x = \sum(x_l - \bar{x})^2 = \sum x_l^2 - n\bar{x}^2$ die Summe der Abweichungsquadrate vom Mittelwert bezeichnet.

Eine annähernd eingipflige Verteilung lässt sich gut mit Mittelwert und Standardabweichung beschreiben, sofern es keine Ausreißer gibt. Innerhalb des Bereichs $\bar{x} \pm 3s_x$ liegen mindestens 89% aller beobachteten Werte, gleichgültig welche Form die Verteilung hat.

Verteilungen linear transformierter Werte von quantitativen Variablen

Beobachtungswerte x_l werden linear transformiert, in dem jeder Wert x_l mit einer Konstanten b multipliziert und zum Ergebnis eine weitere Konstante a addiert wird: $y_l = a + bx_l$. Die Form der Verteilung ändert sich durch lineare Transformation nicht.

Für die **Kennwerte** gilt nach **linearer Transformation** $y_l = a + bx_l$:
— Mittelwert: $\bar{y} = a + b\bar{x}$,
— Standardabweichung: $s_y = |b|s_x$.

Beobachtungswerte x_l werden **0-1-standardisiert**, in dem von jedem x_l-Wert der Mittelwert $\bar{x}$ subtrahiert und das Ergebnis durch die Standardabweichung s_x dividiert wird. Es gilt

— für einzelne Werte: $z_l = (x_l - \bar{x})/s_x$,
— für den Mittelwert: $\bar{z} = 0$,
— für die Standardabweichung: $s_z = 1$.

Nach 0-1-Standardisieren werden beobachtete Werte vergleichbar, aber die Information über vorhandene Mittelwerts- und Variabilitätsunterschiede gehen verloren.

1.3 Beobachtete statistische Assoziationen

Viele Forschungsfragen betreffen mindestens zwei Variable. Ein erster wichtiger Schritt ist es dann, Daten so zusammenzufassen und darzustellen, dass es möglichst leicht fällt zu beurteilen, wie zwei beobachtete Variable zueinander in Beziehung stehen, das heißt, wie sie **statistisch assoziiert** sind. Man möchte insbesondere oft wissen, ob eine vermutete Assoziation sich so wie erwartet in den Beobachtungen deutlich widerspiegelt oder ob die Beobachtungen der Vermutung sogar eher widersprechen. Je nach Art der beiden Variablen unterscheidet sich, wie man Beobachtungen für sie zusammenfasst und wie man statistische Assoziationen beschreiben und beurteilen kann.

❯ 1.3.1 Arten von Assoziationen

Die folgenden Beispiele sollen es erleichtern, zwischen zwei wichtigen Arten von Forschungsfragen zu unterscheiden: Vermutungen über die Abhängigkeit einer Zielgröße von einer Einflussgröße und Vermutungen über die Beziehung von zwei gleichgestellten Variablen.

Beispiele für je eine quantitative Ziel- und Einflussgröße

– Ist das Wissen über die chronische Erkrankung Diabetes, X, um so besser, je mehr die Patienten denken, dass sie selbst dafür verantwortlich sind, wie sich die Krankheit entwickelt, dass heißt, je stärker sie internal attribuieren, V?

– Ist das Wissen über Diabetes, X, eher schlechter, je mehr die Patienten denken, der Krankheitsverlauf hängt ohnehin nur vom Zufall ab, dass heißt je stärker sie fatalistisch attribuieren, Z?

Bei diesen beiden Fragen wird das Wissen, X, als Zielgröße angesehen, als mögliche Einflussgrößen werden Internalität, V, beziehungsweise Fatalismus, Z betrachtet. Formuliert wird jeweils eine **Art und Richtung der Abhängigkeit** der Zielgröße von der Einflussgröße. Genauer wird mit den beiden Vermutungen eine lineare Abhängigkeit für die Variablenpaare (X, V) und (X, Z) vermutet, eine **positive lineare Abhängigkeit** für X von V und eine **negative lineare Abhängigkeit** für X von Z. Es wird erwartet, dass das Wissen über Diabetes, x, um so größer ist, je stärker der Patient internal attribuiert, je größer also v ist und dass x um so größer ist, je geringer der Patient fatalistisch attribuiert, je kleiner also z ist.

Beispiele für zwei gleichgestellte Variable
- Neigen Patienten mit fatalistischer Attribution, Z, eher dazu, die Ärzte für ihren Krankheitsverlauf verantwortlich anzusehen, U?
- Tendieren Patienten, die internal attribuieren, V, eher dazu die behandelnden Ärzte als nicht verantwortlich für den Verlauf der eigenen chronischen Erkrankung anzusehen, U?

Mit diesen beiden Aussagen wird ebenfalls eine lineare Beziehung der Variablenpaare (Z, U) und (V, U) formuliert, eine positive für (Z, U) und eine negative für (V, U). Dennoch sind die Beziehungen von anderer Art als in den beiden vorherigen Beispielen. Da Z, U und V verschiedene Aspekte der Attribution beschreiben, gibt es für sie keine unmittelbare Unterscheidung in Ziel- und Einflussgröße, sondern die Variablen sind gleichgestellt. Man spricht bei gleichgestellten Variablen von Vermutungen über die **Art und Richtung des Zusammenhangs**.

Ein Zusammenhang ist die symmetrische Form, eine Abhängigkeit die gerichtete Form einer statistischen Assoziation. Typischerweise formuliert man mit Forschungsfragen Aussagen über eine vorhandene Assoziation, seltener über das Fehlen einer Assoziation. Für statistische Auswertungen ist aber auch wichtig, zu verstehen, wie sich fehlende Beziehungen zwischen Variablen in Zusammenfassungen von Daten zeigen: eine beobachtete Assoziation ist um so stärker, je weiter die beobachteten Daten von denjenigen abweichen, die sich im Fall einer fehlenden Beziehung ergäbe. Für diesen Zweck werden statistische Modelle mit virtuellen Variablen formuliert, die den beobachteten Variablen entsprechen und später in diesem Buch als Zufallsvariable bezeichnet und beschrieben werden.

Mit **statistischen Modellen** für Abhängigkeiten einer Zielgröße von ihren möglichen Einflussgrößen versucht man, Kriterien zu erhalten, mit denen man einerseits zwischen wichtigen und weniger wichtigen beobachteten Einflussgrößen unterscheiden und andererseits verschiedene Arten möglicher Abhängigkeiten berücksichtigen kann.

1.3.2 Additive und interaktive Effekte
Gibt es zwei Einflussgrößen für eine Zielgröße, so wird es bedeutsam zu unterscheiden, wie sie auf die Zielgröße gemeinsam wirken. Man spricht von einem **interaktiven Effekt** (oder kürzer von der **Interaktion**), wenn sich die Wirkung einer Einflussgröße auf die Zielgröße ändert, je nachdem welche Werte der zweiten Einflussgröße man betrachtet. Dagegen spricht man von

einem **additiven Effekt**, wenn die Wirkung einer Einflussgröße auf die Zielgröße für verschiedene Ausprägungen der zweiten Einflussgröße gleich bleibt.

Additiver Effekt von zwei Einflussgrößen Y : A + B

Abbildung 1.20 zeigt Effekte von A und B, die sich additiv auf Y auswirken. Sie kommt aus einer Studie zur traditionellen und intensiven Insulintherapie mit mehr als 900 Diabetikern [10]. Die Zielgröße ist der Glukosespiegel im Blut, Y, die beiden Einflussgrößen sind die Messzeitpunkte, A, (jeweils vor und nach drei Mahlzeiten) und die Art der Therapie, B, (konventionell oder intensiv).

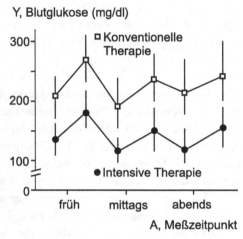

Abbildung 1.20. Additiver Effekt der Art der Insulintherapie, B, und der Messzeitpunkte, A, auf den Glukosespiegel im Blut, Y ($n > 900$).

Beispiel mit Interpretation

Dargestellt sind Mediane und mittlere 50%-Bereiche für Y zu jedem der Messzeitpunkte und für beide Therapiearten. Die fehlenden Überschneidungen der Interquartilsweiten für intensive und konventionelle Therapie bedeuten in der Regel, dass sich die beobachteten Unterschiede nicht mit bloßen Zufallsschwankungen erklären lassen.

Es ist abzulesen, dass sowohl bei konventioneller als auch bei intensiver Therapie der Glukosespiegel im Blut nach den Mahlzeiten ansteigt, dass aber der Median für Patienten mit intensiver Therapie konstant um etwa 70 Milligramm pro Deziliter niedriger liegt, als für Patienten mit konventioneller Insulintherapie.

Damit zeigt sich eine deutlich verbesserte Kontrolle des Glukosespiegels unter der intensiven Therapie. Der Abstand bleibt für alle Messzeitpunkte annähernd gleich, die Werte variieren aber während des Tages auf die gleiche Weise für beide Therapieformen. Man sagt daher, dass die Effekte der Variablen A und B auf Y additiv sind.

Interaktiver Effekt von zwei Einflussgrößen $Y : A * W$

Abbildung 1.21 zeigt einen interaktiven Effekt in der Diabetes-Studie. Die Zielgröße ist der Blutzuckergehalt, Y, die beiden Einflussgrößen sind die Dauer der Schulbildung, A, und die Dauer der Erkrankung, W. Für jeden der 68 Diabetiker ist der Blutzuckergehalt und die Dauer seiner Erkrankung als Punkt (w_l, y_l) eingetragen, getrennt für die beiden Klassen der Variablen Dauer der Schulbildung, A. Es ergeben sich damit zwei **Punktwolken** (Streuungsdiagramme, Scatterplots).

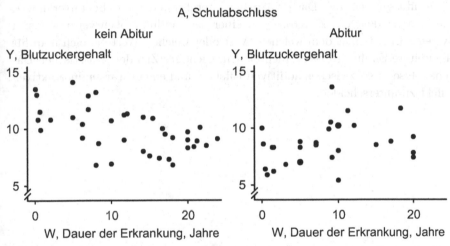

Abbildung 1.21.   Interaktiver Effekt des Schulabschlusses, A, und der Dauer der Erkrankung, W, auf den Blutzuckergehalt, Y ($n = 68$).

Beispiel mit Interpretation

Man sieht eine negative lineare Beziehung für Patienten ohne Abitur, aber keine oder eine eher positive lineare Beziehung für Patienten mit Abitur. Da sich die Abhängigkeit der Zielgröße, Y, von einer der beiden Einflussgrößen, W, systematisch mit den Ausprägungen einer weiteren Variablen, A, verändert, spricht man von einem interaktiven Effekt der Variablen W und A auf Y.

Die folgende Interpretation der Interaktion ist hier möglich. Bis zu acht Jahre nach der Erstdiagnose gelingt es den Patienten ohne Abitur schlechter als den Patienten mit Abitur ihre chronische Erkrankung gut zu kontrollieren; es gibt in den ersten acht Jahren nach der Diagnose fast keine y-Werte unter zehn für Patienten ohne Abitur, aber fast alle Blutzuckerwerte liegen unter zehn für Patienten mit Abitur.

Das deutet darauf hin, dass es den Ärzten zunächst nicht gelingt, den Patienten ohne Abitur gut zu erklären, welche Konsequenzen ihr eigenes Verhalten auf ihren Blutzuckerspiegel haben kann. Nach den ersten zehn Jahren der Erkrankung ist der typische Blutzuckergehalt für Patienten ohne und mit Abitur mit etwa acht Prozent gleich hoch.

Die Art der Datenbeschreibungen für Interaktionen unterscheiden sich, je nachdem, ob die Zielgröße kategorial oder quantitativ ist, und welcher Art die Einflussgrößen sind. Das Prinzip der Interaktion bleibt dabei unverändert: die Abhängigkeit der Zielgröße von einer der Einflussgrößen verändert sich systematisch, je nachdem welchen Wert oder welchen Wertebereich man für die weitere Einflussgröße betrachtet. Ein wichtiges Ziel der statistischen Datenanalyse ist es, zwischen additiven Effekten und einem starken interaktiven Effekt zu unterscheiden.

1.4 Quantitative Zielgröße, kategoriale Einflussgrößen

An zwei Beispielen zeigen wir, wie die Art der Abhängigkeit einer quantitativen Zielgröße Y von einer kategorialen Einflussgröße A in Mittelwerten, Standardabweichungen, Effekten und Abbildungen gut zu erkennen ist.

Tabelle 1.7 und Abbildung 1.22 links betreffen $n = 61$ chronische Schmerzpatienten. Dargestellt wird die Abhängigkeit des Depressionsscores, Y, vom Stadium der Schmerzchronifizierung, A, [35].

Tabelle 1.7. Daten zusammengefasst, Depression bei chronischem Schmerz ($n = 61$).

A, Stadium chronischer Schmerzen	Y, Depression			
	Mittelwert $\bar{y}_{i+}$	Standardabw. s_i	Anzahl n_i	Effektterm $\hat{\alpha}_i = \bar{y}_{i+} - \bar{y}_{++}$
$i = 1$: niedrig	13,5	8,11	24	−4,0
$i = 2$: mittel	16,8	8,45	19	−0,7
$i = 3$: hoch	20,9	9,74	18	3,4
Gesamt	$\bar{y}_{++} = 17,5$	$s = 9,15$	$n = 61$	

$\bar{y}_{i+} = \sum_l y_{il}/n_i, \quad \bar{y}_{++} = \sum_{il} y_{il}/n,$ zur doppelten Summe siehe Anhang C.2

Beispiel mit Interpretation

Aus den in Tabelle 1.7 zusammengefassten Daten ist abzulesen, dass der typische beobachtete Depressionsscore mit der Zunahme der Schmerzchronifizierung ansteigt: der Mittelwert ist $\bar{y}_{1+} = 13,5$ bei niedriger Chronifizierung und $\bar{y}_{3+} = 20,9$ bei starker Chronifizierung. Zusätzlich vergrößert sich die Variabilität der Scores etwas: Die Standardabweichungen steigen von 8,11 auf 9,74 an. Man sagt auch, der Einfluss von A auf Y ist es, den typischen Gesamtscore ($\bar{y}_{++} = 17,5$) bei niedriger Chronifizierung um 4 Punkte zu verringern ($\hat{\alpha}_1 = -4$) und bei hoher Chronifizierung um 3,4 Punkte ($\hat{\alpha}_3 = 3,4$) zu erhöhen.

Für die annähernd gleich großen Beobachtungsanzahlen in den drei Gruppen sind die systematischen Unterschiede in den Depressionsscores in den **vergleichenden Box-Plots** in Abbildung 1.22 links gut zu erkennen. Für relativ kleine Beobachtungsanzahlen ist dagegen die Art, wie Y von A abhängt, besser in **vergleichenden Bubble-Plots** zu sehen; die beobachteten Werte werden dabei als Punkte entsprechend ihrer beobachteten Anzahl größer oder kleiner dargestellt.

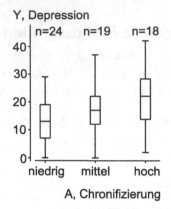 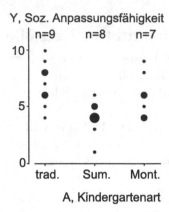

Abbildung 1.22. Links: vergleichende Box-Plots, Depressionsscores ($n = 61$), rechts: vergleichende Bubble-Plots, soziale Anpassungsfähigkeit ($n = 24$).

Abbildung 1.22 rechts zeigt die beobachteten Verteilungen der sozialen Anpassungsfähigkeit, Y, von Kindergartenkindern in Abhängigkeit von der Kindergartenart, A. Die Variabilität der y-Werte ist in jeder Klasse von A ähnlich groß, die Verteilungen unterscheiden sich in ihren typischen Werten.

Die Daten in Tabelle 1.8 und Abbildung 1.22 rechts basieren auf einer Untersuchung zur sozialen Anpassungsfähigkeit von Vorschulkindern [12]. Für englische Kinder mit ähnlicher sozioökonomischer Herkunft wurde untersucht, wie sich die Kindergartenart, A (mit den Ausprägungen $i = 1$: traditionell, $i = 2$: Summerhill, $i = 3$: Montessori), auf die soziale Anpassungsfähigkeit, Y, auswirkt.

Tabelle 1.8. Daten zusammengefasst, soziale Anpassungsfähigkeit je nach Kindergartenart ($n = 24$).

A Kinder-gartenart	Y, Soziale Anpassungsfähigkeit			
	Mittelwert $\bar{y}_{i+}$	Standardabw. s_i	Anzahl n_i	Effektterm $\hat{\alpha}_i = \bar{y}_{i+} - \bar{y}_{++}$
$i = 1$: traditionell	7	1,94	9	1,3
$i = 2$: Summerhill	4	1,51	8	$-1,7$
$i = 3$: Montessori	6	1,91	7	0,3
Gesamt	$\bar{y}_{++} = 5,7$	$s = 2,16$	$n = 24$	

Beispiel mit Interpretation
Aus den Daten in Tabelle 1.8 ist abzulesen, dass der typische Wert in Montessori-Kindergärten ($\bar{y}_{3+} = 6$) annähernd dem Mittelwert aller beteiligten Kinder ($\bar{y}_{++} = 5,7$) entspricht. Die typische soziale Anpassungsfähigkeit ist für Kinder in Summerhill-Kindergärten am kleinsten ($\bar{y}_{2+} = 4$) und für Kinder aus traditionellen Kindergärten am größten ($\bar{y}_{1+} = 7$). Die Abhängigkeit der Variablen Y von A zeigt sich auch darin, dass der typische Wert für soziale Anpassung insgesamt, $\bar{y}_{++} = 5,7$, im traditionellen Kindergarten um $1,3$ Punkte erhöht ist ($\hat{\alpha}_1 = 1,3$) und im Summerhill-Kindergarten um $1,7$ Punkte verringert ist ($\hat{\alpha}_3 = -1,7$).

1.4.1 Daten für $(\mathbf{Y, A})$ zusammengefasst

Für zwei Variable (Y, A), mit Y als quantitativer Zielgröße und A als kategorialer Einflussgröße, gibt es für jede der $i = 1, \ldots, I$ Klassen von A die beobachteten Werte y_{il} der Zielgröße Y, mit $l = 1, \ldots, n_i$. Die Beobachtungsanzahl ist $n = \sum_i n_i$. Die Summe der beobachteten Werte der Zielgröße in den Klassen i von A bezeichnen wir wieder mit $y_{i+} = \sum_l y_{il}$ und die Gesamtsumme mit $y_{++} = \sum_{il} y_{il} = \sum_i y_{i+}$.

Der **Mittelwert in Klasse i von A** ist

$$\bar{y}_{i+} = y_{i+}/n_i$$

und der **Gesamtmittelwert** ist

$$\bar{y}_{++} = y_{++}/n$$

Behauptung   Aus vorgegebenen Klassenmittelwerten $\bar{y}_{i+}$ und Anzahlen n_i berechnet man den Gesamtmittelwert als gewichtetes Mittel

$$\bar{y}_{++} = \left(\sum_i n_i \bar{y}_{i+}\right)/n$$

Beweis

$$n\bar{y}_{++} = \sum_i y_{i+} = \sum_i n_i \bar{y}_{i+}$$

Die **Standardabweichung in Klasse i von A** ist

$$s_i = \sqrt{\mathrm{SAQ}(i)/(n_i - 1)},$$

mit

$$\mathrm{SAQ}(i) = \sum_l (y_{il} - \bar{y}_{i+})^2 = \sum_l y_{il}^2 - n_i \bar{y}_{i+}^2.$$

Rechenbeispiel: Daten zusammengefasst für $(\mathbf{Y}, \mathbf{A})$ mit Y als Zielgröße (zu Tabelle 1.8)

	beobachtete Werte			in Symbolen: y_{il}		
Klassen von A:	$i = 1$	$i = 2$	$i = 3$	$i = 1$	$i = 2$	$i = 3$
	10	5	8	y_{11}	y_{21}	y_{31}
	5	4	6	y_{12}	y_{22}	y_{32}
	8	1	9	y_{13}	y_{23}	y_{33}
	8	6	5	y_{14}	y_{24}	y_{34}
	9	4	4	y_{15}	y_{25}	y_{35}
	7	3	4	y_{16}	y_{26}	y_{36}
	6	5	6	y_{17}	y_{27}	y_{37}
	6	4		y_{18}	y_{28}	
	4			y_{19}		
Summe y_{i+}	63	32	42	y_{1+}	y_{2+}	y_{3+}
Anzahl n_i	9	8	7	n_1	n_2	n_3
Mittelwert $\bar{y}_{i+}$	7	4	6	$\bar{y}_{1+}$	$\bar{y}_{2+}$	$\bar{y}_{3+}$
SAQ(i)	30	16	22			
s_i	1,94	1,51	1,91	s_1	s_2	s_3

$$\text{SAQ}_y = 10^2 + 5^2 + 8^2 + \ldots + 4^2 + 6^2 - 24 \times 5,7^2 = 106,96$$

$$\text{SAQ}(3) = \sum y_{3l}^2 - n_3 \bar{y}_{3+}^2 = 8^2 + 6^2 + \ldots + 6^2 - 7 \times 6^2 = 22$$

$$s_3 = \sqrt{\text{SAQ}(3)/(n_3 - 1)} = \sqrt{22/6} = 1,91$$

Gesamtmittelwert $\bar{y}_{++} = (\sum n_i \bar{y}_{i+})/n = (9 \times 7 + 8 \times 4 + 7 \times 6)/24 = 5,71$

❯ 1.4.2 Einfache Varianzanalyse

Will man zusätzlich zur Datenbeschreibung eine Aussage darüber machen, wie gut sich die mögliche Einflussgröße A zur Vorhersage der Zielgröße Y eignet, so kann man dazu das Modell der einfachen Varianzanalyse verwenden. Das Modell spaltet jede Beobachtung, y_{il}, in zwei Komponenten auf, einen **Modellteil** und die **Residuen**. Dabei soll der Modellteil systematische Abhängigkeiten und die Residuen verbleibende Zufallsschwankungen erfassen.

Im Modell der **einfachen Varianzanalyse** für eine quantitative Zielgröße Y und eine kategoriale Einflussgröße A besteht der Modellteil $(\mu + \alpha_i)$, aus dem **Gesamteffekt** μ und dem **Effektterm** α_i für den **Haupteffekt der Variablen** A; die Residuen $y_{il} - (\mu + \alpha_i)$ werden mit ε_{il} bezeichnet:

$$y_{il} = (\mu + \alpha_i) + \varepsilon_{il}$$

Werden die Schätzwerte für μ und α_i aus Daten mit Hilfe der **Methode der kleinsten Quadrate** (Carl Friedrich Gauß (1777-1855)) gefunden, so bezeichnet man sie mit $\hat{\mu}$ und $\hat{\alpha}_i$. Sie sind so festgelegt, dass die Summe der quadrierten Residuen minimiert ist, das heißt $\sum \hat{\varepsilon}_{il}^2$ nimmt den kleinstmöglichen Wert an.

Behauptung Die Ergebnisse der Methode der kleinsten Quadrate sind:

a) die Schätzwerte

$$\hat{\mu} = \bar{y}_{++}, \quad \hat{\alpha}_i = \bar{y}_{i+} - \bar{y}_{++}$$

das heißt der Gesamteffekt μ wird mit $\bar{y}_{++}$, dem Mittelwert aller Werte y_{il}, geschätzt, $(\hat{\mu} = \bar{y}_{++})$; der Effektterm α_i der Variablen A für Klasse i mit den Abweichungen der Mittelwerte für Klasse i vom Gesamtmittelwert, $(\hat{\alpha}_i = \bar{y}_{i+} - \bar{y}_{++})$,

b) die vorhergesagten Werte der Zielgröße

$$\hat{y}_{il} = (\hat{\mu} + \hat{\alpha}_i) = \bar{y}_{i+},$$

das heißt man schätzt nur aus Kenntnis der erklärenden Variablen A den Wert der Zielgröße jeder Person in Klasse i von A mit dem Mittelwert in Klasse i,

c) die Variation von Y, die auf das Modell zurückgeht,

$$\text{SAQ}_{\text{Mod}} = \sum n_i(\bar{y}_{i+} - \bar{y}_{++}) = \sum n_i \hat{\alpha}_i^2.$$

d) Die Summe der quadrierten Residuen

$$\sum \hat{\varepsilon}_{il}^2 = \sum (y_{il} - \hat{y}_{il})^2 = \text{SAQ}_{\text{Res}}$$

ist die kleinstmögliche.

Beweis siehe Anhang D.1.

Für die Schätzwerte nach der Methode der kleinsten Quadrate ergibt sich eine **additive Zerlegung der Gesamtvariation von** Y:

$$\mathrm{SAQ}_y = \mathrm{SAQ}_{\mathrm{Mod}} + \mathrm{SAQ}_{\mathrm{Res}}.$$

Dies führt zu einem Maß, das **Bestimmheitsmaß in der einfachen Varianzanalyse** genannt wird und angibt, wie gut sich die Zielgröße Y mit Hilfe der Einflussgröße A vorhersagen lässt. Es wird mit $R^2_{Y|A}$ bezeichnet, wobei Y an die Zielgröße und A an die Einflussgröße im Modell erinnert.

$$R^2_{Y|A} = \mathrm{SAQ}_{\mathrm{Mod}}/\mathrm{SAQ}_y = \sum_i n_i \hat{\alpha}_i^2 / \mathrm{SAQ}_y.$$

Wenn alle Gruppenmittelwerte $\bar{y}_{i+}$ gleich groß sind, gibt es keinen Effekt von A, es gilt $\hat{\alpha}_i = 0$ für alle i und daher sind $\mathrm{SAQ}_{\mathrm{Mod}}$ und $R^2_{Y|A}$ gleich Null. Wenn stattdessen in jeder Klasse alle beobachteten Werte y_{il} mit dem Klassenmittelwert $\bar{y}_{i+}$ übereinstimmen, so gibt es keine Variation innerhalb der Klassen und es ist $\mathrm{SAQ}_{\mathrm{Res}} = 0$ und daher $R^2_{Y|A} = 1$. Das Bestimmtheitsmaß liegt somit zwischen 0 und 1. Man sagt, dass es angibt, welcher Anteil der Variation in der Zielgröße durch den Effekt der Variablen A erklärt wird.

Behauptung   Eine Berechnungsform für die Summe der quadrierten Abweichungen der Residuen, $\sum \hat{\varepsilon}_{il}^2$ mit Hilfe der Standardabweichungen s_i in jeder Klasse von A ist

$$\mathrm{SAQ}_{\mathrm{Res}} = \sum (n_i - 1)s_i^2$$

Beweis   Mit $\hat{y}_{il} = (\hat{\mu} + \hat{\alpha}_i) = \bar{y}_{i+}$ erhält man:

$$\mathrm{SAQ}_{\mathrm{Res}} = \sum_{il}(y_{il} - \hat{y}_{il})^2 = \sum_i \left\{ \sum_l (y_{il} - \bar{y}_{i+})^2 \right\} = \sum_i \mathrm{SAQ}(i) = \sum_i (n_i - 1)s_i^2$$

Rechenbeispiel: Einfache Varianzanalyse (zu Tabelle 1.8)

i	1	2	3
$\hat{\alpha}_i = \bar{y}_{i+} - \bar{y}_{++}$	$7 - 5{,}71 \;\; = \;\; 1{,}29$	$4 - 5{,}71 \;\; = -1{,}71$	$6 - 5{,}71 \;\; = 0{,}29$
$n_i \hat{\alpha}_i^2$	$9 \times 1{,}29^2 = 15{,}02$	$9 \times 1{,}71^2 = \;\; 23{,}35$	$6 \times 0{,}29^2 = 0{,}60$

$$\text{SAQ}_{\text{Mod}} = \sum_i n_i \hat{\alpha}_i^2 = (15{,}02 + 23{,}35 + 0{,}60) = 38{,}96$$

$$\text{SAQ}_{\text{Res}} = \text{SAQ}(1) + \text{SAQ}(2) + \text{SAQ}(3) = 30 + 16 + 22 = 68$$

$$= \sum_i (n_i - 1) s_i^2$$

$$= 8 \times 1{,}94^2 + 7 \times 1{,}51^2 + 6 \times 1{,}91^2 = 68$$

$$\text{SAQ}_y = \text{SAQ}_{\text{Mod}} + \text{SAQ}_{\text{Res}} = 38{,}96 + 68 = 106{,}96$$

Bestimmt-
heitsmaß $\qquad R_{Y|A}^2 = \text{SAQ}_{\text{Mod}} / \text{SAQ}_y = 38{,}96 / 106{,}96 = 0{,}364$

Beispiel mit Interpretation

Das Bestimmtheitsmaß $R_{Y|A}^2 = 0{,}364$ sagt, dass 36,4% der Variabilität in den beobachteten Scores für die soziale Anpassungsfähigkeit mit der Kindergartenart erklärt werden. Für sozialwissenschaftliche Untersuchungen ist dies ein hoher Wert, obwohl der verbleibende Anteil an Residualvariation 63,6% beträgt, da $1 - R_{Y|A}^2 = 0{,}636$. Die Kindergartenart eignet sich gut zur Vorhersage der sozialen Anpassungsfähigkeit der an der Studie beteiligten Kinder.

1.4.3 Daten für $(\mathbf{Y}, \mathbf{A}, \mathbf{B})$ zusammengefasst

Für eine quantitative Zielgröße Y und zwei kategoriale Variable als mögliche Einflussgrößen A, B betrachten wir hier besondere Daten mit derselben Anzahl von Personen in den $I \times J$ Klassen, die man mit den beiden Einflussgrößen bilden kann. Die beobachteten Werte der Zielgröße sind y_{ijl}. Dabei bezeichnen $i = 1, \ldots, I$ und $j = 1, \ldots, J$ die Klassen von A und B und $l = 1, \ldots, L$ die Beobachtungseinheiten für jede Kombination von i und j.

Ein Beispiel ist die Erprobung einer Unterrichtsmethode mit 20 Schülern (Tabelle 1.9). Jeweils zehn Schüler mit früher unter- bzw. überdurchschnittlichen Leistungen werden ausgewählt, jeweils fünf dieser Schüler werden einer neuen Unterrichtsmethode per Los zugeteilt. Nach mehreren Wochen wird die Leistung in einem Diktat überprüft. Die Variablen sind:

- Y, Schreibfehleranzahl in einem Diktat
- A, Übungsblätter wöchentlich; $i = 1$: ja und $i = 2$: nein
- B, Frühere Leistungen; $j = 1$: unter Durchschnitt und $j = 2$: über Durchschnitt).

Tabelle 1.9. Fiktive Daten y_{ijl}, mit $i = 1, 2$ $j = 1, 2$ $l = 1, \ldots, 5$, $(n = 20)$.

A, Übungsblätter wöchentlich	B, Frühere Leistungen des Schülers									
	$j = 1$: unter Durchschnitt					$j = 2$: über Durchschnitt				
$i = 1$: ja	5	7	9	9	10	4	5	5	7	9
$i = 2$: nein	20	20	22	24	24	5	10	7	9	9

Eine zugehörige Datenbeschreibung mit Klassenmittelwerten, $\bar{y}_{ij+}$, und Standardabweichungen, s_{ij}, (in Klammern) ergibt sich mit

$$\bar{y}_{ij+} = \sum_l y_{ijl}/L, \quad \mathrm{SAQ}(ij) = \sum_l (y_{ijl} - \bar{y}_{ij+})^2, \quad s_{ij} = \sqrt{\mathrm{SAQ}(ij)/(L-1)}$$

Rechenbeispiel: Daten zusammengefasst für (Y,A,B) mit Y als Zielgröße (Daten in Tabelle 1.9)

A, Übungsblätter wöchentlich	B, frühere Leistungen des Schülers		
	$j = 1$: unter Durchschnitt	$j = 2$: über Durchschnitt	$\bar{y}_{i++}$
$i = 1$: ja	$\bar{y}_{11+} = 8{,}0$ $(s_{11} = 2{,}00)$	$\bar{y}_{12+} = 6{,}0$ $(s_{12} = 2{,}00)$	7,0
$i = 2$: nein	$\bar{y}_{21+} = 22{,}0$ $(s_{21} = 2{,}00)$	$\bar{y}_{22+} = 8{,}0$ $(s_{22} = 2{,}00)$	15,0
$\bar{y}_{+j+}$	15,0	7,0	11,0

mit zum Beispiel

$$\mathrm{SAQ}(11) = (5-8)^2 + (7-8)^2 + (9-8)^2 + (9-8)^2 + (10-8)^2 = 16$$

Abbildung 1.23 zeigt die Mittelwerte für die Daten in Tabelle 1.9. Zusätzlich wird die **typische Variabilität eines Mittelwertes** (siehe Abschnitt 3.2.3) in den IJ Klassen der Variablen A und B verwendet: $s(\bar{y}) = \sqrt{\sum \mathrm{SAQ}(ij)/IJL}$. Eingezeichnet ist ein Bereich um jeden Mittelwert von plus/minus $2s(\bar{y})$.

Wenn sich die beschriebenen Bereiche überschneiden, so sind die Mittelwertsunterschiede klein relativ zur Variabilität der beobachteten Werte.

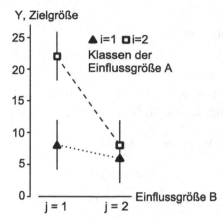

Abbildung 1.23. Interaktion in den Daten von Tabelle 1.9: ein starker Effekt der Variablen A für Klasse 1 von B ($\bar{y}_{21} = 22$ verglichen mit $\bar{y}_{11} = 8$), kein deutlicher Effekt der Variablen A für Klasse 2 von B ($\bar{y}_{22} = 8$ verglichen mit $\bar{y}_{12} = 6$).

Beispiel mit Interpretation
Die beobachteten Mittelwerte weisen darauf hin, dass die wöchentlichen Übungsblätter keinen erheblichen Effekt für die Schüler mit früher überdurchschnittlichen Leistungen haben, dass sie sich aber positiv auf die Schüler mit früher schlechten Leistungen auswirken, da für sie die typischen Schreibfehleranzahlen erheblich höher sind, wenn diese Übung fehlt.

1.4.4 Multiple Varianzanalyse
Um zu beurteilen, wie gut sich für eine quantitative Zielgröße zwei oder mehr kategoriale Variable als mögliche Einflussgrößen eignen, kann man als statistisches Modell eine **Varianzanalyse mit mehreren Einflussgrößen** verwenden. Im Varianzanalysenmodell mit Y als Zielgröße und A, B als Einflussgrößen wird jeder Wert der Zielgröße, y_{ijl} als Summe eines Modellteils $(\mu + \alpha_i + \beta_j + \gamma_{ij})$ und der Residuen ε_{ijl} betrachtet. Der Modellteil besteht aus den folgenden Effekttermen: μ für den Gesamteffekt, α_i für den Haupteffekt von A, β_j für den Haupteffekt von B und γ_{ij} für den Interaktionseffekt von A und B.

$$y_{ijl} = (\mu + \alpha_i + \beta_j + \gamma_{ij}) + \varepsilon_{ijl} \qquad \text{(Kurzschreibweise } Y : A * B\text{)}.$$

Methode der kleinsten Quadrate

Behauptung   (hier ohne Beweis)
Die Ergebnisse der Methode der kleinsten Quadrate sind:

a) die geschätzten Effektterme

$-$,	Gesamt:	$\hat{\mu}$	$= \bar{y}_{+++}$
A,	Haupteffekt von A:	$\hat{\alpha}_i$	$= \bar{y}_{i++} - \hat{\mu}$
B,	Haupteffekt von B:	$\hat{\beta}_i$	$= \bar{y}_{+j+} - \hat{\mu}$
AB,	Interaktionseffekt von A, B:	$\hat{\gamma}_{ij}$	$= \bar{y}_{ij+} - \bar{y}_{i++} - \bar{y}_{+j+} + \bar{y}_{+++}$,

b) die vorhergesagten Werte der Zielgröße

$$\hat{y}_{ijl} = \bar{y}_{ij+},$$

c) die Variation von Y, die auf das Modell zurückgeht,

$$\text{SAQ}_{\text{Mod}} = L \sum (\bar{y}_{ij+} - \bar{y}_{+++})^2.$$

d) Die Summe der quadrierten Residuen

$$\text{SAQ}_{\text{Res}} = \sum \text{SAQ}(ij) = (L - 1) \sum s_{ij}^2$$

ist die kleinstmögliche.

Für die Schätzwerte nach der Methode der kleinsten Quadrate ergibt sich, wie in der einfachen Varianzanalyse, eine additive Zerlegung der Gesamtvariation in der Zielgröße

$$\text{SAQ}_y = \text{SAQ}_{\text{Mod}} + \text{SAQ}_{\text{Res}}.$$

Dies führt zu **Bestimmtheitsmaßen in der Varianzanalyse mit mehreren Einflussgrößen.** So bezeichnet zum Beispiel $R^2_{Y|A*B}$ den Anteil der Variation von Y, der durch das Modell $Y : A * B$ erklärt wird:

$$R^2_{Y|A*B} = \text{SAQ}_{\text{Mod}}/\text{SAQ}_y.$$

Rechenbeispiel: Varianzanalyse mit zwei Einflussgrößen (Daten aus Tabelle 1.9)

ij	$\bar{y}_{ij+}$	$\bar{y}_{i++}$	$\bar{y}_{+j+}$	$\hat{\gamma}_{ij} = \bar{y}_{ij+} - \bar{y}_{i++} - \bar{y}_{+j+} + \bar{y}_{+++}$	s_{ij}
11	8	7	15	$\hat{\gamma}_{11} =\ 8\ -\ 7\ -\ 15 + 11 = -3$	2
21	22	15	15	$\hat{\gamma}_{21} = 22 - 15\ -\ 15 + 11 =\ \ \ 3$	2
12	6	7	7	$\hat{\gamma}_{12} =\ 6\ -\ 7\ -\ \ 7 + 11 =\ \ \ 3$	2
22	8	15	7	$\hat{\gamma}_{22} =\ 8\ - 15\ -\ \ 7 + 11 = -3$	2

Liegt, so wie hier, eine Interaktion vor (die $\hat{\gamma}_{ij}$ sind groß im Vergleich zur Variabilität der Werte), so werden in der Regel die zugehörigen Haupteffekte der beteiligten Variablen nicht interpretiert. Man muss sie deshalb nicht explizit berechnen, obwohl sie im Modell enthalten sind. Wir zeigen hier dennoch am Beispiel, wie man die Haupteffekte erhält:

i	$\bar{y}_{i++}$	$\hat{\alpha}_i = \bar{y}_{i++} - \bar{y}_{+++}$	j	$\bar{y}_{+j+}$	$\hat{\beta}_j = \bar{y}_{+j+} - \bar{y}_{+++}$
1	7	$\hat{\alpha}_1 = 7 - 11 = -4$	1	15	$\hat{\beta}_1 = 15 - 11 = 4$
2	15	$\hat{\alpha}_2 = 15 - 11 = 4$	2	7	$\hat{\beta}_2 = 7 - 11 = -4$

Außerdem sind

$$\text{SAQ}_{\text{Res}} = (L-1)\sum s_{ij}^2 = 4(2^2 + 2^2 + 2^2 + 2^2) = 64,$$

$$\text{SAQ}_{\text{Mod}} = L\sum(\bar{y}_{ij+} - \bar{y}_{+++})^2 = 5\{(-3)^2 + 11^2 + (-5)^2 + (-3)^2\} = 820,$$

$$\text{SAQ}_y = \text{SAQ}_{\text{Mod}} + \text{SAQ}_{\text{Res}} = 820 + 64 = 884,$$

$$R^2_{Y|A*B} = \text{SAQ}_{\text{Mod}}/\text{SAQ}_y = 820/884 = 0,928.$$

Yates Algorithmus für Effektberechnungen

Sind in Varianzanalysen alle Einflussgrößen **binär**, das heißt sie haben jeweils genau zwei Klassen, so kann man die Effektterme mit Hilfe des Yates-Algorithmus ([77], Yates, 1937, siehe auch Anhang D.2) berechnen. Für die Varianzanalyse mit zwei binären Einflussgrößen schreibt man die Mittelwerte so auf, dass sich zuerst der Index der Variablen A, danach der Index der Variablen B ändert. In einem ersten Schritt werden Summen, dann Differenzen aus aufeinander folgenden Paaren berechnet. In einem zweiten Schritt wird dies mit den berechneten Ergebnissen wiederholt. Die geschätzten Effektterme erhält man nach Division der Ergebnisse durch $2^2 = 4$.

Berechnet werden nur noch die Effektterme für Klasse 1 oder Klassenkombinationen von 1. Da sich die geschätzten Effektterme zu Null addieren, erhält man für die zweite Klasse die Schätzwerte der ersten Klasse mit geändertem Vorzeichen.

Rechenbeispiel: Yates-Algorithmus für die Varianzanalyse mit zwei Einflussgrößen
(Daten aus Tabelle 1.9)

Klassen von A,B				Geschätzter	Art des
ij	$\bar{y}_{ij+}$	Schritt 1	Schritt 2	Effektterm	Effekts
11	8	$8 + 22 = 30$	$30 + 14 = 44$	$11 = \hat{\mu}$	–
21	22	$6 + 8 = 14$	$-14 + (-2) = -16$	$-4 = \hat{\alpha}_1$	A
12	6	$8 - 22 = -14$	$30 - 14 = 16$	$4 = \hat{\beta}_1$	B
22	8	$6 - 8 = -2$	$-14 - (-2) = -12$	$-3 = \hat{\gamma}_{11}$	AB

Modellarten der Varianzanalyse mit zwei Einflussgrößen

Es gibt eine additive Zerlegung der Variation der Zielgröße Y in die Variationen, die auf Effekte von A und B zurückzuführen sind:

$$\text{SAQ}_A = JL \sum_i \hat{\alpha}_i^2, \quad \text{SAQ}_B = IL \sum_j \hat{\beta}_j^2, \quad \text{SAQ}_{AB} = L \sum_{ij} \hat{\gamma}_{ij}^2.$$

Die geschätzten Effektterme ändern sich nicht, wenn sich das Varianzanalysenmodell vereinfachen lässt, wohl aber die Variation, die auf das Modell zurückgeht und damit das Bestimmtheitsmaß.

Für das Varianzanalysenmodell mit zwei Einflussgrößen kommen verschiedene Modellarten in Frage:

a) Das **Modell mit Interaktionseffekt** $(Y : A * B)$ hat die Effektterme μ, α_i, β_j, γ_{ij}. Die vorhergesagten Werte der Zielgröße, $\hat{y}_{ijl}$, und das Bestimmtheitsmaß, $R^2_{Y|A*B}$, sind

$$\hat{y}_{ijl} = (\hat{\mu} + \hat{\alpha}_i + \hat{\beta}_j + \hat{\gamma}_{ij}) = \bar{y}_{ij+}$$

$$R^2_{Y|A*B} = \frac{\text{SAQ}_A + \text{SAQ}_B + \text{SAQ}_{AB}}{\text{SAQ}_y}$$

Der Effekt von A ist unterschiedlich für verschiedene Klassen von B und der Effekt von B ist unterschiedlich für verschiedene Klassen von A.

b) Das **Modell mit additivem Effekt** $(Y : A + B)$ enthält die Effektterme μ, α_i, β_j, nicht aber γ_{ij}. Vorhergesagte Werte, $\hat{y}_{ijl}$, und $R^2_{Y|A+B}$, sind

$$\hat{y}_{ijl} = (\hat{\mu} + \hat{\alpha}_i + \hat{\beta}_j) = \bar{y}_{i++} + \bar{y}_{+j+} - \bar{y}_{+++}$$

$$R^2_{Y|A+B} = \frac{\text{SAQ}_A + \text{SAQ}_B}{\text{SAQ}_y}$$

Der Effekt von A ist für jede Klasse von B gleich und der Effekt von B ist gleich für jede Klasse von A.

c) Das **Modell mit einem Haupteffekt von** B $(Y : B)$ enthält die Effektterme μ und β_j. Die vorhergesagten Werte $\hat{y}_{ijl}$ und das Bestimmtheitsmaß $R^2_{Y|B}$, sind

$$\hat{y}_{ijl} = (\hat{\mu} + \hat{\beta}_j) = \bar{y}_{+j+}$$

$$R^2_{Y|B} = \frac{\text{SAQ}_B}{\text{SAQ}_y}$$

Es gibt einen Effekt von B, aber keinen Effekt von A.

d) Das **Modell mit einem Haupteffekt von** A $(Y : A)$ enthält die Effektterme μ und α_i. Die vorhergesagten Werte $\hat{y}_{ijl}$ und das Bestimmtheitsmaß $R^2_{Y|A}$, sind

$$\hat{y}_{ijl} = (\hat{\mu} + \hat{\alpha}_i) = \bar{y}_{i++}$$

$$R^2_{Y|A} = \frac{\text{SAQ}_A}{\text{SAQ}_y}$$

Es gibt einen Effekt von A, aber keinen Effekt von B.

Gibt es keinen Effekt der beiden Einflussgrößen auf die Zielgröße, so sagt man den Wert jeder Person mit dem Gesamtmittelwert $\bar{y}_{+++}$ vorher. Das Bestimmtheitsmaß $R^2_{Y|-}$ ist gleich Null.

Rechenbeispiel: Vorhergesagte Werte der Zielgröße und Bestimmtheitsmaße in vier Modellen (Daten aus Tabelle 1.9)

$$\text{SAQ}_A = JL\sum_i \hat{\alpha}_i^2 = 2 \times 5\{(-4)^2 + 4^2\} = 320$$

$$\text{SAQ}_B = IL\sum_j \hat{\beta}_j^2 = 320$$

$$\text{SAQ}_{AB} = L\sum_{ij} \hat{\gamma}_{ij}^2 = 5\{(-3)^2 + 3^2 + 3^2 + (-3)^2\} = 180$$

Modell $Y:-$		
	B	
A	$j=1$	$j=2$
$i=1$	11	11
$i=2$	11	11
$\hat{y}_{ijl}=\hat{\mu}=11$		
$R^2_{Y|-}=0$		

Modell $Y:A$			
	B		
A	$j=1$	$j=2$	
$i=1$	$11-4=\ 7$	$11-4=$	7
$i=2$	$11+4=15$	$11+4=$	15
$\hat{y}_{ijl}=(\hat{\mu}+\hat{\alpha}_i),\ \ \hat{\alpha}_1=-4$			
$R^2_{Y|A}=0,362$			

In den folgenden Tabellen werden die Ergebnisse einer jeweils vorhergehenden Tabelle verwendet.

Modell $Y:A+B$		
	B	
A	$j=1$	$j=2$
$i=1$	$7+\ 4=11$	$7-\ 4=\ 3$
$i=2$	$15+\ 4=19$	$15-\ 4=11$
$\hat{y}_{ijl}=(\hat{\mu}+\hat{\alpha}_i)+\hat{\beta}_j,\ \ \hat{\beta}_1=4$		
$R^2_{Y|A+B}=0,724$		

Modell $Y:A*B$			
	B		
A	$j=1$	$j=2$	
$i=1$	$11-3=\ 8$	$3+3=$	6
$i=2$	$19+3=22$	$11-3=$	8
$\hat{y}_{ijl}=(\hat{\mu}+\hat{\alpha}_i+\hat{\beta}_j)+\hat{\gamma}_{ij},\ \ \hat{\gamma}_{11}=-3$			
$R^2_{Y|A*B}=0,928$			

Die vorhergesagten Werte für das Modell $Y:A*B$ stimmen in der Varianzanalyse mit zwei Einflussgrößen immer mit den beobachteten Mittelwerten $\bar{y}_{ij+}$ überein.

Da die beobachteten Werte in Tabelle 1.9 nur wenig um die beobachteten Klassenmittelwerte schwanken, ist der Wert von $R^2_{Y|A*B}=0,928$ sehr hoch. Er wird gleich Eins, wenn jeder beobachtete Wert gleich dem Klassenmittelwert ist, dass heißt, wenn $y_{ijl}=\bar{y}_{ij+}$ für alle l zuträfe.

Da es eine starke Interaktion gibt, ist keines der einfacheren Modelle gut mit den beobachteten Mittelwerten $\bar{y}_{ij+}$ zu vereinbaren: die Differenz in den Bestimmtheitsmaßen vom komplexen zum einfacheren Modell beträgt 20 Prozentpunkte ($R^2_{Y|A*B}-R^2_{Y|A+B}=0,928-0,724=0,204$).

Für zwei binäre Einflussgrößen vereinfacht sich die Berechnung der Variationsanteile:

$$\text{SAQ}_A=2^2L\hat{\alpha}_1^2,\quad \text{SAQ}_B=2^2L\hat{\beta}_1^2,\quad \text{SAQ}_{AB}=2^2L\hat{\gamma}_{11}^2.$$

Auch die Berechnung der Bestimmtheitsmaße vereinfacht sich für die verschiedenen Modelle:

Klassen von A, B ij	$\bar{y}_{ij+}$	Eff: geschätzter Effektterm	Art des Effekts	$SAQ_{Eff} =$ $2^2 L \times Eff^2$	$R^2 =$ SAQ_{Eff}/SAQ_y
11	$\bar{y}_{11} = 8$	$\hat{\mu} = 11$	–	–	–
21	$\bar{y}_{21} = 22$	$\hat{\alpha}_1 = -4$	A	$SAQ_A = 320$	$R^2_{Y\mid A} = 0{,}362$
12	$\bar{y}_{12} = 6$	$\hat{\beta}_1 = 4$	B	$SAQ_B = 320$	$R^2_{Y\mid B} = 0{,}362$
22	$\bar{y}_{22} = 8$	$\hat{\gamma}_{11} = -3$	AB	$SAQ_{AB} = 180$	$R^2_{Y\mid AB} = 0{,}204$

$SAQ_y = 884, \quad 4L = 20$

Das Bestimmtheitsmaß für das Modell mit additivem Effekt von A und B auf Y ist $R^2_{Y\mid A+B} = R^2_{Y\mid A} + R^2_{Y\mid B} = 0{,}724$. Das Bestimmtheitsmaß für das Modell mit Interaktion ist $R^2_{Y\mid A*B} = R^2_{Y\mid A+B} + R^2_{Y\mid AB} = 0{,}928$.

1.4.5 Varianzanalyse mit mehreren binären Einflussgrößen

Für Varianzanalysen mit mehreren binären Einflussgrößen lässt sich die zuletzt angegebene einfache Berechnung von Bestimmtheitsmaßen verallgemeinern, so wie es in der folgenden Tabelle beschrieben ist. Die Tabelle enthält die geschätzten Effektterme, die daraus berechneten Summen der Abweichungsquadrate und die Bestimmtheitsmaße für Daten, die in Tabelle 1.10 folgen.

In Varianzanalysen mit k binären Variablen und L Individuen pro Klasse ist

$$SAQ_{Eff} = 2^k L \times Eff^2.$$

Klassen von A, B, C ijk	$\bar{y}_{ijk+}$	Eff: geschätzter Effektterm*	Art des Effekts	$SAQ_{Effekt} =$ $2^3 L \times Eff^2$	$R^2 =$ SAQ_{Eff}/SAQ_y
111	1,06	1,22	–	–	–
211	1,28	$-0{,}01$	A	0,00	0,002
121	1,38	$-0{,}08$	B	0,43	0,211
221	1,29	$-0{,}06$	AB	0,26	0,127
112	1,08	0,03	C	0,06	0,028
212	1,14	$-0{,}02$	AC	0,04	0,018
122	1,34	$-0{,}00$	BC	0,00	0,000
222	1,20	$-0{,}01$	ABC	0,01	0,006

*jeder Effektterm für Klasse (oder Klassen) 1

Die Tabelle weist darauf hin, dass es keinen wichtigen Effekt von C gibt, aber einen Interaktionseffekt von A und B auf Y. Der Anteil, der durch das Modell mit diesem Interaktionseffekt erklärten Variation beträgt 34%, da $R^2_{Y|A*B} = 0,002 + 0,211 + 0,127 = 0,340$ ist.

Die Ergebnisse beziehen sich auf das folgende Experiment zur Wirkung von Futtermittelzusätzen für Schweine ([37], S. 359). Untersucht werden sollte, wie sich die Zugabe von Lysin, einer Aminosäure, und eine bestimmte Proteinkonzentration im Futter auf die Gewichtszunahme der Schweine, Y, auswirkt. Die drei möglichen Einflussgrößen sind die Lysinzugabe, A, ($i = 1$: 0%, $i = 2$: 0,6%), die Proteinmenge im Futter, B, ($j = 1$: 12%, $j = 2$: 14%) und das Geschlecht der Schweine, C, ($k = 1$: männlich, $k = 2$: weiblich).

Je acht der 32 männlichen und je acht der 32 weiblichen Schweine wurden per Zufall den vier experimentellen Bedingungen zugeteilt. In Tabelle 1.10 ist die durchschnittliche Gewichtszunahme der Schweine in Pfund pro Tag angegeben, in Tabelle 1.11 die Mittelwerte und Standardabweichungen.

Tabelle 1.10. Gewichtszunahme von Schweinen ($n = 64$).

	C, Geschlecht							
	$k = 1$: männlich				$k = 2$: weiblich			
	B, Protein				B, Protein			
	$j = 1$: 12%		$j = 2$: 14%		$j = 1$: 12%		$j = 2$: 14%	
	A, Lysin		A, Lysin		A, Lysin		A, Lysin	
l	$i = 1$: 0%	$i = 2$: 0,6%	$i = 1$: 0%	$i = 2$: 0,6%	$i = 1$: 0%	$i = 2$: 0,6%	$i = 1$: 0%	$i = 2$: 0,6%
1	1,11	1,22	1,52	1,38	1,03	0,87	1,48	1,09
2	0,97	1,13	1,45	1,08	0,97	1,00	1,22	1,09
3	1,09	1,34	1,27	1,40	0,99	1,16	1,53	1,47
4	0,99	1,41	1,22	1,21	0,99	1,29	1,19	1,43
5	0,85	1,34	1,67	1,46	0,99	1,00	1,16	1,24
6	1,21	1,19	1,24	1,39	1,21	1,14	1,57	1,17
7	1,29	1,25	1,34	1,17	1,19	1,36	1,13	1,01
8	0,96	1,32	1,32	1,21	1,24	1,32	1,43	1,13

Tabelle 1.11. Daten für (Y, A, B, C) mit Y als Zielgröße, Mittelwerte $\bar{y}_{ijk+}$ und Standardabweichungen s_{ijk} in Klammern ($n = 64$).

	C, Geschlecht des Schweins			
	$k = 1$: männlich		$k = 2$: weiblich	
	B, Protein		B, Protein	
A, Lysin	$j = 1$: 12%	$j = 2$: 14%	$j = 1$: 12%	$j = 2$: 14%
$i = 1$, 0%	1,06	1,38	1,08	1,34
	(0,1444)	(0,1563)	(0,1155)	(0,1813)
$i = 2$, 0,6 %	1,28	1,29	1,14	1,20
	(0,0930)	(0,1365)	(0,1756)	(0,1662)

Beispiel mit Interpretation
Die beiden Variablen A und B wirken sich bei männlichen und weiblichen Tieren auf ähnliche Weise aus, so dass es keinen wesentlichen Geschlechtseffekt gibt.

Die Mittelwertsunterschiede deuten auf einen deutlichen Interaktionseffekt von A und B auf Y hin: der Zusatz von 14% statt 12% Protein führt zu starker Gewichtszunahme, wenn das Futter kein Lysin enthält. Dagegen ist dieser Zusatz fast ohne Wirkung, wenn das Futter bereits 0,6% Lysin enthält.

Die Interpretation der Mittelwertsunterschiede wird anhand der berechneten Bestimmtheitsmaße bestätigt: Das Modell mit Haupteffekten von A und B und der AB-Interaktion (siehe S. 74) auf Y klärt 34% der Variation von Y auf ($R^2_{Y|A*B} = 0{,}340$). Berücksichtigt man zusätzlich das Geschlecht der Schweine, C, wird der Anteil an aufgeklärter Variation in der Gewichtszunahme, Y, um nur 5%-Punkte ($R^2_{Y|C} + R^2_{Y|AC} + R^2_{Y|BC} + R^2_{Y|ABC} = 0{,}052$) erhöht.

1.4.6 Zusammenfassung

Datenbeschreibung für (Y, A) mit Y als Zielgröße zusammengefasst
Die Abhängigkeit einer quantitativen Zielgröße von einer kategorialen Einflussgröße kann man mit vergleichenden **Box-Plots** oder mit vergleichenden **Bubble-Plots** darstellen.

Mittelwerte und Standardabweichungen der Zielgröße, getrennt nach den Klassen der Einflussgröße A sind die zusammengefassten Daten, auf der die einfache Varianzanalyse basiert.

Einfache Varianzanalyse

Das einfache Varianzanalysenmodell zerlegt jeden beobachteten Wert y_{il} in einen Modellteil $(\mu + \alpha_i)$ und die Residuen ε_{il},

$$y_{il} = (\mu + \alpha_i) + \varepsilon_{il}$$

für $i = 1, \ldots, I$ Klassen von A und $l = 1, \ldots, n_i$ Personen pro Klasse.

In der einfachen Varianzanalyse sind die Kleinst-Quadrat-Schätzer für den Gesamteffekt μ und den Effektterm α_i für den Haupteffekt von A, sowie die vorhergesagten Werte der Zielgröße:

$$\hat{\mu} = \bar{y}_{++}, \qquad \hat{\alpha}_i = \bar{y}_{i+} - \bar{y}_{++}, \qquad \hat{y}_{il} = \bar{y}_{i+}.$$

Die additive Zerlegung

$$\text{SAQ}_y = \text{SAQ}_{\text{Mod}} + \text{SAQ}_{\text{Res}}$$

führt zum **Bestimmtheitsmaß**, das den Anteil der Variation in der Zielgröße Y angibt, der durch das Modell erklärt wird:

$$R^2_{Y|A} = \text{SAQ}_{\text{Mod}}/\text{SAQ}_y = \sum n_i \hat{\alpha}_i^2 / \text{SAQ}_y.$$

Je näher der Wert von $R^2_{Y|A}$ bei Eins liegt, desto besser eignet sich das Varianzanalysenmodell zur Vorhersage der Zielgröße.

Varianzanalyse mit mehr als einer Einflussgröße

Die Abhängigkeit einer quantitativen Zielgröße von zwei oder mehr kategorialen Variablen als möglichen Einflussgrößen, kann man mit einer multiplen Varianzanalyse beschreiben, sofern per Versuchsplan jeder Klassenkombination dieselbe Beobachtungsanzahl zugeteilt wird.

Für eine Zielgröße Y und zwei Einflussgrößen A, B ist das Modell mit allen Effekten:

$$y_{ijl} = (\mu + \alpha_i + \beta_j + \gamma_{ij}) + \varepsilon_{ijl}.$$

Dabei bezeichnen $i = 1, \ldots, I$ und $j = 1, \ldots, J$ die Klassen von A und B und $l = 1, \ldots, L$ die Beobachtungseinheiten für jede Klassenkombination ij.

Die nach der Methode der kleinsten Quadrate geschätzten Effektterme sind:

$$\hat{\mu} = \bar{y}_{+++}, \quad \hat{\alpha}_i = \bar{y}_{i++} - \bar{y}_{+++}, \quad \hat{\beta}_j = \bar{y}_{+j+} - \bar{y}_{+++},$$

$$\hat{\gamma}_{ij} = \bar{y}_{ij+} - \bar{y}_{i++} - \bar{y}_{+j+} + \bar{y}_{+++}.$$

Falls A und B jeweils genau zwei Klassen besitzen, können diese auch mit Hilfe des Yates-Algorithmus berechnet werden

Bei zwei Einflussgrößen sind folgende Modelle möglich: das Modell, das eine Interaktion einschließt, das additive Haupteffektmodell, die beiden Modelle mit jeweils nur einem Haupteffekt und das Modell ohne Einflussgrößen. In Kurzschreibweise kennzeichnet man sie wie folgt:

$$Y : A * B, \qquad Y : A + B, \qquad Y : A, \qquad Y : B, \qquad Y : -.$$

Falls es eine starke Interaktion von A und B auf Y gibt, so werden in der Regel die zugehörigen Haupteffekte nicht interpretiert. Die Interaktion bedeutet, dass es eine andersartige Auswirkung von A auf Y in den verschiedenen Klassen von B gibt (und umgekehrt).

Die additive **Zerlegung der Gesamtvariation** für das Modell $Y : A * B$ erfolgt wie im Modell der einfachen Varianzanalyse in die Variation aufgrund des Modells und die Residualvariation:

$$\text{SAQ}_Y = \text{SAQ}_{\text{Mod}} + \text{SAQ}_{\text{Res}},$$

mit

$$\text{SAQ}_{\text{Mod}} = L \sum (\bar{y}_{ij+} - \bar{y}_{+++})^2, \quad \text{SAQ}_{\text{Res}} = (L - 1) \sum s_{ij}^2.$$

Das **Bestimmtheitsmaß** ist:

$$R_{Y|A*B}^2 = \text{SAQ}_{\text{Mod}} / \text{SAQ}_y.$$

Die Variation aufgrund des Modells lässt sich weiter additiv zerlegen in die Variationen, die auf die einzelnen Effekte zurückzuführen sind, zum Beispiel für das vollständige Modell mit Interaktion:

$$\text{SAQ}_{\text{Mod}} = \text{SAQ}_A + \text{SAQ}_B + \text{SAQ}_{AB},$$

mit

$$\text{SAQ}_A = JL\sum \hat{\alpha}_i^2, \quad \text{SAQ}_B = IL\sum \hat{\beta}_j^2, \quad \text{SAQ}_{AB} = L\sum \hat{\gamma}_{ij}^2.$$

Gibt es keine starke Interaktion, so beschreibt das additive Effektmodell Y : $A + B$ die Daten gut. Dann sind

$$\hat{y}_{ijl} = (\hat{\mu} + \hat{\alpha}_i + \hat{\beta}_j), \quad R^2_{Y|A+B} = \frac{\text{SAQ}_A + \text{SAQ}_B}{\text{SAQ}_y}.$$

Manchmal lässt sich das Modell weiter vereinfachen, zum Beispiel zu Modell $Y : A$, mit

$$\hat{y}_{ijl} = (\hat{\mu} + \hat{\alpha}_i), \quad R^2_{Y|A} = \frac{\text{SAQ}_A}{\text{SAQ}_y}.$$

Varianzanalyse mit binären Einflussgrößen

Hat man nur binäre Einflussgrößen, so lassen sich Effektterme mit Hilfe des Yates-Algorithmus berechnen. Die Berechnung der Summen der Abweichungsquadrate vereinfacht sich. Für zwei binäre Einflussgrößen sind

$$\text{SAQ}_A = 2^2 L\hat{\alpha}_1^2, \quad \text{SAQ}_B = 2^2 L\hat{\beta}_1^2, \quad \text{SAQ}_{AB} = 2^2 L\hat{\gamma}_{11}^2.$$

Anhand zugehöriger Bestimmtheitsmaße kann man sehen, ob einfachere Modelle die Daten gut beschreiben.

Klassen von A, B ij	$\bar{y}_{ij+}$	Eff: geschätzter Effektterm[*]	Art des Effekts	$\text{SAQ}_{\text{Effekt}} =$ $2^2 L \times \text{Eff}^2$	$R^2 =$ $\text{SAQ}_{\text{Eff}}/\text{SAQ}_y$
11	$\bar{y}_{11+}$	$\hat{\mu}$	–	–	–
21	$\bar{y}_{21+}$	$\hat{\alpha}_1$	A	SAQ_A	$R^2_{Y|A}$
12	$\bar{y}_{12+}$	$\hat{\beta}_1$	B	SAQ_B	$R^2_{Y|B}$
22	$\bar{y}_{22+}$	$\hat{\gamma}_{11}$	AB	SAQ_{AB}	$R^2_{Y|AB}$

[*]jeder Effektterm für Klassen 1

1.5 Kategoriale Zielgrößen

1.5.1 Daten für (A, B) zusammengefasst

Gemeinsame Verteilung in Anzahlen

Für eine kategoriale Zielgröße liefern Mittelwerte in der Regel keine gute Datenbeschreibung. Für die Variable A bezeichnen wir wieder die Anzahl der Klassen mit I, für die Variable B mit J. Die **gemeinsame Verteilung in Anzahlen** ist

$$n_{ij} \text{ für } i = 1, \ldots, I \text{ und } j = 1, \ldots, J.$$

Sie gibt an, wie oft jede der Ausprägungskombinationen i, j der beiden Variablen beobachtet wird. Die Tabelle mit den beobachteten Anzahlen n_{ij} wird $I \times J$ **Kontingenztafel** genannt, da sie die vorgegebene Anzahl von insgesamt n Beobachtungen (das Kontingent) nach den möglichen Kombinationen von i und j aufgliedert.

Tabelle 1.12 zeigt die beobachtete gemeinsame Verteilung von zwei kategorialen Variablen in einer 2×3 Kontingenztafel. Die Tabelle enthält zusätzlich Spalten- und Zeilensummen.

Tabelle 1.12. Eine 2×3 Kontingenztafel für das Rauchverhalten Jugendlicher und das Rollenvorbild ihrer Eltern, $n = 2209$.

A, Jugendlicher raucht Zigaretten	B, Rollenvorbild der Eltern: Eltern rauchen			
	$j = 1$: nein	$j = 2$: einer	$j = 3$: beide	Summe
$i = 1$: nein	410	373	398	1181
$i = 2$: ja	120	295	613	1028
Summe	530	668	1011	2209

Die Daten in Tabelle 1.12 stammen aus einer Studie an einem College in den USA [40]. Das Rauchverhalten der Studierenden, A, ist die Zielgröße mit zwei Ausprägungen, $i = 1$: raucht Zigaretten, $i = 2$: raucht keine Zigaretten. Das Rollenvorbild der Eltern, B, ist die Einflussgröße mit drei möglichen Ausprägungen, $j = 1$: kein Elternteil raucht, $j = 2$: ein Elternteil raucht, und $j = 3$: beide Eltern rauchen. Die Forschungsfrage ist „Wie stark wird das Rauchverhalten Jugendlicher vom Vorbild der Eltern beeinflusst?" Damit wird nach der Art der Abhängigkeit der Zielgröße A von der Einflussgröße B gefragt.

Tabelle 1.13 zeigt eine 2×3 Kontingenztafel detailliert in Symbolen geschrieben. Die Spalten- und Zeilensummen sind die zugehörigen eindimensionalen

Verteilungen in Anzahlen der beiden Variablen A und B. Da diese Verteilungen in den Rändern der Tabelle mit der gemeinsamen Verteilung von A und B stehen, werden sie auch **Randverteilungen** genannt.

Tabelle 1.13. Eine 2×3 Kontingenztafel für die Variablen A und B in Symbolen.

A	B			
	$j = 1$	$j = 2$	$j = 3$	n_{i+}
$i = 1$	n_{11}	n_{12}	n_{13}	n_{1+}
$i = 2$	n_{21}	n_{22}	n_{23}	n_{2+}
n_{+j}	n_{+1}	n_{+2}	n_{+3}	n_{++}

In Symbolen ausgedrückt sind die Randverteilung der Variablen A und B in Anzahlen

$$n_{i+} = \sum_j n_{ij} \text{ für } i = 1, \ldots, I \quad \text{und} \quad n_{+j} = \sum_i n_{ij} \text{ für } j = 1, \ldots, J.$$

Gemeinsame Verteilungen in Prozent

Wir verwenden im Folgenden immer Variable A als Zielgröße und Variable B als mögliche Einflussgröße. Tabelle 1.14 zeigt die zu Tabelle 1.12 gehörigen **prozentualen bedingten Verteilungen** des Rauchverhaltens Jugendlicher dann, wenn keiner der Eltern, einer oder beide rauchen. Zusätzlich enthält sie am rechten Rand die **prozentuale Randverteilung** des Rauchverhaltens aller Jugendlicher. Dies ist hier die Verteilung des Rauchverhaltens der Jugendlichen ohne Berücksichtigung des Rollenvorbilds der Eltern.

Tabelle 1.14. Beobachtete Verteilungen in Anzahlen und in Prozent zu Tabelle 1.12.

A, Jugendl. raucht	B, Rollenvorbild der Eltern			
	$j = 1$: keiner	$j = 2$: einer	$j = 3$: beide	insgesamt
$i = 1$: nein	410	373	398	1181
	77,4%	55,8%	39,4%	53,5%
$i = 2$: ja	120	295	613	1028
	22,6%	44,2%	60,6%	46,5%
	530	668	1011	2209
Summe	100,0%	100,0%	100,0%	100,0%

Große Unterschiede in den bedingten prozentualen Verteilungen von A weisen darauf hin, dass es eine **starke Abhängigkeit** der Zielgröße von der Einflussgröße gibt. Dagegen spricht man in einer $I \times J$ Tafel von einer nur **schwachen Abhängigkeit**, wenn sich die J beobachteten Anteile für jede feste Ausprägung i der Zielgröße A nicht wesentlich voneinander oder vom zugehörigen Anteil in der Randverteilung unterscheiden.

Beispiel mit Interpretation

In Tabelle 1.14 ist ein starker Zusammenhang zu sehen, da der Anteil rauchender Jugendlicher 22,6% beträgt, wenn die Eltern nicht rauchen, aber schon 44,2%, also fast doppelt so hoch ist, wenn nur die Mutter oder nur der Vater raucht. Er erhöht sich um weitere 16 Prozentpunkte von 44,2% auf 60,6%, wenn beide Eltern rauchen. Gäbe es nur eine schwache Abhängigkeit, würde man in allen drei genannten Situationen einen Raucheranteil nahe 46,5% vorfinden. Das ist der Gesamtanteil rauchender Jugendlicher unter den 2209 Studierenden.

Prozentangaben werden oft nach der Art des Ereignisses benannt. Bei negativen Ereignissen spricht man von **Risiko**, wie zum Beispiel vom Unfallrisiko, dem Risiko zu erkranken oder zu verlieren. Bei positiven Ereignissen spricht man dagegen von **Chance**, wie zum Beispiel von der Erfolgschance, der Chance geheilt zu werden oder zu gewinnen.

Zur einfacheren Beschreibung benennen wir Klasse 1 von A mit „Erfolg" und Klasse 2 von A mit „Misserfolg". Dementsprechend ist eine Prozentangabe für Erfolg eine Chance und eine Prozentangabe für Misserfolg ein Risiko.

1.5.2 Assoziationen von kategorialen Variablen

Tabelle 1.15 zeigt die bedingten Verteilungen und die Randverteilungen der Zielgröße von A in Prozentangaben für eine 2×2 Kontingenztafel, detailliert in Symbolen geschrieben.

Tabelle 1.15. Symbole und Maßzahlen.

A	B $j = 1$	$j = 2$	relative Chance: $P_{1\|1}/P_{1\|2}$
$i = 1$ Erfolg	n_{11} $P_{1\|1}$	n_{12} $P_{1\|2}$	Wettquote für $i = 1$ gegeben $j = 1$	Wettquote für $i = 1$ gegeben $j = 2$
$i = 2$	n_{21} $P_{2\|1}$	n_{22} $P_{2\|2}$	n_{11}/n_{21} $\quad\quad$ n_{12}/n_{22}
n_{+j}	n_{+1}	n_{+2}	relative Wettquote (Erfolg gegen Misserfolg) $(n_{11}/n_{21})/(n_{12}/n_{22})$

Ergänzt ist Tabelle 1.15 um einige Maßzahlen für kategoriale Variablen. Es sind

– die **Chance** für Erfolg ($i = 1$) in Prozent: $P_{1|j} = 100\, n_{1j}/n_{+j}$, für $j = 1, 2$,

– die **Wettquote (odds)** für Erfolg gegen Misserfolg: $P_{1|j}/P_{2|j} = n_{1j}/n_{2j}$.

Daraus berechnen sich

– die **relative Chance**:

$$\frac{\text{Chance für Erfolg unter Bedingung } j = 1}{\text{Chance für Erfolg unter Bedingung } j = 2} = \frac{P_{1|1}}{P_{1|2}}$$

– die **relative Wettquote (odds-ratio)** für Erfolg:

$$\frac{\text{Wettquote für Erfolg}}{\text{Wettquote für Misserfolg}} = \frac{P_{1|1}/P_{2|1}}{P_{1|2}/P_{2|2}} = \frac{n_{11}n_{22}}{n_{21}n_{12}}$$

Da sich diese Maßzahl aus $n_{11}n_{22}$ und $n_{12}n_{21}$ berechnet, wird sie auch als das Kreuzproduktverhältnis bezeichnet.

Rechenbeispiele: Assoziationsmaße in Kontingenztafeln

a) ein starker Zusammenhang

A	B $j = 1$	$j = 2$
$i = 1$ Erfolg	12 60%	18 10%
$i = 2$	8 40%	162 90%
n_{+j}	20	180

relative Chance:

$60/10 = 6$

Wettquote für $i = 1$ gegeben $j = 1$	Wettquote für $i = 1$ gegeben $j = 2$
$12/8 = 1,5$	$18/162 = 0,11$

relative Wettquote (Erfolg gegen Misserfolg)

$(12 \times 162)/(8 \times 18) = 13,5$

b) kein Zusammenhang

A	B $j = 1$	$j = 2$
$i = 1$ Erfolg	4 20%	36 20%
$i = 2$	16 80%	144 80%
n_{+j}	20	180

relative Chance:

$20/20 = 1$

Wettquote für $i = 1$ gegeben $j = 1$	Wettquote für $i = 1$ gegeben $j = 2$
$4/16 = 0,25$	$36/144 = 0,25$

relative Wettquote (Erfolg gegen Misserfolg)

$(4 \times 144)/(16 \times 36) = 1$

Behauptung   Ist die relative Chance gleich Eins, so ist auch das odds-ratio gleich Eins (und umgekehrt).

Beweis   Aus den Definitionen $P_{1|1} = n_{11}/(n_{11} + n_{21})$, $P_{1|2} = n_{12}/(n_{12} + n_{22})$ und der relativen Chance $P_{1|1}/P_{1|2}$ folgt

$$n_{11}(n_{12} + n_{22}) = n_{12}(n_{11} + n_{21})$$

und damit nach Subtraktion von $n_{11}n_{12}$

$$n_{11}n_{22} = n_{12}n_{21}$$

und das odds-ratio ist gleich Eins.

Das odds-ratio ist das einzige Assoziationsmaß für Kontingenztafeln, das nicht von den Randverteilungen abhängt ([59], Edwards, 1963). Außerdem verändert es sich in vorhersagbarer Weise, falls die Kategorien einer der Variablen vertauscht werden: die neue relative Wettquote ist der Kehrwert der alten relativen Wettquote.

Beispiel mit Interpretation
Für die erste Teiltafel von Tabelle 1.14 S. 80 ergibt sich

A	B $j = 1$	$j = 2$	relative Chance: $77,4/55,8 = 1,4$	
$i = 1$ Erfolg	410 77,4%	373 55,8%	Wettquote für $i = 1$ gegeben $j = 1$	Wettquote für $i = 1$ gegeben $j = 2$
$i = 2$	120 22,6%	295 44,2%	$410/120 = 3,4$ relative Wettquote (Erfolg gegen Misserfolg)	$373/295 = 1,3$
n_{+j}	530	668	$(410 \times 295)/(120 \times 373) = 2,7$	

Rauchen beide Eltern nicht ($j = 1$), so kann man $410 : 120$ wetten, dass auch ihr Kind nicht raucht, aber nur mit $373 : 295$, wenn ein Elternteil raucht ($j = 2$). Die odds-ratios für den Erfolg, dass die Jugendlichen nicht rauchen und für das Risiko, dass sie rauchen, sind daher

$$\frac{410/120}{373/295} = 2,7 \quad \text{und} \quad \frac{120/410}{295/373} = \frac{1}{2,7}$$

Das relative Risiko, dass die Jugendlichen rauchen, ist fast doppelt so hoch ($44{,}2/22{,}6 = 1{,}96$) im Vergleich von einem zu keinem rauchenden Elternteil. Wird hingegen die relative Chance betrachtet, dass ein Jugendlicher nicht raucht, so scheint der Zusammenhang schwächer zu sein, da $77{,}4/55{,}8 = 1{,}4$ ist. Diese Asymmetrie ist typisch für relative Chancen und relative Risiken. Das odds-ratio hat diesen Nachteil nicht.

❯ 1.5.3 Logit-Regression

Will man eine binäre Zielgröße A mit Hilfe einer kategorialen Einflussgröße B vorhersagen, so kann man das Modell der **Logit-Regression** verwenden. Für eine binäre Zielgröße A betrachtet man dabei einen logarithmierten Quotienten als linear abhängig von der kategorialen Einflussgröße B für $j = 1, \ldots, J$:

$$\log\left(\pi_{1|j}/\pi_{2|j}\right) = \delta^- + \delta_j^B.$$

Dabei bezeichne $\pi_{1|j}$ die Wahrscheinlichkeit für Erfolg (Klasse $i = 1$ von A), wenn Klasse j von B zutrifft und $\pi_{2|j}$ die entsprechende Wahrscheinlichkeit für Misserfolg (Klasse $i = 2$ von A). Weiterhin nennt man δ^- den Gesamteffekt und δ_j^B die Effektterme von Klasse j der Variablen B, für die $\sum \delta_j^B = 0$ gilt. Die geschätzten Wahrscheinlichkeiten bleiben bei diesem Modell immer im Bereich der möglichen Werte von Null bis Eins.

Da die Logit-Regression ohne Residuen formuliert ist, ist die Methode der kleinsten Quadrate nicht anwendbar um Schätzwerte für δ^- und δ_j^B zu finden. Eine Schätzmethode mit der diese Effektterme aus beobachteten odds (Wettquoten) bestimmt werden können, ist das Maximum-Likelihood Verfahren (Ronald Fisher (1890-1962), siehe auch [61], S. 372). Es wird hier nicht beschrieben, nur das Ergebnis wird verwendet.

Bezeichnen $h_j = \log(n_{1j}/n_{2j})$ logarithmierte odds, dann sind die geschätzten Werte

$$\hat{\delta}^- = \bar{h}_+ = \sum h_j/J, \qquad \hat{\delta}_j^B = h_j - \bar{h}_+.$$

Als Beziehung zum odds-ratio gilt

$$\hat{\delta}_1^B = \frac{1}{2}\log\{(n_{11}n_{22})/(n_{12}n_{21})\}.$$

Rechenbeispiel: Logit-Regression (Daten von S. 82, Rechenbeispiel a))

$$n_{11} = 12 \qquad n_{21} = 8 \qquad n_{12} = 18 \qquad n_{22} = 162 \qquad \log\frac{n_{11}n_{22}}{n_{12}n_{21}} = 2{,}60$$

$$h_1 = \log 12/8 = 0,41 \qquad h_2 = \log 18/162 = -2,20$$

$$\hat{\delta}^- = \bar{h}_+ = \{0,41 + (-2,20)\}/2 = -0,90$$

$$\hat{\delta}_1^B = h_1 - h_+ = 1,30 \qquad \hat{\delta}_2^B = -1,30$$

Klassen von B j	Wettquote n_{1j}/n_{2j}	$\log (n_{1j}/n_{2j})$	Schritt 1	Geschätzter Effektterm	Art des Effekts
1	1,50	0,41	$-1,79$	$-0,90 = \hat{\delta}^-$	$-$
2	0,11	$-2,20$	$2,60$	$1,30 = \hat{\delta}_1^B$	B

Wenn die erklärende Variable B nur zwei Klassen hat, kann zur Schätzung der Parameter wieder der Yates-Algorithmus verwendet werden. Der Algorithmus wird auf logarithmierte Wettquoten angewendet. Die logarithmierte relative Wettquote ist das Doppelte eines Logit-Regressionskoeffizienten $\hat{\delta}_1^B$. Das Vorzeichen des Logit-Regressionskoeffizienten ist abhängig von der Codierung. Werden die beiden Zeilen, die Klassen von Variable A, in einer 2×2 Kontingenztafel vertauscht, so ändert sich nur das Vorzeichen, nicht aber die Größe des geschätzten Logit-Regressionskoeffizienten $\hat{\delta}_1^B$.

1.5.4 Multiple Logit-Regression

Einführendes Beispiel

Mit der multiplen Logit-Regression wird die Abhängigkeit einer binären kategorialen Zielgröße, A, mit Klassen $i = 1,2$ von mehreren möglichen kategorialen Einflussgrößen modelliert. Die Klassen der Variablen werden hier für Variable B mit $j = 1, \ldots, J$ und für Variable C mit $k = 1, \ldots, K$ benannt.

Die **multiple Logit-Regression** mit zwei Einflussgrößen, B, C für das Modell $Y : B * C$ ist

$$\log(\pi_{1|jk}/\pi_{2|jk}) = \delta^- + \delta_j^B + \delta_k^C + \delta_{jk}^{BC}$$

mit

$$\sum_j \delta_j^B = 0, \quad \sum_k \delta_k^C = 0, \quad \sum_j \delta_{jk}^{BC} = 0, \quad \sum_k \delta_{jk}^{BC} = 0.$$

Sind alle Variablen binär, so lassen sich die geschätzten Effektterme wieder mit Hilfe des Yates-Algorithmus berechnen.

Ähnlich wie in Varianzanalysen will man wissen, wie viele und welche der möglichen Einflussgrößen wichtig sind und welche Art der Abhängigkeit der Zielgröße es von den erklärenden Variablen gibt. Nur die Art und Weise, wie man Daten verwendet, ist verändert, da nun die Zielgröße nicht mehr quantitativer sondern kategorialer Art ist.

Als erstes sind in den folgenden vier Beispielen die Daten mit Anzahlen n_{ijk} zusammengefasst und Prozentwerte für Ausprägung $i = 2$ von A für jede Klassenkombination jk von B und C angegeben. Anschließend wird dargestellt, wie sich die beobachteten Abhängigkeiten in den geschätzten Effekttermen der multiplen Logit-Regression zeigen.

Beide der möglichen Einflussgrößen B, C eignen sich nicht zur Vorhersage der Zielgröße (A : −).

In einer Untersuchung mit $n = 246$ Kindern [21] wurden folgende Variablen erhoben:

− A, Inkonsistentes Erziehungsverhalten der Mutter; $i = 1$: nein, $i = 2$: ja
− B, Unterstützendes Verhalten der Mutter; $j = 1$: nein, $j = 2$: ja
− C, Geschlecht des Kindes; $k = 1$: männlich, $k = 2$: weiblich.

	C, Geschlecht des Kindes			
	$k = 1$: männlich		$k = 2$: weiblich	
A, Mutter ist	B, Mutter unterstützt		B, Mutter unterstützt	
inkonsistent	$j = 1$: nein	$j = 2$: ja	$j = 1$: nein	$j = 2$: ja
$i = 1$: nein	28	32	25	29
$i = 2$: ja	37	33	33	29
$P_{2|jk}$:	56,9%	50,8%	56,9%	50,0%

Beispiel mit Interpretation

Die beobachteten bedingten Verteilungen in Prozent für Variable A stimmen für alle vier Klassenkombinationen der Variablen B und C annähernd überein. Man kommt daher zu keiner veränderten Vorhersage für das inkonsistente Verhalten der Mutter ($i = 2$ von A), wenn man die Ausprägungen jk der Variablen B, C kennt. Der Anteil der Mütter, die sich inkonsistent verhalten, ist 53,7% ($n_{1+}/n_{++} = 0,537$), er ändert sich nur wenig mit den Ausprägungen der Variablen B, C.

Geschätzte Effektterme:

Klassen jk von B, C:	11	21	12	22
Anzahl n_{1jk}:	28	32	25	29
Anzahl n_{2jk}:	37	33	33	29
Wettquote (n_{1jk}/n_{2jk}):	0,76	0,97	0,766	1,00
Art des Effekts:	−	B	C	BC
geschätzte Effektterme*:	−0,15	−0,13	−0,01	0,01

* für Klassen 1

In der Tabelle der geschätzten Effektterme sieht man, dass der Interaktionseffekt BC und der Haupteffekt C nahe Null sind und der Haupteffekt von B relativ klein. Die Ergebnisse deuten darauf hin, dass ein konsistentes Verhalten der Mutter weder vom Geschlecht des Kindes abhängt, noch davon, ob sie sich unterstützend gegenüber ihrem Kind verhält oder nicht. Beide Variablen eignen sich nicht zur Vorhersage des Erziehungsverhaltens der Mutter ($A : -$).

Nur Variable B eignet sich zur Vorhersage der Zielgröße ($A : B$).
A hängt direkt von B ab, aber C bringt zusätzlich zu B keine verbesserte Vorhersage von A.

In einer Studie mit $n = 24220$ Frauen [43] wurde nach Risiken gesucht, die erklären, ob ein Kind tot zur Welt kommt oder innerhalb der ersten Woche stirbt (genannt perinatale Mortalität). Es wurden folgende Variablen erhoben:

- A, Perinatale Mortalität; $i = 1$: nein, $i = 2$: ja
- B, Totgeburt, letztes Kind; $j = 1$: nein, $j = 2$: ja
- C, Hautfarbe der Mutter; $k = 1$: hell, $k = 2$: dunkel

A, perinatale	C, Hautfarbe der Mutter			
	$k = 1$: hell		$k = 2$: dunkel	
	B, Totgeburt zuvor		B, Totgeburt zuvor	
Mortalität	$j = 1$: nein	$j = 2$: ja	$j = 1$: nein	$j = 2$: ja
$i = 1$: nein	9148	1678	10502	1963
$i = 2$: ja	270	134	371	154
$P_{2|jk}$:	2,9%	7,4%	3,4%	7,3%

Beispiel mit Interpretation

Das Risiko für perinatale Mortalität ist mehr als doppelt so groß (7,4% gegenüber 2,9% und 7,3% gegenüber 3,4%), wenn schon das letzte Kind tot geboren wurde, gleichgültig, ob die Hautfarbe einer Mutter, C, hell oder dunkel ist. Für Frauen ohne frühere Totgeburt ($j = 1$) ist das Risiko zwar erheblich geringer, etwa 3%, aber wieder fast gleich groß bei heller und dunkler Hautfarbe der Mutter.

Diese Ergebnisse deuten darauf hin, dass sich die Kenntnis über frühere Totgeburten zur Vorhersage des Risikos perinataler Mortalität eignet. Die Information über die Hautfarbe der Mutter führt dagegen nicht zu einer verbesserten Vorhersage des Risikos für perinatale Mortalität, wenn die biologische Information über frühere Totgeburten bereits vorliegt. Es gibt also keinen Effekt von C zusätzlich zu B ($A : B$).

Geschätzte Effektterme:

Klassen jk von B, C:	11	21	12	22
Anzahl n_{1jk}:	9148	1678	10502	1963
Anzahl n_{2jk}:	270	134	371	154
Wettquote (n_{1jk}/n_{2jk}):	33,88	12,52	28,31	12,75
Art des Effekts:	–	B	C	BC
geschätzte Effektterme*:	2,99	0,45	0,04	0,05

* für Klassen 1

In den geschätzten Effekttermen zeigt sich der fehlende Effekt von C zusätzlich zu B darin, dass $\hat{\delta}_{11}^{BC}$ und $\hat{\delta}_{1}^{C}$ fast gleich Null sind ($\hat{\delta}_{11}^{BC} = 0,05$ und $\hat{\delta}_{1}^{C} = 0,04$). Dagegen hat Variable B einen deutlichen Effekt, da $\hat{\delta}_{1}^{B} = 0,45$ groß ist.

Beide Einflussgrößen B, C verbessern die Vorhersage der Zielgröße; additiver Effekt ($A : B + C$).

Die Variablen in einer Studie mit $n = 1679$ Jugendlichen [40] sind:
- A, Jugendlicher raucht; $i = 1$: nein, $i = 2$: ja
- B, ältere Geschwister rauchen; $j = 1$: nein, $j = 2$: ja
- C, Eltern rauchen; $k = 1$: ja, ein Elternteil, $k = 2$: ja, beide

	C, Eltern rauchen			
	$k = 1$: ja, ein Elternteil		$k = 2$: ja, beide	
A, Jugendlicher	B, Geschw. rauchen		B, Geschw. rauchen	
raucht	$j = 1$: nein	$j = 2$: ja	$j = 1$: nein	$j = 2$: ja
$i = 1$: nein	221	152	202	196
$i = 2$: ja	109	186	158	455
$P_{2|jk}$:	33,0%	55,0%	43,9%	69,9%

Beispiel mit Interpretation

Hier erhöht sich das Risiko, dass ein Jugendlicher raucht, systematisch bei entsprechend negativem Vorbild durch ältere Geschwister und durch die Eltern. Die Additivität der Effekte gilt für die logarithmierten Wettquoten und ist nicht direkt in den Prozentzahlen zu erkennen. An den beobachteten Anzahlen ist dies daran zu erkennen, dass die Kreuzproduktverhältnisse in den beiden Teiltafeln von Eins verschieden aber annähernd gleich groß sind: 2, 48, wenn ein Elternteil raucht, 2, 97, wenn beide Elternteile rauchen. Die logarithmierte relative Wettquote ist 0,91, wenn ein Elternteil raucht und 1,09, wenn beide Elternteile rauchen.

Diese Ergebnisse deuten darauf hin, dass sich die Rollenvorbilder der Eltern und der Geschwister in ähnlicher Weise auf das Rauchverhalten Jugendlicher auswirken.

Geschätzte Effektterme:

Klassen jk von B, C:	11	21	12	22
Anzahl n_{1jk}:	221	152	202	196
Anzahl n_{2jk}:	109	186	158	455
Wettquote (n_{1jk}/n_{2jk}):	2,03	0,82	1,28	0,43
Art des Effekts:	$-$	B	C	BC
geschätzte Effektterme*:	$-0,02$	$0,50$	$0,28$	$-0,05$

* für Klassen 1

Bei den geschätzten Effekttermen sieht man an dem niedrigen Wert $\hat{\delta}_{11}^{BC} = -0,05$, dass es keinen interaktiven Effekt gibt. Eine Abhängigkeit der Zielgröße A sowohl von B als auch von C zeigt sich in den deutlich von Null verschiedenen Werten der Effektterme $\hat{\delta}_1^B = 0,50$ und $\hat{\delta}_1^C = 0,28$. Die Daten lassen sich also gut mit einem Logit-Regressionsmodell mit additivem Effekt beschreiben $(A : B + C)$.

Beide Einflussgrößen B, C verbessern die Vorhersage der Zielgröße; Interaktionseffekt $(A : B * C)$.

In einer Studie mit $n = 246$ Kindern [21] sind die Variablen und ihre Klassen:
- A Ängstlichkeit des Kindes; $i = 1$: nein, $i = 2$: ja
- B, Inkonsistentes Verhalten der Mutter; $j = 1$: nein, $j = 2$: ja
- C, Unterstützung durch den Vater, $k = 1$: nein, $k = 2$: ja

	C, Unterstützung, Vater			
	$k = 1$: nein		$k = 2$: ja	
A, Ängstlichkeit	B, Mutter inkonsistent		B, Mutter inkonsistent	
des Kindes	$j = 1$: nein	$j = 2$: ja	$j = 1$: nein	$j = 2$: ja
$i = 1$: nein	45	20	40	23
$i = 2$: ja	13	48	25	32
$P_{2|jk}$	22,4%	70,6%	38,5%	58,2%

Beispiel mit Interpretation

Betrachten wir zunächst Kinder, die ihren Vater als nicht unterstützend erleben $(k = 1)$. Kann das Kind schlecht vorhersagen, wie die Mutter reagiert, so ist das Risiko, dass das Kind in bedrohlichen Situationen eher ängstlich reagiert, 70,6%. Das Risiko beträgt dagegen nur 22,4%, wenn sich die Mutter konsistent verhält. Bei fehlender Unterstützung durch den Vater steigt das Risiko somit um mehr als das Dreifache (22,4% zu 70,6%), wenn das Kind die Mutter als inkonsistent erlebt.

Wenn das Kind den Vater als unterstützend erlebt, dann ist das Risiko, dass das Kind eher ängstlich ist, nur etwa um das Anderthalbfache erhöht. Das Risiko bei konsistentem Verhalten der Mutter beträgt 38,5% und bei inkonsistentem Verhalten 58,2%.

Die Daten deuten auf einen Interaktionseffekt der beiden Variablen B und C auf die Zielgröße hin. Dieser Interaktionseffekt des inkonsistenten Verhaltens der Mutter, B, und des unterstützenden Verhaltens des Vaters, C, auf die Ängstlichkeit des Kindes, Y, spiegelt sich auch in den relativen Wettquoten in den beiden Teiltafeln von C wider: in Klasse $k = 1$ von C ist sie $8,31 = (45 \times 48)/(13 \times 20)$ und in Klasse $k = 2$ von C ist sie $2,23 = (40 \times 32)/(25 \times 23)$. Die relative Wettquote in Klasse $k = 1$ von C ist daher etwa viermal größer als in Klasse $k = 2$.

Geschätzte Effektterme:

Klassen jk von B, C:	11	21	12	22
Anzahl n_{1jk}:	45	20	40	23
Anzahl n_{2jk}:	13	48	25	32
Wettquote (n_{1jk}/n_{2jk}):	3,46	0,42	1,60	0,72
Art des Effekts:	–	B	C	BC
geschätzte Effektterme*:	0,13	0,73	0,06	0,33

* für Klassen 1

Der geschätzte Interaktionseffekt $\hat{\delta}_{11}^{BC} = 0,33$ ist für diese Tafel deutlich von Null verschieden, die zugehörigen Haupteffekt-Terme werden daher nicht interpretiert. Es gibt kein vereinfachendes Modell, es passt nur Modell $A : B * C$.

1.5.5 Effektumkehrung

Es kann in mehreren Untersuchungen so aussehen, als seien Ergebnisse **repliziert**. Dann geht in zwei Studien, qualitativ betrachtet, die Abhängigkeit in dieselbe Richtung. In dieser Situation kann es dennoch vorkommen, dass die Abhängigkeit umgekehrt erscheint, wenn die Untersuchungsergebnisse nicht mehr getrennt nach Studien, sondern gemeinsam analysiert werden.

George Yule (1871 - 1951) hat am Ende des 19. Jahrhunderts auf diese scheinbar paradoxe Situation hingewiesen, die Simpson ([72], 1951) später wieder aufgenommen hat. Sie wird deshalb auch das Yule-Simpson Paradox genannt.

Die folgenden Beispiele zeigen drei $2 \times 2 \times 2$ Kontingenztafeln, in denen jeweils die Chancen übereinstimmen, aber die Chance in der zusammengefassten Tafel verschieden aussieht. Es handelt sich um fiktive Daten zum Behandlungserfolg bei zwei verschiedenen Behandlungen in zwei Kliniken. Für die erste Behandlungsart ($j = 1$) sieht man in beiden Kliniken die größeren Chancen, erfolgreich behandelt zu werden.

Die Variablen in den Beispielen sind:

— A, Behandlungserfolg; $i = 1$: ja, $i = 2$: nein
— B, Behandlungsart; $j = 1$: Behandlung 1, $j = 2$: Behandlung 2
— C, Klinik; $k = 1$: Klinik 1, $k = 2$: Klinik 2.

In beiden Kliniken, C, ist jeweils die relative Chance für Erfolg ($A = 1$) unter Behandlung 1 um 50% höher als unter Behandlung 2, da die relative Chance 1,5 beträgt.

In der zusammengefassten Tafel von A und B ist in Beispiel a) die relative Chance umgekehrt, in Beispiel b) fast doppelt so groß und nur in Beispiel c) genauso groß wie in den beiden Kliniken getrennt betrachtet.

Die Erklärung ist, dass sich die Kontingenztafeln hinsichtlich der Assoziation der beiden Einflussgrößen B und C unterscheiden. In Beispiel a) ist die relative Wettquote für Behandlung 1 $(200 \times 400)/(20 \times 40) = 100$, da fast alle Patienten in Klinik 1 der Behandlung $j = 1$ und in Klinik 2 der Behandlung $j = 2$ zugeteilt sind. In Beispiel b) ist die relative Wettquote für Behandlung 1 $(20 \times 40)/(200 \times 400) = 1/100$. Es gibt also in beiden Beispielen extrem starke Assoziationen, nur in umgekehrter Richtung. In Beispiel c) sind dagegen die beiden erklärenden Variablen unabhängig voneinander: die relative Wettquote für Behandlung 1 ist hier $(20 \times 400)/(200 \times 40) = 1$.

a) Umkehrung der relativen Chancen:

A, Erfolg	C, Klinik				Beide Kliniken gemeinsam	
	$k = 1$		$k = 2$			
	B, Behandlung		B, Behandlung		B, Behandlung	
	$j = 1$	$j = 2$	$j = 1$	$j = 2$	$j = 1$	$j = 2$
$i = 1$: ja	60	4	30	200	90	204
	(30%)	(20%)	(75%)	(50%)	(38%)	(49%)
$i = 2$	140	16	10	200	150	216
Summe	200	20	40	400	240	420
rel. Chance	$30/20 = 1,5$		$75/50 = 1,5$		$38/49 = 0,78$	
rel. Wettquote	$1,7$		$3,0$		$0,6$	

b) Verstärkung der relativen Chancen:

$A,$	C, Klinik				Beide Kliniken	
	$k = 1$		$k = 2$		gemeinsam	
	B, Behandlung		B, Behandlung		B, Behandlung	
Erfolg	$j = 1$	$j = 2$	$j = 1$	$j = 2$	$j = 1$	$j = 2$
$i = 1$: ja	6	40	300	20	306	60
	(30%)	(20%)	(75%)	(50%)	(73%)	(25%)
$i = 2$	14	160	100	20	114	180
Summe	20	200	400	40	420	240
rel. Chance	$30/20 = 1,5$		$75/50 = 1,5$		$73/25 = 2,9$	
rel. Wettquote	$1,7$		$3,0$		$8,1$	

c) Gleich bleibende relative Chancen:

$A,$	C, Klinik				Beide Kliniken	
	$k = 1$		$k = 2$		gemeinsam	
	B, Behandlung		B, Behandlung		B, Behandlung	
Erfolg	$j = 1$	$j = 2$	$j = 1$	$j = 2$	$j = 1$	$j = 2$
$i = 1$: ja	6	40	30	200	36	240
	(30%)	(20%)	(75%)	(50%)	(60%)	(40%)
$i = 2$	14	160	10	200	24	360
Summe	20	200	40	400	60	600
rel. Chance	$30/20 = 1,5$		$75/50 = 1,5$		$60/40 = 1,5$	
rel. Wettquote	$1,7$		$3,0$		$2,3$	

1.5.6 Logistische Regression

Mit der **logistischen Regression** beschreibt man die Abhängigkeit einer Zielgröße A mit den Klassen $i = 0$: Misserfolg und $i = 1$: Erfolg von einer quantitativen Einflussgröße X mit

$$\log \left(\pi_{1|x} / \pi_{0|x} \right) = \alpha + \beta x.$$

Dabei bezeichnen $\pi_{1|x}$ Wahrscheinlichkeiten für Erfolg $i = 1$, wenn X die Ausprägung x hat und $\pi_{0|x}$ die entsprechenden Wahrscheinlichkeiten für Misserfolg. Das Schätzverfahren, mit dem die beiden Parameter in der logistischen Regression, α und β, bestimmt werden können, ist wieder das Maximum-Likelihood-Verfahren, das hier nicht dargestellt wird.

Tabelle 1.16 enthält als Anwendungsbeispiel Daten für 58 Patienten, die an chronischen Schmerzen leiden [35]. Die Zielgröße ist der Behandlungserfolg, A, Einflussgröße ist das Chronifizierungs-Stadium der Schmerzen, X.

Tabelle 1.16. Beobachtete und geschätzte Ergebnisse für den Behandlungserfolg.

Stadium chronischer Schmerzen x	Anzahl für Stadium n_{+x}	Anzahl der Erfolge n_{1x}	Beobachtete relative Häufigkeit n_{1x}/n_{+x}	Schätzwerte, logistische Regression $\hat{\pi}_{1\mid x}$	Schätzwerte lineare Regression $\tilde{\pi}_{1\mid x}$
6	8	7	0,875	0,755	0,755
7	9	5	0,556	0,636	0,627
8	15	6	0,400	0,498	0,499
9	14	6	0,429	0,360	0,371
10	10	3	0,300	0,242	0,242
11	2	0	0,000	0,153	0,114

$$\log(\hat{\pi}_{1\mid x}/\hat{\pi}_{0\mid x}) = 4,52 - 0,57x$$

Die aufgrund einer logistischen Regression vorhergesagten Anteile für Erfolg, $\hat{\pi}_{1\mid x}$, ergeben sich aus der geschätzten logistischen Regressionsgleichung nach Exponieren und Vereinfachen mit $\hat{\pi}_{0\mid x} = 1 - \hat{\pi}_{1\mid x}$ als

$$\hat{\pi}_{1\mid x} = \exp(\hat{\alpha} + \hat{\beta}x)/\{1 + \exp(\hat{\alpha} + \hat{\beta}x)\}.$$

Abbildung 1.24 zeigt die beobachteten Anteile erfolgreich behandelter Patienten zusammen mit der geschätzten logistischen Regressionskurve.

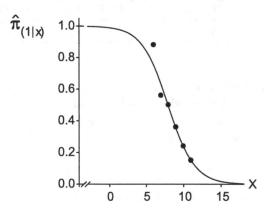

Abbildung 1.24. Beobachtete Anteile und angepasste logistische Regressionskurve.

Für den tatsächlich beobachteten Bereich der Werte von X, Stadium chronischer Schmerzen, zwischen 6 und 11 ist diese logistische Kurve annähernd linear. Dies gilt immer, wenn die beobachteten kumulativen Häufigkeiten im

Bereich zwischen 0,1 und 0,9 liegen ([54] Cox, 1972). Im Beispiel wäre somit eine einfache lineare Regression von A auf X nicht irreführend. Die zugehörigen geschätzten Werte der Zielgröße A sind $\tilde{\pi}_{1|x} = 1,52 - 0,128x$. Zum Beispiel wird für $x = 9$ mit Hilfe dieser Gleichung der Wert $\tilde{\pi}_{1|x=9} = 0,37$ vorhergesagt. Mit Hilfe der logistischen Regression schätzt man $\hat{\pi}_{1|x=9} = 0,36$.

1.5.7 Zusammenfassung

Verteilungen zweier kategorialer Variablen

Daten für zwei kategoriale Variable A und B fasst man mit Anzahlen, n_{ij}, in einer **Kontingenztafel** zusammen.

		B		
A	$j = 1$	$j = 2$	$j = 3$	n_{i+}
$i = 1$	n_{11}	n_{12}	n_{13}	n_{1+}
$i = 2$	n_{21}	n_{22}	n_{23}	n_{2+}
n_{+j}	n_{+1}	n_{+2}	n_{+3}	n_{++}

Mit **bedingten** prozentualen **Verteilungen** wird die Verteilung einer Zielgröße für vorgegebene Klassen einer Einflussgröße betrachtet. Die zugehörige prozentuale **Randverteilung** zeigt die Verteilung der Zielgröße ohne Berücksichtigung der Einflussgröße. Sie entspricht der einfachen Häufigkeitsverteilung in Prozentangaben.

		B		
A	$j = 1$	$j = 2$	$j = 3$	insgesamt
$i = 1$	$P_{1|1}$	$P_{1|2}$	$P_{1|3}$	P_{1+}
$i = 2$	$P_{2|1}$	$P_{2|2}$	$P_{2|3}$	P_{2+}
Summe	100	100	100	100

Dabei sind zum Beispiel $P_{2|1} = 100 n_{21}/n_{+1}$ und $P_{2+} = 100 n_{2+}/n$.

Maßzahlen für Assoziationen in 2×2 Tafeln, die den Erfolg ($i = 1$) betreffen, sind die

- relative Wettquote, $(P_{1|1}/P_{2|1})/(P_{1|2}/P_{2|2}) = (n_{11}n_{22})/(n_{12}n_{21})$
- relative Chance, $P_{1|1}/P_{1|2}$.

Die relative Wettquote (odds-ratio) ist das einzige Maß, das nicht von den Anzahlen im Rand beeinflusst wird Logarithmierte odds-ratios bleiben, abgesehen vom Vorzeichen, unverändert, wenn sie statt für den Erfolg für den Misserfolg berechnet wird.

Logit-Regression

Ein Modell mit dem die Abhängigkeit einer binären Zielgröße A von einer kategorialen Einflussgröße dargestellt wird, ist die **einfache Logit-Regression**:

$$\log \left(\pi_{1|j}/\pi_{2|j}\right) = \delta^- + \delta_j^B.$$

Die mit Hilfe des Maximum Likelihood-Verfahrens geschätzten Effektterme sind

$$\hat{\delta}^- = \bar{h}_+ = \sum h_j/J, \qquad \hat{\delta}_j^B = h_j - \bar{h}_+$$

wobei $h_j = \log(n_{1j}/n_{2j})$.

Die **multiple Logit-Regression** mit zwei Einflussgrößen, B, C $(A : B * C)$ ist

$$log(\pi_{1|jk}/\pi_{2|jk}) = \delta^- + \delta_j^B + \delta_k^C + \delta_{jk}^{BC}$$

Sind alle Variablen binär, so lassen sich die zugehörigen geschätzten Effektterme mit Hilfe des Yates-Algorithmus berechnen.

Vereinfachte Modelle erhält man, wenn Effektterme, beginnend mit δ_{jk}^{BC} nahe Null sind. Man erhält so die Modelle

$$A : B + C, \qquad A : B, \qquad A : C, \qquad A : -$$

Logistische Regression

Ist die Zielgröße A binär und mindestens eine Einflussgröße quantitativ, so nennt man das Modell eine logistische Regression. Für eine erklärende Einflussgröße, X, ist

$$\log \left(\pi_{1|x}/\pi_{0|x}\right) = \alpha + \beta x.$$

1.6 Quantitative Zielgrößen, beliebige Einflussgrößen

1.6.1 Lineare und nicht-lineare Beziehungen

Einen ersten Eindruck von der beobachteten gemeinsamen Verteilung zweier quantitativer Variablen erhält man mit einer **Punktwolke** der beobachteten Wertepaare (x_l, y_l). Die beobachteten Werte für eine Zielgröße werden der vertikalen Achse zugeordnet und die Werte für die erklärende Variable der horizontalen Achse. Für gleichgestellte Variable ist die Zuordnung der Achsen zu den Variablen frei wählbar.

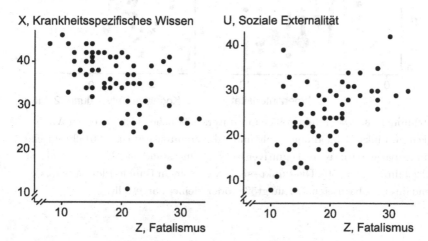

Abbildung 1.25. Punktwolken für die 68 Patienten der Diabetesstudie. Links: eine negativ lineare Abhängigkeit des krankheitsspezifischen Wissens vom Fatalismus. Rechts: ein positiv linearer Zusammenhang für soziale Externalität und Fatalismus.

Beispiel mit Interpretation

Abbildung 1.25 zeigt zwei Punktwolken für jeweils zwei Variablen aus der Diabetesstudie (siehe Tabelle 1.1). In beiden Fällen ist ein **annähernd linearer Zusammenhang** zu sehen. In Abbildung 1.25 links zeigt sich, dass das krankheitsspezifische Wissen, X, um so besser ist, je weniger die Patienten denken, dass ihr Krankheitsverlauf vom Zufall, Z, abhängt; es gibt eine negative lineare Abhängigkeit der Zielgröße X von der Einflussgröße Z. In Abbildung 1.25 rechts sind die Scores für sozial-externale Attribution, U, umso höher, je höher die Scores für fatalistische Attribution, Z, sind. Es ist ein positiver linearer Zusammenhang für die gleichgestellten Variablen U und Z zu sehen.

In jeder der Punktwolken in Abbildung 1.26 zeigt sich ein **nicht-linearer Zusammenhang**.

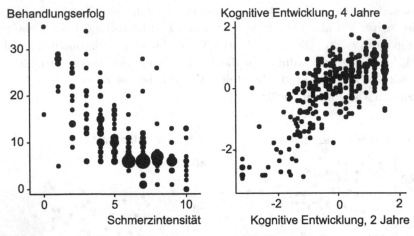

Abbildung 1.26. Zwei Punktwolken mit unterschiedlichen nicht-linearen Abhängigkeiten. Links: Behandlungserfolg und Schmerzintensität ($n = 201$ chronische Schmerzpatienten); rechts: kognitiver Entwicklungsstand im Alter von 4 Jahren und 2 Jahren ($n = 350$). Die Punkte sind, wie in einem Bubble-Plot, entsprechend ihrer beobachteten Anzahl größer oder kleiner dargestellt.

Beispiel mit Interpretation

Abbildung 1.26 links enthält die Punktwolke für $n = 201$ Patienten, die an chronischen Schmerzen leiden [17]. Zielgröße ist der Behandlungserfolg nach dreiwöchigem stationärem Aufenthalt: ein Score, der aus selbst berichteten Angaben der Patienten drei Monate nach ihrer Entlassung berechnet wird. Einflussgröße ist die selbst berichtete Intensität der Schmerzen am Tag der Entlassung aus der Klinik. Die Art der Abhängigkeit ist für niedrige Werte der Schmerzintensität, dass heißt für Werte kleiner gleich fünf, annähernd linear in der erwarteten Richtung: je stärker die verbleibenden Schmerzen sind, desto geringer ist auch der selbst berichtete Behandlungserfolg. Aber bei relativ hoher Schmerzintensität schwankt der typische Behandlungserfolg um einen gleich bleibend niedrigen Wert von etwa fünf.

Beispiel mit Interpretation

Abbildung 1.26 rechts zeigt den Stand der kognitiven Entwicklung für $n = 350$ Kinder im Alter von zwei und vier Jahren [25]. Gemessen ist dieser Entwicklungsstand jeweils in standardisierten Abweichungen vom Mittelwert einer so genannten Normgruppe. Ein Wert von -2 bedeutet zum Beispiel, dass das Ergebnis zwei Standardabweichungen unter dem typischen Ergebnis der Normgruppe liegt. Da Auswirkungen motorischer und psychosozialer Risiken untersucht werden sollten, wurden per Untersuchungsplan viele Fälle mit hohen Risiken dieser Art in die Studie aufgenommen. Der nicht-lineare Zusammenhang weist darauf hin, dass die Entwicklung bei gesunden und bei Risikokindern so unterschiedlich verläuft, dass man sie nicht mit einer einfachen linearen Beziehung für alle Kinder gemeinsam beschreiben kann. Bei Kindern mit hohen Risiken, das heißt mit Werten kleiner als -1.5, ist kein Zusammenhang zu sehen, im Bereich darüber ist der Entwicklungsstand mit vier Jahren um so besser, je besser er bereits mit zwei Jahren war.

1.6.2 Daten für (Y,X) zusammengefasst

Für die Beobachtungspaare (y_l, x_l) mit $l = 1, \ldots, n$ lassen sich Daten ohne Ausreißer und mit nur annähernd linearen Beziehungen gut mit Mittelwerten, $\bar{y}$, $\bar{x}$, Standardabweichungen, s_y, s_x und dem Korrelationskoeffizienten r_{yx} zusammenfassen.

Der **Korrelationskoeffizient** wurde von Karl Pearson (1857-1936) als Maß für Richtung und Stärke eines **linearen** Zusammenhangs zwischen zwei beobachteten quantitativen Variablen vorgeschlagen. Für n Wertepaare (y_l, x_l) wird er mit r_{xy} oder mit r_{yx} bezeichnet und aus der Summe der Abweichungsprodukte, $\text{SAP}_{xy} = \sum (x_l - \bar{x})(y_l - \bar{y})$, und den Summen der Abweichungsquadrate, SAQ_x, und SAQ_y, wie folgt definiert:

$$r_{xy} = \frac{\text{SAP}_{xy}}{\sqrt{\text{SAQ}_x \text{SAQ}_y}}$$

Rechenbeispiel: Daten zusammengefasst und Korrelationskoeffizient

Gegeben sind folgende fiktive Daten für $n = 6$ Studierende mit
Y: Punktzahl in der Statistik-Klausur im zweiten Semester,
X: Punktzahl in der Statistik-Klausur im ersten Semester.

l :	1	2	3	4	5	6	Summe
y_l :	65	75	80	80	85	95	480
x_l :	50	30	60	70	90	60	360

l :	1	2	3	4	5	6	Summe
$y_l - \bar{y}$:	-15	-5	0	0	5	15	0
$x_l - \bar{x}$:	-10	-30	0	10	30	0	0
$(x_l - \bar{x})(y_l - \bar{y})$:	150	150	0	0	150	0	450
$(y_l - \bar{y})^2$:	225	25	0	0	25	225	500
$(x_l - \bar{x})^2$:	100	900	0	100	900	0	2000

$$\bar{y}=\sum y_l/n = 480/6 = 80 \qquad \bar{x}=\sum x_l/n = 360/6 = 60$$

$$\mathrm{SAQ}_y=\sum (y_l - \bar{y})^2 = 500 \qquad \mathrm{SAQ}_x=\sum (x_l - \bar{x})^2 = 2000$$

$$s_y=\sqrt{\mathrm{SAQ}_y/(n-1)} = 10 \qquad s_x=\sqrt{\mathrm{SAQ}_x/(n-1)} = 20$$

$$\mathrm{SAP}_{xy}=\sum(x_l - \bar{x})(y_l - \bar{y}) = 450$$

$$r_{xy}=\mathrm{SAP}_{xy}/\sqrt{\mathrm{SAQ}_x \mathrm{SAQ}_y} = r_{yx}$$

$$=450/\sqrt{2000 \times 500} = 0,45$$

Ähnlich wie für die Summe der Abweichungsquadrate, SAQ, gibt es eine andere Berechnungsform für die Summe der Abweichungsprodukte, SAP, die zum Beispiel dann nützlich ist, wenn man aus SAP_{xy} auf $\sum x_l y_l$ zurückrechnen möchte:

$$\mathrm{SAP}_{xy} = \sum x_l y_l - n\bar{x}\bar{y}.$$

Einige Eigenschaften des Korrelationskoeffizienten

Ohne Beweise sind im Folgenden wichtige Eigenschaften des Korrelationskoeffizienten zusammengestellt. Ein Teil der Behauptungen wird im Zusammenhang mit der linearen Regression (Abschnitt 1.6.3) erklärt.

Behauptungen

a) Der Korrelationskoeffizient hat den Wert 1, wenn alle Wertepaare auf einer Geraden mit positiver Steigung liegen und den Wert -1, wenn alle Wertepaare auf einer Geraden mit negativer Steigung liegen.

b) Er hat den Wert 0, wenn es keinen linearen Zusammenhang gibt, das heißt, wenn die Summe der Abweichungsprodukte gleich Null ist.

c) Er hat auch den Wert 0, wenn es einen symmetrischen nicht-linearen Zusammenhang gibt.

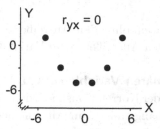

Abbildung 1.27. Punktwolke für einen symmetrisch quadratischen Zusammenhang.

d) Nach linearen Transformationen ändert der Korrelationskoeffizient höchstens das Vorzeichen. Genauer gilt für $u_l = a + bx_l$ und $v_l = c + dy_l$, dass

$$r_{uv} = (bd \: / \: |\: bd \:|)\, r_{xy}.$$

e) Der Korrelationskoeffizient ist – ebenso wie Mittelwert und Standardabweichung – stark empfindlich gegenüber Ausreißern.

Abbildung 1.28 stellt vier Situationen dar, in denen sich jeweils derselbe Korrelationskoeffizient von $r_{xy} = 0,82$ errechnet ([51], Anscombe 1973).

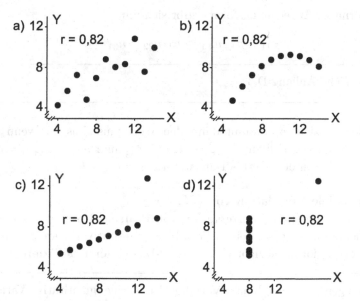

Abbildung 1.28. Beispiele für unterschiedliche Daten, die sich hinter demselben Korrelationskoeffizienten verbergen können.

Nur in einer der Situationen, in Abbildung 1.28a, gibt er eine gute Datenbeschreibung. In Abbildung 1.28b ist der Zusammenhang nicht-linear, in Abbildung 1.28c ist die Korrelation ohne den Ausreißer gleich Eins und in Abbildung 1.28d gibt es ohne den Ausreißer keine Variabilität für X.

Korrelation von zwei binären Variablen (A, B)

Für nominale Variable ist der Korrelationskoeffizient, der Richtung und Stärke eines linearen Zusammenhangs misst, im Allgemeinen ohne Bedeutung, weil die Kategorien beliebig angeordnet und codiert werden können. Eine Ausnahme bilden binäre Variable, weil sich Pearsons Korrelationskoeffizient in diesem Fall auf besondere Weise interpretieren lässt. Für binäre Variable wird Pearsons Korrelationskoeffizient als **Phi-Koeffizient** bezeichnet.

Behauptungen Für zwei binäre Variable A und B ist Pearsons Korrelationskoeffizient ein Maß für die Abweichungen der beobachteten Anzahlen, n_{ij}, von denjenigen Anzahlen, die sich bei fehlendem Zusammenhang zwischen A und B ergäben. Er hat die Form

$$r_{ab} = (nn_{11} - n_{1+}n_{+1})/\sqrt{n_{1+}n_{2+}n_{+1}n_{+2}}$$

Eine alternative Berechnungsform ergibt sich mit

$$nn_{11} - n_{1+}n_{+1} = n_{11}n_{22} - n_{21}n_{12}.$$

Beweise siehe Anhang D.3

Der Phi-Koeffizient r_{ab} nimmt dann den Wert plus Eins an, wenn $n_{21} = n_{12} = 0$. In diesem Fall sind $n_{1+} = n_{+1} = n_{11}$ und $n_{2+} = n_{+2} = n_{22}$; er nimmt stattdessen den Wert -1 an, wenn $n_{11} = n_{22} = 0$.

Punkt-biseriale Korrelation von (X, A)

Eine weitere besondere Interpretation von Pearsons Korrelationskoeffizient ist möglich, wenn eine der beiden Variablen quantitativ, die andere binär ist. Dieser Korrelationskoeffizient wird **Punkt-biserialer Koeffizient** genannt.

Behauptungen Für eine binäre Variable A und eine quantitative Variable Y ist Pearsons Korrelationskoeffizient ein gewichtetes Maß dafür, wie stark die beobachteten Mittelwerte von Y in den beiden Klassen $i = 1$ und $i = 2$ von A voneinander abweichen. Er hat die Form

$$r_{ay} = (\bar{y}_1 - \bar{y}_2)\sqrt{(n_1 n_2)/(n\text{SAQ}_y)}.$$

Der Punkt-biseriale Koeffizient nimmt die Werte plus oder minus Eins an, wenn es keine Variabilität von Y innerhalb der Klassen von A gibt, wenn also für $i = 1$ jeder beobachtete y-Wert gleich $\bar{y}_1$ und für $i = 2$ jeder beobachtete y-Wert gleich $\bar{y}_2$ ist.

Beweis   siehe Anhang D.3

Korrelationen in der Diabetesstudie

Für die Daten der 68 Diabetiker, die in Tabelle 1.1 angegeben sind, enthält Tabelle 1.17 die Korrelationskoeffizienten angeordnet im unteren Teil einer 8×8 Matrix. Es gibt für diese Daten, wie bereits gezeigt, keine deutlichen Ausreißer. Interpretiert werden im Folgenden nur Korrelationen, die dem Betrag nach größer als 0,3 sind.

Tabelle 1.17. Korrelationskoeffizienten, Mittelwerte und Standardabweichungen der acht Variablen aus Tabelle 1.1 ($n = 68$).

Variable	Y	X	Z	U	V	W	A	B
Y, Blutzuckergehalt	1							
X, Krankheitsbez. Wissen	$-,34$	1						
Z, Fatalistische Attribution	$,15$	$-,49$	1					
U, Sozial externale Attribution	$,03$	$-,32$	$,52$	1				
V, Internale Attribution	$,04$	$,14$	$-,33$	$-,23$	1			
W, Dauer Erkrankung, Jahre	$-,12$	$-,11$	$,28$	$,10$	$,05$	1		
A, Schulabschluß Abitur	$-,32$	$,33$	$-,26$	$-,20$	$-,01$	$-,25$	1	
B, Geschlecht	$-,07$	$,09$	$,08$	$-,06$	$-,22$	$,07$	$-,09$	1
Mittelwert	9,3	35,4	19,0	24,2	41,3	10,4	-	-
Standardabweichung	2,0	7,3	5,5	7,0	4,7	7,0	-	-

Beispiel mit Interpretation

Der Blutzuckergehalt ist um so niedriger, je höher der Wissensscore ist ($r_{yx} = -0,34$), das heißt die Anpassung eines Patienten an die Erkrankung ist um so besser, je besser das Wissen über Diabetes ist. Die Anpassung ist ebenfalls besser für Patienten mit Abitur im Vergleich zu Patienten ohne Abitur ($r_{ya} = -0,32$).

Das Wissen über Diabetes ist um so besser, je weniger ein Patient im Hinblick auf seine Erkrankung fatalistisch attribuiert ($r_{xz} = -0,49$), also je weniger er erwartet, dass es ohnehin nur vom Zufall abhängt, wie seine Krankheit verläuft, und je weniger er sozial external attribuiert ($r_{xu} = -0,32$), also je weniger er erwartet, dass sein Krankheitsverlauf hauptsächlich von den behandelnden Ärzten abhängt. Das Wissen ist auch besser bei Patienten mit Abitur als ohne ($r_{xa} = 0,33$).

Patienten, die fatalistisch attribuieren, tendieren eher dazu, auch sozial external im Hinblick auf ihre Erkrankung zu attribuieren ($r_{zu} = 0,52$), aber weniger dazu, sich selbst als verantwortlich für das Krankheitsgeschehen zu sehen ($r_{zv} = -0,33$).

❷ 1.6.3 Einfache lineare Regression

Ein Modell, mit dem eine quantitative Zielgröße mit Hilfe möglicher Einflussgrößen vorhergesagt wird, ist das **lineare Regressionsmodell**.

Im **Modell der einfachen linearen Regression** von Y auf X

$$y_l = (\alpha + \beta x_l) + \varepsilon_l, \quad l = 1, \dots, n$$

gibt der Modellteil ($\alpha + \beta x_l$) Werte an, die auf einer Geraden liegen. Die Residuen, ε_l, sind die vertikalen Abweichungen der beobachteten Werte y_l von dieser Geraden. Es bezeichnet α den Wert von Y, wenn $x_l = 0$ ist und β den Steigungskoeffizienten der Geraden.

Die Schätzwerte für β und α werden mit der Methode der kleinsten Quadrate bestimmt.

Methode der kleinsten Quadrate

Behauptung   Die Ergebnisse nach minimieren der Summe der quadrierten Residuen, $\sum \varepsilon_l^2$, sind:

a) die Schätzwerte

$$\hat{\beta} = \frac{\text{SAP}_{xy}}{\text{SAQ}_x} \quad \text{und} \quad \hat{\alpha} = \bar{y} - \hat{\beta}\bar{x},$$

b) die geschätzte Gerade, dass heißt die vorhergesagten Werte der Zielgröße

$$\hat{y}_l = \hat{\alpha} + \hat{\beta}x_l = \bar{y} + \hat{\beta}(x_l - \bar{x}),$$

c) Variation in der Zielgröße, die auf das Modell zurück geht

$$\mathrm{SAQ}_{\mathrm{Mod}} = \hat{\beta}\,\mathrm{SAP}_{yx} = \mathrm{SAP}^2_{yx}/\mathrm{SAQ}_x,$$

d) die Residuen $\varepsilon_l = (y_l - \hat{y}_l)$

$$y_l - \hat{y}_l = (y_l - \bar{y}) - \hat{\beta}(x_l - \bar{x}).$$

e) Die Summe der quadrierten Residuen $\mathrm{SAQ}_{\mathrm{Res}} = \sum \hat{\varepsilon}_l^2$

$$\mathrm{SAQ}_{\mathrm{Res}} = \mathrm{SAQ}_y - \mathrm{SAQ}_{\mathrm{Mod}}$$

ist die kleinstmögliche.

Beweis siehe Anhang D.1.

Behauptung Alternative Berechnungsformen von $\mathrm{SAQ}_{\mathrm{Res}}$ und $\hat{\beta}$ sind

$$\mathrm{SAQ}_{\mathrm{Res}} = \mathrm{SAQ}_y(1 - r_{xy}^2), \qquad \hat{\beta} = r_{xy}\frac{s_y}{s_x}.$$

Beweis

$$\mathrm{SAQ}_{\mathrm{Res}} = \mathrm{SAQ}_y - \mathrm{SAP}^2_{xy}/\mathrm{SAQ}_x$$
$$= \mathrm{SAQ}_y\left\{1 - \mathrm{SAP}^2_{xy}/(\mathrm{SAQ}_y\mathrm{SAQ}_x)\right\} = \mathrm{SAQ}_y(1 - r_{xy}^2)$$

$$\hat{\beta} = \mathrm{SAP}_{xy}/\mathrm{SAQ}_x = \frac{\mathrm{SAP}_{xy}}{\sqrt{\mathrm{SAQ}_x\mathrm{SAQ}_y}}\sqrt{\frac{\mathrm{SAQ}_y}{\mathrm{SAQ}_x}} = r_{xy}\frac{s_y}{s_x}$$

Der Regressionskoeffizient $\hat{\beta}$ hat dasselbe Vorzeichen wie der Korrelationskoeffizient und gibt an, um wie viel sich der vorhergesagte Wert der Zielgröße Y ändert, wenn man Personen betrachtet, für die der Wert der Einflussgröße X um eine Einheit erhöht ist. Allgemeiner ändert sich $\hat{y}$ um $c\hat{\beta}$, wenn der Wert der Einflussgröße um cx erhöht ist. Wenn die Variable X nur Werte größer Null annehmen kann, so ist der Schnittpunkt mit der y-Achse, $\hat{\alpha}$, nicht sinnvoll zu interpretieren. Die geschätzte Gerade hat als Referenzpunkt immer $(\bar{x}, \bar{y})$, dass heißt sie geht durch die Mittelwerte von Y und X.

Rechenbeispiel: Lineare Regression
Das Beispiel mit fiktiven Daten für (S. 99) fortgesetzt.

$$\bar{y} = 80 \qquad \bar{x} = 60 \qquad n = 6$$
$$s_y = 10 \qquad s_x = 2{,}0 \qquad r_{xy} = 0{,}45$$
$$\text{SAQ}_y = 500, \qquad \text{SAQ}_x = 2000$$

Die Schätzwerte sind

$$\hat{\beta} = \text{SAP}_{xy}/\text{SAQ}_x = 450/2000 = 0,225,$$
$$\hat{\alpha} = \bar{y} - \hat{\beta}\bar{x} = 80 - (0,225 \times 60) = 66,5.$$

Die geschätzte Gerade ist

$$\hat{y}_l = 66,5 + 0,225 x_l.$$

Die Punktwolke mit Regressionsgerade ist

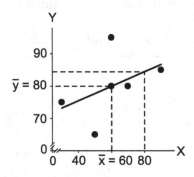

Die Summe der quadrierten Abweichungen aufgrund des Modells ist

$$\text{SAQ}_{\text{Mod}} = \hat{\beta}\,\text{SAP}_{xy} = 0,225 \times 450 = 101,25.$$

Die Summe der quadrierten Residuen ist

$$\text{SAQ}_{\text{Res}} = \text{SAQ}_y - \text{SAQ}_{\text{Mod}} = 500 - 101,25 = 398,75.$$

Diese erhält man auch aus den geschätzten Residuen $\hat{\varepsilon}_l$:

l :	1	2	3	4	5	6	Summe
y_l :	65	75	80	80	85	95	480
x_l :	50	30	60	70	90	60	360
$\hat{y}_l = 66,5 + 0,225 x_l$:	77,75	73,25	80	82,25	86,75	80	480
$\hat{\varepsilon}_l = y_l - \hat{y}_l$:	$-12,75$	1,75	0	$-2,25$	$-1,75$	15	0

$$\sum \hat{\varepsilon}_l^2 = -12,75^2 + \ldots + 0^2 = 398,75 = \text{SAQ}_{\text{Res}}.$$

1.6.4 Bestimmtheitsmaß

Die geschätzten Residuen, $\hat{\varepsilon}_l = y_l - \hat{y}_l$, weisen auf eine gute Anpassung der Beobachtungen an das lineare Modell hin, wenn sich keine systematische Beziehung zur erklärenden Variablen mehr zeigt. Dies ist in **Residualplots** zu sehen, in denen $(\hat{\varepsilon}_l, x_l)$ als Punkte eingezeichnet sind. In Abbildung 1.29 links sind die Residuen unsystematisch um Null verteilt, in Abbildung 1.29 rechts nicht.

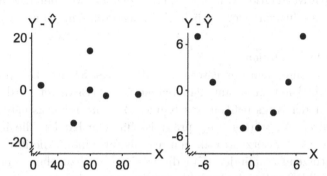

Abbildung 1.29. Residualplots für frühere Rechenbeispiele. Links für das Rechenbeispiel mit linearem Zusammenhang (Abschnitt 1.6.2, S. 99), rechts für das Rechenbeispiel mit quadratischem Zusammenhang (Abschnitt 1.6.2, S. 101).

Die quadrierte Residualsumme $\mathrm{SAQ}_{\mathrm{Res}}$ führt wie in der Varianzanalyse zur additiven Zerlegung der Gesamtvariation der Zielgröße (SAQ_y) in die Variation aufgrund des Modells ($\mathrm{SAQ}_{\mathrm{Mod}} = \mathrm{SAP}_{xy}^2/\mathrm{SAQ}_x$) und in die Residualvariation ($\mathrm{SAQ}_{\mathrm{Res}}$):

$$\mathrm{SAQ}_y = \mathrm{SAQ}_{\mathrm{Mod}} + \mathrm{SAQ}_{\mathrm{Res}}.$$

Das **Bestimmtheitsmaß für das lineare Regressionsmodell** ergibt sich damit als

$$R_{Y|X}^2 = \mathrm{SAQ}_{\mathrm{Mod}}/\mathrm{SAQ}_y = \frac{\mathrm{SAP}_{xy}^2}{\mathrm{SAQ}_x\,\mathrm{SAQ}_y} = r_{xy}^2$$

Wenn alle beobachteten Punkte auf der Geraden liegen, ist $\mathrm{SAQ}_{\mathrm{Res}} = 0$ und daher $R_{Y|X}^2 = 1$. Falls es keinen linearen Zusammenhang gibt, so ist $\mathrm{SAQ}_{\mathrm{Mod}} = 0$ und daher $R_{Y|X}^2 = 0$. Man sagt wie in der Varianzanalyse, dass das Bestimmtheitsmaß den Anteil der Variation in der Zielgröße angibt, der durch das Modell erklärt wird.

Rechenbeispiel: Bestimmheitsmaß (Daten von S. 99)

Das Bestimmtheitsmaß ist $R^2_{Y|X} = 0,45^2 = 0,203$. Es werden ungefähr 20% der Variabilität in den Noten der zweiten Klausur, Y, mit einer linearen Regression auf die Noten der ersten Klausur erklärt. $1 - R^2_{Y|X} = 0,797$, also fast 80% werden mit dem Modell nicht erklärt.

Das Bestimmtheitsmaß erinnert daran, dass Vorhersagen trotz der von Null verschiedenen Korrelation von r_{xy} ungenau bleiben, weil der Anteil $1 - r^2_{xy}$, der auf die Residualvariation zurückgeht, noch groß sein kann.

Beispiel mit Interpretation

Zu den Erziehungsstilen der Eltern und der Ängstlichkeit der Kinder liegt eine Studie [21] mit insgesamt 246 Schülern vor. Erwartet wird, dass die Abhängigkeit der Ängstlichkeit des Kindes, Y, vom inkonsistenten Verhalten der Mutter, X, stärker ausgeprägt ist für jene Kinder, die ihre Väter als eher wenig unterstützend wahrnehmen als für Kinder, die ihre Väter als eher unterstützend empfinden. Um dieser Frage nachzugehen, werden zwei Gruppen gebildet, indem die Variable Unterstützung des Vaters, Z, **median-dichotomisiert** wurde: in der einen Gruppe sind die Scores für Z kleiner oder gleich dem Median, in der anderen sind sie größer als der Median von Z. Der Median von Z hat den Wert 34. Mit dieser Median-Dichotomisierung erhält man 126 Kinder in der ersten Gruppe und 120 Kinder in der zweiten.

Angegeben sind Mittelwerte, Standardabweichungen, Korrelationskoeffizienten und die nach der Methode der kleinsten Quadrate geschätzte Regressionsgeraden.

Daten zur Ängstlichkeit von Kindern, zusammengefasst:

a) $n_1 = 126$, Kinder mit weniger unterstützenden Vätern ($z \leq 34$)

Mittel-wert	Standard-abweichung	Korrelations-koeffizient	Regressionsgerade $\hat{y}_l = \hat{\alpha} + \hat{\beta} x_l$
$\bar{y} = 31,2$	$s_y = 7,48$	$r_{yx} = 0,64$	$\hat{\beta} = 0,73$
$\bar{x} = 23,9$	$s_x = 6,58$		$\hat{\alpha} = 13,86$

b) $n_2 = 120$, Kinder mit stärker unterstützenden Vätern ($z > 34$)

Mittel-wert	Standard-abweichung	Korrelations-koeffizient	Regressionsgerade $\hat{y}_l = \hat{\alpha} + \hat{\beta} x_l$
$\bar{y} = 29,9$	$s_y = 6,45$	$r_{yx} = 0,40$	$\hat{\beta} = 0,38$
$\bar{x} = 23,3$	$s_x = 6,69$		$\hat{\alpha} = 21,00$

In den Punktwolken in Abbildung 1.30 sind die beiden Regressionsgeraden zusätzlich eingetragen. Die Geraden wie auch die unterschiedlich starken Korrelationskoeffizienten von $0,64$ und $0,40$ zeigen, dass die beobachteten Werte die erwartete Beziehung widerspiegeln. Man sieht aber auch, dass die Variabilität der Werte um die Regressionsgerade groß ist.

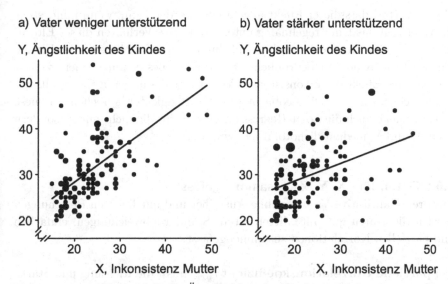

Abbildung 1.30. Abhängigkeit der Ängstlichkeit des Kindes vom inkonsistenten Verhalten der Mutter a) bei geringer Unterstützung durch den Vater, Z (Werte $z \leq 34$, $n = 126$) und b) bei starker Unterstützung durch den Vater, Z ($z > 34$, $n = 120$).

In den zugehörigen psychologischen Theorien zu Erziehungsstilen (siehe Anhang B.2) und Ängstlichkeit (siehe Anhang B.3) geht man davon aus, dass ein Kind durch die Erziehung seiner Eltern geprägt wird. Aufgrund von Erfahrungen bildet das Kind bestimmte Erwartungen. Diese Erwartungen betreffen einerseits die Folgen von Verhalten und Ereignissen, andererseits die eigenen Möglichkeiten, in verschiedenen Situationen mit bestimmtem Verhalten zu reagieren. Zum Beispiel könnte ein Kind erwarten, dass es bestraft wird, wenn es in der Schule eine schlechte Note geschrieben hat; es könnte auch planen, vor der nächsten Klassenarbeit zu Hause zu bleiben und zu lernen.

Sind Eltern in ihrem Erziehungsverhalten inkonsistent, so bedeutet dies für das Kind, dass es nicht voraussagen kann, wie die Eltern auf sein Verhalten reagieren. Außerdem erlebt es seine Strategien, mit bedrohlichen Situationen umzugehen, als erfolglos. Daraus resultiert in solchen Situationen ein Gefühl des Kontrollverlusts und der Angst. Gibt es viele solcher Situationen über längere Zeit, wird das Kind dauerhaft dazu tendieren, ängstlich zu reagieren.

Man erwartet, dass dieser Effekt abgefangen werden kann, wenn mindestens ein Elternteil das Kind regelmäßig unterstützt: Das Verhalten dieses Elternteils ist für das Kind vorhersagbar und durch die Hilfestellungen des Elternteils lernt das Kind, mit bedrohlichen Situationen besser umzugehen, so dass der negative Effekt des inkonsistenten Verhaltens des anderen Elternteils abgeschwächt wird [21]. Die beobachteten Abhängigkeiten sprechen für diese Theorie, siehe auch die Logit-Regression (S. 86), für die nicht nur Z, sondern auch X und Y median-dichotomisiert wurden.

❯ 1.6.5 Daten für $(\mathbf{X}, \mathbf{Y}, \mathbf{Z})$ zusammengefasst

Für drei quantitative Variable ohne Ausreißer und mit linearen Beziehungen werden die Daten gut mit Mittelwerten, Standardabweichungen, einfachen und partiellen Korrelationen zusammengefasst.

Der **partielle Korrelationskoeffizient** $r_{yx|z}$ misst die Richtung und Stärke des linearen Zusammenhangs zwischen Variable Y und X, nachdem eine lineare Beziehung zu Variable Z bereits berücksichtigt ist.

Es bezeichnen $\mathrm{SAQ}_{y|z}$ die Summe der Abweichungsquadrate von Y gegeben Z, $\mathrm{SAQ}_{x|z}$ die Summe der Abweichungsquadrate von X gegeben Z und $\mathrm{SAP}_{yx|z}$ die Summe der Abweichungsprodukte von Y und X gegeben Z mit

$$\mathrm{SAQ}_{y|z} = \mathrm{SAQ}_y - \mathrm{SAP}_{yz}^2/\mathrm{SAQ}_z,$$
$$\mathrm{SAQ}_{x|z} = \mathrm{SAQ}_x - \mathrm{SAP}_{xz}^2/\mathrm{SAQ}_z,$$
$$\mathrm{SAP}_{yx|z} = \mathrm{SAP}_{yx} - \mathrm{SAP}_{yz}\mathrm{SAP}_{xz}/\mathrm{SAQ}_z.$$

Liegen die einfachen Korrelationen und Summen der Abweichungsquadrate vor, so sind alternative Berechnungsformen (mit möglicherweise großen Rundungsfehlern)

$$\mathrm{SAQ}_{y|z} = \mathrm{SAQ}_y(1 - r_{yz}^2)$$
$$\mathrm{SAQ}_{x|z} = \mathrm{SAQ}_x(1 - r_{xz}^2)$$
$$\mathrm{SAP}_{yx|z} = \sqrt{\mathrm{SAQ_y SAQ_y}}\,(r_{yx} - r_{yz}r_{xz})$$

Der partielle Korrelationskoeffizient ist

$$r_{yx|z} = \frac{\text{SAP}_{yx|z}}{\sqrt{\text{SAQ}_{y|z}\text{SAQ}_{x|z}}}.$$

Einsetzen der Definitionen von $\text{SAP}_{yx|z}$, $\text{SAQ}_{y|z}$, $\text{SAQ}_{x|z}$ und vereinfachen ergibt

$$r_{yx|z} = \frac{r_{yx} - r_{yz}r_{xz}}{\sqrt{(1 - r_{yz}^2)(1 - r_{xz}^2)}}.$$

Rechenbeispiel: Partieller Korrelationskoeffizient

Für $n = 11$ Studenten sind: Y_1, Punktzahl in der Statistik Klausur im zweiten Semester, Y_2, Punktzahl in der Statistik Klausur im ersten Semester, Y_3, Punktzahl in einer Mathematik-Klausur im ersten Semester.

l :	1	2	3	4	5	6	7	8	9	10	11	Summe
y_{1l} :	70	60	50	60	60	65	60	60	60	60	55	660
y_{2l} :	78	70	62	66	74	70	70	70	70	70	70	770
y_{3l} :	66	42	50	50	50	50	50	50	50	58	34	550

$$\bar{y}_1 = 60 \qquad \bar{y}_2 = 70 \qquad \bar{y}_3 = 50$$
$$s_1 = 5 \qquad s_2 = 4 \qquad s_3 = 8$$
$$r_{12} = 0{,}80 \qquad r_{13} = 0{,}60 \qquad r_{23} = 0{,}40$$
$$\text{SAQ}_1 = 250 \qquad \text{SAQ}_2 = 160 \qquad \text{SAQ}_3 = 640$$
$$\text{SAP}_{12} = 160 \qquad \text{SAP}_{13} = 240 \qquad \text{SAP}_{23} = 128$$

$$\text{SAQ}_{1|2} = \text{SAQ}_1 - \text{SAP}_{12}^2/\text{SAQ}_2 = 250 - 160^2/160 = 90$$

$$\text{SAQ}_{3|2} = \text{SAQ}_3 - \text{SAP}_{32}^2/\text{SAQ}_2 = 640 - 128^2/160 = 537{,}60$$

$$\text{SAP}_{13|2} = \text{SAP}_{13} - \text{SAP}_{12}\text{SAP}_{23}/\text{SAQ}_2 = 240 - 160 \times 128/160 = 112$$

Alternative Berechnungen für die Summen der Abweichungsquadrate sind

$$\text{SAQ}_{1|2} = \text{SAQ}_1(1 - r_{12}^2) = 250 \times (1 - 0{,}80^2) = 90$$

$$\text{SAQ}_{3|2} = \text{SAQ}_3(1 - r_{23}^2) = 640 \times (1 - 0{,}40^2) = 537{,}60$$

$$\text{SAP}_{13|2} = \sqrt{\text{SAQ}_1\text{SAQ}_2}\,(r_{12} - r_{13}r_{23})$$
$$= \sqrt{250 \times 160} \times (0{,}80 - 0{,}60 \times 0{,}40) = 112$$

$$r_{13|2} = \frac{\text{SAP}_{13|2}}{\sqrt{\text{SAQ}_{1|2}\text{SAQ}_{3|2}}} = 0{,}51 \qquad r_{12|3} = 0{,}76 \qquad r_{23|1} = -0{,}17$$

Beispiel mit Interpretation

Aus der Diabetesstudie sind hier die Zielgröße krankheitsbezogenes Wissen, X, und als mögliche Einflussgrößen fatalistische Attribution, Z, und der Schulabschluss, A ausgewählt.

Datenbeschreibung:	in Werten			in Symbolen		
Variable	X	Z	A	X	Z	A
X, Wissen	1	$-0,45$	0,25	1	$r_{xz\mid a}$	$r_{xa\mid z}$
Z, Fatalismus	$-0,49$	1	$-0,11$	r_{xz}	1	$r_{za\mid x}$
A, Schulabschluss	0,33	$-0,26$	1	r_{xa}	r_{za}	1
Mittelwert	35,40	19,03	–	$\bar{x}$	$\bar{z}$	–
Standardabw.	7,26	5,45	–	s_x	s_z	–

Die Variable Z, Zufallsattribution, korreliert am stärksten mit der Zielgröße krankheitsbezogenes Wissen, X, aber auch deutlich mit dem Schulabschluss, A. Die beiden Einflussgrößen korrelieren wie erwartet miteinander: die fatalistische Attribution ist höher bei Patienten ohne Abitur als bei Patienten mit Abitur.

Die partiellen Korrelationen sind gegenüber den einfachen nicht stark verändert. Dies deutet darauf hin, dass jede der Einflussgrößen wichtig bleibt, wenn die andere bereits zur Vorhersage der Zielgröße verwendet wird, dass also das Wissen um Diabetes sowohl von der fatalistischen Attribution als auch vom Schulabschluss beeinflusst wird. Zum Beispiel ist das Wissen bei Patienten mit Abitur und vergleichbarer fatalistischer Attribution besser als bei Patienten ohne Abitur ($r_{xa\mid z} = 0,25$).

❯ 1.6.6 Multiple lineare Regression

Für die Beschreibung des linearen Regressionsmodells mit zwei Einflussgrößen werden hier zunächst Ergebnisse der einfachen linearen Regression in neuer Notation wiederholt. Das lineare Modell für die einfache Regression von Y_1 auf Y_2 ist

$$y_{1l} = (\alpha_{1\mid 2} + \beta_{1\mid 2} y_{2l}) + \varepsilon_{l(1\mid 2)}, \quad l = 1, \dots, n.$$

Ergebnisse der Methode der kleinsten Quadrate sind in dieser Notation

$$\hat{y}_{1l} = \hat{\alpha}_{1\mid 2} + \hat{\beta}_{1\mid 2} y_{2l},$$

mit

$$\hat{\beta}_{1|2} = \text{SAP}_{12}/\text{SAQ}_2, \qquad \hat{\alpha}_{1|2} = \bar{y}_1 - \hat{\beta}_{1|2}\bar{y}_2.$$

Das lineare Modell für die Regression von Y_1 auf Y_2 und Y_3 ist

$$y_{1l} = \alpha_{1|23} + \beta_{1|2.3}y_{2l} + \beta_{1|3.2}y_{3l} + \varepsilon_{l(1|23)}, \quad l = 1, \dots, n.$$

Dabei bezeichnet $\beta_{1|2.3}$ den **partiellen Regressionskoeffizienten**, das heißt, den Koeffizienten der Variablen Y_2 in der linearen Regression mit Zielgröße Y_1 und den Einflussgrößen Y_2 und Y_3. Er gibt an, um wie viele Einheiten sich die Zielgröße, Y_1, verändert, wenn man Personen auswählt, die in Y_2 einen um eine Einheit höheren Wert haben, aber hinsichtlich Y_3 vergleichbar sind, also gleich große oder annähernd gleich große Werte, y_3, haben.

Methode der kleinsten Quadrate

Behauptungen (hier ohne Beweise)
Die Ergebnisse nach Minimieren der Summe der quadrierten Residuen, $\sum \varepsilon_{l(1|23)}^2$, sind:

a) die Schätzwerte der Koeffizienten im Modell

$$\hat{\beta}_{1|2.3} = \text{SAP}_{12|3}/\text{SAQ}_{2|3} \qquad \hat{\beta}_{1|3.2} = \text{SAP}_{13|2}/\text{SAQ}_{3|2},$$

$$\hat{\alpha}_{1|23} = \bar{y}_1 - \hat{\beta}_{1|2.3}\bar{y}_2 - \hat{\beta}_{1|3.2}\bar{y}_3,$$

b) die vorhergesagten Werte der Zielgröße

$$\hat{y}_{1l} = \hat{\alpha}_{1|23} + \hat{\beta}_{1|2.3}y_{2l} + \hat{\beta}_{1|3.2}y_{3l},$$

c) die Variation in der Zielgröße, die auf das Modell zurückgeht

$$\text{SAQ}_{\text{Mod}} = \hat{\beta}_{1|2.3}\text{SAP}_{12} + \hat{\beta}_{1|3.2}\text{SAP}_{13},$$

d) die Residuen

$$y_{1l} - \hat{y}_{1l} = (y_{1l} - \bar{y}_1) - \hat{\beta}_{1|2.3}(y_{2l} - \bar{y}_2) - \hat{\beta}_{1|3.2}(y_{3l} - \bar{y}_3).$$

e) Die Summe der quadrierten Residuen

$$\text{SAQ}_{\text{Res}} = \text{SAQ}_y - \text{SAQ}_{\text{Mod}}$$

ist die kleinstmögliche.

Behauptung   Sind Mittelwerte, Standardabweichungen und Korrelationen bereits berechnet, so ergeben sich die geschätzten Regressionskoeffizienten mit

$$\hat{\beta}_{1|2.3} = \frac{r_{12} - r_{13}r_{23}}{1 - r_{23}^2}\left(\frac{s_1}{s_2}\right), \quad \hat{\beta}_{1|3.2} = \frac{r_{13} - r_{12}r_{23}}{1 - r_{23}^2}\left(\frac{s_1}{s_3}\right)$$

Beweis   folgt direkt mit den Beziehungen von $\mathrm{SAP}_{yx|z}$, $\mathrm{SAQ}_{y|z}$ und $\mathrm{SAQ}_{x|z}$ zu den einfachen Korrelationen, siehe S. 110.

Behauptung   (hier ohne Beweis)

Sind sowohl einfache Regressionskoeffizienten als auch der Koeffizient $\hat{\beta}_{1|2.3}$ bereits berechnet, so kann man den zweiten Regressionskoeffizienten auch mit Hilfe der folgenden Beziehung ([53], Cochran, 1938) berechnen

$$\hat{\beta}_{1|3.2} = \hat{\beta}_{1|3} - \hat{\beta}_{1|2.3}\hat{\beta}_{2|3}$$

Diese Gleichung zeigt insbesondere, dass sich ein partieller Regressionskoeffizient $\hat{\beta}_{1|3.2}$ nur dann nicht vom einfachen $\hat{\beta}_{1|3}$ unterscheidet, wenn $\hat{\beta}_{1|2.3} = 0$ oder $\hat{\beta}_{2|3} = 0$ zutrifft.

Rechenbeispiel: Multiple lineare Regression von Y_1 auf Y_2, Y_3 (Daten von S. 111)

Man erhält

$$\hat{\beta}_{1|3.2} = \mathrm{SAP}_{13|2}/\mathrm{SAQ}_{3|2} = 112/537,6 = 0,21$$

und

$$\hat{\beta}_{1|2.3} = \hat{\beta}_{1|2} - \hat{\beta}_{1|3.2}\hat{\beta}_{3|2}$$

$$= \frac{\mathrm{SAP}_{12}}{\mathrm{SAQ}_2} - \hat{\beta}_{1|3.2}\frac{\mathrm{SAP}_{23}}{\mathrm{SAQ}_2} = \frac{160}{160} - 0,21\frac{128}{160} = 0,8\bar{3}$$

sowie

$$\hat{\alpha}_{1|23} = \bar{y}_1 - \hat{\beta}_{1|2.3}\bar{y}_2 - \hat{\beta}_{1|3.2}\bar{y}_3 = -8,75$$

Beispiel mit Interpretation

Beschreibt man die Abhängigkeit des Wissens um Diabetes, X, von der fatalistischen Attribution, Z, und dem Schulabschluss, A, mit einem multiplen linearen Regressionsmodell, so erhält man aus der Datenbeschreibung in 1.6.5

die mit der Methode der kleinsten Quadrate geschätzte Gleichung

$$\hat{x}_l = \hat{\alpha}_{x|za} + \hat{\beta}_{x|z.a}z_l + \hat{\beta}_{x|a.z}a_l = 46,59 - 0,58z_l + 1,61a_l$$

Der Regressionskoeffizient $\hat{\beta}_{x|z.a} = -0,58$ sagt aus, dass für Patienten, die hinsichtlich ihres Schulabschlusses vergleichbar sind (also entweder kein Abitur oder Abitur haben), ein um 5,8 Punkte höheres krankheitsbezogenes Wissen vorhergesagt wird, wenn der Fatalismusscore um 10 Punkte verringert ist.

Für Patienten, die hinsichtlich der fatalistischen Attribution vergleichbar sind, erhöht sich der Wissensscore um 3,2 Punkte $(2 \times \hat{\beta}_{x|a.z})$, wenn man statt Patienten ohne Abitur Patienten mit Abitur auswählt. Bei der gewählten Codierung von -1 und 1 für die Variable Schulabschluss, A, kann sich diese Einflussgröße um $1 - (-1) = 2$ Einheiten erhöhen.

1.6.7 Bestimmtheitsmaß

Das **Bestimmtheitsmaß** für die Regression von Y_1 auf Y_2 und Y_3 ist

$$R^2_{1|23} = (\hat{\beta}_{1|2.3}\text{SAP}_{12} + \hat{\beta}_{1|3.2}\text{SAP}_{13})/\text{SAQ}_1$$

und für die einfache Regression von Y_1 auf Y_2 in dieser Notation

$$R^2_{1|2} = (\hat{\beta}_{1|2}\text{SAP}_{12})/\text{SAQ}_1$$

Mit der Veränderung zwischen $R^2_{1|23}$ und $R^2_{1|2}$ kann man beurteilen, wie sich die Vorhersage von Y_1 verbessert, wenn Y_3 zusätzlich zu Y_2 zur Erklärung von Y_1 herangezogen wird.

Rechenbeispiel: Veränderungen im Bestimmtheitsmaß (Daten von S.114)

$$R^2_{1|23} = (\hat{\beta}_{1|2.3}\text{SAP}_{12} + \hat{\beta}_{1|3.2}\text{SAP}_{13})/\text{SAQ}_1$$
$$= (0,8\overline{3} \times 160 + 0,21 \times 240)/250 = 0,733$$

$$R^2_{1|2} = \hat{\beta}_{1|2}\text{SAP}_{12}/\text{SAQ}_1 = (1 \times 160)/250 = 0,640$$

Die Punktzahl in der Mathematikklausur erklärt zusätzliche $100 \times (0,733 - 0,640) = 9,3$ Prozentpunkte in der Variabilität der Statistikklausur-Punktzahl des zweiten Semesters, wenn das Statistik-Ergebnis des ersten Semesters bereits zur Vorhersage verwendet wird.

❽ 1.6.8 Modelle auswählen

Bei mehreren möglichen Einflussgrößen möchte man oft ein Modell auswählen, dass die Zielgröße mit möglichst wenigen Einflussgrößen gut vorhersagt.

Als Basis für die Modellwahl sind die folgenden Beziehungen zwischen Korrelations- und Bestimmtheitsmaßen wichtig. Der Quotient $\mathrm{SAQ_{Res}}/\mathrm{SAQ}_y$ ist in Regressionen von

$$Y_1 \text{ auf } Y_2\text{:} \qquad 1 - R^2_{1|2} \quad = 1 - r^2_{12},$$

$$Y_1 \text{ auf } Y_2, Y_3\text{:} \qquad 1 - R^2_{1|23} \quad = (1 - R^2_{1|2})(1 - r^2_{13|2}),$$

$$Y_1 \text{ auf } Y_2, Y_3, Y_4\text{:} \quad 1 - R^2_{1|234} = (1 - R^2_{1|23})(1 - r^2_{14|23}).$$

Sie zeigen, dass der zusätzliche Beitrag einer weiteren Einflussgröße um so größer ist, je stärker die partielle Korrelation dieser Einflussgröße zu der Zielgröße ist. Zum Beispiel besteht die Differenz der Bestimmtheitsmaße

$$R^2_{1|23} - R^2_{1|2} = (1 - R^2_{1|2})\, r^2_{13|2}$$

aus zwei Teilen, $r^2_{13|2}$ und $1 - R^2_{1|2}$. Für jedes gegebene $R^2_{1|2}$ ist die Differenz $R^2_{1|23} - R^2_{1|2}$ daher um so größer, je größer $|r^2_{13|2}|$ ist, das heißt, je größer der partielle Korrelationskoeffizient von Y_1 und Y_3 gegeben Y_2 dem Betrag nach ist.

Sofern es wenig Vorwissen darüber gibt, welche Variable als wichtige Einflussgrößen im Regressionsmodell sein sollen, lassen sich daher schrittweise Auswahlen erklärender Variablen wie folgt formulieren:

Bei der **Vorwärtsselektion** beginnt man mit einer Einflussgröße und nimmt pro Auswahlschritt eine Einflussgröße zusätzlich in die Regressionsgleichung auf.

Vorwärtsselektion von Variablen

Auswahl- schritt	Wähle den Korrelationskoeffizient, der dem Betrag nach am größten ist, von		Benenne die gewählte Variable mit
1	r_{1j}	$j = 2, \ldots, p$	Y_2
2	$r_{1j|2}$	$j = 3, \ldots, p$	Y_3
3	$r_{1j|23}$	$j = 4, \ldots, p$	Y_4
$\vdots$	$\vdots$	$\vdots$	$\vdots$

Man kann die Auswahl beenden, wenn keiner der zur Auswahl stehenden Korrelationskoeffizienten groß ist, also das Bestimmtheitsmaß kaum vergrößert.

Ist n groß relativ zur Anzahl der möglichen erklärenden Variablen, kann man die Variablen mit Hilfe der Rückwärtsselektion auswählen. Bei der **Rückwärtsselektion** beginnt man mit allen möglichen Einflussgrößen in der Regressionsgleichung und entfernt pro Auswahlschritt eine der Variablen.

Rückwärtsselektion von Variablen

Auswahl-schritt	Wähle den Korrelationskoeffizient, der dem Betrag nach am kleinsten ist, von		Benenne die gewählte Variable mit
1	$r_{1j\mid k}$	$j = 1, \ldots, p;$ k alle außer $1, j$	Y_p
2	$r_{1j\mid k}$	$j = 1, \ldots, p-1;$ k alle außer $1, j, p$	Y_{p-1}
3	$r_{1j\mid k}$	$j = 1, \ldots, p-2;$ k alle außer $1, j, p, p-1$	Y_{p-2}
$\vdots$	$\vdots$	$\vdots$	$\vdots$

Man kann die Rückwärtsselektion beenden, wenn alle zur Auswahl stehenden Korrelationskoeffizienten klein sind, also das Bestimmtheitsmaß kaum verkleinert.

Rechenbeispiel: Vorwärtsselektion

Für die $n = 68$ Diabetiker (Daten in Tabelle 1.1, Korrelationsmatrix in Tabelle 1.17) sind hier das Wissen um die eigene Krankheit, X, als Zielgröße ausgewählt, sowie drei mögliche Einflussgrößen: fatalistische Attribution, Z, Erkrankungsdauer in Monaten, W, und Schulabschluss, A.

Datenbeschreibung: in Werten					in Symbolen			
	Variable				Variable			
	X	Z	W	A	X	Z	W	A
Mittelwert	35,40	19,03	124,50	-0,12	$\bar{x}$	$\bar{z}$	$\bar{w}$	$\bar{a}$
Standardabw.	7,26	5,45	83,96	1,00	s_x	s_z	s_w	s_a
kleinster Wert	11	8	0	-1	$x_{(1)}$	$z_{(1)}$	$w_{(1)}$	$a_{(1)}$
größter Wert	46	33	288	1	$x_{(n)}$	$z_{(n)}$	$w_{(n)}$	$a_{(n)}$

Korrelationsmatrix von X, Z, W, A in Werten und in Symbolen:

$$
\begin{array}{c}
\begin{array}{cccc} X & Z & W & A \end{array} \\
\begin{array}{c} X \\ Z \\ W \\ A \end{array}
\begin{pmatrix}
1 & . & . & . \\
-0,49 & 1 & . & . \\
-0,11 & 0,28 & 1 & . \\
0,33 & -0,26 & -0,25 & 1
\end{pmatrix}
\end{array}
=
\begin{array}{c}
\begin{array}{cccc} X & Z & W & A \end{array} \\
\begin{array}{c} X \\ Z \\ W \\ A \end{array}
\begin{pmatrix}
1 & . & . & . \\
r_{xz} & 1 & . & . \\
r_{xw} & r_{zw} & 1 & . \\
r_{xa} & r_{za} & r_{wa} & 1
\end{pmatrix}
\end{array}
$$

Die fatalistische Attribution, Z, korreliert am stärksten mit der Zielgröße krankheitsbezogenes Wissen, X. Variable Z wird daher als erste Einflussgröße ausgewählt. Zur Auswahl der nächsten Einflussgröße werden die partiellen Korrelationskoeffizienten gegeben Z berechnet.

Die Matrix der partiellen Korrelationen von X, W, A gegeben Z ist:

$$
\begin{array}{c}
\begin{array}{ccc} X & W & A \end{array} \\
\begin{array}{c} X \\ W \\ A \end{array}
\begin{pmatrix}
1 & . & . \\
0,03 & 1 & . \\
0,25 & -0,19 & 1
\end{pmatrix}
\end{array}
=
\begin{array}{c}
\begin{array}{ccc} X & W & A \end{array} \\
\begin{array}{c} X \\ W \\ A \end{array}
\begin{pmatrix}
1 & . & . \\
r_{xw|z} & 1 & . \\
r_{xa|z} & r_{wa|z} & 1
\end{pmatrix}
\end{array}
$$

Der Schulabschluss, A, korreliert am stärksten mit der Zielgröße X, nachdem der lineare Einfluss von Z berücksichtigt wurde. Der Korrelationskoeffizient beträgt $r_{xa|z} = 0,25$.

Die partielle Korrelation von X, W gegeben Z, A beträgt: $r_{xw|za} = 0,08$. Dieser Koeffizient ist so nahe Null, dass man davon ausgehen kann, dass W zusätzlich zu den beiden Variablen Z und A wenig zur Vorhersage der Zielgröße X beiträgt.

Das Wissen der Patienten um Diabetes ist deutlich besser, je weniger der Patient denkt, dass sein Krankheitsverlauf vom Zufall abhängt. Des Weiteren ist das Wissen bei Patienten mit Abitur und vergleichbarer fatalistischer Attribution besser als bei Patienten ohne Abitur.

Rechenbeispiel: Rückwärtsselektion

Bei der Rückwärtsselektion für dieselben vier Variablen X, Z, W, A der Diabetesstudie beginnt man mit der Matrix der partiellen Korrelationen, gegeben alle weiteren Variablen.

Die Matrix der partiellen Korrelationskoeffizienten von X, Z, W, A ist in Werten und in Symbolen:

$$
\begin{array}{cccc}
 & X & Z & W & A \\
\begin{array}{c} X \\ Z \\ W \\ A \end{array} &
\left(\begin{array}{cccc}
1 & -0,45 & 0,08 & 0,26 \\
. & 1 & 0,24 & -0,06 \\
. & . & 1 & -0,21 \\
. & . & . & 1
\end{array}\right)
\end{array}
=
\begin{array}{cccc}
 & X & Z & W & A \\
\begin{array}{c} X \\ Z \\ W \\ A \end{array} &
\left(\begin{array}{cccc}
1 & r_{xz|wa} & r_{xw|az} & r_{xa|wz} \\
. & 1 & r_{zw|xa} & r_{za|wx} \\
. & . & 1 & r_{wa|xz} \\
. & . & . & 1
\end{array}\right)
\end{array}
$$

Die Variable W korreliert am schwächsten mit X, nachdem der lineare Einfluss von Z und A kontrolliert wurde: $r_{xw|za} = 0,08$.

Im nächsten Schritt werden die partiellen Korrelationskoeffizienten ohne W berechnet.

$$
\begin{array}{ccc}
 & X & Z & A \\
\begin{array}{c} X \\ Z \\ A \end{array} &
\left(\begin{array}{ccc}
1 & -0,45 & 0,25 \\
. & 1 & -0,11 \\
. & . & 1
\end{array}\right)
\end{array}
=
\begin{array}{ccc}
 & X & Z & A \\
\begin{array}{c} X \\ Z \\ A \end{array} &
\left(\begin{array}{ccc}
1 & r_{xz|a} & r_{xa|z} \\
. & 1 & r_{za|x} \\
. & . & 1
\end{array}\right)
\end{array}
$$

Die partiellen Korrelationen von X und Z gegeben A und von X und A gegeben Z sind beide deutlich von Null verschieden. A verbessert also zusätzlich zu Z die Vorhersage von X, und Z verbessert zusätzlich zu A die Vorhersage von X. Daher wird an dieser Stelle die Rückwärtsselektion abgebrochen.

Für diese Daten mit Z, W und A als mögliche Einflussgrößen für X findet man mit beiden Suchstrategien dieselben Modelle. Es ist aber durchaus möglich, dass man bei Vorwärtsselektion andere Modelle findet, als bei Rückwärtsselektion.

▶ 1.6.9 Komplexere Beziehungen im linearen Modell

Wenn man erwartet, dass sich die Abhängigkeit der Zielgröße Y_1 von Y_2 anders darstellt, wenn verschiedene Werte oder Wertebereiche von Y_3 betrachtet werden, oder dass es nicht-lineare Abhängigkeiten gibt, so kann man neue Variablenwerte aus den beobachteten Variablen definieren, diese als zusätzliche Variable in ein lineares Regressionsmodell aufnehmen und so prüfen, wie groß ihr Beitrag zur Vorhersage der Zielgröße ist.

Nicht-lineare Abhängigkeit

Für eine **nicht-lineare Abhängigkeit** der Zielgröße Y_1 von der erklärenden Variable Y_2 wird eine weitere Variable Q als das zu Y_2 zugehörige Quadrat, definiert. Genauer berechnet man zunächst $q_l = (y_{2l} - \bar{y}_2)^2$ für $l = 1, \ldots, n$. Danach behandelt man q_l wie die Werte einer weiteren Variablen Q. Mit der

Subtraktion des Mittelwerts erreicht man in der Regel, dass die neue Variable Q weniger stark mit den tatsächlich beobachteten Werten, y_{2l} korreliert.

Rechenbeispiel: Nichtlinearer Effekt im linearen Modell

$l:$	1	2	3	4	5	6	7	Mittel-wert	Standard-abweichung
$y_{1l}:$	-4	-3	-1	-3	3	2	6	0,00	3,74
$y_{2l}:$	-2	1	-3	0	0	1	3	0,00	2,00
$q_l = (y_{2l} - \bar{y}_2)^2:$	4	1	9	0	0	1	9	3,43	4,04

$$r_{12} = 0,62 \qquad r_{1q} = 0,31 \qquad r_{2q} = -0,12 \qquad r_{1q|2} = 0,50$$

$$1 - R^2_{1|2} = 1 - 0,62^2 = 0,611 \qquad R^2_{1|2} = 0,389$$

$$1 - R^2_{1|2q} = 0,611 \times (1 - 0,50^2) = 0,460 \qquad R^2_{1|2q} = 0,540$$

Damit wird

$$R^2_{1|2q} - R^2_{1|2} = 0,540 - 0,389 = 0,151,$$

dass heißt, der quadratische Term erklärt weitere 15,1 Prozentpunkte in der Variation der Zielgröße.

Beispiel mit Interpretation

Abbildung 1.31 zeigt nochmals den Behandlungserfolg für $n = 201$ chronische Schmerzpatienten, Y, in Abhängigkeit von der berichteten Schmerzintensität, Z. Die Punktwolke lässt vermuten, dass die Art der Abhängigkeit des Behandlungserfolgs von der Schmerzintensität nicht-linearer Art ist, so wie zuvor beschrieben (siehe S. 98).

Variable	Y	Z	Q
Y: Behandlungserfolg	1	$-0,67$	0,29
Z: Schmerzintensität	-0,67	1	0,13
Q: $(z - \bar{z})^2$	0,28	-0,09	1
Mittelwert	11,42	5,55	6,13
Standardabw.	7,24	2,48	6,82

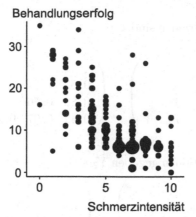

Abbildung 1.31. Abhängigkeit des Behandlungserfolgs von der Schmerzintensität ($n = 201$).

Der partielle Korrelationskoeffizient für den quadratischen Effekt zusätzlich zum Effekt von Z auf Y ist $r_{yq|z} = 0,29$. Die Bestimmtheitsmaße ohne und mit quadriertem Effekt sind

$$R^2_{Y|Z} = -0,67^2 = 0,447 \qquad R^2_{Y|ZQ} = 1 - \{(1 - 0,447) \times (1 - 0,29^2)\} = 0,494$$

$$R^2_{Y|ZQ} - R^2_{Y|Z} = 0,494 - 0,45 = 0,044.$$

Somit erklärt der quadratische Effekt zusätzliche ungefähr 4 Prozentpunkte der Variation des Behandlungserfolgs.

1.6.10 Interaktion zweier quantitativer Einflussgrößen

Zum **Prüfen einer Interaktion** von Y_2 und Y_3 auf Y_1 wird eine weitere Variable P als das zu Y_2 und Y_3 gehörige Produkt definiert. Genauer berechnet man zunächst $p_l = (y_{2l} - \bar{y}_2)(y_{3l} - \bar{y}_3)$ für $l = 1, \ldots, n$. Man behandelt danach p_l als die Werte einer Variablen P deren Einfluss auf Y_1 zusätzlich zu den linearen Effekten von Y_2 und Y_3 auf Y_1 zu prüfen ist.

Rechenbeispiel: Interaktionseffekt im linearen Modell

l :		1	2	3	4	5	6	7	Mittel- wert	Standard- abweichung
y_{1l} :		-4	-3	-1	-3	3	2	6	0,00	3,74
y_{2l} :		-2	1	-3	0	0	1	3	0,00	2,00
y_{3l} :		-2	-1	-1	0	0	2	2	0,00	1,53
$p_l = (y_{2l} - \bar{y}_2)(y_{3l} - \bar{y}_3)$:		4	−1	3	0	0	2	6	2,00	2,52

Die einfachen Korrelationen sind

$$\begin{pmatrix} 1 & . & . & . \\ r_{12} & 1 & . & . \\ r_{13} & r_{23} & 1 & . \\ r_{1p} & r_{2p} & r_{3p} & 1 \end{pmatrix} = \begin{pmatrix} 1 & . & . & . \\ 0,62 & 1 & . & . \\ 0,82 & 0,76 & 1 & . \\ 0,42 & 0,07 & 0,26 & 1 \end{pmatrix}$$

Die partiellen Korrelationen gegeben Y_2 sind

$$\begin{pmatrix} 1 & . & . \\ r_{13|2} & 1 & . \\ r_{1p|2} & r_{3p|2} & 1 \end{pmatrix} = \begin{pmatrix} 1 & . & . \\ 0,67 & 1 & . \\ 0,49 & 0,34 & 1 \end{pmatrix}$$

Die partielle Korrelation zwischen Y_1 und P gegeben Y_2 und Y_3 ist 0,38:

$$r_{1p|23} = \frac{r_{1p|2} - r_{13|2}r_{3p|2}}{\sqrt{(1 - r_{13|2}^2)(1 - r_{p3|2}^2)}} = \frac{0,49 - (0,67)(0,34)}{\sqrt{(1 - 0,67^2)(1 - 0,34^2)}} = 0,38$$

Es sind

$$(1 - R_{1|23}^2) = (1 - R_{1|2}^2)(1 - r_{13|2}^2) = (1 - 0,62^2)(1 - 0,67^2) = 0,333,$$
$$(1 - R_{1|23p}^2) = (1 - R_{1|23}^2)(1 - r_{1p|23}^2) = 0,33 \times (1 - 0,38^2) = 0,285$$

und

$$R_{1|23p}^2 - R_{1|23}^2 = (1 - 0,28) - (1 - 0,33) = 0,72 - 0,67 = 0,048.$$

Somit gibt es einen zusätzlichen Beitrag der Interaktion von 4,8 Prozentpunkten zur Erklärung der Variation in Y_1 mit der linearen Regression auf Y_2 und Y_3.

Beispiel mit Interpretation (Daten aus der Diabetesstudie)
Abbildung 1.32 zeigt die Punktwolken für den Blutzuckergehalt, Y, und die Dauer der Erkrankung, W, getrennt für die beiden Klassen der Variablen Schulabschluss, A ($n_1 = 38, n_2 = 30$).

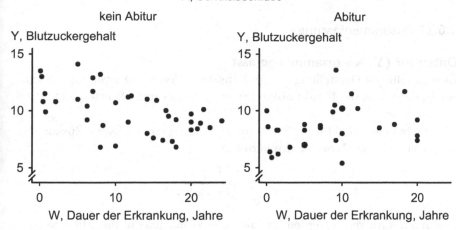

Abbildung 1.32. Punktwolken für Blutzuckergehalt, Y und Dauer der Erkrankung, W, getrennt für die beiden Klassen der Variablen Schulabschluss, A.

Die Abbildungen deuten auf einen Interaktionseffekt von W und A auf Y hin, da (Y, W) deutlich negativ korrelieren für Patienten ohne Abitur, dagegen leicht positiv für Patienten mit Abitur.

Einfache Korrelationskoeffizienten

Variable	Y	W	A	P
Y: Blutzuckergehalt	1	.	.	.
W: Dauer der Erkrankung	$-0,12$	1	.	.
A: Schulabschluss	$-0,32$	$-0,25$	1	.
P: $(w - \bar{w})(a - \bar{a})$	$0,44$	$-0,12$	$-0,06$	1

Der partielle Korrelationskoeffizient von Y und P gegeben A und W ist mit $r_{yp|wa} = 0,44$ deutlich von Null verschieden und $R^2_{Y|AWP} - R^2_{Y|AW} = 0,297 - 0,141 = 0,156$. Somit gibt es einen recht hohen zusätzlichen Beitrag der Interaktion von ungefähr 16 Prozentpunkten zum Bestimmtheitsmaß. Der interaktive Effekt der Dauer der Erkrankung und des Schulabschlusses erklärt zusätzliche 16 Prozentpunkte der Variation des Blutzuckergehalts. Die Art der Interaktion wurde auf S. 57 bereits beschrieben.

❯ 1.6.11 Zusammenfassung

Daten für (Y, X) zusammengefasst
Eine graphische Darstellung der gemeinsamen Verteilung zweier quantitativer Variablen ist die **Punktwolke** (Streuungsdiagramm, Scatterplot).

Ein statistisches Maß für die Stärke und Richtung eines linearen Zusammenhangs ist Pearsons **Korrelationskoeffizient**

$$r_{xy} = \frac{\mathrm{SAP}_{xy}}{\sqrt{\mathrm{SAQ}_x \mathrm{SAQ}_y}}.$$

Daten ohne Ausreißer werden für lineare Beziehungen gut mit Mittelwerten, Standardabweichungen und Korrelationskoeffizienten zusammengefasst.

Einfache lineare Regression
Die einfache lineare Regression ist ein statistisches Modell, mit dem die lineare Abhängigkeit einer quantitativen Zielgröße Y von einer Einflussgröße X beschrieben wird,

$$y_l = (\alpha_{y|x} + \beta_{y|x} x_l) + \varepsilon_l, \quad l = 1, \dots, n.$$

Das **Bestimmtheitsmaß**

$$R^2_{Y|X} = \mathrm{SAQ}_{\mathrm{Mod}}/\mathrm{SAQ}_y = r^2_{xy}$$

gibt den Anteil der Variation in der Zielgröße an, der durch das Modell erklärt wird; $1 - R^2_{Y|X}$ ist der verbleibende Anteil der Residualvariation an SAQ_y, der nicht durch das Modell erklärt werden kann.

Daten für (Y_1, Y_2, Y_3) zusammengefasst
Daten für drei oder mehr quantitative Variablen lassen sich mit Mittelwerten, Standardabweichungen, einfachen Korrelationskoeffizienten und partiellen Korrelationskoeffizienten gut zusammenfassen, sofern es keine Ausreißer in den Daten gibt und alle Beziehungen linearer Art sind.

Der partielle Korrelationskoeffizient von Y_1 und Y_2 gegeben Y_3 ist

$$r_{12|3} = \frac{\mathrm{SAP}_{12|3}}{\sqrt{\mathrm{SAQ}_{1|2}\mathrm{SAQ}_{2|3}}}.$$

Er ist ein Maß für die Stärke des linearen Zusammenhangs zwischen Y_1 und Y_2, nachdem ein linearer Einfluss von Y_1 auf Y_3 und Y_2 auf Y_3 bereits berücksichtigt ist.

Multiple lineare Regression

Die multiple lineare Regression ist ein statistisches Modell zur Beschreibung der linearen Abhängigkeit einer quantitativen Zielgröße Y_1 von mindestens zwei quantitativen Einflussgrößen. Für zwei Einflussgrößen Y_2 und Y_3 ist das Modell

$$y_{1l} = \alpha_{1|23} + \beta_{1|2.3}y_{2l} + \beta_{1|3.2}y_{3l} + \varepsilon_{l(1|23)}, \quad l = 1, \ldots, n.$$

Die Schätzwerte für die partiellen Regressionskoeffizienten $\hat{\beta}_{1|2.3}$, $\hat{\beta}_{1|3.2}$ und für $\hat{\alpha}_{1|2.3}$ nach der Methode der kleinsten Quadrate sind:

$$\hat{\beta}_{1|2.3} = \mathrm{SAP}_{12|3}/\mathrm{SAQ}_{2|3}, \qquad \hat{\beta}_{1|3.2} = \mathrm{SAP}_{13|2}/\mathrm{SAQ}_{3|2},$$

$$\hat{\alpha}_{1|23} = \bar{y}_1 - \hat{\beta}_{1|2.3}\bar{y}_2 - \hat{\beta}_{1|3.2}\bar{y}_3.$$

Alternative Berechnungsformen – je nach vorliegender Datenzusammenfassung – sind zum Beispiel

$$\hat{\beta}_{1|3.2} = \hat{\beta}_{1|3} - \hat{\beta}_{1|2.3}\hat{\beta}_{2|3}$$

und

$$\hat{\beta}_{1|3.2} = \frac{r_{13} - r_{12}r_{23}}{1 - r_{23}^2}\left(\frac{s_1}{s_3}\right).$$

Das **Bestimmtheitsmaß** in der multiplen linearen Regression ist

$$R_{1|23}^2 = (\hat{\beta}_{1|2.3}\mathrm{SAP}_{12} + \hat{\beta}_{1|3.2}\mathrm{SAP}_{13})/\mathrm{SAQ}_1.$$

und die Differenz dieses Maßes zum Bestimmtheitsmaß in der einfachen linearen Regression ist

$$R_{1|23}^2 - R_{1|2}^2 = (1 - R_{1|2}^2)\, r_{13|2}$$

Es misst den zusätzlichen Anteil in der Variation der Zielgröße, die auf Y_3 zurückgeht, wenn Y_2 bereits als erklärende Variable ausgewählt ist.

Modelle auswählen

Sofern keine inhaltlichen Überlegungen zu den wichtigen Einflussgrößen vorliegen, können mit der **Vorwärtsselektion** oder der **Rückwärtsselektion** schrittweise Einflussgrößen ausgewählt werden. Ziel ist dabei, so viele Variable wie nötig, aber so wenige Variable wie möglich in das Regressionsmodell aufzunehmen.

Komplexere Beziehungen

Erwartet man komplexere Abhängigkeiten der Zielgröße Y_1 von den Einflussgrößen Y_2 und Y_3, so definiert man neue Variablen, die diese Abhängigkeiten berücksichtigen und überprüft im Modell der multiplen linearen Regression, ob diese neuen Variablen das Bestimmtheitsmaß deutlich vergrößern.

Vermutet man eine Interaktion von Y_2 und Y_3 auf Y_1, so bildet man eine neue Variable

$$P = (y_2 - \bar{y}_2)(y_3 - \bar{y}_3),$$

berechnet $\hat{\beta}_{1|p.23}$ und gibt mit $R^2_{1|23p} - R^2_{1|23}$ den zusätzlichen Beitrag der Interaktion zum Bestimmtheitsmaß an.

Für die Überprüfung eines nicht-linearen Effekts von Y_2 auf Y_1, zum Beispiel eines quadratischen Effekts, definiert man eine zusätzliche Variable

$$Q = (y_2 - \bar{y}_2)^2,$$

berechnet $\hat{\beta}_{1|q.2}$ und gibt mit $R^2_{1|2q} - R^2_{1|2}$ den zusätzlichen Beitrag eines nicht-linearen Effektes zum Bestimmtheitsmaß an.

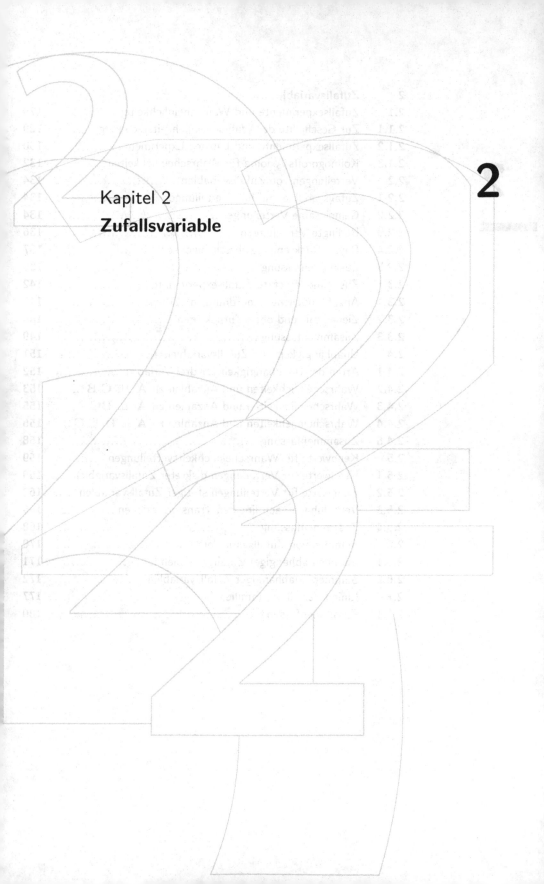

Kapitel 2

Zufallsvariable

2

2

2 Zufallsvariable

2.1 Zufallsexperimente und Wahrscheinlichkeiten

Bisher haben wir beobachtete Variable beschrieben und gefragt, wie man ihre
Verteilungen und Beziehungen gut zusammenfasst und was Abhängigkeitsmaße für vorliegende Daten bedeuten. Hin und wieder haben wir von starken Abhängigkeiten gesprochen. Manchmal ließ sich dies leicht rechtfertigen,
weil die statistischen Maßzahlen sehr groß ausfielen oder es Begründungen
aus substanzwissenschaftlicher Sicht gab. Oft möchte man aber beurteilen
können, ob beobachtete Beziehungen über die vorliegenden Daten hinaus
bedeutsam sind, oder ob sie noch mit bloßen Zufallsschwankungen erklärt
werden können.

Um zu solchen Beurteilungskriterien zu kommen, benötigt man Verteilungen
von **Zufallsvariablen**. Dies sind Variable, die von Ergebnissen in Zufallsexperimenten abhängen. Für ein Zufallsexperiment benötigt man keine Beobachtungen, sondern nur Annahmen darüber, wie es durchgeführt wird.

Verschiedene Annahmen über Zufallsexperimente führen zunächst zu unterschiedlichen Wahrscheinlichkeitsaussagen. Die Wahrscheinlichkeiten für alle
möglichen Werte einer Zufallsvariablen bilden dann unterschiedliche Arten
typischer Verteilungsformen. Schließlich erhält man Aussagen darüber, wie
stark verschiedene Abhängigkeitsmaße schwanken können, wenn man zum
Beispiel per Los Personen für eine Studie auswählt.

2.1.1 Zur Geschichte der Wahrscheinlichkeitsrechnung

Der Beginn der Wahrscheinlichkeitsrechnung lässt sich etwa 400 Jahre zurück-
verfolgen. Anfang des 17. Jahrhunderts gab es einen intensiven Briefwechsel
zwischen Blaise Pascal und Pierre de Fermat über Chancen beim Würfelspiel.
Ein Beispiel für die Fragen, die sie lösen wollten, ist:

> Lohnt es sich zu wetten, dass eine doppelte 6 wenigstens einmal vor-
> kommt, wenn zwei Würfel 24 mal geworfen werden?

Im Jahr 1654 erscheint ein erstes Buch zu solchen und ähnlichen Überlegungen von Christiaan Huygens mit dem Titel „Rationales Vorgehen beim
Würfelspiel". Vom 17. Jahrhundert an arbeiten viele Mathematiker in Eu-
ropa an einzelnen Problemen, zum Beispiel Abraham de Moivre und Jakob
Bernoulli. Im Jahr 1812 gibt es bereits eine „Analytische Theorie der Wahr-

scheinlichkeiten" von Pierre-Simon de Laplace. Im 18. und 19. Jahrhundert werden weitere wichtige Ergebnisse von Pafnuti Tschebyscheff, Andrej Markov, Richard von Mises und Thomas Bayes erzielt. Andrej Kolmogoroff formuliert 1933 drei Grundsätze der Wahrscheinlichkeitsrechnung. Ungefähr 25 Jahre später erscheint ein einflussreiches Buch von William Feller mit dem Titel „Einführung in die Wahrscheinlichkeitstheorie und ihre Anwendungen" ([63], 1957). Ein neues einführendes Lehrbuch hat den Titel „Wahrscheinlichkeiten, die kleinen Zahlen, die unser Leben regieren" ([70], Olofsson, 2006).

❷ 2.1.2 Zufallsexperimente und Laplace-Experimente

Ein **Zufallsexperiment** ($\mathcal{E}$) ist ein genau definierter Vorgang, der unter gleichen Bedingungen wiederholt werden kann und zu einem von mehreren möglichen Ergebnissen führt. Für ein Zufallsexperiment wird die Gesamtheit der möglichen Ergebnisse als **Ergebnismenge** (S) bezeichnet.

Hat ein Zufallsexperiment eine feste Anzahl sich gegenseitig ausschließender Ergebnisse, dann spricht man von einer **diskreten Ergebnismenge**. Können dagegen im Prinzip alle Zahlen in einem bestimmten Intervall entstehen, so nennt man sie eine **stetige Ergebnismenge**. Bei **zusammengesetzten Zufallsexperimenten** ($\mathcal{E} = \mathcal{E}_1 \times \mathcal{E}_2 \times \cdots \times \mathcal{E}_L$) handelt es sich um eine Abfolge von L einfachen Zufallsexperimenten.

Tabelle 2.1 enthält Beispiele für einfache (1 und 5) und zusammengesetzte Zufallsexperimente (2 bis 4, 6). In den Beispielen 1 bis 4 ist die Ergebnismenge diskret, in den Beispielen 5 und 6 ist die Ergebnismenge stetig.

Tabelle 2.1. Beispiele für Zufallsexperimente.

Zufallsexperiment	Interessierende Ergebnisse	Ergebnismenge S
1) eine Münze werfen	Seite, die nach oben zeigt	$\{\text{Zahl}, \text{Wappen}\} = \{Z, W\}$
2) zwei Münzen	Seiten, die nach oben zeigen	$\{(Z, Z), (Z, W), (W, Z), (W, W)\}$
3) wie Beispiel 2)	Anzahl der Wappen	$\{0, 1, 2\}$
4) Familien mit drei Kindern wählen	Anzahl der Mädchen	$\{0, 1, 2, 3\}$
5) Uhr aufziehen und warten, bis sie stehen bleibt	Position, auf die der kleine Zeiger zeigt	$\{x \mid 0 < x \leq 12\}$
6) dreimal systolischen Blutdruck, X, messen	der typische Wert $\bar{x}$	$\{\bar{x} \mid 80 < \bar{x} \leq 260\}$

Ereignisse eines Zufallsexperiments sind einzelne oder mehrere Ergebnisse. Wir bezeichnen sie im Folgenden mit kleinen Buchstaben. Tabelle 2.2 stellt den Bezug zwischen Ergebnissen in Zufallsexperimenten und Mengen her.

Tabelle 2.2. Ereignisse in diskreten Zufallsexperimenten und Mengen.

Ereignisse	Symbole	Mengenbezeichnung
Sicheres Ereignis	$S = \{s_1, \ldots, s_N\}$	Ergebnismenge S
Elementarereignis	s_i	ein Element von S
Ereignis a	$a \subseteq S$	Teilmenge von S
Ereignis a ist nicht eingetreten	$\bar{a}$	Komplementärmenge von a
unmögliches Ereignis	$\emptyset$	Leere Menge
Ereignis, bei dem sowohl a als auch b eingetreten ist	$a \cap b$	Schnittmenge
Ereignis, bei dem a oder b oder $a \cap b$ eingetreten sind	$a \cup b$	Vereinigungsmenge
Ereignisse a, b, die sich gegenseitig ausschließen	a, b mit $a \cap b = \emptyset$	Mengen ohne gemeinsame Elemente

Wahrscheinlichkeiten sind Zahlen zwischen Null und Eins, die Ereignissen eines Zufallsexperiments zugeordnet sind. Die Wahrscheinlichkeit, dass Ereignis a eintritt wird hier mit $\Pr(a)$ bezeichnet.

Besonders einfache Zufallsexperimente sind die **Laplace-Experimente**. Sie haben n_S mögliche Ergebnisse, und jedes Ergebnis ist gleich wahrscheinlich. Bezeichnet n_a die Anzahl der Ergebnisse, die für Ereignis a günstig sind, so ist

$$\Pr(a) = \frac{n_a}{n_S} = \frac{\text{Anzahl der für } a \text{ günstigen Ergebnisse}}{\text{Anzahl der für } S \text{ möglichen Ergebnisse}}.$$

Rechenbeispiel: Wahrscheinlichkeiten in Laplace-Experiment „Würfeln"

Symbol	Ereignis	$\Pr(a)$
S	Sicheres Ereignis, $S = \{1, 2, 3, 4, 5, 6\}$	$\Pr(S) = 1$
a	Eine gerade Zahl wird geworfen, $a = \{2, 4, 6\}$	$\Pr(a) = 3/6$
b	Eine Zahl größer gleich 5 wird geworfen, $b = \{5, 6\}$	$\Pr(b) = 2/6$

Symbol	Ereignis	Pr(a)
c	Die Zahl 7 wird geworfen (unmöglich), $c = \emptyset$	Pr(c) = 0
$\bar{b}$	Eine Zahl kleiner 5 wird geworfen, $\bar{b} = \{1, 2, 3, 4\}$	Pr($\bar{b}$) = 4/6
$a \cap b$	Es wird eine gerade Zahl geworfen, die größer gleich 5 ist, $a \cap b = \{6\}$	Pr($a \cap b$) = 1/6
$a \cup b$	Es wird eine gerade Zahl oder eine Zahl größer gleich 5 geworfen, $a \cup b = \{2, 4, 5, 6\}$	Pr($a \cup b$) = 4/6
$a \cup \bar{b}$	Es wird eine Zahl geworfen, die gerade oder nicht größer gleich 5 ist, $a \cup \bar{b} = \{1, 2, 3, 4, 6\}$	Pr($a \cup \bar{b}$) = 5/6

Diagramme, die nach John Venn (1834 - 1923) benannt sind, eignen sich dazu, verschiedene Kombinationen von Ereignissen darzustellen. Das sichere Ereignis wird als ein Rechteck gezeichnet und Ereignisse als Kreise (oder Ellipsen); interessierende Ereignisse sind hier grau dargestellt.

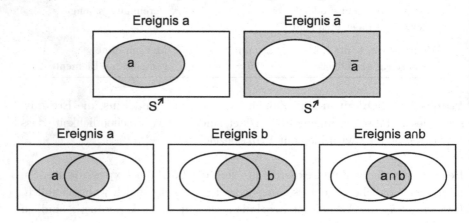

2.1.3 Kolmogoroffs Axiome für Wahrscheinlichkeiten

Für alle Arten von Zufallsexperimenten lassen sich die Eigenschaften von Wahrscheinlichkeiten aus drei einfachen, grundlegenden Annahmen ableiten, den **Axiomen**, die Kolmogoroff wie folgt formulierte.

Axiom 2.1 Wahrscheinlichkeiten sind Zahlen zwischen Null und Eins.

$$0 \leq \text{Pr}(a) \leq 1$$

Axiom 2.2 Die Wahrscheinlichkeit für das sichere Ereignis ist gleich Eins.

$$\text{Pr}(S) = 1$$

Axiom 2.3 Schließen sich zwei Ereignisse a und b gegenseitig aus, so ist die Wahrscheinlichkeit, dass a oder b eintritt, die Summe aus der Wahrscheinlichkeit für a und der Wahrscheinlichkeit für b:

$$\Pr(a \cup b) = \Pr(a) + \Pr(b), \quad \text{für } a \cap b = \emptyset.$$

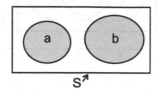

Aus Kolmogoroffs drei Axiomen lassen sich zum Beispiel die folgenden Ergebnisse direkt herleiten und mit Venn-Diagrammen veranschaulichen:

Behauptung Die Wahrscheinlichkeit des Komplementärereignisses von a ist

$$\Pr(\bar{a}) = 1 - \Pr(a).$$

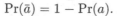
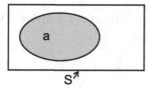
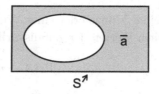

Behauptung Die Wahrscheinlichkeit eines unmöglichen Ereignisses ist gleich

$$\Pr(\emptyset) = 1 - \Pr(S) = 0.$$

Behauptung Überschneiden sich zwei Ereignisse a und b, so ist

$$\Pr(a) = \Pr(a \cap b) + \Pr(a \cap \bar{b}).$$

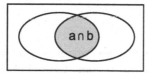
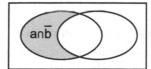

Behauptung Die Wahrscheinlichkeit, dass entweder Ereignis a oder Ereignis b (oder beide) eintreten, ist

$$\Pr(a \cup b) = \Pr(a) + \Pr(b) - \Pr(a \cap b).$$

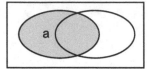 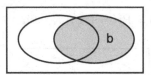 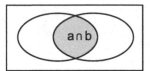

2.2 Verteilungen von Zufallsvariablen

❯ 2.2.1 Zufallsvariable und ihre Verteilungen

Wird für ein Zufallsexperiment mit diskreter Ergebnismenge eine Zufallsvariable definiert, so bezeichnet man die Zuordnung der Wahrscheinlichkeiten zu den möglichen Werten der Variablen als die **Wahrscheinlichkeitsverteilung**.

Das Werfen einer Münze oder eines Würfels führt zur **Laplace-Verteilung** mit k möglichen Werten der Zufallsvariable A mit

$$\Pr(A = i) = \frac{1}{k}$$

Für das Werfen einer Münze ist $k = 2$ (Kopf, Zahl), für das Werfen eines Würfels mit sechs verschiedenen Zahlen ist $k = 6$.

Eine andere einfache Verteilung ist die **Bernoulli-Verteilung**. Sie ist die Verteilung einer binären Zufallsvariablen A mit den Ausprägungen $i = 1$: Erfolg und $i = 0$: Misserfolg, mit zugeordneter Wahrscheinlichkeit p für Erfolg und $1 - p$ für Misserfolg. Das Werfen eines Würfels kann zu einer solchen Variablen führen. Definiert man zum Beispiel als Erfolg, wenn eine Zahl größer gleich fünf geworfen wird, so hat die binäre Variable eine Bernoulli-Verteilung mit $p = 1/3$.

❯ 2.2.2 Gemeinsame Verteilungen

In Laplace-Experimenten lassen sich gemeinsame Verteilungen von Variablen durch einfaches Auszählen bestimmen. Gibt es zum Beispiel eine binäre Variable A mit den Ausprägungen a, $\bar{a}$ und eine weitere binäre Variable B mit den Ausprägungen b, $\bar{b}$, so sind die vier gemeinsamen Wahrscheinlichkeiten

$$\Pr(a \cap b), \qquad \Pr(a \cap \bar{b}),$$
$$\Pr(\bar{a} \cap b), \qquad \Pr(\bar{a} \cap \bar{b}).$$

Zwei Ereignisse sind zum Beispiel a: eine gerade Zahl und b: die Zahl 6 wird geworfen. Dafür sind die gemeinsamen Wahrscheinlichkeiten

in Symbolen			in Zahlen		
b	$\bar{b}$		geworfene Zahl ist	$b:$ eine 6	$\bar{b}:$ keine 6
a $\Pr(a\cap b)$	$\Pr(a\cap\bar{b})$	$\Pr(a)$	$i=1:$ gerade	$1/6$	$2/6$ $1/2$
$\bar{a}$ $\Pr(\bar{a}\cap b)$	$\Pr(\bar{a}\cap\bar{b})$	$\Pr(\bar{a})$	$i=2:$ ungerade	0	$3/6$ $1/2$
$\Pr(b)$	$\Pr(\bar{b})$	1		$1/6$	$5/6$ 1

Die Zuordnung von Wahrscheinlichkeiten zu allen Kombinationen der Klassen von zwei diskreten Variablen A, B ist ihre **gemeinsame Wahrscheinlichkeitsverteilung**

$$\pi_{ij} = \Pr(A = i, B = j), \quad \text{für } i = 1, \ldots I, \; j = 1, \ldots J.$$

Zugehörige einfache Verteilungen der Variablen A, B erhält man durch Summieren. Sie werden Randverteilungen genannt:

$$\pi_{i+} = \sum_j \pi_{ij}, \text{ für } i = 1, \ldots I, \qquad \pi_{+j} = \sum_i \pi_{ij}, \text{ für } j = 1, \ldots J.$$

Beispiel mit Interpretation

Aus genetischen Studien weiß man, dass etwa 2,5% der Männer aber nur 0,5% der Frauen (rot-grün) farbenblind sind. Bei gleichen Anzahlen von Frauen und Männern erwartet man daher $1,25\%$ farbenblinde Männer und $0,25\%$ farbenblinde Frauen. Wählt man per Los eine Person aus, so sind die gemeinsamen Wahrscheinlichkeiten

A, rot-grün farbenblind	B, Geschlecht $j = 1$, Frauen	$j = 2$, Männer	π_{i+}
$i = 1:$ ja	0,0025	0,0125	0,0150
$i = 1:$ nein	0,4975	0,4875	0,9850
π_{+j}	0,5000	0,5000	1,0000

Die Wettquoten sind 25 zu 4975, eine farbenblinde Frau auszuwählen, und 125 zu 4875, einen farbenblinden Mann auszuwählen.

❯ 2.2.3 Bedingte Verteilungen

Mit $\Pr(a \,|\, b)$ bezeichnet man die **bedingte Wahrscheinlichkeit** für ein Ereignis a, gegeben das Ereignis b ist bereits eingetreten.

In Laplace-Experimenten berechnet man $\Pr(a \,|\, b)$ mit einfachem Auszählen. Man ersetzt dabei die Ergebnismenge S durch die reduzierte Ergebnismenge b

$$\Pr(a \,|\, b) = \frac{\text{Anzahl der für } (a \cap b) \text{ günstigen Ergebnisse}}{\text{Anzahl der für } b \text{ günstigen Ergebnisse}} = \frac{n_{a \cap b}}{n_b}$$

Rechenbeispiel: bedingte Wahrscheinlichkeiten in Laplace Experimenten
Werfen eines fairen Würfels mit den Ereignissen
a: eine gerade Zahl wird geworfen, $a = \{2, 4, 6\}$;
b: eine Zahl kleiner als 6 wird geworfen, $b = \{1, 2, 3, 4, 5\}$.
Dabei sind $n_a \cap n_b = 2$, $n_b = 5$. Die bedingte Wahrscheinlichkeit für a gegeben b ist dann

$$\Pr(a|b) = \frac{n_{a \cap b}}{n_b} = \frac{2}{5}.$$

Wenn man bereits weiß, dass Ereignis b eingetreten ist, also eine Zahl kleiner als 6 geworfen wurde, so gibt es noch fünf mögliche Ergebnisse. Von diesen Ergebnissen sind nur noch zwei gerade Zahlen, $a \cap b = \{2, 4\}$, also sind zwei Ergebnisse für Ereignis a günstig. Deshalb ist $\Pr(a \,|\, b) = 2/5$, während die einfache Wahrscheinlichkeit $\Pr(a) = 1/2$ ist.

Allgemein sind **bedingte Wahrscheinlichkeiten** für zwei Ereignisse a, b als Quotienten aus gemeinsamen und einfachen Wahrscheinlichkeiten definiert,

$$\Pr(a \,|\, b) = \frac{\Pr(a \cap b)}{\Pr(b)} \qquad \text{für } \Pr(b) \neq 0.$$

Eine **bedingte Wahrscheinlichkeitsverteilung** der Zufallsvariablen A gegeben B ist die Zuordnung von Wahrscheinlichkeiten zu allen Klassen von A, wenn die Ausprägung j der Variablen B vorliegt. Man schreibt sie

$$\pi_{i \,|\, j} = \pi_{ij} \,/\, \pi_{+j} \qquad \text{für } \pi_{+j} \neq 0, \text{alle } j \text{ und } i = 1, \dots, I$$

Die folgenden beiden Beispiele zeigen gemeinsame Wahrscheinlichkeitsverteilungen von zwei binären Zufallsvariablen A, B und die bedingten Verteilungen von A gegeben B. Im ersten Beispiel sind zwei Zufallsvariable für das Werfen eines fairen Würfels definiert, A, die geworfene Zahl ist gerade, mit $i = 1$: ja; und B, die geworfene Zahl ist eine 6, mit $j = 1$: ja.

π_{ij}			$\pi_{i\mid j}$		
A,	B, eine 6		A,	B, eine 6	
gerade Zahl	$j = 1$: ja	$j = 2$: nein	gerade Zahl	$j = 1$: ja	$j = 2$: nein
$i = 1$: ja	1/6	2/6	$i = 1$: ja	1	2/5
$i = 2$: nein	0	3/6	$i = 2$: nein	0	3/5
	1/6	5/6		1	1

Die beiden bedingten Verteilungen für $j = 1$ und $j = 2$ unterscheiden sich deutlich. Genau genommen gibt es keine Verteilung der Variablen A für $j = 1$: wenn man weiß, dass eine 6 geworfen wurde, so ist man auch sicher, dass es eine gerade Zahl ist.

Das zweite Beispiel betrifft die beiden Variablen rot-grün Farbenblindheit, A, und das Geschlecht, B (siehe S. 135).

π_{ij}			$\pi_{i\mid j}$		
A,	B, Geschlecht		A,	B, Geschlecht	
rot-grün blind	$j = 1$: w	$j = 2$: m	rot-grün blind	$j = 1$: w	$j = 2$: m
$i = 1$: ja	0,0025	0,0125	$i = 1$: ja	0,005	0,025
$i = 2$: nein	0,4975	0,4875	$i = 2$: nein	0,995	0,975
	0,5000	0,5000		1,000	1,000

Die bedingten Verteilungen unterscheiden sich deutlich, da die rot-grün Farbenblindheit geschlechtsabhängig vererbt wird.

2.2.4 Bayes' Rückschlusswahrscheinlichkeit

Falls man die gemeinsame Wahrscheinlichkeitsverteilung aus der Randverteilung von B, π_{+j}, und der bedingten Verteilung von A gegeben B, $\pi_{i\mid j}$, berechnen kann, das heißt aus $\pi_{ij} = \pi_{i\mid j}\,\pi_{+j}$, dann lässt sich auf die Wahrscheinlichkeit von B gegeben A wie folgt zurückschließen:

$$\pi_{j\mid i} = \frac{\pi_{ij}}{\pi_{i+}} = \frac{\pi_{i\mid j}\pi_{+j}}{\sum_j \pi_{i\mid j}\pi_{+j}}$$

Dies wird manchmal als **Bayes-Theorem** bezeichnet, da Thomas Bayes (1702 - 1761) diese Berechnung vermutlich als Erster beschrieben hat.

Die Randwahrscheinlichkeiten π_{+j} werden in diesem Zusammenhang oft **a priori** Wahrscheinlichkeiten genannt und $\pi_{j\mid i}$ **a posteriori** Wahrscheinlichkeiten, da man π_{+j} zuerst kennt und $\pi_{j\mid i}$ erst berechnet, nachdem die Information über $\pi_{i\mid j}$ vorliegt.

Besonders aufschlussreich sind Bayes' Wahrscheinlichkeiten im Zusammenhang mit medizinischen Tests. Wenn eine Vorsorgeuntersuchung ein auffälliges Ergebnis zeigt, möchte man wissen, wie wahrscheinlich es ist, dass die Erkrankung tatsächlich vorliegt. Die Antwort hängt auch bei guten Untersuchungsverfahren wesentlich davon ab, wie verbreitet die Erkrankung ist. Dies zeigen die Rückschlusswahrscheinlichkeiten im folgenden Beispiel: Variable A ist der Befund in einer Vorsorgeuntersuchung, Variable B ist der Gesundheitszustand des Patienten. Wir gehen von einer relativ seltenen Erkrankung aus, da nur eine von 1000 Personen erkrankt ist. Die a priori Wahrscheinlichkeit zu erkranken ist damit

$$\Pr(B = 1) = \Pr(\text{Patient erkrankt}) = 1/1000.$$

Wir nehmen weiter an, dass gute Vorsorgemethoden vorliegen, mit denen fast alle Erkrankten als auffällig und fast alle nicht Erkrankten als unauffällig diagnostiziert werden.

Wahrscheinlichkeiten für Vorsorgebefunde bei Erkrankten		
$\Pr(A = i \,|\, \text{Patient erkrankt})$:	98/100	2/100
i:	auffällig	unauffällig

Wahrscheinlichkeiten für Vorsorgebefunde bei Nicht-Erkrankten		
$\Pr(A = i \,|\, \text{Patient nicht erkrankt})$:	5/100	95/100
i:	auffällig	unauffällig

Unter diesen Annahmen ist die Chance, nicht erkrankt zu sein, mit 98,1% trotz eines auffälligen Befundes in guten Vorsorgeuntersuchungen sehr hoch. Oder anders formuliert, nur bei etwa zwei von 100 Patienten ist unter den gegebenen Annahmen damit zu rechnen, dass die Erkrankung tatsächlich vorliegt, wenn die Vorsorgeuntersuchung zu einem auffälligen Befund geführt hat. Zu diesem Ergebnis kommt man wie folgt.

Aus den bedingten Wahrscheinlichkeiten von A gegeben B und den einfachen Wahrscheinlichkeiten für B erhält man als gemeinsame Wahrscheinlichkeitsverteilung $\pi_{ij} = \pi_{i|j}\pi_{+j}$, oder ausführlicher

$$\pi_{ij} = \Pr(A = i, B = j) = \Pr(A = i|B = j)\Pr(B = j).$$

$\pi_{ij} = \Pr(A = i, B = j)$

A, Vorsorgebefund	B, Status des Patienten		π_{i+}
	$j = 1$: erkrankt	$j = 2$: nicht erkrankt	
$i = 1$: auffällig	$(98/100) \times 1/1000$ $= 0{,}00098$	$(5/100) \times 999/1000$ $= 0{,}04995$	$0{,}05093$
$i = 2$: unauffällig	$(2/100) \times 1/1000$ $= 0{,}00002$	$(95/100) \times 999/1000$ $= 0{,}94905$	$0{,}94907$
π_{+j}	$1/1000$	$999/1000$	1

Die a posteriori Verteilung für die Erkrankung bei Patienten mit auffälligem Vorsorgebefund ist die bedingte Verteilung von B gegeben $A = 1$.

$\pi_{j|1} = \pi_{1j}/\pi_{1+}$

$\Pr(B = j \mid$ Befund auffällig):	$98/5093 = 0{,}0192$	$4995/5093 = 0{,}9808$
j:	erkrankt	nicht erkrankt

Die a posteriori Wahrscheinlichkeit, nicht erkrankt zu sein, wenn die Vorsorgeuntersuchung zu einem auffälligen Befund geführt hat, ist damit

$$\Pr(\text{Patient nicht erkrankt} \mid \text{auffälliger Befund}) =$$

$$\Pr(B = 2 | A = 1) = \frac{\Pr(A = 1, B = 2)}{\Pr(A = 1)} = \frac{0{,}04995}{0{,}05093} = 0{,}9808$$

Selbst bei guten Vorsorgemethoden und auffälligem Befund, bleibt damit eine sehr hohe Wahrscheinlichkeit, nicht erkrankt zu sein.

2.2.5 Zusammenfassung

Einfache Zufallsexperimente

Ein **einfaches Zufallsexperiment** ist ein genau definierter Vorgang, der unter gleichen Bedingungen wiederholt werden kann und zu einem von mehreren möglichen Ergebnissen führt. Den Ereignissen von Zufallsexperimenten werden **Wahrscheinlichkeiten** zugeordnet.

Für jedes Zufallsexperiment gibt es eine Gesamtheit möglicher Ergebnisse, die **Ergebnismenge** (S). Je nach Experiment kann diese **diskret** oder **stetig** sein. In einem einfachen **Laplace-Experiment** sind alle möglichen Ergebnisse gleich wahrscheinlich. Die Wahrscheinlichkeit für ein bestimmtes Ereignis a, für das n_a Ergebnisse günstig sind, ist

$$\Pr(a) = \frac{\text{Anzahl der für } a \text{ günstigen Ergebnisse}}{\text{Anzahl der für } S \text{ möglichen Ergebnisse}} = \frac{n_a}{n_S}.$$

Für Wahrscheinlichkeiten gelten folgende **drei Axiome** nach Kolmogoroff:

1. Wahrscheinlichkeiten sind Zahlen zwischen Null und Eins:

$$0 \leq \Pr(a) \leq 1.$$

2. Die Wahrscheinlichkeit für das sichere Ereignis ist gleich Eins:

$$\Pr(S) = 1.$$

3. Schließen sich a und b gegenseitig aus, so ist die Wahrscheinlichkeit dafür, dass entweder a oder b eintritt, die Summe der Wahrscheinlichkeiten für a und b:

$$\Pr(a \cup b) = \Pr(a) + \Pr(b), \quad \text{für } a \cap b = \emptyset.$$

Aus diesen einfachen Annahmen folgen zum Beispiel

$$\Pr(\bar{a}) = 1 - \Pr(a),$$

und

$$\Pr(a \cup b) = \Pr(a) + \Pr(b) - \Pr(a \cap b) \quad \text{für alle } a, b.$$

Gemeinsame und bedingte Wahrscheinlichkeiten

Sind für ein Zufallsexperiment zwei Ereignisse a, b definiert, so bezeichnet

$$\Pr(a \cap b)$$

die Wahrscheinlichkeit für ihr gemeinsames Auftreten und

$$\Pr(a \mid b) = \frac{\Pr(a \cap b)}{\Pr(b)} \quad \text{für } \Pr(b) \neq 0$$

die bedingte Wahrscheinlichkeit von a gegeben b, das heißt die Wahrscheinlichkeit dafür, dass Ereignis a eintritt, wenn man bereits weiß, dass b eingetreten ist.

Für ein Laplace-Experiment berechnet man die bedingte Wahrscheinlichkeit mit Auszählen

$$\Pr(a \mid b) = \frac{n_{a \cap b}}{n_b}.$$

Aus den Wahrscheinlichkeiten für das gemeinsame Auftreten aller möglichen Ereignisse lassen sich die gemeinsamen und bedingten Wahrscheinlichkeitsverteilungen zugehöriger Zufallsvariablen erstellen.

Bayes' Rückschlusswahrscheinlichkeit

Falls für zwei Zufallsvariable A und B, die Wahrscheinlichkeit für B, π_{+j}, und die bedingten Wahrscheinlichkeiten für A gegeben B, $\pi_{i|j}$, bekannt sind und damit die gemeinsame Wahrscheinlichkeit, $\pi_{ij} = \pi_{i|j}\,\pi_{+j}$, so berechnen sich die Wahrscheinlichkeiten von B gegeben A mit:

$$\pi_{j\,|i} = \frac{\pi_{ij}}{\pi_{i+}} = \frac{\pi_{i\,|j}\pi_{+j}}{\sum_j \pi_{i\,|j}\pi_{+j}}.$$

Die a priori Wahrscheinlichkeit π_{+j} ändert sich mit der Information $\pi_{i|j}$ zur a posteriori Wahrscheinlichkeit $\pi_{j|i}$.

2.3 Zusammengesetzte Zufallsexperimente

Falls man ein Zufallsexperiment $\mathcal{E}$ in eine Folge von L einfachen Zufallsexperimenten $\mathcal{E}_1 \ldots \mathcal{E}_L$ zerlegen kann, in denen jedes einzelne Experiment $n_1, \ldots n_L$ mögliche Ergebnisse hat, so ist die Anzahl der möglichen Ergebnisse in $\mathcal{E}$ gleich dem Produkt dieser Anzahlen: $n_1 \times n_2 \times \ldots \times n_L$. Vorausgesetzt ist dabei, dass die Anzahl der möglichen Ergebnisse in einem späteren Experiment nicht davon abhängt, welche Ergebnisse früher eingetreten sind. Mit Hilfe dieses **Produktsatzes** lassen sich scheinbar komplexe Aufgaben einfach lösen und viele Wahrscheinlichkeiten durch einfaches Auszählen bestimmen. Dies trifft insbesondere dann zu, wenn die Ergebnisse in jedem der einfachen Experimente gleich wahrscheinlich sind.

❥ 2.3.1 Anzahl möglicher Anordnungen

Zunächst betrachten wir verschiedene einfache Situationen in denen bloßes Auszählen nützt. Es sind drei Bücher a, b, c in drei freie Plätze $\boxed{-}\,\boxed{-}\,\boxed{-}$ in ein Regal zu stellen. Wie viele mögliche Anordnungen gibt es? Für den ersten Platz hat man drei Möglichkeiten, jedes der drei Bücher auszuwählen. Für den zweiten Platz kann man eines der verbleibenden zwei Bücher auswählen und für den dritten Platz gibt es keine Wahlmöglichkeit mehr. Also ist die Gesamtanzahl

$$\boxed{3} \times \boxed{2} \times \boxed{1} = 6$$

und die möglichen Anordnungen sind

$$(a, b, c), (a, c, b),$$
$$(b, a, c), (b, c, a),$$
$$(c, a, b), (c, b, a).$$

Für fünf Bücher ergibt sich bereits $120 = 5 \times 4 \times 3 \times 2 \times 1$ als Anzahl möglicher Anordnungen. Für n Bücher schreibt man

$$n! = n\,(n-1)\,(n-2) \ldots 3 \times 2 \times 1$$

und man liest $n!$ als „n Fakultät". Als Konvention gilt $0! = 1$.

Hat man vier Bücher a, b, c, d, aber nur zwei Plätze im Regal zur Verfügung, so sind $2!$ Anordnungen der $4!$ zuvor möglichen Anordnungen nicht zu realisieren. Also ergibt sich

$$\frac{4!}{2!} = \boxed{4} \times \boxed{3} = 12$$

als die Anzahl der möglichen Anordnungen von zwei aus vier Büchern in einem Regal. Diese möglichen Anordnungen sind

$$(a, b), (a, c), (a, d),$$
$$(b, a), (b, c), (b, d),$$
$$(c, a), (c, b), (c, d),$$
$$(d, a), (d, b), (d, c).$$

Sind zwei von acht Büchern in ein Regal zu stellen, so gibt es bereits $8! \, / \, 6! = 8 \times 7 = 56$ Möglichkeiten. Sind k von n Büchern auf ein Regal zu stellen, so ergibt sich allgemein als Anzahl der möglichen Anordnungen

$$\frac{n!}{(n-k)!} = n\,(n-1)\ldots(n-k+1).$$

Solche Anordnungen, bei denen es auf die Reihenfolge ankommt, werden **Permutationen** genannt.

Will man von vier Büchern zwei zum Verschenken auswählen, so kommt es bei der Frage „Wie viele Bücherkombinationen sind als Geschenk möglich" nicht auf die Anordnung der verschenkten Bücher an. Es gibt dann

$$\frac{4!}{2! \, 2!} = \frac{4 \times 3}{2!} = 6$$

Möglichkeiten. Von den zwölf Permutationen von vier Büchern bleiben die folgenden sechs Paare übrig:

$$(a, b), (a, c), (a, d), (b, c), (b, d), (c, d).$$

Sind zwei von acht Büchern zu verschenken, so gibt es

$$\frac{8!}{6! \, 2!} = \frac{8 \times 7}{2} = 28$$

mögliche Paare zur Auswahl.

Für die Auswahl von k aus n Objekten bei denen es nicht auf die Reihenfolge ankommt, ist die mögliche Anzahl

$$\binom{n}{k} = \frac{n!}{(n-k)! \, k!} = \frac{n\,(n-1)\ldots(n-k+1)}{k \times (k-1)\ldots 3 \times 2 \times 1}.$$

Man liest $\binom{n}{k}$ als „k aus n" oder „n über k". Solche Anordnungen, bei denen es nicht auf die Reihenfolge ankommt, werden **Kombinationen** genannt.

Wahrscheinlichkeiten für zusammengesetzte Zufallsexperimente lassen sich durch einfaches Auszählen oder mit Hilfe von Auszählregeln berechnen, sofern jedes Ergebnis in den einzelnen Experimenten die gleiche Chance hat.

Rechenbeispiele: Zusammengesetzte Zufallsexperimente

1) Das sichere Ereignis sei S: drei Bücher a, b, c sind auf drei Plätze gestellt. Dafür gibt $n_S = \boxed{3} \times \boxed{2} \times \boxed{1} = 6$ die Anzahl möglicher Anordnungen an.

Es interessiert das Ereignis e: Buch a wird auf den ersten Platz gestellt. Dafür gibt es $n_e = \boxed{1} \times \boxed{2} \times \boxed{1} = 2$ Möglichkeiten.

Also erhält man $\Pr(e) = \dfrac{2}{6} = \dfrac{1}{3}$.

2) Das sichere Ereignis sei S: von vier Büchern a, b, c, d sind zwei auf zwei Plätze gestellt. Dafür ist $n_S = \boxed{4} \times \boxed{3} = 12$

Für das Ereignis e: Buch a steht auf dem ersten Platz, gibt es $n_e = \boxed{1} \times \boxed{3} = 3$ Möglichkeiten, also ist

$$\Pr(e) = \frac{3}{12} = \frac{1}{4}.$$

3) Das sichere Ereignis sei S: es sind zwei Kombinationen von vier Büchern a, b, c, d ausgewählt. Dafür gibt es insgesamt $n_S = \dbinom{4}{2} = 6$ Möglichkeiten.

Für das Ereignis e: Buch a wird ausgewählt, gibt es $n_e = \boxed{1} \times \boxed{3} = 3$ Möglichkeiten. Also ist

$$\Pr(e) = \frac{3}{6} = \frac{1}{2}.$$

❷ 2.3.2 Ziehen mit und ohne Zurücklegen

Zwei wichtige Arten von zusammengesetzten Experimenten werden oft als „Ziehen mit Zurücklegen" und als „Ziehen ohne Zurücklegen" bezeichnet und werden mit folgenden Beispielen erklärt.

In einer Schüssel liegen $N_0 = 5$ rote und $N_1 = 3$ grüne Bälle. Aus der Schüssel sind mit verbundenen Augen drei Bälle herauszunehmen, also zu ziehen. Ein typisches Elementarereignis in diesem zusammengesetzten Experiment wird mit (r, g, r) bezeichnet; es gibt an, im ersten Experiment einen roten, im zweiten einen grünen und im dritten wieder einen roten Ball zu ziehen.

Die Ergebnismenge lässt sich mit Hilfe eines Baumdiagramms (Abbildung 2.1) übersichtlich zusammenstellen.

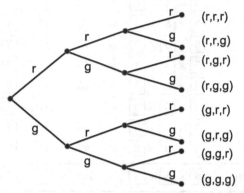

Abbildung 2.1. Baumdiagramm für ein zusammengesetztes Zufallsexperiment: dreimaliges Auswählen; in jedem Einzelexperiment gibt es zwei mögliche Ergebnisse: r und g.

Wird nun zum Beispiel nach der Wahrscheinlichkeit gefragt, mit dreimaligem Ziehen genau einen roten und zwei grüne Bälle zu bekommen, so zeigt das Diagramm unmittelbar, dass dieses Ereignis in drei Situationen eintritt: der erste, oder der zweite oder der dritte gezogene Ball ist rot, die beiden anderen gezogenen Bälle sind grün. Diese drei Ereignisse schließen sich gegenseitig aus, also können die Wahrscheinlichkeiten für die Ereignisse (r, g, g), (g, r, g), (g, g, r) addiert werden:

$$\Pr(\text{genau ein roter Ball wird gezogen}) = \Pr(r, g, g) + \Pr(g, r, g) + \Pr(g, g, r).$$

Wie sich diese und andere Wahrscheinlichkeiten errechnen, hängt von den Annahmen über das gesamte Experiment ab. Hier werden zwei Situationen betrachtet: es wird entweder jedes Mal mit oder jedes Mal ohne Zurücklegen gezogen. Bei dreimaligem **Ziehen mit Zurücklegen** besteht jedes einzelne Experiment $\mathcal{E}_l$ für $l = 1, 2, 3$ aus der Aufgabe, einen aus N Bällen zu ziehen, bei dreimaligem **Ziehen ohne Zurücklegen** dagegen zieht man nur im ersten Experiment $\mathcal{E}_1$, einen Ball aus N. Bei $\mathcal{E}_2$ wird nur noch ein Ball aus $(N - 1)$ und bei $\mathcal{E}_3$ nur noch ein Ball aus $(N - 2)$ Bällen gezogen.

In Tabelle 2.3 sind die Anzahlen für alle acht Elementarereignisse dieser beiden Arten von zusammengesetzten Experimenten ausgezählt.

Tabelle 2.3. Anzahl der Möglichkeiten für acht Elementarereignisse.

		Ziehen	
l	s_l	mit Zurücklegen	ohne Zurücklegen
1	(r,r,r)	$\boxed{5} \times \boxed{5} \times \boxed{5} = 125$	$\boxed{5} \times \boxed{4} \times \boxed{3} = 60$
2	(r,r,g)	$\boxed{5} \times \boxed{5} \times \boxed{3} = 75$	$\boxed{5} \times \boxed{4} \times \boxed{3} = 60$
3	(r,g,r)	$\boxed{5} \times \boxed{3} \times \boxed{5} = 75$	$\boxed{5} \times \boxed{3} \times \boxed{4} = 60$
4	(r,g,g)	$\boxed{5} \times \boxed{3} \times \boxed{3} = 45$	$\boxed{5} \times \boxed{3} \times \boxed{2} = 30$
5	(g,r,r)	$\boxed{3} \times \boxed{5} \times \boxed{5} = 75$	$\boxed{3} \times \boxed{5} \times \boxed{4} = 60$
6	(g,r,g)	$\boxed{3} \times \boxed{5} \times \boxed{3} = 45$	$\boxed{3} \times \boxed{5} \times \boxed{2} = 30$
7	(g,g,r)	$\boxed{3} \times \boxed{3} \times \boxed{5} = 45$	$\boxed{3} \times \boxed{2} \times \boxed{5} = 30$
8	(g,g,g)	$\boxed{3} \times \boxed{3} \times \boxed{3} = 27$	$\boxed{3} \times \boxed{2} \times \boxed{1} = 6$
Insgesamt möglich		$\boxed{8} \times \boxed{8} \times \boxed{8} = 512$	$\boxed{8} \times \boxed{7} \times \boxed{6} = 336$

Zwei Verteilungformen

Zufallsvariable und ihre Verteilungen kann man manchmal aus einem zusammengesetzten Experiment erhalten. Für das Experiment, in dem aus N Bällen mit $N_1 = 3$ grünen und $N_0 = 5$ roten Bälle nacheinander $n = 3$ Bälle gezogen werden, soll nur die Anzahl der gezogenen grünen Bälle interessieren. Damit hat man eine Zufallsvariable A_3 definiert, die Anzahl der Erfolge nach dreimaligen Ziehen. Sie hat die möglichen Ausprägungen $i = 0, 1, 2, 3$.

Alle Wahrscheinlichkeiten für die Zufallsvariable A_3 lassen sich mit den Anzahlen in Tabelle 2.3 und mit Hilfe des Kolmogoroff-Axioms über sich gegenseitig ausschließende Ereignisse berechnen. Es gilt insbesondere

$$\Pr(A_3 = 0) = \Pr(r,r,r),$$
$$\Pr(A_3 = 1) = \Pr(g,r,r) + \Pr(r,g,r) + \Pr(r,r,g) = 3(\Pr(g,r,r)),$$
$$\Pr(A_3 = 2) = \Pr(g,g,r) + \Pr(g,r,g) + \Pr(r,g,g) = 3(\Pr(g,g,r)),$$
$$\Pr(A_3 = 3) = \Pr(g,g,g).$$

Beim Ziehen mit Zurücklegen ergibt sich

$$\Pr(r,r,r) = \Pr(A_3 = 0) = 1 \times \frac{5 \times 5 \times 5}{8 \times 8 \times 8} = \binom{3}{0} (3/8)^0 (5/8)^3 = 0,244,$$

$$3\Pr(r,r,g) = \Pr(A_3 = 1) = 3 \times \frac{5 \times 5 \times 3}{8 \times 8 \times 8} = \binom{3}{1} (3/8)^1 (5/8)^2 = 0,440,$$

$$3 \Pr(r,g,g) = \Pr(A_3 = 2) = 3 \times \frac{5 \times 3 \times 3}{8 \times 8 \times 8} = \binom{3}{2} (3/8)^2 (5/8)^1 = 0,264,$$

$$\Pr(g,g,g) = \Pr(A_3 = 3) = 1 \times \frac{3 \times 3 \times 3}{8 \times 8 \times 8} = \binom{3}{3} (3/8)^3 (5/8)^0 = 0,053.$$

Kompakter lassen sich solche Wahrscheinlichkeiten beim n-maligem Ziehen mit Zurücklegen mit $\pi_1 = N_1/(N_1 + N_0)$, der Erfolgswahrscheinlichkeit und $\pi_0 = N_0/(N_1 + N_0)$ der Misserfolgswahrscheinlichkeit schreiben:

$$\Pr(A_n = i) = \binom{n}{i} \pi_1^i \pi_0^{n-i} \qquad \text{mit } i = 0, 1, \ldots, n.$$

Eine Wahrscheinlichkeitsverteilung dieser Form wird **Binomialverteilung** genannt. Für jedes Experiment, dass sich als Ziehen mit Zurücklegen interpretieren lässt, lassen sich mit dieser Wahrscheinlichkeitsverteilung alle Wahrscheinlichkeiten berechnen, vorausgesetzt man weiß, wie oft gezogen wird, n, und wie groß die Erfolgswahrscheinlichkeit, π_1, ist.

Beim Ziehen ohne Zurücklegen ergibt sich:

$$\Pr(r,r,r) = \Pr(A_3 = 0) = 1 \times \frac{5 \times 4 \times 3}{8 \times 7 \times 6} = \frac{\binom{3}{0}\binom{5}{3}}{\binom{8}{3}} = 0,179,$$

$$3\,(\Pr(r,r,g)) = \Pr(A_3 = 1) = 3 \times \frac{5 \times 4 \times 3}{8 \times 7 \times 6} = \frac{\binom{3}{1}\binom{5}{2}}{\binom{8}{3}} = 0,536,$$

$$3\,(\Pr(r,g,g)) = \Pr(A_3 = 2) = 3 \times \frac{5 \times 3 \times 2}{8 \times 7 \times 6} = \frac{\binom{3}{2}\binom{5}{1}}{\binom{8}{3}} = 0,268,$$

$$\Pr(g,g,g) = \Pr(A_3 = 3) = 1 \times \frac{3 \times 2 \times 1}{8 \times 7 \times 6} = \frac{\binom{3}{3}\binom{5}{0}}{\binom{8}{3}} = 0,018.$$

Kompakter lassen sich solche Wahrscheinlichkeiten bei n-maligem Ziehen ohne Zurücklegen wie folgt schreiben.

$$\Pr(A_n = i) = \frac{\binom{N_1}{i}\binom{N_0}{n-i}}{\binom{N_1 + N_0}{n}} \qquad \text{mit } i = 0, 1, \ldots, n.$$

Eine Wahrscheinlichkeitsverteilung dieser Form wird **hypergeometrische Verteilung** genannt. Für jedes Experiment, das sich als Ziehen ohne Zurücklegen interpretieren lässt, lassen sich mit dieser Wahrscheinlichkeitsverteilung alle Wahrscheinlichkeiten berechnen, vorausgesetzt man weiß, wie oft gezogen wird, n, wie viele Ergebnisse für einen Erfolg günstig sind, N_1, und wie viele für einen Misserfolg, N_0.

Gemeinsame Wahrscheinlichkeiten und Verteilungen

Auch gemeinsame Verteilungen von Zufallsvariablen kann man aus einem zusammengesetzten Zufallsexperiment erhalten. Man kann zum Beispiel die folgenden drei Zufallsvariablen für das zusammengesetzte Experiment „dreimaliges Werfen einer fairen Münze" definieren:

- A, Anzahl der Wappen, mit $i = 0, 1, 2, 3$
- B, Anzahl der aufeinander folgenden Paare mit unterschiedlichem Ergebnis, also (W, Z) oder (Z, W), mit $j = 0, 1, 2$
- C, das Ergebnis des ersten Wurfs ist „Zahl", mit $k = 0, 1$.

Bei dreimaligem Werfen einer fairen Münze erhält man acht mögliche Ergebnisse, die gleich wahrscheinlich sind. Die zugehörigen Ausprägungen der Zufallsvariablen A, B und C sind in der folgenden Tabelle angegeben.

B

s:	(Z,Z,Z)	(Z,Z,W)	(Z,W,Z)	(Z,W,W)	(W,Z,Z)	(W,Z,W)	(W,W,Z)	(W,W,W)
i:	0	1	1	2	1	2	2	3
j:	0	1	2	1	1	2	1	0
k:	1	1	1	1	0	0	0	0

Die folgenden Wahrscheinlichkeitsverteilungen der Zufallsvariablen A, B und B, C ergeben sich durch Auszählen. Die Verteilung von A und B hat eine besondere Eigenschaft, die später auf S. 161 beschrieben wird.

$$\pi_{ij} = \Pr(A = i, B = j)$$

| Variable A | Variable B | | | $\Pr(A = i)$ |
	$j = 0$	$j = 1$	$j = 2$	
0	1/8	0	0	1/8
1	0	2/8	1/8	3/8
2	0	2/8	1/8	3/8
3	1/8	0	0	1/8
$\Pr(B = j)$	2/8	4/8	2/8	1

$$\pi_{jk} = \Pr(B = j, C = k)$$

| Variable B | Variable C | | $\Pr(B = j)$ |
	$k = 0$	$k = 1$	
0	1/8	1/8	1/4
1	2/8	2/8	2/4
2	1/8	1/8	1/4
$\Pr(C = k)$	1/2	1/2	1

2.3.3 Zusammenfassung

Zusammengesetzte Zufallsexperimente

Lässt sich ein Experiment als zusammengesetztes Zufallsexperiment interpretieren, so besteht es aus einer Folge mehrerer einfacher Zufallsexperimente. Anzahlen von Ergebnissen lassen sich dann leicht als Produkte von Anzahlen in den Einzelexperimenten durch Auszählen berechnen und dazu verwenden, Zufallsvariablen und ihre Verteilungen zu definieren.

Es gibt **Abzählregeln** für die Anordnung von Objekten:

Für n verschiedene Objekte gibt es $n!$ Möglichkeiten, sie auf n Plätzen anzuordnen, mit

$$n! = n\,(n-1)\,(n-2)\ldots 3 \times 2 \times 1.$$

Stehen nur k Plätze zur Anordnung von n Objekten zur Verfügung, so ist die Gesamtzahl der $n!$ Möglichkeiten um die $(n-k)$ fehlenden Plätze zu korrigieren.

Es gibt nur noch

$$\frac{n!}{(n-k)!} = n\,(n-1)\,(n-2)\ldots(n-k+1)$$

Möglichkeiten oder **Permutationen**, sie auf k Plätzen anzuordnen.

Kommt es bei einer Auswahl von n Objekten nicht auf die Reihenfolge an, so spricht man von **Kombinationen**. Für die Anzahl der Kombinationen wird die Anzahl der möglichen Anordnungen von n Objekten auf k Plätzen um die $k!$ möglichen Anordnungen der k Plätze weiter korrigiert. Daher ist die Anzahl möglicher Kombinationen

$$\binom{n}{k} = \frac{n!}{(n-k)!\,k!}.$$

Das n-malige Ziehen von Losen, bei denen es beim ersten Ziehen N_1 Gewinne und N_0 Nieten gibt, lässt sich als Folge von n einfachen Experimenten mit gleich wahrscheinlichen Ergebnissen interpretieren. Beim ersten Ziehen ist die Erfolgswahrscheinlichkeit π_1 für das Ziehen mit und ohne Zurücklegen gleich $N_1/(N_1 + N_0)$.

Für die Variable A_n, Anzahl der Erfolge bei n-maligem Ziehen aus $N_1 + N_0$ Objekten, ergibt sich mit Erfolgswahrscheinlichkeit $\pi_1 = N_1/(N_1 + N_0)$

- beim Ziehen mit Zurücklegen mit

$$\Pr(A_n = i) = \binom{n}{i}\,\pi_1^i\,\pi_0^{n-i} \qquad i = 0, 1, \ldots, n$$

  die **Binomialverteilung**,

- beim Ziehen ohne Zurücklegen mit

$$\Pr(A_n = i) = \frac{\binom{N_1}{i}\binom{N_0}{n-i}}{\binom{N_1 + N_0}{n}} \qquad i = 0, 1, \ldots, n$$

  die **hypergeometrische Verteilung**.

2.4 Unabhängigkeit von Zufallsvariablen

Sind zwei Zufallsvariablen voneinander unabhängig, so bleibt die Verteilung einer Variablen für jede Ausprägung und für jeden Ausprägungsbereich der anderen Variablen unverändert. Kenntnis einer der Variablen hilft in diesem Fall nicht, Vorhersagen für die zweite Variable zu verbessern. Für mehr als zwei Variablen gibt es mehrere mögliche Arten von Unabhängigkeit.

In der empirischen Forschung dient das Konzept der Unabhängigkeit vorwiegend zwei Zielen: Es wird dafür verwendet zu entscheiden, ob man auf bestimmte Variablen völlig verzichten kann, wenn Ergebnisse über Zusammenhänge oder Abhängigkeiten zu berichten sind, oder es wird dazu verwendet, die Stärke eines beobachteten Zusammenhangs darzustellen. Man beschreibt, wie sehr beobachtete Werte von denjenigen Werten abweichen, die sich bei Unabhängigkeit ergeben hätten.

Für zwei diskrete Zufallsvariablen A und B mit Ausprägungen i und j bezeichnet wieder $\pi_{ij} = \Pr(A = i, B = j)$ die gemeinsame Wahrscheinlichkeit und $\pi_{i|j} = \Pr(A = i|B = j)$ die bedingte Wahrscheinlichkeit für A, gegeben man weiß, welche Ausprägung von B zutrifft. Die Zufallsvariablen A und B sind unabhängig ($A \perp\!\!\!\perp B$), falls

$$\pi_{ij} = \pi_{i+}\, \pi_{+j} \quad \text{für alle } i, j$$

oder, äquivalent, falls

$$\pi_{i|j} = \pi_{i+} \quad \text{für alle } i, j.$$

Für zwei binäre Zufallsvariablen ist die Unabhängigkeit gleich bedeutend damit, dass die relative Wettquote (das odds ratio) gleich Eins ist, gleichgültig ob es für Erfolg oder Misserfolg berechnet wird. Wettquoten sind hier für Wahrscheinlichkeiten definiert.

Ein Beispiel für **abhängige Zufallsvariable** sind die zwei binären Zufallsvariablen auf S. 135, die für das Werfen eines fairen Würfels definiert wurden. Variable A erfasst, ob die geworfene Zahl gerade ist und Variable B, ob eine sechs gewürfelt wird.

π_{ij}

A, gerade Zahl	$j = 1$: ja	$j = 2$: nein	π_{i+}
	B, eine 6		
$i = 1$: ja	1/6	2/6	3/6
$i = 2$: nein	0	3/6	3/6
π_{+j}	1/6	5/6	1

Da zum Beispiel $\pi_{21} = 0 \neq \pi_{2+}\,\pi_{+1} = 3/6 \times 1/6$, sind die beiden Variablen abhängig. Die Verteilung von A ist deutlich anders, je nachdem, welche Klasse von B vorliegt. Will man wetten, dass eine geworfene Zahl eine 6 ist, so nützt es also zu fragen, ob die geworfene Zahl gerade ist.

Ein Beispiel für **unabhängige Zufallsvariable** ist folgendes Variablenpaar: Variable A erfasst wieder, ob die gewürfelte Zahl gerade ist, Variable B ob eine 5 oder 6 geworfen wird.

$\pi_{ij} = \pi_{i+}\pi_{+j}$			
	B, Zahl größer 4		
A, gerade Zahl	$j = 1$, ja	$j = 2$, nein	π_{i+}
$i = 1$, ja	1/6	2/6	1/2
$i = 2$, nein	1/6	2/6	1/2
π_{+j}	1/3	2/3	1

Für jede Ausprägungskombination gilt $\pi_{ij} = \pi_{i+}\,\pi_{+j}$. Daher sind die beiden Variablen unabhängig. Will man wetten, dass eine geworfene Zahl größer als vier ist, nützt es nichts zu fragen, ob die geworfene Zahl gerade ist.

❯ 2.4.1 Arten der Unabhängigkeit für drei Variablen

Für drei Zufallsvariable können ein, zwei oder drei Variablenpaare bedingt unabhängig sein. Damit ergeben sich drei verschiedene Arten von Unabhängigkeitsstrukturen, die zum Beispiel mit $A \perp\!\!\!\perp C|B$, $A \perp\!\!\!\perp BC$ und $A \perp\!\!\!\perp B \perp\!\!\!\perp C$ bezeichnet werden. Die Unterschiede in den drei Strukturen lassen sich in einem **Graphen** gut erkennen. Die Variablen stellen Punkte dar, die Linien so genannte **bedingte Assoziationen**. Der Rahmen um die Punkte bedeutet, dass genau die gezeigte Struktur und keine einfachere gemeint ist. Die bedingte Unabhängigkeit eines Variablenpaares zeigt sich als fehlende Linie.

Die Struktur $A \perp\!\!\!\perp C|B$ (linker Graph) zeigt, dass die Variablen A und C für alle Ausprägungen der Variablen B unabhängig sind. Man sagt auch kürzer, A ist bedingt unabhängig von C gegeben B; $A \perp\!\!\!\perp BC$ (mittlerer Graph) bedeutet, dass Variable A von den Variablen B und C, gemeinsam betrachtet, unabhängig ist; $A \perp\!\!\!\perp B \perp\!\!\!\perp C$ (rechter Graph) bedeutet, dass die drei Variablen vollständig voneinander unabhängig sind.

Man weiß, wenn zum Beispiel die einfachste Struktur, $A \perp\!\!\!\perp B \perp\!\!\!\perp C$, zutrifft, dass auch die komplexeren Strukturen mit der Verteilung gut übereinstimmen. Umgekehrt, wenn man zum Beispiel weiß, dass die Struktur $A \perp\!\!\!\perp C | B$ zutrifft, so ist oft noch zu prüfen, ob sich die Verteilung eventuell noch einfacher mit $A \perp\!\!\!\perp BC$ oder $A \perp\!\!\!\perp B \perp\!\!\!\perp C$ beschreiben lässt.

2.4.2 Wahrscheinlichkeiten und Anzahlen zu $A \perp\!\!\!\perp C | B$

Bezeichnet π_{ijk} die gemeinsame Wahrscheinlichkeit von drei Variablen $\pi_{ijk} = \Pr(A = i, B = j, C = k)$, so zeigt sich $A \perp\!\!\!\perp C | B$ in den gemeinsamen Wahrscheinlichkeiten als

$$\pi_{ijk} = \frac{\pi_{ij+}\,\pi_{+jk}}{\pi_{+j+}}$$

und in bedingten Wahrscheinlichkeiten als

$$\pi_{i\,|\,jk} = \pi_{i|j}.$$

Die bei bedingter Unabhängigkeit von A und C gegeben B erwarteten Anzahlen $n\pi_{ijk}$ in einer $I \times J \times K$ Kontingenztafel sind

$$n\pi_{ijk} = \frac{n_{ij+}\,n_{+jk}}{n_{+j+}}.$$

Rechenbeispiel: Anpassung von Modell $A \perp\!\!\!\perp C | B$ (an Anzahlen n_{ijk} für $n = 36$)

Mit

n_{ijk}					
B:		$j = 1$		$j = 2$	
A	C:	$k = 1$	$k = 2$	$k = 1$	$k = 2$
$i = 1$		1	5	3	7
$i = 2$		2	6	4	8

sind die Randtafeln von AB und BC

n_{ij+}			
A	B:	$j = 1$	$j = 2$
$i = 1$		6	10
$i = 2$		8	12

n_{+jk}				
B	C:	$k = 1$	$k = 2$	n_{+j+}
$j = 1$		3	11	14
$j = 2$		7	15	22

und daher die unter $A \perp\!\!\!\perp C | B$ erwarteten Anzahlen

$$n_{ij+}n_{+jk}/n_{+j+}$$

		$j = 1$		$j = 2$	
A	C:	$k = 1$	$k = 2$	$k = 1$	$k = 2$
$i = 1$		1,29	4,71	3,18	6,82
$i = 2$		1,71	6,29	3,82	8,18

Es ist für $(i, j, k) = (1, 2, 1)$: $n_{121} = n_{12+}n_{+21}/n_{+2+} = 10 \times 7/22 = 3,18$.

Beispiel mit Interpretation

Die Daten zur perinatalen Mortalität (Abschnitt 1.5.4, S. 87) stimmen gut mit der Hypothese $A \perp\!\!\!\perp C|B$ überein, $n = 24220$.

n_{ijk}

	B, frühere Totgeburt			
	$j = 1$: nein		$j = 2$: ja	
	C, Hautfarbe		C, Hautfarbe	
A, Perinatale	$k = 1$:	$k = 2$:	$k = 1$:	$k = 2$:
Mortalität	hell	dunkel	hell	dunkel
$i = 1$: nein	9148	10502	1678	1963
$i = 2$: ja	270	371	134	154

Die erwarteten Anzahlen unter der Annahme $A \perp\!\!\!\perp C|B$, also bei Unabhängigkeit der perinatalen Mortalität, A von der Hautfarbe, C, dann, wenn die biologische Information über frühere Totgeburten, B, vorliegt, sind

$n_{ij+}n_{+jk}/n_{+j+}$

	B, frühere Totgeburt			
	$j = 1$: nein		$j = 2$: ja	
	C, Hautfarbe		C, Hautfarbe	
A, Perinatale	$k = 1$:	$k = 2$:	$k = 1$:	$k = 2$:
Mortalität	hell	dunkel	hell	dunkel
$i = 1$: nein	9120,48	10529,52	1679,18	1961,82
$i = 2$: ja	297,52	343,48	132,82	155,18

Bei Frauen ohne frühere Totgeburten ist die perinatale Mortalität für Frauen mit dunkler Hautfarbe zwar größer (371 statt 343,48) als erwartet, aber diese Differenz ist im Verhältnis zur erwarteten Anzahl nicht sehr groß.

2.4.3 Wahrscheinlichkeiten und Anzahlen zu $A \perp\!\!\!\perp BC$

Die Struktur $A \perp\!\!\!\perp BC$, das heißt A unabhängig von den Variablen B und C gemeinsam, zeigt sich in den gemeinsamen Wahrscheinlichkeiten als

$$\pi_{ijk} = \pi_{i++}\,\pi_{+jk}$$

und in bedingten Wahrscheinlichkeiten als

$$\pi_{i\,|\,jk} = \pi_{i++}.$$

Die für die Struktur $A \perp\!\!\!\perp BC$ erwarteten Anzahlen in einer $I \times J \times K$ Kontingenztafel sind

$$n\pi_{ijk} = n_{i++}\,n_{+jk}/n_{+++}.$$

Rechenbeispiel: Anpassung von Modell $A \perp\!\!\!\perp BC$ (an Anzahlen n_{ijk} für $n = 36$)

Für

n_{ijk}					
	B:	$j = 1$		$j = 2$	
A	C:	$k = 1$	$k = 2$	$k = 1$	$k = 2$
$i = 1$		1	5	3	7
$i = 2$		2	6	4	8

sind die Randtafeln von A und BC

n_{i++}	
A	n_{i++}
$i = 1$	16
$i = 2$	20

n_{+jk}				
B	$C:$	$k = 1$	$k = 2$	n_{+j+}
$j = 1$		3	11	14
$j = 2$		7	15	22

und daher sind die erwarteten Werte

$n_{i++}n_{+jk}/n_{+++}$				
	B:	$j = 1$		$j = 2$
A	C:	$k = 1$ $\quad k = 2$		$k = 1$ $\quad k = 2$
$i = 1$		1,33 $\quad$ 4,89		3,11 $\quad$ 6,67
$i = 2$		1,67 $\quad$ 6,11		3,89 $\quad$ 8,33

Es ist für $(i, j, k) = (1, 2, 1)$: $n_{121} = n_{1++}n_{+21}/n_{+++} = 16 \times 7/36 = 3,11$.

Beispiel mit Interpretation

Die folgenden Daten aus der Studie zum Erziehungsverhalten der Mutter (Abschnitt 1.5.4, S. 86) stimmen gut mit der Hypothese $A \perp\!\!\!\perp BC$ überein, $n = 246$.

n_{ijk}

	C, Geschlecht des Kindes			
	k = 1: männlich		k = 2: weiblich	
	B, Mutter unterstützt		B, Mutter unterstützt	
A, Mutter inkonsistent	j = 1: nein	j = 2: ja	j = 1: nein	j = 2: ja
i = 1: nein	28	32	25	29
i = 2: ja	37	33	33	29

Die erwarteten Anzahlen unter der Annahme $A \perp\!\!\!\perp BC$, das heißt bei Unabhängigkeit des inkonsistenten Verhaltens der Mutter, A, vom Unterstützungsverhalten der Mutter, B und vom Geschlecht des Kindes, C, weichen wenig von den Anzahlen n_{ijk} ab; die **Anpassung** der Werte n_{ijk} an die unter $A \perp\!\!\!\perp BC$ erwarteten Werte ist gut.

$n_{i++}n_{+jk}/n_{+++}$

	C, Geschlecht des Kindes			
	k = 1: männlich		k = 2: weiblich	
	B: Mutter unterstützt		B: Mutter unterstützt	
A, Mutter inkonsistent	j = 1: nein	j = 2: ja	j = 1: nein	j = 2: ja
i = 1: nein	30,12	30,12	26,88	26,88
i = 2: ja	34,88	34,88	31,12	31,12

Inkonsistentes Verhalten der Mutter wird gleichermaßen von Töchtern und Söhnen erfahren, sowohl bei unterstützenden als auch bei eher nicht unterstützenden Müttern ($A \perp\!\!\!\perp BC$).

❯ **2.4.4 Wahrscheinlichkeiten und Anzahlen zu A ⊥⊥ B ⊥⊥ C**

Die Struktur $A \perp\!\!\!\perp B \perp\!\!\!\perp C$, das heißt vollständige Unabhängigkeit der drei Variablen, zeigt sich in den gemeinsamen Wahrscheinlichkeiten als

$$\pi_{ijk} = \pi_{i++}\,\pi_{+j+}\,\pi_{++k}.$$

Die Struktur ist in bedingten Verteilungen für A gegeben BC, unverändert gegenüber der Struktur $A \perp\!\!\!\perp BC$. Zusätzlich sind aber die erklärenden Variablen B und C unabhängig. Die vollständige Unabhängigkeit ergibt sich aus

$$\pi_{i|jk} = \pi_{i++} \text{ und } \pi_{+jk} = \pi_{+j+}\pi_{++k}.$$

Die für $A \perp\!\!\!\perp B \perp\!\!\!\perp C$ erwarteten Anzahlen in einer $I \times J \times K$ Kontingenztafel sind

$$n\pi_{ijk} = n_{i++}\, n_{+j+}\, n_{++k}/n_{+++}^2.$$

Rechenbeispiel: Anpassung von Modell $A \perp\!\!\!\perp B \perp\!\!\!\perp C$ (an Anzahlen n_{ijk} für $n = 36$)

Für

n_{ijk}	B:	$j=1$		$j=2$	
A	C:	$k=1$	$k=2$	$k=1$	$k=2$
$i=1$		1	5	3	7
$i=2$		2	6	4	8

sind die Randtafeln von A, B und C

A	n_{i++}	B	n_{+j+}	C	n_{++k}
$i=1$	16	$j=1$	14	$k=1$	10
$i=2$	20	$j=1$	22	$k=1$	26

und daher sind die erwarteten Werte

$n_{i++}n_{+j+}n_{++k}/n_{+++}^2$	B:	$j=1$		$j=2$	
A	C:	$k=1$	$k=2$	$k=1$	$k=2$
$i=1$		1,73	4,49	2,72	7,06
$i=2$		2,16	5,62	3,40	8,83

Zum Beispiel ist für $(i,j,k) = (1,2,1)$: $n_{121} = n_{1++}n_{+2+}n_{++3}/n_{+++}^2 = 16 \times 22 \times 10/36^2 = 2,72$.

Im Beispiel zum Erziehungsverhalten der Mutter ergeben sich hier ausnahmsweise dieselben erwarteten Werte wie unter der Hypothese $A \perp\!\!\!\perp BC$, da $n_{+jk} = n_{+j+}n_{++k}$, also $B \perp\!\!\!\perp C$, ebenfalls gilt. Das bedeutet, dass die stärkere Unabhängigkeitsstruktur $A \perp\!\!\!\perp B \perp\!\!\!\perp C$ ebenso gut mit den Beobachtungen zu vereinbaren ist wie die schwächere $A \perp\!\!\!\perp BC$.

● 2.4.5 Zusammenfassung

Unabhängigkeit
Zwei Zufallsvariable sind unabhängig, wenn sich die gemeinsame Verteilung aus den beiden einfachen Verteilungen berechnen lässt. Zwei Ereignisse sind unabhängig, falls

$$\Pr(a \cap b) = \Pr(a)\Pr(b).$$

Zwei diskrete Zufallsvariable A und B mit Ausprägungen i und j und $\pi_{ij} = \Pr(A = i, B = j)$ sind unabhängig ($A \perp\!\!\!\perp B$), falls für die gemeinsame Verteilung gilt

$$\pi_{ij} = \pi_{i+}\pi_{+j} \quad \text{für alle } i, j$$

und für die bedingte Verteilung von A gegeben B

$$\pi_{i|j} = \pi_{i+} \quad \text{für alle } i, j.$$

Arten der Unabhängigkeit für drei Zufallsvariable A, B, C
Für drei Zufallsvariable A, B, C sind verschiedene Unabhängigkeitsstrukturen möglich. Sie zeigen sich in den gemeinsamen Wahrscheinlichkeiten π_{ijk} oder in den bedingten Wahrscheinlichkeiten für Variable A gegeben B, in $\pi_{i|jk}$:

- für $A \perp\!\!\!\perp C|B$ gilt: $\pi_{ijk} = \dfrac{\pi_{ij+}\pi_{+jk}}{\pi_{+j+}}$ bzw. $\pi_{i|jk} = \pi_{i|j}$

- für $A \perp\!\!\!\perp BC$ gilt: $\pi_{ijk} = \pi_{i++}\pi_{+jk}$ bzw. $\pi_{i|jk} = \pi_{i++}$

- für $A \perp\!\!\!\perp B \perp\!\!\!\perp C$ gilt: $\pi_{ijk} = \pi_{i++}\pi_{+j+}\pi_{++k}$.

Die erwarteten Anzahlen sind

- für $A \perp\!\!\!\perp C|B$: $n\pi_{ijk} = n_{ij+}n_{+jk}/n_{+j+}$
- für $A \perp\!\!\!\perp BC$: $n\pi_{ijk} = n_{i++}n_{+jk}/n_{+++}$
- für $A \perp\!\!\!\perp B \perp\!\!\!\perp C$: $n\pi_{ijk} = n_{i++}n_{+j+}n_{++k}/n_{+++}^2$.

2.5 Kennwerte für Wahrscheinlichkeitsverteilungen

Für Verteilungen von Zufallsvariablen mit numerischen Ausprägungen, die im Gegensatz zu Codes eine Bedeutung haben, gibt es ähnliche Kennwerte wie für beobachtete Verteilungen von quantitativen Merkmalen. Der Mittelwert ist der typische Wert der Verteilung, die Standardabweichung misst die Variabilität und der einfache Korrelationskoeffizient gibt die Richtung und Stärke der linearen Beziehung zu einer anderen Zufallsvariablen an.

Die Art, wie diese Kennwerte für Wahrscheinlichkeitsverteilungen zu berechnen sind, ist abhängig davon, ob die Zufallsvariable diskret oder stetig ist. Bei diskreten numerischen Zufallsvariablen berechnet man gewichtete Summen, bei stetigen Zufallsvariablen wird Summieren durch Integrieren ersetzt.

2.5.1 Kennwerte für Verteilungen diskreter Zufallsvariablen

Für eine diskrete, numerische Zufallsvariable X ist die Wahrscheinlichkeitsverteilung die Zuordnung der Wahrscheinlichkeiten $\Pr(X = x)$ zu jeder der möglichen Ausprägungen x. Die Wahrscheinlichkeiten summieren sich zu Eins, da alle möglichen Ausprägungen gemeinsam das sichere Ereignis beschreiben und jedem sicheren Ereignis die Wahrscheinlichkeit Eins zugeordnet ist.

Für eine Zufallsvariable X wird der **Mittelwert** mit μ_x und die **Standardabweichung** mit σ_x bezeichnet. Für diskrete X sind

$$\mu_x = \sum x \Pr(X = x), \qquad \sigma_x = \sqrt{\sigma_x^2}.$$

Dabei ist

$$\sigma_x^2 = \sum x^2 \Pr(X = x) - \mu_x^2$$

und wird die **Varianz** von X genannt.

Werden die Wahrscheinlichkeiten als Gewichte interpretiert, so kennzeichnet μ_x den Schwerpunkt einer Verteilung, das heißt den Wert, bei der sich eine Balkenwaage mit den Wahrscheinlichkeiten als Gewichte im Gleichgewicht befindet.

Für die folgenden beiden Verteilungen von X, geschrieben in Tabellenform, zeigt Abbildung 2.2 die Form der Verteilung und die Mittelwerte.

a)

$\Pr(X = x)$:	5/6	1/6
x:	0	1

b)

$\Pr(X = x)$:	1/8	3/8	3/8	1/8
x:	0	1	2	3

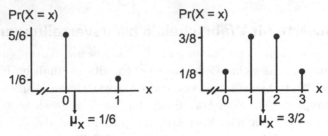

Abbildung 2.2. Verteilungen von zwei diskreten, numerischen Zufallsvariablen; links: linksgipflige Verteilung einer binären Variablen, rechts: symmetrische Verteilung.

Rechenbeispiel: Kennwerte diskreter Wahrscheinlichkeitsverteilungen

Für die Verteilung von X in Abbildung 2.2 links ist

$$\mu_x = \sum x\Pr(X = x) = 0 \times 5/6 + 1 \times 1/6 = 1/6 = 0,1\bar{6},$$

$$\sigma_x^2 = \sum x^2\Pr(X = x) - \mu^2 = 0^2 \times 5/6 + 1^2 \times 1/6 - (1/6)^2 = 5/36,$$

$$\sigma_x = \sqrt{\sigma_x^2} = \sqrt{5/36} = 0,37.$$

Für zwei Zufallsvariable X und Y wird der einfache **Korrelationskoeffizient** mit ρ_{xy} bezeichnet. Er ist die Kovarianz von X und Y, cov_{xy}, dividiert durch die Standardabweichungen von X und Y:

$$\rho_{xy} = \text{cov}_{xy}/(\sigma_x\sigma_y).$$

Für diskrete Zufallsvariable X, Y ist die **Kovarianz**

$$\text{cov}_{xy} = \sum xy\,\Pr(X = x, Y = y) - \mu_x\mu_y.$$

Rechenbeispiele: Einfacher Korrelationskoeffizient für diskrete Zufallsvariable

Beispiel 1: In der folgenden gemeinsamen Verteilung von zwei binären Variablen ist die lineare Beziehung schwach negativ, da $\rho_{xy} = -0,20$.

$\Pr(X = x, Y = y)$:

		y	
x	0	1	$\Pr(X = x)$
0	6/15	4/15	2/3
1	4/15	1/15	1/3
$\Pr(Y = y)$	2/3	1/3	

$\mu_x = \mu_y = 1/3$
$\sigma_x = \sigma_y = \sqrt{2/9}$

$$\text{cov}_{xy} = 0 \times 0 \times 6/15 + 0 \times 1 \times 4/15 + 1 \times 0 \times 4/15 + 1 \times 1 \times 1/15 - 1/9$$
$$= -2/45,$$
$$\rho_{xy} = (-2/45)/(2/9) = -0,20.$$

Beispiel 2: Die folgende Verteilung wurde in Abschnitt 2.3.2, S. 148 für ein Münzwurfexperiment definiert. Die beiden Variablen sind unkorreliert, da $\text{cov}_{xy} = 0$. Dennoch sind sie abhängig von einander, da zum Beispiel $1/8 = \Pr(X = 0, Y = 0) \neq \Pr(X = 0) \Pr(Y = 0) = 1/8 \times 2/8$.

$\Pr(X = x, Y = y)$:

x	y 0	1	2	$\Pr(X = x)$		
0	1/8	0	0	1/8		
1	0	2/8	1/8	3/8	$\mu_x = 1,5$	$\mu_y = 1$
2	0	2/8	1/8	3/8	$\sigma_x = \sqrt{3/4}$	$\sigma_y = \sqrt{1/2}$
3	1/8	0	0	1/8		
$\Pr(Y = y)$	2/8	4/8	2/8			

$$\text{cov}_{xy} = 1 \times 1 \times 2/8 + 1 \times 2 \times 1/8 + 2 \times 1 \times 2/8 + 2 \times 2 \times 1/8 - 1,5 \times 1 = 0.$$

Bei einer Korrelation von Null gibt es keine lineare Beziehung, aber dennoch können – wie im Beispiel – die beiden Zufallsvariablen abhängig sein.

Behauptung Zwei unabhängige Zufallsvariablen sind immer unkorreliert.

Beweis für diskrete Variablen mit

$$\Pr(X = x, Y = y) = \Pr(X = x) \Pr(Y = y)$$

wird

$$\sum xy \Pr(X = x, Y = y) = \sum x \Pr(X = x) \sum y \Pr(Y = y) = \mu_x \mu_y$$

und somit $\text{cov}_{xy} = 0$.

❯ 2.5.2 Kennwerte für Verteilungen stetiger Zufallsvariablen

Für stetige Zufallsvariable sind die möglichen Ergebnisse alle Werte in einem vorgegebenen Intervall. Wahrscheinlichkeiten berechnet man als Fläche unter der vorgegebenen Funktion. Als Konvention gilt für stetige Zufallsvariable $Pr(X = x) = 0$, da das Ereignis eine leere Fläche beschreibt. Die Gesamtfläche ist das sichere Ereignis.

Das folgende einfache Experiment führt zu einer stetigen Zufallsvariablen X im Intervall von 0 bis 12. Ein Uhrwerk wird aufgezogen und es wird festgehalten, wo der kleine Zeiger der Uhr stehen bleibt. Es ist dabei jedem gleich großen Intervall dieselbe Wahrscheinlichkeit zugeordnet. Zum Beispiel ist das Ereignis „der Zeiger bleibt zwischen 11 und 12 stehen" gleich wahrscheinlich, wie das Ereignis „der Zeiger bleibt zwischen 1 und 2 stehen". Außerdem ist dem Ereignis „der Zeiger bleibt im Intervall von 0 bis 12 stehen" die Wahrscheinlichkeit Eins zugeordnet, da diese Wahrscheinlichkeit das sichere Ereignis beschreibt.

Die Funktion für das Uhrzeigerbeispiel ist eine so genannte Gleichverteilung (Abbildung 2.3 links), mit

$$f(x) = \begin{cases} 1/12 & \text{für } 0 < x \leq 12 \\ 0 & \text{sonst} \end{cases}$$

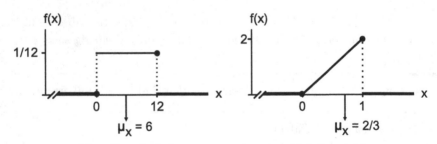

Abbildung 2.3. Verteilungsfunktionen von zwei stetigen Zufallsvariablen.

Die gesamte Fläche des Rechtecks ist $(12 - 0) \times 1/12 = 1$. Für jedes beliebige Wertepaar (c, d) im Bereich von 0 bis 12 ist die Wahrscheinlichkeit gleich der Fläche des Rechtecks mit Länge $d - c$ und Höhe $1/12$, also

$$Pr(c < X \leq d) = (d - c) \times 1/12.$$

Rechenbeispiel: Wahrscheinlichkeiten in einer Gleichverteilung

$$\Pr(X \leq 8) = (8 - 0) \times 1/12 = 2/3 = 0,667$$

$$\Pr(X > 8) = 1 - \Pr(X \leq 8) = 1/3 = 0,333$$

$$\Pr(1 < X \leq 11) = (11 - 1) \times 1/12 = 10/12 = 0,833$$

$$= \Pr(X \leq 11) - \Pr(X \leq 1)$$

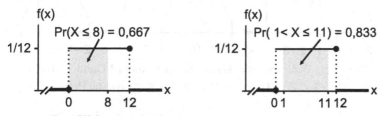

Abbildung 2.4. Zwei Wahrscheinlichkeiten in einer Gleichverteilung.

Ein weiteres einfaches Beispiel ist eine Dreiecks-Verteilung (Abbildung 2.3, rechts) im Intervall von 0 bis 1, mit

$$f(x) = \begin{cases} 2x & \text{für } 0 < x \leq 1 \\ 0 & \text{sonst} \end{cases}$$

Dem sicheren Ereignis ist wieder die Wahrscheinlichkeit Eins zugeordnet, da die Fläche des Dreiecks gleich die Hälfte von Länge mal Höhe ist, also hier $1/2 \times (1 - 0) \times 2 = 1$.

Für viele stetige Zufallsvariable können die Wahrscheinlichkeiten auch mit Integralrechnung nicht direkt berechnet werden; sie lassen sich aber mit Hilfe von Computerprogrammen beliebig genau ausrechnen. Ein Beispiel ist die Gauß-Verteilung, benannt nach Carl-Friedrich Gauß. Er leitete die Funktionsgleichung in Zusammenhang mit Fehlern bei astronomischen Beobachtungen her. Die Funktion der **Gauß-Verteilung** mit Mittelwert μ und Standardabweichung σ ist

$$f(x) = \frac{1}{\sigma\sqrt{2\pi}} \exp\left\{ -\frac{1}{2}\left(\frac{x - \mu}{\sigma}\right)^2 \right\}$$

Die Verteilung ist glockenförmig, symmetrisch um den Mittelwert und hat zwei Wendepunkte bei $-\sigma$ und $+\sigma$. Einige wenige Quantilswerte der **Standard-Gauß-Verteilung**, die mit $\mu = 0$ und $\sigma = 1$ festgelegt ist, sind in der folgenden Tabelle zusammengestellt, weitere Wahrscheinlichkeiten können aus der Tabelle in Anhang E.1, S. 357 abgelesen werden.

$\Pr(Z \le z)$:	0,841	0,900	0,950	0,975	0,977	0,990	0,995	0,999
z:	1,00	1,28	1,64	1,96	2,00	2,33	2,58	3,00

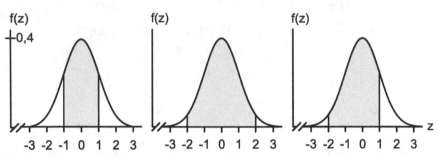

Abbildung 2.5. Drei Wahrscheinlichkeiten für die Standard-Gauß-Verteilung ($\mu = 0$, $\sigma = 1$), links: $\Pr(-1 < Z \le 1)$; Mitte: $\Pr(-2 < Z \le 2)$; rechts: $\Pr(-2 < Z \le 1)$.

Rechenbeispiele: Wahrscheinlichkeiten für die Standard-Gauß-Verteilung
Beispiel 1: Abbildung 2.5 links

$$\Pr(-1 < Z \le 1) = \Pr(Z \le 1) - \Pr(Z < -1) = 0,841 - 0,159 = 0,682$$

Dabei ist wegen der Symmetrie der Verteilung $\Pr(Z < -1) = \Pr(Z > 1) = 1 - 0,841 = 0,159$.

Beispiel 2: Abbildung 2.5 Mitte

$$\Pr(-2 < Z \le 2) = 0,977 - 0,023 = 0,954,$$

Beispiel 3: Abbildung 2.5 rechts

$$\Pr(-2 < Z \le 1) = 0,841 - 0,023 = 0,818.$$

Für das Berechnen von Mittelwert μ_x und Standardabweichung σ_x einer stetigen Zufallsvariablen X wird im Vergleich zu diskreten Zufallsvariablen das Summieren durch Integrieren ersetzt:

$$\mu_x = \int x\, f(x) dx, \quad \sigma_x = \sqrt{\sigma_x^2}.$$

Dabei ist

$$\sigma_x^2 = \int x^2\, f(x) dx - \mu_x^2$$

3.1.5 Zusammenfassung

Populationen und Stichproben

Die mit einer reinen Zufallsauswahl aus einer großen Grundgesamtheit, der Population, ausgewählten Einheiten bezeichnet man als Zufallsstichprobe vom Umfang n. Zufallsstichproben stellen sicher, dass man n identisch verteilte Zufallsvariable erhält und der zentrale Grenzwertsatz anwendbar wird.

Stichprobenverteilungen und Prüfgrößen

Schätzer und Prüfgrößen sind Zufallsvariable, die für Stichproben definiert sind. Ein Beispiel ist $\bar{X}_n = (X_1 + \ldots X_n)/n$. Für einige Prüfgrößen kennt man die Verteilungsform.

Für kleine n und Gauss-verteilte Zufallsvariable X ist der studentisierte Mittelwert

$$T_{n-1} = \frac{(\bar{X}_n - \mu_x)}{\sqrt{\hat{\sigma}_x^2/n}}$$

t-verteilt mit Parameter $(n-1)$; dabei ist $\hat{\sigma}_x^2 = \mathrm{SAQ}/(n-1)$.

Für große n und beliebig verteilte Zufallsvariable X_n sind 0-1-standardisierte Mittelwerte und studentisierte Mittelwerte

$$Z = \frac{(\bar{X}_n - \mu_x)}{\sqrt{\sigma_x^2/n}}, \qquad Z = \frac{(\bar{X}_n - \mu_x)}{\sqrt{\hat{\sigma}_x^2/n}}$$

beide annähernd **Standard-Gauss-verteilt**.

Für die Verteilung des Mittelwertes erhält man für große n mit

$$\bar{x} \pm 2\hat{\sigma}_x/\sqrt{n}, \qquad \bar{x} \pm 3\hat{\sigma}_x/\sqrt{n}$$

Bereiche, in denen etwa 95% und etwa 99% aller Mittelwerte in Stichproben vom Umfang n liegen. Man sagt zum Beispiel, mit 95% Sicherheit liegt μ_x im Bereich $\bar{x} \pm 2\hat{\sigma}_x/\sqrt{n}$. Man nennt $\bar{x}$ einen **Punktschätzwert** und den Bereich eine **Intervallschätzung** für den Mittelwert μ_x in der Grundgesamtheit.

Statistische Signifikanztests

Mit statistischen Signifikanztests entscheidet man mit Hilfe von Beobachtungen und zwei statistischen Hypothesen über eine Forschungshypothese, die die zugehörige Population betrifft. Unter der **Nullhypothese**, H_0, ist die Stichprobenverteilung einer statistischen Prüfgröße bekannt und die Forschungshypothese trifft in der Regel nicht zu.

die Varianz von X. Mittelwert und Varianz sind in Abschnitt 2.7, S. 177, für einige wichtige Arten von Verteilungen angegeben.

2.5.3 Verteilungen nach linearen Transformationen

Zufallsvariable können ebenso wie beobachtete quantitative Variable transformiert werden. Ist die Transformation linearer Art, so bleibt die Form der Verteilung erhalten und Mittelwert, Varianz und Standardabweichung in der neuen Verteilung berechnen sich einfach aus den entsprechenden Werten der Ausgangsverteilung. Dieses wichtige Ergebnis trifft sowohl für diskrete, numerische Zufallsvariable, als auch für stetige Zufallsvariable zu; nur die Art, wie die neuen Verteilungen berechnet werden, ist verschieden.

Behauptung (hier ohne Beweis)
Nach einer linearen Transformation an der Zufallsvariablen X entsteht eine neue Zufallsvariable $Y = a + bX$. Dabei bezeichnen a und b beliebige konstante Werte. Mittelwert Varianz und Standardabweichung von Y sind

$$\mu_y = a + b\mu_x, \qquad \sigma_y^2 = b^2\sigma_x, \qquad \sigma_y = |b|\sigma_x.$$

Für diskrete Zufallsvariable X und $Y = a + bX$ tritt das Ereignis $y = a + bx$ genau dann ein, wenn x zutrifft. In der Verteilung von Y ist die Wahrscheinlichkeit $\Pr(Y = y)$ den Ereignissen $a + bx$ zugeordnet.

Rechenbeispiel: Lineare Transformation einer diskreten Zufallsvariablen
Gegeben sei die binäre Zufallsvariable X mit Ausprägungen $x = -1, 1$ und $\Pr(X = -1) = 0,4$, so dass $\mu_x = 0,2$, $\sigma_x = 0,98$. Die linear transformierte Zufallsvariable Y sei $Y = 1 + 2X$.

In Tabellenform sind die beiden Verteilungen

$\Pr(X = x)$:	0,4	0,6		$\Pr(Y = y)$:	0,4	0,6
x	-1	1		y:	-1	3

Dabei sind die beiden Ausprägungen von Y die Werte $y = 1 + 2x$, berechnet für $x = -1$ und $x = 1$. Die Zufallsvariable Y nimmt zum Beispiel den Wert 3 genau dann an, wenn X den Wert 1 hat, also mit einer Wahrscheinlichkeit von 0,6.

Da $Y = 1 + 2X$ ist, sind die Konstanten in der linearen Transformation $a = 1$ und $b = 2$. Aus $\mu_x = 0,2$ und $\sigma_x = 0,98$ ergeben sich damit für Y

$$\mu_y = a + b\mu_x = 1 + 2 \times 0,2 = 1,4,$$
$$\sigma_y = |b|s_x = 2 \times 0,98 = 1,96.$$

Für stetige Zufallsvariable X und $Y = a + bX$ tritt das Ereignis $c < y \leq d$ genau dann ein, wenn für X das Ereignis $(c-a)/b < X \leq (d-a)/b$ zutrifft. Für die Verteilung von Y ändern sich damit die Bereichsgrenzen, die Fläche bleibt auf den Wert Eins normiert.

Rechenbeispiel: Lineare Transformation für eine Gleichverteilung

Für eine im Bereich von 0 bis 12 gleich-verteilte Zufallsvariable und $Y = 2 + 3X$ sind

$$f(x) = \begin{cases} 1/12 & \text{für } 0 < x \leq 12 \\ 0 & \text{sonst} \end{cases} \qquad f(y) = \begin{cases} 1/36 & \text{für } 2 < x \leq 38 \\ 0 & \text{sonst} \end{cases}$$

Für $Y = 2 + 3X$ sind die Konstanten in der linearen Transformation $a = 2$ und $b = 3$. Mit $\mu_x = 6$ und $\sigma_x = 3,46$ ergeben sich damit für Y:

$$\mu_y = 2 + 3 \times 6 = 20, \quad \sigma_y = 3 \times 3,46 = 10,38.$$

Abbildung 2.6 zeigt zwei Wahrscheinlichkeiten, die sich in den Verteilungen von X und $Y = 2 + 3X$ entsprechen.

$$\Pr(1 < X \leq 11) = \Pr(2 + 3 \times 1 < 2 + 3X \leq 2 + 3 \times 11) = \Pr(5 < Y \leq 35).$$

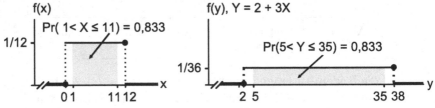

Abbildung 2.6. Wahrscheinlichkeit vor und nach linearer Transformation an einer gleich-verteilten Zufallsvariablen X.

Rechenbeispiel: Lineare Transformation einer Gauß-Verteilung
Ist Z Standard-Gauß-verteilt mit $\mu_z = 0$ und $\sigma_z = 1$, so ist $Y = Z/2$ Gauß-verteilt mit $\mu_y = 0$ und $\sigma_y = 1/2$ und zum Beispiel

$$\Pr(-2 < Z \le 1) = \Pr(-1 < Y \le 0,5) = 0,818.$$

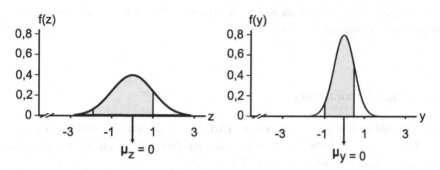

Abbildung 2.7. Wahrscheinlichkeiten vor und nach linearer Transformation einer Standard-Gauß-verteilten Zufallsvariablen Z.

Nach nichtlinearen Transformationen an X entstehen ebenfalls neue Zufallsvariable, aber es ändert sich, wie bei nichtlinearen Transformationen an beobachteten Variablen, die Form der Verteilung. Außerdem lassen sich Mittelwert und Standardabweichung in der Regel nicht mehr auf einfache Weise mit Hilfe der entsprechenden Kennwerte in der Verteilung von X angeben. Das folgende Beispiel veranschaulicht dies.

Rechenbeispiel: Nichtlineare Transformation an einer diskreten Zufallsvariablen
Die Verteilung einer Zufallsvariable X in Tabellenform vor und nach nichtlinearer Transformation $Y = 2 + X^2$:

$\Pr(X = x)$:	1/2	1/4	1/4
x	-1	0	1

$\Pr(Y = y)$:	1/4	3/4
y:	2	3

Die möglichen Ausprägungen von Y sind aus $y = 2 + x^2$ berechnet. Zum Beispiel nimmt Y den Wert 2 genau dann an, wenn X den Wert Null hat also mit Wahrscheinlichkeit $\Pr(X = 0) = 1/4$; Y nimmt den Wert 3 genau dann an, wenn X den Wert -1 oder 1 hat, also mit Wahrscheinlichkeit $1/2 + 1/4$. Die beiden Verteilungen sind in Abbildung 2.8 dargestellt.

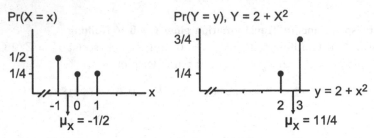

Abbildung 2.8. Verteilungen vor und nach einer nicht-linearen Transformation an der diskreten Zufallsvariablen X.

❯ 2.5.4 Zusammenfassung

Die **Verteilung einer diskreten Zufallsvariablen** X besteht aus den möglichen, sich gegenseitig ausschließenden Ausprägungen x und den zugehörigen Wahrscheinlichkeiten $Pr(X = x)$.

Mit Summieren aller Wahrscheinlichkeiten erhält man die Wahrscheinlichkeit für das sichere Ereignis

$$\sum_x Pr(X = x) = 1.$$

Jedes mögliche Ereignis ist mit einzelnen Ausprägungen x von X gekennzeichnet. Die Wahrscheinlichkeit für diese Ausprägungen eines Ereignisses ist die Summe der zugehörigen Wahrscheinlichkeiten.

Die **Verteilung einer stetigen Zufallsvariablen** X ist mit einer Funktion $f(x)$ gegeben. Die gesamte Fläche unter der Funktion gibt die Wahrscheinlichkeit für das sichere Ereignis an

$$\int f(x)dx = 1.$$

Jedes mögliche Ereignis ist durch einen Bereich gekennzeichnet. Die Wahrscheinlichkeit, dass X im Bereich von c bis d liegt, $c < d$, ist gleich der Fläche von c bis d unter $f(x)$. Als Konvention gilt $Pr(X = x) = 0$.

Lineare Transformation

Für a und b beliebige, konstante Werte definiert $Y = a + bX$ eine lineare Transformation an der Zufallsvariablen X. Die Verteilung von Y hat dieselbe Form wie die Verteilung von X. Mittelwert, Varianz und Standardabweichung ändern sich zu

$$\mu_y = a + b\mu_x, \qquad \sigma_y^2 = b^2\sigma_x, \qquad \sigma_y = |b|\sigma_x.$$

Kennwerte der Verteilungen von Zufallsvariablen und von beobachteten Variablen

	Verteilungen von		
Kennwert	Zufallsvariablen		beobachteten Variablen
Mittelwert	$\mu_x = \sum x Pr(X = x)$	X diskret	$\bar{x} = (\sum x_l)/n$
	$\mu_x = \int x f(x) dx$	X stetig	
Standard-abweichung	$\sigma_x = \sqrt{\sigma_x^2}$		$s_x = \sqrt{\mathrm{SAQ}_x/(n-1)}$
	$\sigma_x^2 = \sum x^2 Pr(X = x) - \mu_x^2$	X diskret	$\mathrm{SAQ}_x = \sum x_l^2 - n\bar{x}^2$
	$\sigma_x^2 = \int x^2 f(x) dx - \mu_x^2$	X stetig	
Korrelation	$\rho_{xy} = \dfrac{\mathrm{cov}_{xy}}{\sigma_x \sigma_y}$		$r_{xy} = \dfrac{\mathrm{SAP}_{xy}}{(n-1)s_x s_y}$
mit	$\mathrm{cov}_{xy} = \sum xy Pr(X = x, Y = y) - \mu_x \mu_y$	X, Y diskret	$\mathrm{SAP}_{xy} = \sum x_l y_l - n\bar{x}\bar{y}$

2.6 Summen von Zufallsvariablen

Aus gemeinsamen Verteilungen von Zufallsvariablen lassen sich die Verteilungen weiterer Zufallsvariablen herleiten. Von besonderer Bedeutung sind Summen von Zufallsvariablen.

Behauptung Sind Y und X beliebige Zufallsvariable mit einer bekannten gemeinsamen Verteilung, so hat die Summe $S = Y + X$ der beiden Variablen den Mittelwert und die Varianz

$$\mu_s = \mu_y + \mu_x,$$

$$\sigma_s^2 = \sigma_y^2 + \sigma_x^2 + 2\mathrm{cov}_{yx}.$$

Beweis Für zwei diskrete Zufallsvariable

$$\mu_s = \sum_{y,x}(y+x)\Pr(Y=y, X=x)$$
$$= \sum_y y \sum_x \Pr(Y=y, X=x) + \sum_x x \sum_y \Pr(Y=y, X=x)$$
$$= \sum_y y\Pr(Y=y) + \sum_x x\Pr(X=x) = \mu_y + \mu_x$$

$$\sigma_s^2 = \sum_{y,x}(y+x)^2\Pr(Y=y, X=x) - (\mu_y + \mu_x)^2$$
$$= \sum_y y^2\Pr(Y=y) + \sum_x x^2 \Pr(X=x) + 2\sum_{y,x} yx \Pr(Y=y, X=x)$$
$$- (\mu_y^2 + \mu_x^2 + 2\mu_y\mu_x) = \sigma_y^2 + \sigma_x^2 + 2\mathrm{cov}_{yx}$$

Rechenbeispiel: Summe von zwei diskreten Zufallsvariablen

Für die folgende gemeinsame Verteilung von Y mit Werten $y = 1, 2$ und X mit Werten $x = 1, 2$

$\Pr(Y=y, X=x)$				$s = y + x$		
	x				x	
y	1	2	$\Pr(Y=y)$	y	1	2
1	6/15	4/15	2/3	1	2	3
2	4/15	1/15	1/3	2	3	4
$\Pr(X=x)$	2/3	1/3				

hat die Summe $S = Y + X$ die möglichen Werte $s = 2, 3, 4$.

Die Verteilung der Summe erhält man mit den Wahrscheinlichkeiten der zugehörigen Ereignisse in der gemeinsamen Verteilung von Y und X

$\Pr(S=s)$:	6/15	8/15	1/15
s:	2	3	4

Aus

$$\mu_x = \mu_y = 4/3 \qquad \sigma_x = \sigma_y = \sqrt{2/9} \qquad \text{cov}_{xy} = -2/45 \qquad \rho_{xy} = -0,20$$

ergeben sich Mittelwert, Varianz und Standardabweichung der Summe

$$\mu_s = \mu_y + \mu_x = 8/3 = 2,6\bar{6},$$
$$\sigma_s^2 = \sigma_y^2 + \sigma_x^2 + 2\text{cov}_{xy} = 2/9 + 2/9 - 4/45 = 16/45,$$
$$\sigma_s = \sqrt{16/45} = 0,60.$$

2.6.1 Summen abhängiger Zufallsvariablen

Summen von symmetrisch verteilten Zufallsvariablen X und Y können unsymmetrische Verteilungen ergeben, wenn X und Y stark zusammenhängen. Als Beispiel eignet sich die Verteilung aus Abschnitt 2.5.1, S. 161:

$\Pr(X = x, Y = y)$						$x + y$			
	y						y		
x	0	1	2	$\Pr(X = x)$		x	0	1	2
0	1/8	0	0	1/8		0	0	1	2
1	0	2/8	1/8	3/8		1	1	2	3
2	0	2/8	1/8	3/8		2	2	3	4
3	1/8	0	0	1/8		3	3	4	5
$P(Y = y)$	2/8	4/8	2/8						

Nach Addieren der für s relevanten gemeinsamen Wahrscheinlichkeiten ergibt sich die Verteilung der einfachen Summe $S = X + Y$ in Tabellenform als

$\Pr(S = s)$:	1/8	0	2/8	4/8	1/8	0
s:	0	1	2	3	4	5

Das Ereignis $s = 3$ tritt zum Beispiel genau dann ein, wenn eine der Kombinationen $(x, y) = (1, 2)$ oder $(x, y) = (2, 1)$ oder $(x, y) = (3, 0)$ zutrifft, also mit Wahrscheinlichkeit $1/8 + 2/8 + 1/8 = 4/8$. Abbildung 2.9 zeigt die beiden symmetrischen Verteilungen von X und Y und die asymmetrische Verteilung ihrer Summe $S = X + Y$.

Sind dagegen X und Y symmetrische, unabhängige Variablen, so bleibt auch die Verteilung ihrer Summe symmetrisch. Beispiele dazu folgen im nächsten Abschnitt.

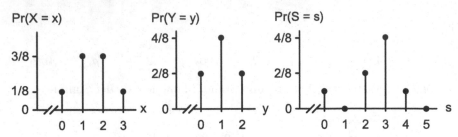

Abbildung 2.9. Verteilungen der abhängigen Variablen X und Y, sowie die Verteilung ihrer Summe $S = X + Y$.

❯ 2.6.2 Summen unabhängiger Zufallsvariablen

Man nennt Variable **identisch verteilt**, wenn sie dieselbe Verteilung haben, gleichgültig welcher Form. Angenommen man hat einen fairen Würfel, der auf jeweils gegenüber liegenden Seiten die gleiche Augenzahl hat, und zwar 1, 3 und 5. Damit ist die geworfene Augenzahl X eine Zufallsvariable mit Mittelwert $\mu_x = 3$ und Standardabweichung $\sigma_x = 1,63$. Bei zweimaligem Werfen erhält man für die geworfenen Augenzahlen zwei unabhängige, identisch verteilte Zufallsvariablen X_1 und X_2. Die gemeinsame Verteilung dieser beiden Variablen ist

$$\Pr(X_1 = x_1, X_2 = x_2) = 1/9$$

für jedes der möglichen Augenpaare (x_1, x_2). In Tabellenform geschrieben sind

$\Pr(X_1 = x_1, X_2 = x_2)$					$s_2 = x_1 + x_2$			
	x_2					x_2		
x_1	1	3	5	$\Pr(X_1 = x_1)$	x_1	1	3	5
1	1/9	1/9	1/9	1/3	1	2	4	6
3	1/9	1/9	1/9	1/3	3	4	6	8
5	1/9	1/9	1/9	1/3	5	6	8	10
$\Pr(X_2 = x_2)$	1/3	1/3	1/3					

Die Summe dieser beiden identisch verteilten Zufallsvariablen $S_2 = X_1 + X_2$ hat somit fünf mögliche Werte $s_2 = x_1 + x_2$. Die zugehörigen Wahrscheinlichkeiten findet man mit den Wahrscheinlichkeiten der zugehörigen Ereignisse in der gemeinsamen Verteilung von X_1, X_2.

Die Verteilung von S_2 ist

$\Pr(S_2 = s_2)$:	1/9	2/9	3/9	2/9	1/9
s_2:	2	4	6	8	10

Das Ergebnis in einem dritten Wurf desselben Würfels ist unabhängig davon, was sich in den beiden ersten Würfen ergab. Also ist X_3 unabhängig von S_2 und die gemeinsame Verteilung von X_3 und S_2 ist vollständig durch die Randverteilungen von X_3 und S_2 festgelegt.

$$\Pr(X_3 = x_3, S_2 = s_2) = \Pr(X_3 = x_3)\Pr(S_2 = s_2)$$

			s_2			
x_3	2	4	6	8	10	$\Pr(X_3 = x_3)$
1	1/27	2/27	3/27	2/27	1/27	1/3
3	1/27	2/27	3/27	2/27	1/27	1/3
5	1/27	2/27	3/27	2/27	1/27	1/3
$\Pr(S_2 = s_2)$	1/9	2/9	3/9	2/9	1/9	

Die Summe der drei unabhängigen, identisch verteilten Zufallsvariablen, Augenzahl beim ersten, zweiten und dritten Werfen des Würfels, ist

$$S_3 = (X_1 + X_2) + X_3 = S_2 + X_3.$$

Es gibt sieben mögliche Werte $s_3 = s_2 + x_3$ von S_3; die zugehörigen Wahrscheinlichkeiten findet man wieder durch Addieren der zugehörigen Wahrscheinlichkeiten in der gemeinsamen Verteilung. So ergibt sich als symmetrische Verteilung der Summe S_3

$\Pr(S_3 = s_3)$:	1/27	3/27	6/27	7/27	6/27	3/27	1/27
s_3:	3	5	7	9	11	13	15

Die Verteilungen von $S_1 = X_1$, S_2 und S_3 sind in Abbildung 2.10 dargestellt. Sie veranschaulichen, dass eine Summe mit nur drei Summanden bereits annähernd glockenförmig verteilt ist, sofern die unabhängigen, identisch verteilten Zufallsvariablen selbst symmetrisch verteilt sind.

In Abbildung 2.11 sind dagegen zwei deutlich linksgipflige Verteilungen dargestellt, eine Binomialverteilung und eine hypergeometrische Verteilung. Für beide Verteilungen ist die Erfolgswahrscheinlichkeit beim ersten Ziehen $p = 0,1$. Gezogen wird jeweils $n = 6$ mal.

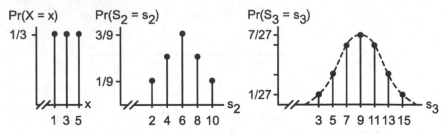

Abbildung 2.10. Verteilungen der Summen von zwei und von drei identisch verteilten Zufallsvariablen.

Die Anzahl der Erfolge in der Binomialverteilung in Abbildung 2.11 links ist die Summe von $n = 6$ unabhängig und identisch verteilten 0-1 Variablen.

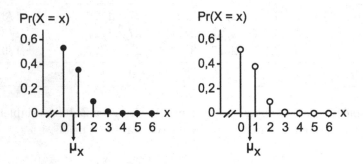

Abbildung 2.11. Binomialverteilung (links) und hypergeometrische Verteilung (rechts) bei sechsmaligem Ziehen ($n = 6$) und Wahrscheinlichkeit $p = 0,1$ für Erfolg beim ersten Ziehen.

Die Anzahl der Erfolge in der hypergeometrischen Verteilung in Abbildung 2.11 rechts ist die Summe der $n = 6$ abhängigen 0-1 Variablen. Je größer n wird, desto weniger wirkt sich das Zurücklegen auf die Erfolgswahrscheinlichkeit beim nächsten Ziehen aus und desto schwächer wird die Abhängigkeit der 0-1 Variablen.

Abbildung 2.12 zeigt beide Verteilungen wieder für $p = 0,1$, aber für $n = 60$ (links) und für $n = 600$ (rechts). Für $n = 60$ unterscheiden sich die Verteilungen wenig, sind aber noch deutlich linksgipflig; für $n = 600$ sind sie beide fast glockenförmig und symmetrisch.

Abbildung 2.13 zeigt ein ähnliches Verhalten für Summen von unabhängigen, stetigen Variablen, deren identische Verteilung extrem linksgipflig ist. Diese Verteilung ist eine so genannte Chi-Quadrat (χ^2) Verteilung (siehe Abschnitt 2.7).

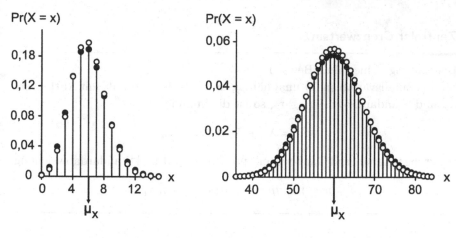

Abbildung 2.12. Binomialverteilung und hypergeometrische Verteilung für $n = 60$ und $p = 0,1$ (links) und für $n = 600$ und $p = 0,1$ (rechts).

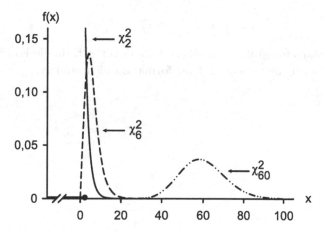

Abbildung 2.13. Die Form von Verteilungen der Summen von 2, 6 und 60 χ^2-verteilten Zufallsvariablen.

Die Summe von nur zwei solcher Variablen ist noch extrem linksgipflig, die Summe von 6 dieser Variablen ist ebenfalls noch deutlich linksgipflig, aber die Summe von 60 dieser Variablen ist annähernd glockenförmig verteilt.

Diese Beispiele veranschaulichen ein allgemeines Ergebnis, das wegen seiner Bedeutung in der mathematischen Statistik **der zentrale Grenzwertsatz** genannt wird. Er betrifft die Verteilung von Summen und Mittelwerten.

Zentraler Grenzwertsatz

Behauptung   (hier ohne Beweis)
Sind n Zufallsvariablen X_l unabhängig und identisch verteilt mit Mittelwert μ_x und Standardabweichung σ_x, so ist die Summe

$$S_n = X_1 + X_2 + \ldots + X_n$$

für große n annähernd Gauß-verteilt mit Mittelwert und Standardabweichung

$$\mu(s_n) = n\mu_x, \qquad \sigma(s_n) = \sqrt{n}\,\sigma_x.$$

Der Mittelwert

$$\bar{X}_n = (X_1 + \ldots + X_n)/n = S_n/n$$

hat

$$\mu(\bar{x}) = \mu_x, \qquad \sigma(\bar{x}) = \sigma_x/\sqrt{n},$$

und ist ebenfalls für große n annähernd Gauß-verteilt, da die Form der Verteilung sich nach einer linearen Transformation nicht ändert.

2.7 Einige Verteilungsfamilien

Verteilungsfamilien von Zufallsvariablen kennzeichnen mehrere Verteilungen, die mit derselben Art von Zufallsexperiment entstehen oder durch dieselbe Art von Transformation an Zufallsvariablen erzeugt werden. Jede Familie hat einen oder mehrere Kennwerte, die ihre **Parameter** genannt werden und mit deren Hilfe sich zum Beispiel Mittelwert, Standardabweichung oder Varianz angeben lassen. Für jedes Mitglied einer Verteilungsfamilie sind die Werte der Parameter festgelegt, so dass man eine bestimmte Verteilung erhält und dafür zugehörige Wahrscheinlichkeiten berechnen kann.

Für einige Verteilungsfamilien diskreter Zufallsvariablen führen die Ergebnisse über Summen von Zufallsvariablen zu einfachen Erklärungen für Mittelwert und Standardabweichung.

Bernoulli-Verteilung mit Parameter p

Die Variable Y ist Bernoulli-verteilt, wenn sie zwei mögliche Ausprägungen hat, den Erfolg $y = 1$, und den Misserfolg $y = 0$, mit zugehörigen Wahrscheinlichkeiten $\Pr(Y = 1) = p$, $\Pr(Y = 0) = 1 - p$.

Die Familie der Bernoulli-Verteilungen hat

$$\text{Mittelwert } \mu = p \text{ und Varianz } \sigma^2 = p(1 - p).$$

Beweis

$$\mu = \sum y \Pr(Y = y) = 1 \times p + 0 \times (1 - p) = p,$$
$$\sigma^2 = \sum y^2 \Pr(Y = y) - \mu^2 = 1^2 \times p + 0^2 \times (1 - p) - p^2 = p(1 - p).$$

Rechenbeispiel: Kennwerte einer Bernoulli-Verteilung (S. 159, Beispiel a) fortgesetzt)
Für $p = \Pr(Y = 1) = 1/6$ und $\Pr(Y = 0) = 5/6$ erhält man

$$\mu = p = 1/6, \qquad \sigma^2 = p(1 - p) = (1/6)\left[1 - (1/6)\right] = 5/36.$$

Binomial-Verteilung mit Parametern n und p

Die Binomialverteilung ist die Verteilung der Summe von n unabhängigen identisch Bernoulli-verteilten Zufallsvariablen Y_n, von denen jede die Erfolgswahrscheinlicheit p hat. Die Familie der Binomialverteilungen hat

$$\text{Mittelwert } \mu = np \text{ und Varianz } \sigma^2 = np(1 - p).$$

Beweis Die Summe von Zufallsvariablen hat als Mittelwert die Summe der Mittelwerte, daher ist

$$\mu = p + \ldots + p = np.$$

Die Varianz einer Summe von unabhängigen Zufallsvariablen ist die Summe der Varianzen, daher ist

$$\sigma^2 = p(1-p) + \ldots p(1-p) = np(1-p).$$

Rechenbeispiel: Kennwerte von Binomial-Verteilungen

Beispiel 1 (S. 146 fortgesetzt, Ziehen mit Zurücklegen). Für $n = 3$ und $p = 3/8$ sind

$$\mu = 9/8 \text{ und } \sigma^2 = 45/8.$$

Beispiel 2 (S. 159, Beispiel b) fortgesetzt). Für $n = 3$ und $p = 1/2$ sind

$$\mu = 3/2 \text{ und } \sigma^2 = 3/4.$$

Laplace-Verteilung mit Parameter n

Die Variable Y ist Laplace-verteilt, wenn es n mögliche Ausprägungen gibt, von denen jede gleich wahrscheinlich ist. Für Ausprägungen $l = 1, \ldots, n$ hat diese Familie

Mittelwert $\mu = (n+1)/2$ und Varianz $\sigma^2 = (n^2 - 1)/12$.

Beweis siehe Anhang D.5

Rechenbeispiel: Linear transformierte Laplace-Verteilung

Hat die Laplace-verteilte Zufallsvariable X die möglichen Ausprägungen 1, 2, 3, so ist $\Pr(X = l) = 1/3$ und

$$\mu_x = (n+1)/2 = 2, \qquad \sigma_x^2 = (n^2 - 1)/12 = 0,6\bar{6}, \qquad \sigma_x = 0,817.$$

Die Zufallsvariable $Y = -1 + 2X$ hat dann die möglichen Ausprägungen 1, 3, 5 und damit dieselbe Verteilung wie ein fairer Würfel mit den Augenzahlen 1, 3, 5 auf den jeweils gegenüberliegenden Seiten (siehe S. 172), mit

$$\mu_y = (-1) + 2\mu_x = 3, \qquad \sigma_y = 2\sigma_x = 0,163.$$

Für vier Verteilungsfamilien stetiger Zufallsvariablen sind hier die Ergebnisse ohne Beweise zusammen gestellt.

Gauß-Verteilung mit Parametern μ und σ^2

Die Parameter einer Gauß-Verteilung sind der Mittelwert μ und die Varianz σ^2. Eine Gauß-Verteilung mit $\mu = n/2$ und $\sigma^2 = n/4$ entsteht als Summe von n unabhängigen, identisch Bernoulli-verteilten Zufallsvariablen mit Erfolgs-wahrscheinlichkeit $p = 0,5$. Je größer n, desto weniger sind die Verteilungen der diskreten und der stetigen Zufallsvariablen zu unterscheiden.

Hat Z eine Standard-Gauß-Verteilung mit $\mu_z = 0$ und $\sigma_z = 1$, so entsteht mit der linearen Transformation $X = \mu + \sigma Z$ eine Gauß-Verteilung mit Mittelwert μ und Varianz σ^2. Mit der Transformation $(X - \mu)/\sigma = Z$ erhält man eine Standard-Gauß-Verteilung.

χ^2-Verteilung mit Parameter k

Die Summe der Quadrate von k unabhängigen, identisch Standard-Gauß-verteilten Variablen ist χ^2-verteilt mit Parameter k

$$\chi_k^2 = Z_1^2 + Z_2^2 + \ldots + Z_k^2.$$

Die Familie hat als

Mittelwert $\mu = k$ und Varianz $\sigma^2 = 2k$.

Die Verteilung ist für kleine Anzahlen k extrem linksgipflig, aber ab $k = 60$ annähernd Gauß-verteilt (siehe Abbildung 2.13, S. 175).

t-Verteilung mit Parameter k

Der Quotient T von zwei unabhängigen Variablen einer Standard-Gauß-verteilten Variable Z im Zähler und der Variablen $\sqrt{\chi_k^2/k}$ im Nenner, hat eine t-Verteilung mit Parameter k:

$$T_k = \frac{Z}{\sqrt{\chi^2/k}}.$$

Die Familie hat

Mittelwert $\mu = 0$ und Varianz $\sigma^2 = k/(k-2)$ für $k > 2$.

Die Verteilung ist symmetrisch und ab $k = 30$ praktisch nicht von der Standard-Gauß-Verteilung zu unterscheiden.

F-Verteilung mit Parametern k und l

Der Quotient aus zwei unabhängigen χ^2-verteilten Variablen χ_k^2 und χ_l^2, jede dividiert durch ihre Parameter, ist F-verteilt mit Parametern k und l:

$$F_{k,l} = \frac{\chi_k^2}{k} \Big/ \frac{\chi_l^2}{l}.$$

Die Familie hat für $l > 4$

$$\text{Mittelwert } \mu = l/(l-2),$$

$$\text{Varianz } \sigma^2 = 2l^2 (k+l-2)/\left\{ k (l-4)(l-2)^2 \right\}.$$

Für kleine Werte von k ist die Verteilung linksgipflig, gleichgültig, wie groß l wird. Nähern sich dagegen k an l an und werden groß, so wird die Verteilung symmetrisch.

❷ 2.7.1 Zusammenfassung

Summe zweier Zufallsvariablen

Sind Y und X beliebige Zufallsvariable mit bekannten Verteilungen, Mittelwerten μ_y, μ_x, Standardabweichungen σ_y, σ_x, sowie Kovarianz cov_{xy}, dann gilt, die Summe $S = Y + X$ hat Mittelwert und Standardabweichung

$$\mu_s = \mu_y + \mu_x, \qquad \sigma_s^2 = \sigma_y^2 + \sigma_x^2 + 2\text{cov}_{yx}.$$

Eine **hypergeometrisch** verteilte Zufallsvariable ist die Summe von n abhängigen binären Variablen. Je größer n wird, desto mehr nähert sie sich der Binomialverteilung.

Eine **binomialverteilte** Zufallsvariable ist die Summe von n unabhängigen binären Variablen. Für große n nähern sich Binomialverteilungen einer Gauß-Verteilung an.

Summe und Mittelwert aus n unabhängigen Variablen

Für n identisch verteilte und unabhängige Zufallsvariable X_l hat die Summe $S_n = X_1 + \ldots + X_n$ als Mittelwert und Standardabweichung

$$\mu(s_n) = n\mu_x, \qquad \sigma(s_n) = \sqrt{n}\,\sigma_x,$$

und $\bar{X}_n = (X_1 + \ldots + X_n)/n = S_n/n$ hat

$$\mu(\bar{x}) = \mu_x, \qquad \sigma(\bar{x}) = \sigma_x/\sqrt{n}.$$

Für große n sind S_n und $\bar{X}_n = S_n/n$ annähernd Gauß-verteilt, gleichgültig, welche Form die Verteilung von X_l hat. Dieses wichtige Ergebnis wird als der **zentrale Grenzwertsatz** bezeichnet. Er begründet die Sonderstellung der Gauß-Verteilung in der Statistik.

Verteilungsfamilien

Verteilungsfamilien stammen aus vergleichbaren Zufallsexperimenten. Mit Hilfe von Parametern kann man Mittelwerte und Varianzen für die Familien angeben.

Verteilungsfamilie	Parameter	Mittelwert	Varianz
Bernoulli	p	p	$p(1-p)$
Binomial	n, p	np	$np(1-p)$
Laplace	n	$(n+1)/2$	$(n^2-1)/12$
Gauß	μ, σ^2	μ	σ^2
χ^2	k	k	$2k$
t	k	0	$k/(k-2)$
F	k, l	$l/(l-2)$	$\dfrac{2l^2(k+l-2)}{k(l-4)(l-2)^2}$

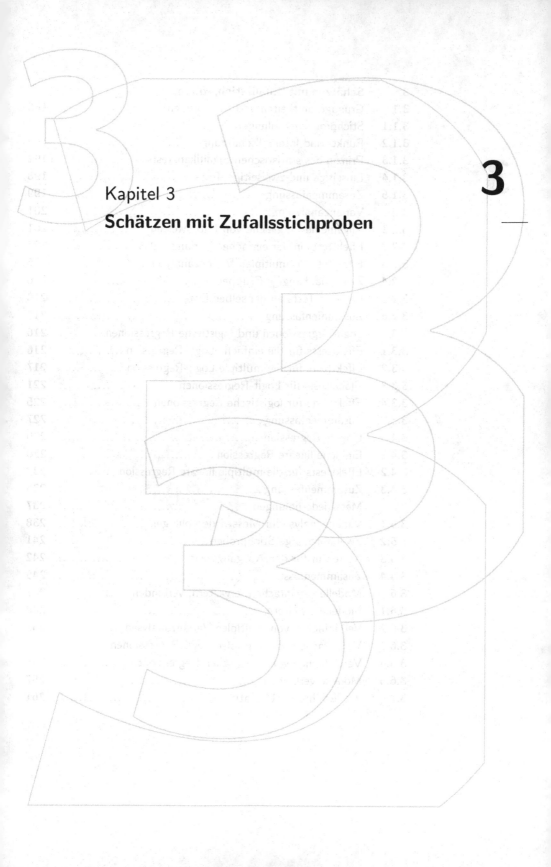

Kapitel 3

Schätzen mit Zufallsstichproben

3

3 Schätzen mit Zufallsstichproben

3 Schätzen mit Zufallsstichproben

3.1 Grundgesamtheiten und Stichproben

Verteilungen von beobachteten Variablen und von Zufallsvariablen wurden bisher getrennt betrachtet. Nun wird die Verbindung hergestellt. Ziel ist es, Kriterien dafür zu erhalten, ob und wie gut sich die beobachteten Ergebnisse für eine meist kleine Gruppe von Personen auf zugehörige größere Gesamtheiten verallgemeinern lassen. Man nennt diese **Grundgesamtheiten** oder **Populationen**.

Jede beobachtete Gruppe von Personen ist nur eine von vielen möglichen, die man aus einer Population hätte auswählen können. Man muss daher erwarten, in jeder Studie zu etwas anderen Ergebnissen zu kommen, je nachdem, welche Personen für die Studie ausgewählt werden.

Wie stark solche Auswirkungen sind, zeigen wir an einem Beispiel. Eine Gruppe von $N = 781$ an Kinderlähmung erkrankten Patienten soll eine Grundgesamtheit darstellen [8], über die man mit Hilfe einer kleinen Gruppe von $n = 49$ Patienten abschätzen möchte, was das typische Erkrankungsalter für Kinderlähmung ist. Damit man sehen kann, wie variabel die Ergebnisse sein können, wurden 100 mal $n = 49$ Personen per Los aus der Population mit $N = 781$ Patienten ausgewählt, so dass man 100 **Zufallsstichproben** vom Umfang $n = 49$ erhält. In jeder dieser 100 Wiederholungen wurde für 49 Personen das mittlere Alter zum Zeitpunkt der Erkrankung berechnet. Abbildung 3.1. zeigt die Verteilung des Erkrankungsalters in der Population und die Verteilung des mittleren Alters in den 100 Stichproben.

Die berechneten 100 Mittelwerte liegen in diesem Beispiel zwischen 10 und 18 Jahren. Der tatsächliche Mittelwert des Erkrankungsalters in der Population beträgt 14 Jahre. Obwohl die Verteilung des Alters in der Grundgesamtheit deutlich linksgipflig ist, ist die Verteilung der beobachteten Mittelwerte annähernd glockenförmig. Der zentrale Grenzwertsatz wirkt in diesem Beispiel also bereits für $n = 49$. Abbildung 3.2 zeigt, dass dagegen Stichproben vom Umfang $n = 4$ oder $n = 9$ noch nicht zu Verteilungen führen, die annähernd glockenförmig sind.

Die theoretisch erwartete Standardabweichung eines Mittelwerts $\bar{X}_n = S_n/n$ ist $\sigma(\bar{x}_n) = \sigma_x/\sqrt{n}$. Mit der Standardabweichung von $\sigma = 10,6$ Monaten in

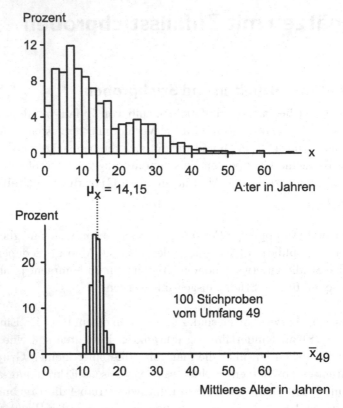

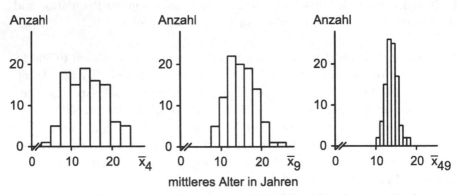

Abbildung 3.1. Oben: Verteilung des Alters von 781 Personen bei Erkrankung an Kinderlähmung. Unten: Verteilung von 100 Mittelwerten in Zufallsstichproben vom Umfang $n = 49$.

Abbildung 3.2. Mittelwertsverteilungen in je 100 Zufallsstichproben vom Umfang $n = 4$ (links), vom Umfang $n = 9$ (Mitte) und vom Umfang $n = 49$ (rechts) aus der Verteilung mit 781 Personen in Abbildung 3.1.

der Grundgesamtheit sind daher in diesem Beispiel mit einem Stichprobenumfang von $n = 4$ beziehungsweise $n = 49$

$$\sigma(\bar{x}_4) = \frac{10,6}{2} = 5,3, \qquad \sigma(\bar{x}_{49}) = \frac{10,6}{7} = 1,5.$$

Je größer also n, desto besser sind die Chancen, einen beobachteten Mittelwert zu erhalten, der nahe an dem Mittelwert in der Population ist.

Die Art der Auswahl der n Personen spielt eine wichtige Rolle dafür, wie gut solche theoretischen Ergebnisse zutreffen. Man spricht von einer reinen **Zufallsauswahl**, wenn jede Einheit in der Population dieselbe Chance erhält, in die Stichprobe zu kommen, das heißt in eine Studie mit n Einheiten aufgenommen zu werden. Ist N der bekannte Umfang einer Population, so erhält man eine reine Zufallsauswahl von $n < N$ zum Beispiel durch das Ziehen von n Losen, die von 1 bis N nummeriert sind, oder mit Hilfe eines Computerprogramms, das n Zufallszahlen von 1 bis N generiert.

Man stellt durch diese Art der Auswahl sicher, dass man für ein Merkmal X, genau n unabhängige, identisch verteilte Zufallsvariablen X_l, mit $l = 1, \ldots n$, erhält. Die Ausprägungen der Variablen X_l hängen davon ab, welche Person aus der Population in die Stichprobe aufgenommen ist.

Oft ist der genaue Umfang einer Population nicht bekannt. Dann gibt es nur eine **hypothetische Population**, die man sich zwar vorstellen kann, für die man aber keine Kennwerte berechnen kann. Stattdessen will man sie oft mit Hilfe von Stichproben schätzen.

3.1.1 Stichprobenverteilungen
Sind die Variablen $X_1, \ldots, X_n$ für Stichproben mit reiner Zufallsauswahl definiert, so sind sie unabhängig und identisch verteilt. Jede Variable X_l hat insbesondere denselben Mittelwert μ_x und dieselbe Standardabweichung σ_x. Unter diesen Annahmen hat die Zufallsvariable $\bar{X}_n = (X_1 + \ldots + X_n)/n$ denselben Mittelwert, μ_x, wie jedes X_l, aber mit $\sigma(\bar{x}) = \sigma_x/\sqrt{n}$ eine kleinere Variabilität:

$$\mu(\bar{x}) = (\mu_x + \ldots + \mu_x)/n = \mu_x,$$
$$\sigma^2(\bar{x}) = (\sigma_x^2 + \ldots + \sigma_x^2)/n^2 = \sigma_x^2/n.$$

Aufgrund des zentralen Grenzwertsatzes kennt man die Verteilungen von verschiedenen Variablen, die für Zufallsstichproben definiert sind. Sie werden **Stichprobenverteilungen** genannt. Zwei dieser Verteilungen betreffen $\bar{X}$.

Für **kleine** n und Gauß-verteilte Zufallsvariable X_l ist die Stichprobenverteilung des **studentisierten Mittelwertes** T_{n-1} eine t-Verteilung mit Parameter $(n-1)$:

$$T_{n-1} = \frac{(\bar{X}_n - \mu_x)}{\sqrt{\hat{\sigma}_x^2/n}}.$$

Für **große** n sind die Stichprobenverteilungen des 0-1- standardisierten Mittelwerts und des studentisierten Mittelwerts

$$Z = \frac{(\bar{X}_n - \mu_x)}{\sqrt{\sigma_x^2/n}}, \qquad Z = \frac{(\bar{X}_n - \mu_x)}{\sqrt{\hat{\sigma}_x^2/n}}$$

beide annähernd eine Standard-Gauß-Verteilung. Die Gauß-Verteilung entsteht, gleichgültig ob die Varianz σ_x^2 bekannt ist, oder ob sie mit $\hat{\sigma}_x^2 = \mathrm{SAQ}_x/(n-1)$ geschätzt wird.

Für kleine n und unbekannte Verteilungsform von X_l ist die Stichprobenverteilung des Mittelwerts $\bar{X}_n$ und des standardisierten Mittelwerts nicht bekannt.

Die für Stichproben definierten Zufallsvariablen werden auch **Schätzer** genannt. Entsteht ein Schätzer aus Summen und kennt man den Mittelwert und die Standardabweichung des Schätzers, so folgt aus dem zentralen Grenzwertsatz, dass der **studentisierte Schätzer**

$$Z = \frac{\text{Schätzer - Mittelwert des Schätzers}}{\text{geschätzte Standardabweichung des Schätzers}}$$

für große n annähernd eine Standard-Gauß Verteilung hat. Einer der möglichen Werte z von Z ist der in einer Stichprobe berechnete Wert. Aus der Tabelle auf S. 357 weiß man zum Beispiel, dass für $z = 2$ und $z = 3$ gilt:

$$\Pr(Z \geq 2) = \Pr(Z \leq -2) = 0,023, \qquad \Pr(|Z| \geq 2) = 0,046,$$
$$\Pr(Z \geq 3) = \Pr(Z \leq -3) = 0,001, \qquad \Pr(|Z| \geq 3) = 0,002.$$

Der Unterschied zwischen der Gauß-Verteilung einer Zufallsvariablen X selbst und der Gauß-Verteilung eines Schätzers veranschaulichen wir nun anhand der Stichprobenverteilung der Zufallsvariablen $\bar{X}_9$, die als Mittelwert der Zufallsvariablen $X_1, \ldots X_9$ definiert ist.

X sei ein bestimmter Gauß-verteilter Leistungstest, für den man weiß, dass er Mittelwert $\mu_x = 100$ und Standardabweichung $\sigma_x = 15$ hat, weil er in einem Normkollektiv auf diese Werte normiert wurde. Dann weiß man auch, dass 36,9% aller Personen einen Score von 95 oder kleiner erreichen:

$$\Pr(X \leq 95) = \Pr\left(Z \leq \frac{95-100}{15}\right) = \Pr(Z \leq -0,33) = 0,369.$$

In einer Zufallsstichprobe vom Umfang $n = 9$ hat dann $\bar{X}_9 = (X_1 + \ldots X_n)/9$ denselben Mittelwert, $\mu(\bar{x}) = 100$, und die Standardabweichung $\sigma(\bar{x}) = \sigma_x/\sqrt{9} = 5$ (siehe Abbildung 3.3). Somit wird

$$\Pr(\bar{X} \leq 95) = \Pr\left(Z \leq \frac{95-100}{15/3}\right) = \Pr(Z < -1) = 0,159$$

Der wichtige Unterschied in den Verteilungen von X und von $\bar{X}$ ist die unterschiedliche Variabilität. Je größer n wird, desto stärker sind beobachtete Mittelwerte $\bar{x}_n$ in Stichproben vom Umfang n um den Mittelwert μ_x in der Grundgesamtheit zentriert.

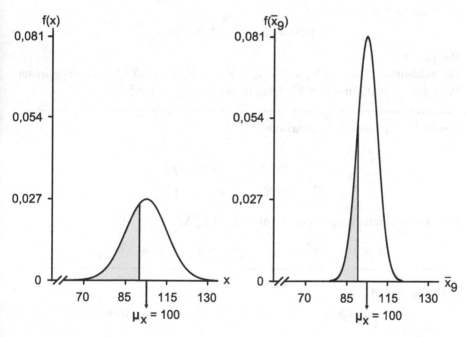

Abbildung 3.3. Links: Gauß-Verteilung von X mit $\mu_x = 100$ und $\sigma_x = 15$, so dass $\Pr(X \leq 95) = 0,369$; rechts: die zugehörige Mittelwertsverteilung in Stichproben vom Umfang $n = 9$ mit $\mu_x = 100$ und mit $\sigma_{\bar{x}} = 5$, so dass $\Pr(\bar{X}_9 \leq 95) = 0,159$.

Der zentrale Grenzwertsatz erklärt die besondere Bedeutung der Gauß-Verteilung in der Statistik: auch wenn eine Variable selbst keine glockenförmige

Verteilungsform hat, so haben dennoch die Summe S_n und der Mittelwert $\bar{X}_n$ von solchen unabhängigen und identisch verteilten Variablen annähernd eine Gauß-Verteilung. Nötig ist nur, dass die Variabilität nicht unendlich groß wird und dass es genügend viele Summanden gibt. Man erhält n unabhängige und identisch verteilte Zufallsvariablen insbesondere in Stichproben mit reiner Zufallsauswahl.

❷ 3.1.2 Punkt- und Intervallschätzung

Mittelwerte von Stichprobenvariablen legen fest, welche beobachteten Werte einer Stichprobe man als so genannte **Punktschätzwerte** für Kennwerte in Populationen verwendet. Ist der Mittelwert einer Stichprobenvariablen gleich dem zu schätzenden Wert, so spricht man von einem **erwartungstreuen** Schätzer. Wir geben drei Beispiele.

Beispiel 1:
Die Stichprobenvariable $\bar{X}_n = (X_1 + \ldots + X_n)/n$ hat den Mittelwert $\mu(\bar{x}) = \mu_x$. Man sagt daher:

$$\bar{x} \text{ schätzt } \mu_x \text{ erwartungstreu.}$$

Beispiel 2:
Die Stichprobenvariable $S_n^2 = \sum(X_l - \bar{X})^2 = \sum X_l^2 - n\bar{X}^2$ hat als möglichen Wert $(n-1)\mathrm{SAQ}$ und den Mittelwert $\mu(S_n^2) = (n-1)\,\sigma_x^2$.

Beweis für diskrete Zufallsvariable
Aus

$$\sum x^2 \Pr(X = x) = \sigma_x^2 + \mu_x^2,$$
$$\sum \bar{x}^2 \Pr(\bar{X} = \bar{x}) = \sigma_x^2/n + \mu_x^2$$

folgt für n identisch verteilte X_l und $S_n^2 = \sum X_l^2 - n\bar{X}^2$, dass

$$\mu(S_n^2) = n\,(\sigma_x^2 + \mu_x^2) - n\,(\sigma_x^2/n + \mu_x^2) = (n-1)\,\sigma_x^2.$$

Man sagt daher:

$$\hat{\sigma}_x^2 = \mathrm{SAQ}_x/(n-1) \text{ schätzt } \sigma_x^2 \text{ erwartungstreu.}$$

Beispiel 3:
Für eine Zufallsstichprobe am Paar X, Y hat die Stichprobenvariable $C_n = \sum(X_l - \bar{X})(Y_l - \bar{Y}) = \sum X_l Y_l - n\bar{X}\bar{Y}$ den möglichen Wert $(n-1)\mathrm{SAP}_{xy}$ und den Mittelwert $\mu(C_n) = (n-1)\,\sigma_{xy}$.

Beweis für diskrete Zufallsvariable
Aus

$$\sum xy \Pr(X = x, Y = y) = \sigma_{xy} + \mu_x\mu_y,$$
$$\sum \bar{x}\bar{y} \Pr(\bar{X} = \bar{x}, \bar{Y} = \bar{y}) = \sigma_{xy}/n + \mu_x\mu_y$$

folgt für n identisch verteilte Paare (X_l, Y_l) und $C_n = \sum X_l Y_l - n\bar{X}\bar{Y}$, dass

$$\mu(C_n) = n\left(\sigma_{xy} + \mu_x\mu_y\right) - n\left(\sigma_{xy}/n + \mu_x\mu_y\right) = (n-1)\,\sigma_{xy}.$$

Man sagt daher:

$$\hat{\sigma}_{xy} = \mathrm{SAP}_{xy}/(n-1) \text{ schätzt } \sigma_{xy} \text{ erwartungstreu.}$$

Intervallschätzung

Wenn man weiß, dass ein Punktschätzer erwartungstreu und annähernd Gauß-verteilt ist, und man darüber hinaus einen Schätzwert für seine Standardabweichung (oft **Standardfehler** genannt) hat, so kann man diese Informationen zu einer so genannten **Intervallschätzung** verwenden.

Aus der Gauß-Verteilung eines Schätzers weiß man, dass etwa 95% Prozent der beobachteten Schätzwerte in Stichproben vom Umfang n im Bereich

Punktschätzwert $\pm$ 2$\times$ seine geschätzte Standardabweichung

liegen. Der Einfachheit halber nimmt man dabei hier und im Folgenden eine etwas ungenaue Formulierung in Kauf: es ist die geschätzte Standardabweichung des Schätzers, nicht des Schätzwerts.

Man geht nun davon aus, dass deshalb auch der Parameter in der Population in diesem Bereich liegt, es sei denn, man hat eine der seltenen Stichproben vorliegen, in denen Werte enthalten sind, die extrem in eine Richtung weisen, also alle sehr groß oder aber alle sehr klein sind.

Da man über einen festen Wert, den Parameter in der Population, keine Wahrscheinlichkeitsaussage machen kann, ist stattdessen die folgende Formulierung üblich.

Mit 95% Sicherheit liegt der Parameter in der Population im Bereich von

Punktschätzwert $\pm$ 2$\times$ seine geschätzte Standardabweichung.

Rechenbeispiel: Intervallschätzung

Für 236 Psychologie-Erstsemester an der Universität Mainz wurde in den Jahren 2000 bis 2002 das Merkmal Ängstlichkeit, X, mit einem Fragebogen (STAI, State-Trait-Anxiety-Inventory von Spielberger, siehe Anhang B.3) erfasst. Beobachtet wurde ein Mittelwert $\bar{x} = 40,4$ und eine Standardabweichung von $s = 7,76$. Daraus ergibt sich

$$\bar{x} \pm 2s/\sqrt{n} = (40,4 \pm 2 \times 7,76/\sqrt{236}) = (39,4; 41,4).$$

Man weiß daher, dass etwa 95% der mittleren Ängstlichkeitswerte in Stichproben vom Umfang $n = 236$ im Bereich von 39,4 bis 41,4 liegen. Man geht deshalb mit 95% Sicherheit davon aus, dass der mittlere Ängstlichkeitsscore μ_x deutscher Psychologie-Erstsemester in den Jahren 2000 bis 2002 im Bereich von 39,4 bis 41,4 lag.

Ist die Verteilung einer Stichprobenvariablen nicht bekannt, so kann man versuchen, sie mit einer Technik, die **Resampling** genannt wird, aus nur einer Stichprobe zu schätzen. Dafür werden die Daten einer vorliegenden Stichprobe als Population vom Umfang n interpretiert, und man zieht aus ihr wiederholt Stichproben von Umfang $k < n$. So erhält man eine beobachtete Verteilung der Stichprobenvariablen und betrachtet sie als ihre tatsächliche Verteilung. Je kleiner jedoch der Stichprobenumfang n ist, desto wahrscheinlicher wird es, eine extreme Stichprobe zu erhalten, die die Population nicht gut repräsentiert. Dann können auch die wiederholten k aus n Stichproben nicht nahe an die Populationswerte kommen.

❯ 3.1.3 Prinzip des statistischen Signifikanztests

Ziel statistischer Tests ist es auszuschließen, dass Ergebnisse als inhaltlich relevant interpretiert werden, wenn sie sich tatsächlich noch mit bloßen Zufallsschwankungen erklären lassen.

Mit statistischen Signifikanztests entscheidet man anhand einer Stichprobe zwischen zwei Hypothesen, die die Population betreffen. Zu einer Forschungshypothese werden zwei **statistische Hypothesen** formuliert. Unter der **Nullhypothese**, genannt H_0, trifft in der Regel die Forschungshypothese nicht zu, aber die Stichprobenverteilung einer Prüfgröße ist bekannt. Mit der **Alternativhypothese**, H_1, wird die Richtung festgelegt, in der ein beobachteter Prüfgrößenwert gegen die Nullhypothese und damit eher für die Forschungshypothese spricht.

Diese Vorgehensweise ist ähnlich wie bei der Einführung eines neuen Medikaments, wenn es bereits ein gutes Standardpräparat gibt. Es wird das Standardpräparat solange beibehalten, bis deutlich belegt ist, dass das neue Medikament wirksamer ist.

Ein **statistischer Signifikanztest** endet mit einer Entscheidung. Man entscheidet entweder, dass die Ergebnisse statistisch signifikant sind, weil die Nullhypothese verworfen wird, oder man schließt, dass die Ergebnisse statistisch nicht signifikant sind, weil die Nullhypothese beibehalten wird.

Mit einer solchen Entscheidung für eine von zwei Hypothesen sind immer zwei mögliche Arten von Fehlern verbunden. Die Nullhypothese, H_0, zu verwerfen, obwohl sie zutrifft, bedeutet zum Beispiel, ein neues Medikament als wirksamer als ein Standardmedikament zu beurteilen, obwohl es nicht besser ist. Wird dagegen H_0 beibehalten, obwohl die Alternativhypothese, H_1, zutrifft, so wird das Standardmedikament weiter verwendet, obwohl das neue Medikament tatsächlich wirksamer ist.

In der Regel wird nur der Fehler der erstgenannten Art kontrolliert. Es ist üblich geworden, die Wahrscheinlichkeit für diesen Fehler die **Irrtumswahrscheinlichkeit** zu nennen, und mit 0,05, 0,01 oder 0,001 vorzugeben. Man sagt dann auch, dass der **Signifikanztest zum Niveau** 5%, 1%, 0,1% durchgeführt wird, oder dass das beobachtete Ergebnis zu einem solch vorgegebenen Niveau signifikant sei.

Fiktives einführendes Beispiel mit Interpretation
Für Patienten einer bestimmten Erkrankung sei bekannt, dass sie bei Behandlung mit einem Standardpräparat im Durchschnitt mit einer symptomfrei verlaufenden Phase von $\mu = 38$ Monaten rechnen können und dass es eine Standardabweichung von $\sigma = 43$ Monaten gibt. An einer Stichprobe von $n = 100$ Patienten wird ein neues Medikament erprobt, das die symptomfreie Zeit verlängern soll. Der Hersteller behauptet, dass diese symptomfrei verlaufende Zeit mit dem neuen Medikament im Durchschnitt 50 Monate beträgt.

Wir nehmen zur Vereinfachung weiter an, dass sich Unterschiede zwischen den beiden Medikamenten im typischen Wert der symptomfreien Zeit zeigen, dass aber die Variabilität der symptomfreien Zeit bei beiden Medikamenten gleich groß ist. Die Forschungshypothese ist: das neue Medikament ist wirksamer als das Standardmedikament. Es werden dazu die folgenden zwei statistischen Hypothesen formuliert:

Nullhypothese $H_0 : \mu_0 = 38$,   Alternativhypothese $H_1 : \mu_1 = 50$.

Unter H_0 ist das neue Medikament ebenso wirksam wie das bisherige Standardmedikament; unter H_1 ist das neue Medikament wirksamer, es verlängert die typische Zeit, die der Patient ohne die Symptome leben kann, um 12 Monate.

In diesem Beispiel ist die Prüfgröße der Mittelwert $\bar{X}$. Für eine Zufallsauswahl von $n = 100$ Patienten ist er unter der Nullhypothese annähernd Gauß-verteilt mit Mittelwert $\mu_0 = 38$ und Standardabweichung $\sigma_{\bar{x}} = \sigma_x / \sqrt{n} = 43/10 = 4,3$. Unter der Alternativhypothese ist er Gauß-verteilt mit Mittelwert $\mu_1 = 50$ und derselben Standardabweichung. Unter diesen Annahmen ergeben sich die beiden Verteilungen in Abbildung 3.4.

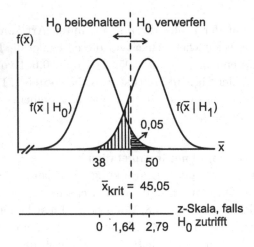

Abbildung 3.4. Entscheidungsregel über $H_0 : \mu_0 = 38$ und $H_1 : \mu_1 = 50$.

Die Funktion, die unter H_0 zutrifft, ist mit $f(\bar{x}|H_0)$ bezeichnet und hat als Mittelwert $\mu_0 = 38$. Die Funktion, die unter H_1 zutrifft, ist mit $f(\bar{x}|H_1)$ bezeichnet und hat Mittelwert $\mu_1 = 50$. Zusätzlich ist ein kritischer Wert von $\bar{x}_{krit} = 45,05$ eingezeichnet und damit ein **Ablehnungsbereich** für die Nullhypothese festgelegt. Die Nullhypothese wird verworfen, sobald beobachtete Mittelwerte größer gleich 45,05 sind. Sie wird beibehalten für $\bar{x} < 45,05$. Der kritische Wert ist so gewählt, dass das Risiko 5% beträgt, die Nullhypothese zu verwerfen, obwohl sie zutrifft; die waagerecht schraffierte Fläche kennzeichnet 5% der Gesamtfläche unter $f(\bar{x}|H_0)$. Mit der Irrtumswahrscheinlichkeit

$$\Pr(\bar{X} > \bar{x}_{\mathrm{krit}} \mid H_0 \text{ trifft zu}) = 0,05$$

erhält man – wie weiter unten ausführlicher erklärt wird – den kritischen Wert $\bar{x}_{\mathrm{krit}} = 45,05$. Liegt der beobachtete Prüfgrößenwert im Bereich größer gleich 45,05, so sagt man, das Ergebnis sei bei einem einseitigen Test zum **Niveau 5% statistisch signifikant**.

Wird die Irrtumswahrscheinlichkeit, hier $\Pr(\bar{X} > \bar{x}_{\mathrm{krit}}|H_0$ trifft zu), verkleinert, indem man die Grenze für den Ablehnungsbereich in Abbildung 3.4 nach rechts verschiebt, so verringert sich das Risiko die Nullhypothese H_0 zu verwerfen, obwohl sie zutrifft. Gleichzeitig erhöht man das Risiko, die Nullhypothese beizubehalten, obwohl die Alternativhypothese zutrifft,

$$\Pr(\bar{X} < \bar{x}_{\mathrm{krit}}|H_1 \text{ trifft zu}).$$

In Abbildung 3.4 würde damit die senkrecht schraffierte Fläche unter $f(\bar{x}|H_1)$ größer.

Rechenbeispiel: Einseitiger statistischer Test (zu Abbildung 3.4)
Unter H_0 ist $\bar{X}_{100}$ annähernd Gauß-verteilt mit $\mu_0 = 38$ und $\sigma(\bar{x}) = \sigma_x/\sqrt{n} = 43/10 = 4,3$, unter H_1 ist $\mu_1 = 50$, so dass größere beobachtete Mittelwerte gegen H_0 sprechen. In einer Stichprobe von 100 Patienten sei $\bar{x} = 46,9$ beobachtet.

Um den kritischen Wert $\bar{x}_{\mathrm{krit}}$ zu finden, für den zutrifft:

$$\Pr(H_0 \text{ verwerfen} \mid H_0 \text{ trifft zu}) = 0,05,$$

verwendet man zunächst, dass der 95%-Quantilswert der Standard-Gauß-Verteilung der Wert $z_{0,95} = 1,64$ ist:

$$\Pr(Z \le 1,64) = 0,95, \qquad \Pr(Z > 1,64) = 0,05.$$

Für die Gauß-Verteilung von $\bar{X}$ unter H_0 mit $\mu_0 = 38$, und $\sigma(\bar{x}) = 4,3$ erhält man daher mit $\bar{X} = \mu_0 + Z\sigma_{\bar{x}}$

$$\bar{x}_{\mathrm{krit}} = \mu_0 + 1,64\sigma(\bar{x}) = 38 + 1,64 \times 4,3 = 45,05.$$

Da $\bar{x}_{\mathrm{beob}} = 46,9$ größer als $\bar{x}_{\mathrm{krit}} = 45,05$ ist, wird H_0 bei diesem einseitigen Test zum Niveau 5% verworfen.

Alternativ kann man die Entscheidungsregel direkt in der z-Skala unter H_0 mit $z_{\text{krit}} = 1,64$ festlegen. Dann wird die Nullhypothese H_0 verworfen, wenn der standardisierte Wert der beobachteten Prüfgröße $\bar{x}$ größer als 1,64 ist. In diesem Fall ist der beobachtete Prüfgrößenwert $\bar{x}_{\text{beob}}$ in die z-Skala zu transformieren. Da $Z = (\bar{X} - \mu_0)/\sigma(\bar{x})$, erhält man

$$z_{\text{beob}} = (\bar{x}_{\text{beob}} - \mu_0)/\sigma(\bar{x}) = (46,9 - 38)/4,3 = 2,07.$$

Man kommt damit zur selben Entscheidung wie zuvor.

Anstatt den Test so durchzuführen, dass man eine Irrtumswahrscheinlichkeit zuerst festlegt und eine Entscheidung berichtet, kann man stattdessen den so genannten *p*-**Wert** berechnen, das heißt die Wahrscheinlichkeit, den beobachteten Prüfgrößenwert, oder einen in Richtung der Alternative extremeren Wert, zu erhalten, wenn H_0 zutrifft, hier

$$\Pr(\bar{X} > \bar{x}_{\text{beob}} \mid H_0 \text{ trifft zu}).$$

Je größer der p-Wert, desto weniger sprechen die Beobachtungen gegen die Nullhypothese. Bei der Angabe eines p-Wertes bleibt es dem Leser überlassen, die Entscheidung über H_0 und H_1 selbst zu treffen oder zu entscheiden, dass es besser sei, noch weitere Daten heranzuziehen.

Rechenbeispiel: *p*-**Wert** (zu Abbildung 3.4)

$$\Pr(\bar{X} > \bar{x}_{\text{beob}} \mid H_0 \text{ trifft zu}) = \Pr(\bar{X} > \bar{x}_{\text{beob}} \mid \mu_0 = 38, \sigma(\bar{x}) = 4,3)$$

$$= \Pr\{Z > (46,9 - 38)/4,3\} = \Pr(Z > 2,07) = 0,019.$$

Der p-Wert ist kleiner als 0,05, also wird die Nullhypothese zum Niveau 5% verworfen. Da der p-Wert aber größer als 0,01 ist, würde die Nullhypothese zum Niveau 1% noch beibehalten. Mit der zuletzt genannten strengeren Entscheidungsregel bliebe man bei dem Standardmedikament und würde das neue Medikament nicht einführen.

Einen solchen p-Wert zwischen 0,05 und 0,01 kann man als Hinweis interpretieren, dass die Beobachtungen keine gute Basis für eine klare Entscheidung liefern und dass man möglicherweise eine weitere Untersuchung durchführen sollte, bevor man sich für oder gegen die Forschungshypothese entscheidet.

Bei einfachen Tests wie in dem einführenden Beispiel kann man die Wahrscheinlichkeit berechnen, einen Fehler der zweiten Art zu machen, also die Nullhypothese beizubehalten, obwohl die Alternative zutrifft. Die komplementäre Wahrscheinlichkeit wird manchmal die **Güte** des Tests genannt.

Rechenbeispiel: Güte eines Tests (siehe Abbildung 3.4)

$$\Pr(H_0 \text{ beibehalten} \mid H_1 \text{ trifft zu}) = \Pr(\bar{X} \le \bar{x}_{\text{krit}} \mid \mu_{\bar{x}} = 50, \sigma(\bar{x}) = 4,3)$$

$$= P(Z \le (45,05 - 50)/4,3) = P(Z \le -1,15) = 0,125.$$

Das Ergebnis sagt, dass man mit dem Test ein Risiko von 12,5% eingeht, die Nullhypothese beizubehalten, obwohl die Alternativhypothese zutrifft (siehe die senkrecht schraffierte Fläche unter $f(\bar{x}|H_1)$ in Abbildung 3.4).

Die Güte des Tests ist damit

$$1 - \Pr(H_0 \text{ beibehalten} \mid H_1 \text{ trifft zu}) = 0,875.$$

Das bedeutet, dass man mit dem gewählten Test in 87,5% der möglichen Stichproben vom Umfang $n = 100$ die Alternativhypothese auch annimmt, wenn sie zutrifft, also eine richtige Entscheidung trifft.

Kritik an Tests auf einen Normwert

Der gerade beschriebene Test ist ein Beispiel für Tests auf einen Normwert. Er eignet sich gut dazu, das Prinzip des Testens zu beschreiben. Aber es gibt grundsätzliche Einwände gegen diese Art von Tests. Die im Beispiel untersuchten Patienten könnten sich erheblich hinsichtlich anderer Faktoren von der Gruppe der früher behandelten Patienten unterscheiden, zum Beispiel im Zeitpunkt der Erstdiagnose, im Alter, oder in einer veränderten medizinischen Überwachung gegenüber früher behandelten Patienten. Die Patientengruppen unterscheiden sich dann nicht nur im Hinblick auf Zufallsschwankungen, sondern systematisch und ein statistischer Test wird bedeutungslos.

Anstatt einen Test auf einen Normwert durchzuführen, ist es daher meist besser, eine Patientengruppe mit dem neuen Medikament zu behandeln und gleichzeitig eine Vergleichsgruppe (die **Kontrollgruppe**) mit dem Standardmedikament. Durch Randomisieren, das heißt mit Zufallsauswahl, kann man festlegen, welcher Gruppe ein Patient zugeordnet wird und damit verhindern dass sich die beiden Gruppen hinsichtlich potentieller Störfaktoren systematisch unterscheiden, gleichgültig, ob diese möglichen Störfaktoren explizit erfasst werden oder nicht.

❯ 3.1.4 Einseitige und zweiseitige Tests

Typischerweise wird als alternative Hypothese, H_1, nicht, wie im einführenden Beispiel, eine Punktalternative formuliert, sondern ein Bereich gewählt, den man die einseitige oder aber die zweiseitige **Bereichsalternative** nennt. Da es für die Entscheidungsregel nur auf die Verteilung unter der Nullhypothese, H_0, ankommt, ändert sich an den Berechnungen für einen Test nichts, wenn an die Stelle einer Punktalternativen eine einseitige Bereichsalternative tritt, wenn man also im einführenden Beispiel formuliert

$$H_0 : \mu = 38, \quad H_1 : \mu > 38.$$

Im Fall einer zweiseitigen Bereichsalternative wird dagegen ein strengeres Kriterium zum Verwerfen der Nullhypothese verwendet. Im obigen Medikamentenbeispiel sind die Hypothesen im zweiseitigen Test

$$H_0 : \mu = 38, \quad H_1 : \mu \neq 38.$$

Abbildung 3.5 zeigt, wie sich diese veränderte Alternativhypothese auf den Ablehnungsbereich auswirkt: alle Werte, die stark vom Mittelwert unter H_0 abweichen, sprechen nun gegen die Nullhypothese. Dementsprechend ist die Irrtumswahrscheinlichkeit auf zwei Seiten um $\mu = 38$ verteilt. Der beobachte-

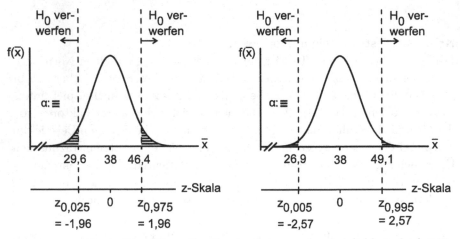

Abbildung 3.5. Zweiseitige Alternative für eine Irrtumswahrscheinlichkeit gleich 0,05 (links) oder gleich 0,01 (rechts).

te Mittelwert $\bar{x} = 46,9$ liegt in diesem Beispiel nach wie vor im Ablehnungsbereich zum Niveau 5%, aber nicht zum Niveau 1%. Zweiseitige Tests kennzeichnen aber im Allgemeinen ein konservativeres Vorgehen: es wird schwieriger die Nullhypothese abzulehnen, als im entsprechenden einseitigen Test.

Die statistische **Alternativhypothese**, H_1, legt fest, in welcher Richtung beobachtete Werte liegen, die eher gegen die Nullhypothese sprechen.

Bei der Entscheidung gibt es immer zwei Fehlermöglichkeiten: entweder H_0 zu verwerfen, obwohl H_0 zutrifft oder H_0 beizubehalten, obwohl H_1 zutrifft. Kontrolliert wird in der Regel nur der Fehler der ersten Art, indem man das Risiko für diesen Fehler mit einem kleinem Wert (0,05, 0,01 oder 0,001) festlegt.

Bei einem **statistischen Test zum Niveau 5%** nimmt man in Kauf, die Nullhypothese in 5 von 100 möglichen Stichproben zu verwerfen, obwohl sie zutrifft. Man sagt auch, die **Irrtumswahrscheinlichkeit** beträgt 0,05.

Mit einer vorgegebenen Irrtumswahrscheinlichkeit legt man den **kritischen Wert** einer Prüfgröße fest. Zum Beispiel ist für einen Test zum Niveau 5% die Wahrscheinlichkeit gleich 0,05, unter H_0 den kritischen Wert, oder einen in Richtung H_1 noch extremeren Wert der Prüfgröße, zu beobachten. Man nennt den zugehörigen Bereich den **Ablehnungsbereich** für die Nullhypothese. Die Nullhypothese wird verworfen, wenn der beobachtete Prüfgrößenwert in den Ablehnungsbereich fällt.

Will man es dem Leser überlassen, zu welchem Niveau er die Nullhypothese ablehnen will, so berechnet man den **p-Wert**. Er gibt die Wahrscheinlichkeit an, unter H_0 den **beobachteten Wert der Prüfgröße** oder einen in Richtung H_1 noch extremeren Wert zu erhalten. Liegt ein p-Wert zwischen 0,05 und 0,01, so ist es oft ratsam, eine weitere Studie durchzuführen, anstatt über die Forschungshypothese zu entscheiden.

Je größer der p-Wert, desto mehr sprechen die Beobachtungen für die Nullhypothese. Ist der p-Wert größer als 0,05, wird die Nullhypothese beibehalten. Liegt er zwischen 0,05 und 0,01, so sagt man oft, das Ergebnis sei zum Niveau 5% statistisch auffällig. Ist er kleiner als 0,01 (0,001), so sagt man, das Ergebnis sei statistisch (hoch) signifikant.

3.2 Varianzanalysen

Die Abhängigkeit einer quantitativen Zielgröße von einer oder von mehreren kategorialen Variablen zeigt sich häufig in unterschiedlichen Mittelwerten der Zielgröße für die Klassenkombinationen der kategorialen Einflussgrößen. In Abschnitt 1.4 S. 59 sind die Varianzanalysenmodelle dargestellt, mit deren Hilfe sich Kleinst-Quadrat Schätzwerte für Effektterme der kategorialen Variablen berechnen lassen. Nun werden die untersuchten Gruppen als Zufallsstichproben aus zugehörigen Grundgesamtheiten betrachtet.

Wird die Zuteilung von Personen zu verschiedenen Experimentalgruppen randomisiert, so kann man mit recht großer Sicherheit davon ausgehen, dass die Beobachtungen in den verschiedenen Gruppen voneinander unabhängig sind, und sich auch nicht-beobachtete Störvariable so gleichmäßig auf die Gruppen verteilen, dass es keine systematischen Unterschiede gibt. Für die im Folgenden beschriebenen Tests für Effekte gehen wir von solchen Zufallszuteilungen aus.

Effekte kategorialer Variablen auf eine quantitative Zielgröße Y sind spezielle Vergleiche von Mittelwerten, die nun unter dem Namen Kontraste beschrieben werden.

3.2.1 Allgemeine Vergleiche von Mittelwerten

Eine gewichtete Summe von Mittelwerten, K, bei der sich die Gewichte zu Null summieren, wird **Kontrast** genannt. Die Zufallsvariable K für $h = 1, \ldots, H$, Mittelwerte $\bar{Y}_h$ und Gewichte c_h ist

$$K = c_1 \bar{Y}_1 + c_2 \bar{Y}_2 + \ldots + c_H \bar{Y}_H, \qquad \text{mit } c_1 + c_2 + \ldots + c_H = 0.$$

Sie hat die möglichen Ausprägungen

$$K_{\text{beob}} = c_1 \bar{y}_1 + c_2 \bar{y}_2 + \ldots + c_H \bar{y}_H.$$

Zum Beispiel ist für $H = 2$ die Mittelwertsdifferenz $\bar{y}_1 - \bar{y}_2$ der beobachtete Wert eines Kontrasts mit $c_1 = 1$ und $c_2 = -1$, nicht aber die Summe, $\bar{y}_1 + \bar{y}_2$, mit $c_1 = c_2 = 1$, da dann $c_1 + c_2 \neq 0$.

Behauptung Gibt es für einen Kontrast $K = c_1 \bar{Y}_1 + \ldots + c_H \bar{Y}_H$ jeweils unabhängige Zufallsstichproben vom Umfang n_h an Y_h, mit Mittelwert μ_h und Varianz σ^2, so gilt

a) $\mu_k = c_1 \mu_1 + c_2 \mu_2 + \ldots + c_H \mu_H,$

b) $\sigma_K^2 = \sigma^2 \left(\dfrac{c_1^2}{n_1} + \dfrac{c_2^2}{n_2} + \ldots \dfrac{c_H^2}{n_H} \right).$

c) Unter $H_0 : \mu_k = 0$ ist der beobachtete Prüfgrößenwert mit $n = \sum n_h$

$$t_{\text{beob}} = \frac{K_{\text{beob}} - 0}{\hat{\sigma}_K},$$

wobei

$$\hat{\sigma}_K^2 = \hat{\sigma}^2 \sum c_h^2 / n_H, \qquad \hat{\sigma}^2 = \frac{\sum \text{SAQ}(h)}{n - H}.$$

Die zugehörige Zufallsvariable hat für große n_h annähernd eine Standard-Gauß-Verteilung, sonst für kleine n_h und Gauß-verteilte Mittelwerte $\bar{Y}_h$ eine t-Verteilung mit Parameter $n - H$.

d) Der standardisierte Kontrast in c) bleibt unverändert, wenn alle Gewichte mit einer Konstanten a multipliziert werden.

Beweis Der Mittelwert μ_k eines Kontrasts K folgt aus den allgemeinen Ergebnissen für Variable, die als Summen und nach linearen Transformationen entstehen. Für unabhängige Mittelwerte $\bar{Y}_h$ ist die Kovarianz jedes Mittelwertpaares gleich Null, so dass

$$\sigma_K^2 = c_1^2 \frac{\sigma^2}{n_1} + c_2^2 \frac{\sigma^2}{n_2} + \ldots + c_H^2 \frac{\sigma^2}{n_H} = \sigma^2 \left(\frac{c_1^2}{n_1} + \frac{c_2^2}{n_2} + \ldots + \frac{c_H^2}{n_H} \right).$$

Die Verteilung eines standardisierten Kontrasts unter H_0 folgt aus den Ergebnissen für Stichprobenverteilungen.

Mit Gewichten ac_h lässt sich der Faktor a für den standardisierten Kontrast kürzen, da

$$K' = ac_1 \bar{Y}_1 + \ldots + ac_H \bar{Y}_H = a(c_1 \bar{Y}_1 + \ldots + c_h \bar{Y}_H) = aK$$

$$\mu_{K'} = a\mu_K \quad \text{und} \quad \sigma_{K'} = a\sigma_K.$$

Rechenbeispiel: Test eines Kontrasts (Analyse S. 60 fortgesetzt)
Will man für die Daten zur Kindergartenart, A, und sozialen Anpassungsfähigkeit, Y, prüfen, ob sich Kinder in Summerhill-Kindergärten in der sozialen Anpassungsfähigkeit von jenen in Montessori-Kindergärten und in traditio-

nellen Kindergärten unterscheiden, so ist unter der Nullhypothese der Mittelwert μ_2 in Summerhill-Kindergärten gleich dem Mittelwert $(\mu_1 + \mu_3)/2$ aus den beiden übrigen Kindergartenarten und

$$H_0 : \tfrac{1}{2}\mu_1 - \mu_2 + \tfrac{1}{2}\mu_3 = 0$$

$$\text{oder } H_0 : \ \mu_1 - 2\mu_2 + \mu_3 = 0.$$

Es gibt hier $H = 3$ Mittelwerte. Mit

$$c_1 = 1, \quad c_2 = -2, \quad c_3 = 1,$$
$$\bar{y}_1 = 7, \quad \bar{y}_2 = 4, \quad \bar{y}_1 = 6,$$
$$n_1 = 9, \quad n_2 = 8, \quad n_3 = 7,$$
$$\hat{\sigma}^2 = \text{SAQ}_{\text{Res}}/(n - H) = 68/(24 - 3) = 3{,}24,$$

erhält man

$$K_{\text{beob}} = \sum c_h \bar{y}_h = 1 \times 7 + (-2) \times 4 + 1 \times 6 = 5,$$

$$\sum c_h^2/n_h = c_1^2/n_1 + c_2^2/n_2 + c_3^2/n_3 = 1/9 + 4/8 + 1/7 = 0{,}754,$$

$$t_{\text{beob}} = K_{\text{beob}}/\hat{\sigma}_K = 5/\sqrt{3{,}24 \times 0{,}754} = 3{,}20.$$

Für einen zweiseitigen Test zum Niveau 1% vergleicht man $|t_{\text{beob}}|$ mit $t_{0,995;21}$ $= 2{,}83$, dem 99,5%-Quantilwert einer t-Verteilung mit Parameter $n - H = 21$; da $3{,}20 > 2{,}83$, ist das Ergebnis zum Niveau 1% statistisch signifikant.

Die Beobachtungen stützen die Forschungshypothese, dass sich die Summerhill-Kindergartenkinder in ihrer sozialen Anpassungsfähigkeit von Kindern in den anderen beiden Kindergartenarten unterscheiden.

3.2.2 Effekttests in der einfachen Varianzanalyse

Das einfache Varianzanalysenmodell hat eine kategoriale Einflussgröße A mit I Klassen und eine quantitative Zielgröße Y.

Die mit der Methode der kleinsten Quadrate geschätzten Effekte sind Kontraste, da sie gewichtete Mittelwerte für $H = I$ sind und sich die Gewichte zu Null addieren. Zum Beispiel ist

$$\hat{\alpha}_1 = \bar{y}_{1+} - \bar{y}_{++} = \bar{y}_{1+} - (n_1 \bar{y}_{1+} + n_2 \bar{y}_{2+} + \ldots n_I \bar{y}_{I+})/n$$
$$= \frac{(n - n_1)}{n} \bar{y}_{1+} - \frac{n_2}{n} \bar{y}_{2+} - \ldots - \frac{n_I}{n} \bar{y}_{I+}$$

Behauptung Unter $H_0 : \alpha_i = 0$ und bei ungleichen Beobachtungsanzahlen n_i beziehungsweise bei gleich großen Beobachtungsanzahlen L sind

$$s(\hat{\alpha}_i) = \hat{\sigma}\sqrt{\frac{(n - n_i)}{nn_i}}, \qquad s(\hat{\alpha}_i) = \hat{\sigma}\sqrt{\frac{I - 1}{IL}}.$$

Die Residualvariation σ^2 wird mit $\hat{\sigma}^2 = \text{SAQ}_{\text{Res}}/(n - I)$ geschätzt und $\text{SAQ}_{\text{Res}} = \sum \text{SAQ}(i) = \sum(n_i - 1)s_i^2$.

Eine zu $t_{\text{beob}} = \hat{\alpha}_i/s(\hat{\alpha}_i)$ gehörige t-Verteilung hat Parameter $n - I$.

Beweis für die Standardabweichung des Effekts $\hat{\alpha}_1 = \bar{y}_{1+} - \bar{y}_{++}$.

Die Gewichte des Kontrasts $\hat{\alpha}_i$ für $\bar{y}_1, \ldots \bar{y}_I$ sind

$$c_1 = \frac{n - n_1}{n}, \qquad c_2 = -\frac{n_2}{n}, \qquad \ldots, \qquad c_I = -\frac{n_I}{n},$$

so dass

$$\frac{c_1^2}{n_1} + \ldots + \frac{c_I^2}{n_I} = \frac{n - n_1}{nn_1},$$

oder gleich

$$\frac{IL - L}{(IL)L} = \frac{I - 1}{IL}.$$

Rechenbeispiel: Effekttests in der einfachen Varianzanalyse (Analyse von S. 64 fortgesetzt)

Für $H_0 : \alpha_i = 0$ und $\hat{\alpha}_1 = 1,29$ und $\hat{\alpha}_2 = -1,71$ ergeben sich mit $n = 24$, $n_1 = 9$, $n_2 = 8$ und $\hat{\sigma} = \sqrt{\text{SAQ}_{\text{Res}}/(n - 3)} = \sqrt{68/21} = 1,80$, $n - I = 21$

$$s(\hat{\alpha}_1) = 1,80\sqrt{\frac{15}{24 \times 9}} = 0,474 \qquad s(\hat{\alpha}_2) = 1,80\sqrt{\frac{16}{24 \times 8}} = 0,520$$

und

$$t_{\text{beob}} = \frac{\hat{\alpha}_1}{s(\hat{\alpha}_1)} = \frac{1,29}{0,474} = 2,72 \qquad t_{\text{beob}} = \frac{\hat{\alpha}_2}{s(\hat{\alpha}_2)} = \frac{-1,71}{0,520} = -3,29.$$

Die Effekte α_1 und α_2 sind somit beide in einem zweiseitigen Test zum Niveau 5% signifikant von Null verschieden, da die beobachteten t-Werte dem Betrag nach beide größer sind als $t_{0,975;21} = 2,080$.

Beispiel mit Interpretation (Analyse von S. 59 fortgesetzt)
Für die Stichprobe mit $n = 128$ chronischen Schmerzpatienten erhält man:

Stadium chron. Schmerzen, A	Depressivität, Y						
	$\bar{y}_i$	s_i	n_i	$\hat{\alpha}_i$	$s(\hat{\alpha}_i)$	t_{beob}	p-Wert
($i = 1$): niedrig	13,5	8,113	24	$-3,99$	1,623	$-2,45$	0,016
($i = 2$): mittel	16,8	8,448	63	$-0,70$	0,792	$-0,88$	0,381
($i = 3$): hoch	20,9	9,735	41	$3,41$	1,136	$3,00$	0,003

$\text{SAQ}_{\text{Mod}} = 889,91, \quad \text{SAQ}_{\text{Res}} = 9730,13, \quad \hat{\sigma} = \sqrt{9730,13/125} = 8,82$

Der 97,5%-Quantilwert einer t-Verteilung mit Parameter $n - I = 125$ ist $t_{0,975;125} = 1,98$. Das Ergebnis ist für $\hat{\alpha}_2$, das mittlere Stadium der Chronifizierung im zweiseitigen Test zum Niveau 5% nicht signifikant, da $0,88 < 1,98$. Der zugehörige typische Depressivitätsscore, μ_2, entspricht in etwa demjenigen aller chronischen Schmerzpatienten.

Die Ergebnisse für die beiden anderen Effektterme sind dagegen zum Niveau 5% statistisch signifikant, da $2,45 > 1,98$ und $3,00 > 1,98$. Die beobachteten Abweichungen im Depressionsscore vom Gesamtmittelwert, $\hat{\alpha}_1$, $\hat{\alpha}_3$, gehen in erwartete Richtung: bei niedrigem Stadium chronischer Schmerzen ist der typische Depressionsscore niedriger und bei hohem Stadium höher als bei allen Patienten mit chronischen Schmerzen.

Abbildung 3.6 veranschaulicht die Testergebnisse für die beiden Beispiele zu einfachen Varianzanalysen.

Vergleichende Darstellung der Effekttests

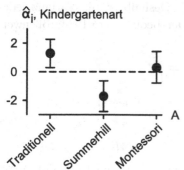
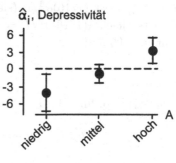

Abbildung 3.6. Darstellung von $\hat{\alpha}_i \pm 2s(\hat{\alpha}_i)$, links: soziale Anpassungsfähigkeit in Abhängigkeit von der Kindergartenart, rechts: Depressionsscores in Abhängigkeit vom Chronifizierungsstadium der Schmerzen.

Um die einzelnen geschätzten Effekte $\hat\alpha_i$ wird ein Bereich von $\pm 2 \times$ Standardabweichung des Effekts eingezeichnet, also

$$\hat\alpha_i \pm 2s(\hat\alpha_i).$$

Schließt dieser Bereich den Wert Null ein, so ist das Ergebnis bei einem zweiseitigen Test zum Niveau 5% statistisch nicht signifikant. Gilt dies für alle Effektterme, so ist die Variable A keine wichtige Einflussgröße. Mit Darstellungen wie in Abbildung 3.6 erhält man schnell einen Eindruck über Richtung und Stärke der Effektterme.

❥ 3.2.3 Effekttests in multiplen Varianzanalysen

Das multiple Varianzanalysenmodell hat eine quantitative Zielgröße Y, und zwei kategoriale Einflussgrößen, A mit I Klassen, und B mit J Klassen. Die gleiche Anzahl von L Beobachtungseinheiten ist per Versuchsplan den IJ Klassenkombinationen zugeteilt.

Für den Sonderfall von $I = 2$, $J = 2$, das heißt in einer $\mathbf{2^2}$ **Varianzanalyse**, können alle Effekte mit Hilfe des Yates-Algorithmus berechnet werden. Die Effektterme $\hat\alpha_1$, $\hat\beta_1$ und $\hat\gamma_{11}$ sind die folgenden Kontraste der beobachteten Mittelwerte:

$$\hat\alpha_1 = \frac{1}{4}(\bar y_{11+} - \bar y_{21+} + \bar y_{12+} - \bar y_{22+}),$$

$$\hat\beta_1 = \frac{1}{4}(\bar y_{11+} + \bar y_{21+} - \bar y_{12+} - \bar y_{22+}),$$

$$\hat\gamma_{11} = \frac{1}{4}(\bar y_{11+} - \bar y_{21+} - \bar y_{12+} + \bar y_{22+}).$$

Die Varianz eines Mittelwerts ist dabei σ^2/L (siehe S. 187). Die Varianz von $(1/4)\bar y_{ij+}$ ist $(1/16)\sigma^2/L$ (siehe S. 165). Deshalb ist die Varianz jedes Kontrasts gleich $4(1/16)\sigma^2/L = \sigma^2/(4L)$. Der beobachtete Prüfgrößenwert ist mit $n = 4L$ und

$$\hat\sigma^2 = \frac{\mathrm{SAQ_{Res}}}{IJ(L-1)} = \frac{\sum s_{ij}^2}{4}$$

für $H_0 : \gamma_{11} = 0$, für $H_0 : \beta_1 = 0$ und für $H_0 : \alpha_1 = 0$ jeweils

$$t_{\mathrm{beob}} = (\text{geschätzter Effekt} - 0)/\frac{\hat\sigma}{\sqrt{4L}}.$$

Die zugehörige Zufallsvariable hat unter H_0 eine t-Verteilung mit Parameter $4(L-1)$, sofern die Mittelwerte Gauß-verteilt sind und ist sonst für große L annähernd Standard-Gauß-verteilt.

Rechenbeispiel: Effekttests in 2^2 Varianzanalysen (Analyse von S. 68 fortgesetzt)

Für das fiktive Beispiel zur Schreibfehleranzahl Y sind die Mittelwerte, Standardabweichungen und geschätzten Effekte für $L = 5$ Schüler in jeder der $IJ = 4$ Gruppen:

A, Übungs-	B, frühere Leistung unter Durchschnitt		
blätter	$j = 1$: ja	$j = 2$: nein	$\bar{y}_{i++}$
$i = 1$:	8,0	6,0	7,0
ja	(2,00)	(2,00)	
	$\hat{\gamma}_{11} = -3,0$	$\hat{\gamma}_{12} = 3,0$	
$i = 2$:	22,0	8,0	15,0
nein	(2,00)	(2,00)	
	$\hat{\gamma}_{21} = 3,0$	$\hat{\gamma}_{22} = -3,0$	
$\bar{y}_{+j+}$	15,0	7,0	$\bar{y}_{+++}=11,0$
SAQ$_{\mathrm{Res}} = 64$	$n = 4L = 20$		

Für den Test $H_0 : \gamma_{11} = 0$ wird mit

$$4(L - 1) = 16,$$

$$\hat{\sigma}^2 = \mathrm{SAQ}_{\mathrm{Res}}/\{4(L - 1)\} = 64/16 = 4,$$

$$\hat{\gamma}_{11} = \frac{1}{4}(1 \times 8 - 1 \times 22 - 1 \times 6 + 1 \times 8) = -3,$$

$$s(\hat{\gamma}_{11}) = \hat{\sigma}/\sqrt{4L} = 2/\sqrt{4 \times 5} = 0,447,$$

$$t_{\mathrm{beob}} = \frac{\hat{\gamma}_{11}}{s(\hat{\gamma}_{11})} = -3/0,447 = -6,71.$$

Es gibt damit für einen zweiseitigen Test zum Niveau 1% einen signifikanten Interaktionseffekt von A und B auf Y, da $6,71 > t_{0,995;16} = 2,92$ ist.

Eine graphische Darstellung der beobachteten Mittelwerte hilft bei der Interpretation dieses Interaktionseffektes (Abbildung 3.7). Jeder der Mittelwerte basiert auf $L = 5$ Beobachtungen, die typische Variabilität ist $\hat{\sigma} = \sqrt{\mathrm{SAQ}_{\mathrm{Res}}/IJ(L - 1)} = 2$. Somit wird die Standardabweichung jedes Mittelwerts mit

$$s(\bar{y}_{ij}) = \hat{\sigma}/\sqrt{L} = 2/\sqrt{5} = 0,9$$

geschätzt. Die Bereiche $\bar{y}_{ij} \pm 2 \times s(\bar{y}_{ij})$ sind weit getrennt für Schüler mit früher unterdurchschnittlichen Leistungen ($j = 1$), aber sie überschneiden sich für Schüler mit früher überdurchschnittlichen Leistungen ($j = 2$). Dies erklärt, welcher Art die signifikante Interaktion für diese Daten ist.

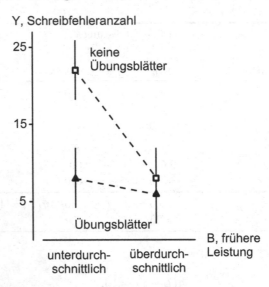

Abbildung 3.7. Darstellung von $\bar{y}_{ij} \pm 2 \times s(\bar{y}_{ij})$, für Y, Schreibfehleranzahl in Abhängigkeit von Übungsblättern, A, und der früheren Leistung, B.

In einer 2^3 **Varianzanalyse** gibt es zusätzlich die binäre Einflussgröße C. Es ergeben sich alle geschätzten Effekte ähnlich als gewichtete Summen, dieses Mal als gewichtete Summe der Mittelwerte $\bar{y}_{ijk+}$. Dabei hat jedes Gewicht den Wert $1/8$ oder aber $-1/8$. Gibt es L Personen, jetzt in jeder der acht Gruppen, so ist der beobachtete Prüfgrößenwert mit

$$\hat{\sigma}^2 = \frac{\text{SAQ}_{\text{Res}}}{8(L-1)} = \frac{\sum s_{ijk}^2}{8}$$

für jede der Nullhypothesen eines Effekts in der Grundgesamtheit jeweils

$$t_{\text{beob}} = (\text{geschätzter Effekt} - 0)/\frac{\hat{\sigma}}{\sqrt{8L}}.$$

Die zugehörige Zufallsvariable hat unter H_0 eine t-Verteilung mit Parameter $8(L-1)$, sofern die Mittelwerte Gauß-verteilt sind und ist sonst für große L annähernd Standard-Gauß-verteilt.

Beispiel mit Interpretation (Analysen von S. 74 fortgesetzt)
Mittelwerte und Standardabweichungen für die durchschnittliche Gewichtszunahme von jeweils $L = 8$ Schweinen in jeder der $IJK = 8$ Gruppen:

	C, Geschlecht des Schweins			
	$k = 1$: männlich		$k = 2$: weiblich	
	B, Protein		B, Protein	
A, Lysin	$j = 1$: 12%	$j = 2$: 14%	$j = 1$: 12%	$j = 2$: 14%
$i = 1$: 0%	1,06	1,38	1,08	1,34
	(0,144)	(0,156)	(0,116)	(0,181)
$i = 2$: 0,6 %	1,28	1,29	1,14	1,20
	(0,093)	(0,137)	(0,176)	(0,166)

$\text{SAQ}_{\text{Res}} = 1,24 \quad n = 8L = 64 \quad \hat{\sigma}^2 = \text{SAQ}_{\text{Res}}/(n - 8) = 0,022$

Für die Standardabweichung der Effektterme (abgekürzt Eff) erhält man

$$s(\text{Eff}) = \hat{\sigma}/\sqrt{8\text{L}} = \sqrt{0,022}/\sqrt{8 \times 8} = 0,019.$$

Die mit dem Yates-Algorithmus berechneten Effektterme werden nun um zweiseitige Testergebnisse ergänzt, um t-Tests mit Parameter $n - 8 = 56$.

Klassen von A, B, C ijk	$\bar{y}_{ijk+}$	Eff: geschätzter Effektterm*	Art des Effekts	t_{beob}	p-Wert
111	1,06	1,22	–	–	–
211	1,28	$-0,01$	A	$-0,38$	0,707
121	1,38	$-0,08$	B	$-4,41$	0,000
221	1,29	$-0,06$	AB	$-3,42$	0,001
112	1,08	0,03	C	1,60	0,114
212	1,14	$-0,02$	AC	$-1,30$	0,198
122	1,34	$-0,00$	BC	$-0,06$	0,953
222	1,20	$-0,01$	ABC	$-0,71$	0,478

*jeder Effektterm für Klasse (oder Klassen) 1

Die Ergebnisse sind für alle Effektterme, die die Variable C einschließen, bei zweiseitigen Tests statistisch nicht signifikant, da die beobachteten Prüfgrößenwerte für C, AC, BC und ABC alle kleiner als $t_{0,975;56} = 2,0$ sind.

Der Interaktionseffekt der Einflussgrößen A und B auf Y ist dagegen statistisch signifikant zum Niveau 1%, da $3,42 > t_{0,995;56} = 2,67$. Die zugehörigen Haupteffekte von A und B werden deshalb nicht interpretiert. Die Testergebnisse bestätigen die zuvor vermutete Interpretation (siehe S. 75).

3.2.4 Zwei unabhängige Gruppen

Falls es nur zwei Klassen der kategorialen Einflussgröße gibt, so vereinfacht sich das Varianzanalysenmodell zum Vergleich der Mittelwerte in zwei unabhängigen Gruppen. Unter der Annahme, dass die Variabilität in beiden Grundgesamtheiten gleich groß ist, so dass $\sigma_1 = \sigma_2$ zutrifft, ist die Forschungshypothese „die Mittelwerte in den zwei Grundgesamtheiten unterscheiden sich". Die zugehörige Nullhypothese ist

$$H_0 : \mu_1 = \mu_2 \quad \text{oder} \quad H_0 : \mu_1 - \mu_2 = 0.$$

Die Differenz kann als Kontrast mit Gewichten $c_1 = 1$ und $c_2 = -1$ interpretiert werden, so dass man die entsprechenden Ergebnisse zur Formulierung einer t-verteilten Prüfgröße verwenden kann oder noch direkter wie folgt argumentiert. Die Varianz einer Mittelwertsdifferenz $\bar{Y}_1 - \bar{Y}_2$ in zwei Zufallsstichproben vom Umfang n_1 und n_2 ist die Summe der Varianzen der beiden Mittelwerte

$$\sigma^2_{\bar{y}_1 - \bar{y}_2} = \sigma^2/n_1 + \sigma^2/n_2 = n\sigma^2/(n_1 n_2).$$

Die Varianz σ^2 wird als gewichtete Summe der beobachteten Varianzen geschätzt,

$$\hat{\sigma}^2 = \frac{(n_1 - 1)s_1^2 + (n_2 - 1)s_2^2}{n_1 + n_2 - 2} = \frac{\text{SAQ}_1 + \text{SAQ}_2}{n_1 + n_2 - 2}.$$

Für die Nullhypothese $H_0 : \mu_1 - \mu_1 = 0$ ist der beobachtete Prüfgrößenwert

$$t_{\text{beob}} = \frac{\bar{y}_1 - \bar{y}_2 - 0}{s(\bar{y}_1 - \bar{y}_2)}$$

mit

$$s^2(\bar{y}_1 - \bar{y}_2) = \hat{\sigma}^2 \frac{n_1 n_2}{n}$$

Unter H_0 hat die zugehörige Zufallsvariable für kleine n und Gauß-verteilte Mittelwerte $\bar{Y}_1$, $\bar{Y}_2$ eine t-Verteilung mit Parameter $n_1 + n_2 - 2$, sonst für große n annähernd eine Standard-Gauß-Verteilung.

3.2.5 Mehrere Tests an denselben Daten

An einem einfachen Beispiel kann man sich die Auswirkungen von vielen Tests an denselben Daten verdeutlichen. Geprüft werden Mittelwertsunterschiede und wir nehmen an, dass es in der Grundgesamtheit keinerlei Mittelwertsunterschiede gibt. Wie groß ist dann die Wahrscheinlichkeit, dass mindestens eines von 15 Testergebnissen signifikant wird, wenn alle Tests unabhängig voneinander sind?

Dies ist gleich Eins minus der Wahrscheinlichkeit, dass in allen 15 Tests die Nullhypothese beibehalten wird, also Eins minus der Wahrscheinlichkeit dafür, dass im ersten, im zweiten, und so weiter, bis zum 15ten Test die Nullhypothese beibehalten wird, wenn sie zutrifft. Wenn das Niveau der Tests mit 5% festgelegt ist, so ist die Wahrscheinlichkeit, die Nullhypothese in einem einzelnen Test beizubehalten, wenn H_0 zutrifft, gleich $(1 - 0,05)$ und in 15 unabhängigen Tests gleich $(1 - 0,05)^{15}$. Somit wird die Wahrscheinlichkeit in mindestens einem der 15 unabhängigen Tests ein signifikantes Ergebnis zu finden gleich

$$1 - (1 - 0,05)^{15} = 0,54.$$

Das Ergebnis sagt, dass die Chance, in reinen Zufallsdaten mit 15 unabhängigen statistischen Tests wenigstens einen signifikanten Mittelwertsvergleich zu finden, größer als 50% ist. Wird 15 durch eine noch größere Anzahl ersetzt, so erhöht sich diese Wahrscheinlichkeit weiter. Die Wahrscheinlichkeit wird dagegen niedriger, je stärker es Abhängigkeiten zwischen den einzelnen Tests gibt.

Es gibt verschiedene Möglichkeiten sich davor zu schützen, Ergebnisse als statistisch signifikant zu interpretieren, die nur darauf zurückzuführen sind, dass man zu viele Tests an denselben Daten durchgeführt hat. Einige dieser Verfahren haben gemeinsam, dass man ein strengeres Kriterium als bei einem einzelnen Test heranzieht, um ein Ergebnis zu einem vorgegebenen Niveau als statistisch signifikant zu erklären. Andere prüfen, ob man alle Effekte gleichzeitig zu Null setzen kann.

Holm-Korrektur

Man kann zum Beispiel die einzelnen Tests mit einer **Holm-Korrektur** ([64], Holm, 1979) durchführen. Für diese Korrektur ordnet man die beobachteten Prüfgrößenwerte von d Tests der Größe nach und erklärt diejenigen zu einem vorgegebenen Niveau, um Beispiel 1%, für statistisch signifikant, die die folgenden Kriterien erfüllen: den größten Wert, sofern er den kritischen Wert für die Irrtumswahrscheinlichkeit $0,01/d$ überschreitet, den zweitgrößten, sofern er den kritischen Wert für die Irrtumswahrscheinlichkeit $0,01/(d-1)$, den drittgrößten, sofern er den kritischen Wert für die Irrtumswahrscheinlichkeit $0,01/(d-2)$ überschreitet, bis zum kleinsten Wert zum Niveau 1%.

Die vorgegebene Irrtumswahrscheinlichkeit bleibt bei diesem Vorgehen auch für die Hypothese erhalten, dass alle Effekte gleich Null sind. Andererseits wird das Auffinden einzelner Abhängigkeiten damit erschwert. Wenn es die Aufgabe einer Analyse ist, auf möglicherweise wichtige Abhängigkeiten hinzuweisen, also Hypothesen für weitere Studien zu formulieren, statt sie zu prüfen, ist es oft nicht ratsam, die Holm-Korrektur anzuwenden. In einem frühen Stadium der Forschung ist es wichtig, gute Hypothesen für weitere Studien zu generieren.

Globaltests

Zusätzlich zu den Effekttests, kann man einen so genannten **Globaltest** durchführen. Bei einer einfachen Varianzanalyse sind die zugehörigen statistischen Hypothesen:

$$H_0: \alpha_1 = \alpha_2 = \ldots = \alpha_I = 0,$$

$$H_1: \text{mindestens ein Effekt } \alpha_i \text{ ist von Null verschieden.}$$

Dieser Test kann die Effekttests ergänzen, aber im Allgemeinen nicht ersetzen, weil man bei einem signifikanten Ergebnis nicht weiß, auf welche Effektterme die Signifikanz zurückzuführen ist.

Der beobachtete Prüfgrößenwert für den obigen Globaltest ist

$$F_{\text{beob}} = \frac{R_{Y|A}^2}{(I-1)} \Big/ \frac{(1 - R_{Y|A}^2)}{(n-I)}.$$

Die zugehörige Zufallsvariable ist für Gauß-verteilte Mittelwerte F-verteilt mit Parameter $(I-1)$ und $(n-I)$. Da die Prüfgröße auf quadrierten Abweichungen basiert, entsprechen sowohl positive als auch negative Abweichungen von der Nullhypothese großen Werten F_{beob}.

Rechenbeispiel: Globaltest (Analyse von S. 202 fortgesetzt)
Für $n = 24$ Kinder ergibt die einfache Varianzanalyse für die $I = 3$ Klassen der Kindergartenart und die soziale Anpassungsfähigkeit, Y, als Zielgröße $R_{Y|A}^2 = 38,96/(38,96 + 68) = 0,364$. Somit ist

$$F_{\text{beob}} = \frac{0,364}{2} \Big/ \frac{(1 - 0,364)}{(24 - 3)} = 6,01.$$

Der 99%-Quantilswert einer F-Verteilung mit Parameter $I - 1 = 2$ und $n - I = 24$ ist $F_{0,99;2;21} = 5,78$ (siehe zum Beispiel [61]). Die Nullhypothese bei einem zweiseitigen Test wird zum Niveau 1% verworfen, da $6,02 > 5,78$ ist.

Es gibt somit eine Abhängigkeit der Zielgröße Y von der Einflussgröße A, die nicht mit bloßen Zufallsschwankungen zu erklären ist. Die Tests für einzelne Effektterme (S. 204) und für einen ausgewählten weiteren Kontrast (S. 202) verbessern die Interpretation.

3.2.6 Zusammenfassung

Kontraste allgemein

Eine gewichtete Summe von Mittelwerten, bei der sich die Gewichte zu Null summieren, wird Kontrast genannt. Die Zufallsvariable K für $h = 1, \ldots, H$, Mittelwerte $\bar{Y}_h$ und Gewichte c_h ist

$$K = c_1 \bar{Y}_1 + c_2 \bar{Y}_2 + \ldots + c_H \bar{Y}_H,$$

mit

$$c_1 + c_2 + \ldots + c_H = 0,$$

$$K_{\text{beob}} = c_1 \bar{y}_1 + c_2 \bar{y}_2 + \ldots c_H \bar{y}_H.$$

Der Mittelwert eines Kontrastes K ist

$$\mu_K = c_1 \mu_1 + c_2 \mu_2 + \ldots + c_H \mu_H,$$

und die Varianz eines Kontrastes ist mit jeweils derselben Variabilität für Y_h in den Grundgesamtheiten

$$\sigma_K^2 = \sigma^2 \left(\frac{c_1^2}{n_1} + \frac{c_2^2}{n_2} + \ldots + \frac{c_H^2}{n_H} \right).$$

Der beobachtete Prüfgrößenwert für $H_0 : \mu_k = 0$ ist

$$t_{\text{beob}} = \frac{K_{\text{beob}} - 0}{\hat{\sigma}_K} \qquad \text{mit } \hat{\sigma}_K^2 = \hat{\sigma}^2 \sum c_h^2 / n_H,$$

wobei $\hat{\sigma}^2 = \sum \text{SAQ}(h) / \sum (n - H)$ und $n = \sum n_h$ hat.

Unter H_0 hat die zugehörige Zufallsvariable für Gauß-verteilte Mittelwerte $\bar{Y}_h$ eine t-Verteilung mit Parameter $n - H$, sonst hat sie für große n_h annähernd eine Standard-Gauß-Verteilung.

Effekttests in der einfachen Varianzanalyse

Will man in der einfachen Varianzanalyse prüfen, welche der Effekte α_i von Null verschieden sind, so verwendet man spezielle Kontraste und H ist gleich der Anzahl der Klassen I der Einflussgröße A. Für ungleiche Beobachtungsanzahlen n_i beziehungsweise bei gleich großen Beobachtungsanzahlen L in I Gruppen sind die beobachteten Prüfgrößenwerte für $H_0 : \alpha_i = 0$:

$$t_{\text{beob}} = (\hat{\alpha}_i - 0) / \hat{\sigma} \sqrt{\frac{n - n_i}{n n_i}}, \qquad t_{\text{beob}} = (\hat{\alpha}_i - 0) / \hat{\sigma} \sqrt{\frac{(I - 1)}{IL}}.$$

Eine zugehörige t-Verteilung hat Parameter $n - I$.

t-Tests für zwei unabhängige Stichproben

Falls es im einfachen Varianzanalysenmodell nur zwei Klassen der kategorialen Einflussgröße gibt, so erhält man den t-Test für zwei unabhängige Stichproben. Unter der Annahme gleicher Variabilität in den beiden Grundgesamtheiten wird die gemeinsame Varianz σ^2 als gewichtete Summe der beobachteten Varianzen in beiden Gruppen geschätzt:

$$\hat{\sigma}^2 = \frac{(n_1 - 1)s_1^2 + (n_2 - 1)s_2^2}{n_1 + n_2 - 2} = \frac{\text{SAQ}_1 + \text{SAQ}_2}{n_1 + n_2 - 2} = \frac{\text{SAQ}_{\text{Res}}}{n - 2}.$$

Der beobachtete Prüfgrößenwert unter $H_0 : \mu_1 - \mu_2 = 0$ ist mit $n = n_1 + n_2$

$$t_{\text{beob}} = \frac{\bar{y}_1 - \bar{y}_2 - 0}{s(\bar{y}_1 - \bar{y}_2)} \quad \text{mit} \quad s^2(\bar{y}_1 - \bar{y}_2) = \hat{\sigma}^2 \frac{n_1 n_2}{n}$$

Eine zugehörige t-Verteilung hat Parameter $n - 2$.

Effekttests in multiplen Varianzanalysen

Auch in multiplen Varianzanalysen mit mehreren Einflussgrößen sind Tests für Effektterme spezielle Kontraste. Für Einflussgrößen A, B, C mit Klassenanzahlen I, J, K ist H gleich IJK.

Für den Sonderfall der 2^2 **Varianzanalyse** mit L Personen in jeder der vier Gruppen ergeben sich als beobachtete Prüfgrößenwerte für einzelne Effektterme

$$t_{\text{beob}} = (\text{geschätzter Effekt} - 0)/\frac{\hat{\sigma}}{\sqrt{4L}}$$

mit

$$\hat{\sigma}^2 = \frac{\text{SAQ}_{\text{Res}}}{4(L - 1)}.$$

Die zugehörige t-Verteilung hat Parameter $4(L - 1)$.

Für den Sonderfall der 2^3 **Varianzanalyse** mit L Beobachtungen in jeder der 8 Gruppen ergeben sich als beobachtete Prüfgrößenwerte

$$t_{\text{beob}} = (\text{geschätzter Effekt} - 0)/\frac{\hat{\sigma}}{\sqrt{8L}}$$

mit

$$\hat{\sigma}^2 = \frac{\text{SAQ}_{\text{Res}}}{8(L - 1)}.$$

Eine zugehörige t-Verteilung hat Parameter $8(L - 1)$.

Mehrfache Tests an denselben Daten

Werden mehrere Tests an denselben Daten durchgeführt, so will man sich eventuell davor schützen, Ergebnisse als signifikant zu interpretieren, die nur auf wiederholtes Testen an denselben Daten zurückzuführen sind.

Verwendet man die **Holm**-Korrektur für einzelne Effekttests, so werden zunächst die t-Werte der berechneten d Tests der Größe nach geordnet, und diejenigen als statistisch signifikant zu einem vorgegebenen Niveau, zum Beispiel 1% erklärt, die folgende Kriterien erfüllen:
— der größte, wenn er den kritischen Wert $0,01/d$ überschreitet,
— der zweitgrößte, wenn er den kritischen Wert $0,01/(d-1)$ überschreitet,
— der drittgrößte, wenn er den kritischen Wert $0,01/(d-2)$ überschreitet,
— bis zum letzten für den kritischen Wert $0,01$.

Mit diesem Vorgehen bleibt die Irrtumswahrscheinlichkeit von 0,01 auch für die Globalhypothese, dass alle Effekte gleich Null sind, erhalten. Es wird jedoch schwerer, Hinweise auf möglicherweise wichtige Effekte zu finden.

Globaltests

Mit Globaltests in der einfachen Varianzanalyse formuliert man mit der Nullhypothese, dass alle Effekte gleich Null sind; mit der Alternativen, dass mindestens ein Effekt von Null verschieden ist. Sie können Effekttests ergänzen, aber nicht ersetzen, weil man bei einem signifikanten Ergebnis nicht weiß, auf welche Effektterme die Signifikanz zurückzuführen ist.

Für Gauß-verteilte Mittelwerte ist die zu

$$F_{\text{beob}} = \frac{R_{Y|A}^2}{(I-1)} \bigg/ \frac{(1 - R_{Y|A}^2)}{(n-I)}$$

gehörige Zufallsvariable F-verteilt mit Parametern $I-1$ und $n-I$.

3.3 Logit-Regressionen und logistische Regressionen

Für die Abhängigkeit kategorialer Zielgrößen von einer oder von mehreren Einflussgrößen sind andere statistische Tests nötig, als sie bisher beschrieben wurden. Selbst wenn zum Beispiel mit dem Phi-Koeffizienten für zwei binäre Merkmale ein Korrelationskoeffizient berechnet werden kann, so hat die zugehörige Zufallsvariable dennoch eine andere Verteilung als zum Beispiel der Korrelationskoeffizient für quantitative Variablen. Unverändert, im Vergleich zur Varianzanalyse, gibt es Effekttests.

❸ 3.3.1 Effekttests für die einfache Logit-Regression

Für 2^2-Kontingenztafeln, in der Variable A die binäre Zielgröße mit Ausprägung $i = 1, 2$ und Variable B die binäre Einflussgröße mit Ausprägung $j = 1, 2$ ist, wurde in Abschnitt 1.5.3 die Art der Abhängigkeit mit einer einfachen Logit-Regression beschrieben,

$$\log(\pi_{1|j}/\pi_{1|j}) = \delta^- + \delta_j^B.$$

Die Effektterme der Einflussgröße, δ_1 und δ_2 addieren sich dabei zu Null und

$$\hat{\delta}_1^B = \frac{1}{2} \log\left(\frac{n_{11}n_{22}}{n_{12}n_{21}}\right).$$

Dabei wird angenommen, dass die Anzahlen n_{ij} in der 2^2-Kontingenztafel aus insgesamt $2J$ unabhängigen Zufallsstichproben entstehen.

Behauptung (hier ohne Beweis)

Unter der Nullhypothese, dass es in der Grundgesamtheit keine Abhängigkeit der binären Zielgröße, A, von der binären Einflussgröße, B, gibt, ist der beobachtete Prüfgrößenwert in der einfachen Logit-Regression

$$z_{\text{beob}} = \frac{(\hat{\delta}_1 - 0)}{s(\hat{\delta}_1)}$$

mit

$$s(\hat{\delta}_1) = \frac{1}{2} \sqrt{\frac{1}{n_{11}} + \frac{1}{n_{21}} + \frac{1}{n_{12}} + \frac{1}{n_{22}}}.$$

Die zugehörige Zufallsvariable ist für große n_{ij} und unter H_0 annähernd Standard-Gauß-verteilt.

Falls es in der beobachteten Kontingenztafel eine Anzahl gibt, die gleich Null ist, so ist der standardisierte Effekt z_{beob} nicht definiert. Eine pragmatische Lösung ist es in diesem Fall, einen kleinen Betrag, zum Beispiel 0,05, zu jeder beobachteten Anzahl n_{ij} zu addieren, bevor man den Prüfgrößenwert berechnet.

Rechenbeispiel: Effekttest in der einfachen Logit-Regression (Analyse von S. 84 fortgesetzt)

Klassen j von B:	1	2
Anzahl n_{1j}:	12	18
Anzahl n_{2j}:	8	162
Wettquote (n_{1j}/n_{2j}):	1,50	0,11
Art des Effekts:	$-$	B
geschätzte Effektterme:	$-0,90$	1,30
$s(\hat{\delta}_1)$:	$-$	0,26
z_{beob}:	$-$	5,01
p-Wert:	$-$	0,00

Dabei sind

$$s(\hat{\delta}_1) = \frac{1}{2}\sqrt{\frac{1}{12} + \frac{1}{8} + \frac{1}{18} + \frac{1}{162}} = 0,26$$

und $z_{\text{beob}} = 1,30/0,26 = 5,01$.

Der 99,5%-Quantilswert der Standard-Gauss-Verteilung ist $z_{0,995} = 2,58$. Da der beobachtete Prüfgrößenwert für $H_0 : \delta_1^B = 0$ mit 5,01 größer als 2,58 ist, ist das Ergebnis bei einem zweiseitigen Test zum Niveau 1% statistisch signifikant.

3.3.2 Effekttests für die multiple Logit-Regression

Für 2^3-Kontingenztafel, in der Variable A die binäre Zielgröße und Variable B, C binäre Einflussgrößen sind, wurden in Abschnitt 1.5.4 mit der multiplen Logit-Regression die Effektterme der beiden Einflussgrößen mit dem Yates-Algorithmus berechnet. Die geschätzten Effektterme $\hat{\delta}_{11}^{BC}$, $\hat{\delta}_{11}^{B}$, $\hat{\delta}_{1}^{C}$ werden nun um statistische Tests ergänzt. In allen Beispielen unterstützen die Testergebnisse die zuvor vermuteten Interpretationen, sie werden deshalb hier nicht wiederholt.

Behauptungen   (hier ohne Beweis)

Unter der Nullhypothese, dass in der Grundgesamtheit der Effektterm (Eff) und zugehörige größere Interaktionseffektterme gleich Null sind, ist

a) ein beobachteter Prüfgrößenwert

$$z_{\text{beob}} = \frac{\text{Eff} - 0}{s(\text{Eff})}$$

mit

$$s(\text{Eff}) = \frac{1}{4} \sqrt{\frac{1}{n_{111}} + \frac{1}{n_{211}} + \frac{1}{n_{121}} + \frac{1}{n_{221}} + \frac{1}{n_{112}} + \frac{1}{n_{212}} + \frac{1}{n_{122}} + \frac{1}{n_{222}}}.$$

b) Die zu a) gehörige Zufallsvariable ist für große n_{ijk} unter H_0 annähernd Standard-Gauß-verteilt.

Beispiel mit Interpretation (Analyse zu $A \perp\!\!\!\perp BC$ von S. 86 fortgesetzt)

n_{ijk} mit $n = 246$

	C, Geschlecht des Kindes			
	$k = 1$: männlich		$k = 2$: weiblich	
A, Mutter ist	B, Mutter unterstützt		B, Mutter unterstützt	
inkonsistent	$j = 1$: nein	$j = 2$: ja	$j = 1$: nein	$j = 2$: ja
$i = 1$: nein	28	32	25	29
$i = 2$: ja	37	33	33	29
$P_{2|jk}$:	56,9%	50,8%	56,9%	50,0%

Klassen jk von B, C:	11	21	12	22
Anzahl n_{1jk}:	28	32	25	29
Anzahl n_{2jk}:	37	33	33	29
Wettquote (n_{1jk}/n_{2jk}):	0,76	0,97	0,76	1,00
Art des Effekts:	$-$	B	C	BC
Eff, geschätzter Effektterm*:	$-0,15$	$-0,13$	$-0,01$	$0,01$
$s(\text{Eff})$:	$-$	0,128	0,128	0,128
z_{beob}:	$-$	$-1,02$	$-0,06$	$0,06$
p-Wert:	$-$	0,31	0,95	0,95

* für Klassen 1

Der p-Wert für den Interaktionseffekt BC ist

$$\Pr(|Z| > 0,06) = \Pr(Z > 0,06) + Pr(Z < -0,06) = 0,95$$

Es ist damit sehr wahrscheinlich, den beobachteten Interaktionsterm $\hat{\delta}_{11}^{BC} = 0,01$ oder einen dem Betrag nach größeren zu erhalten, wenn es keine Interaktion von BC auf A gibt. Ähnliches gilt für die Haupteffekte von C und von B. Es gibt daher keine statistisch signifikante Abhängigkeit der Zielgröße A von den Einflussgrößen B und C und Modell $A : -$ passt gut.

Beispiel mit Interpretation (Analyse zu $A \perp\!\!\!\perp C|B$ von S. 87 fortgesetzt)

n_{ijk} mit $n = 24220$

	C, Hautfarbe der Mutter			
	k = 1: hell		k = 2: dunkel	
A, perinatale	B, Totgeburt zuvor		B, Totgeburt zuvor	
Mortalität	j = 1: nein	j = 2: ja	j = 1: nein	j = 2: ja
i = 1: nein	9148	1678	10502	1963
i = 2: ja	270	134	371	154
$P_{2|jk}$:	2,9%	7,4%	3,4%	7,3%

Klassen jk von B, C:	11	21	12	22
Anzahl n_{1jk}:	9148	1678	10502	1963
Anzahl n_{2jk}:	270	134	371	154
Wettquote (n_{1jk}/n_{2jk}):	33,88	12,52	28,31	12,75
Art des Effekts:	–	B	C	BC
Eff, geschätzter Effektterm*:	2,98	0,45	0,04	0,05
s(Eff):	–	0,037	0,037	0,037
z_{beob}:	–	12,18	1,10	1,34
p-Wert:	–	0,00	0,27	0,18

* für Klassen 1

Hier ist es wahrscheinlich, die beiden beobachteten Effektterme, $\hat{\delta}_{11}^{BC} = 0,05$ und $\hat{\delta}_{1}^{C} = 0,04$, unter der Nullhypothese zu erhalten, da die p-Werte, $\Pr(|Z| > 1,34) = 0,18$ und $\Pr(|Z| > 1,10) = 0,27$, beide groß sind. Dagegen ist der Effekt von B auf A hoch signifikant, da $12,18$ erheblich größer als $z_{0,9995} = 3,29$ ist; Modell $A : B$ passt gut zu den Daten.

Beispiel mit Interpretation (Analyse von S. 88 fortgesetzt)

n_{ijk} mit $n = 1679$

A, Jugendlicher	C, Eltern rauchen			
	$k = 1$: ja, ein Elternteil		$k = 2$: ja, beide	
	B, Geschw. rauchen		B, Geschw. rauchen	
raucht	$j = 1$: nein	$j = 2$: ja	$j = 1$: nein	$j = 2$: ja
$i = 1$: nein	221	152	202	196
$i = 2$: ja	109	186	158	455
$P_{2|jk}$:	33,0%	55,0%	43,9%	69,9%

Klassen jk von B, C:	11	21	12	22
Anzahl n_{1jk}:	221	152	202	196
Anzahl n_{2jk}:	109	186	158	455
Wettquote (n_{1jk}/n_{2jk}):	2,03	0,82	1,28	0,43
Art des Effekts:	−	B	C	BC
Eff, geschätzter Effektterm*:	−0,02	0,50	0,28	−0,04
s(Eff):	−	0,053	0,053	0,053
z_{beob}:	−	9,49	5,24	−0,85
p-Wert	−	0,00	0,00	0,39

Es ist unter H_0 sehr wahrscheinlich, den beobachteten Effektterm $\hat{\delta}_{11}^{BC} = -0,04$ zu erhalten, da der p-Wert $\Pr(|Z| > 0,85) = 0,39$. Die Haupteffekte der Variablen B und C sind dagegen beide hoch signifikant, da die zugehörigen Werte z_{beob} weit größer als $z_{0,9995} = 3,29$ sind; Modell $A : B + C$ passt gut. Die Additivität der Effekte von B und C in der logarithmierten Skala ist in den beobachteten Prozentzahlen $P_{2|jk}$ nicht direkt zu erkennen.

Beispiel mit Interpretation (Analyse von S.90 fortgesetzt)

n_{ijk} mit $n = 246$

A, Ängstlichkeit	C, Unterstützung, Vater			
	$k = 1$: nein		$k = 2$: ja	
	B, Mutter inkonsistent		B, Mutter inkonsistent	
des Kindes	$j = 1$: nein	$j = 2$: ja	$j = 1$: nein	$j = 2$: ja
$i = 1$: nein	45	20	40	23
$i = 2$: ja	13	48	25	32
	22,4%	70,6%	38,5%	58,2%

Klassen jk von B, C:	11	21	12	22
Anzahl n_{1jk}:	45	20	40	23
Anzahl n_{2jk}:	13	48	25	32
Wettquote (n_{1jk}/n_{2jk}):	3,46	0,42	1,60	0,72
Art des Effekts:	$-$	B	C	BC
Eff, geschätzter Effektterm*:	0,13	0,73	0,06	0,33
$s(\text{Eff})$:	$-$	0,139	0,139	0,139
z_{beob}:	$-$	5,24	0,41	2,37
p-Wert:	$-$	0,00	0,68	0,02

* für Klassen 1

Hier gibt es eine Interaktion, die bei einem zweiseitigen Test zum Niveau 5% statistisch signifikant ist, da der p-Wert, $\Pr(|Z| > 2,37) = 0,02$, kleiner als 0,05 ist. Der interaktive Effekt, der aus der psychologischen Theorie vorhergesagt wird, ist noch deutlicher, wenn die Skalen, die den Variablen A und B zugrunde liegen, nicht wie hier, median-dichotomisiert sind (siehe S. 108).

Die Interaktion bedeutet hier, dass der negative Effekt des inkonsistenten Verhaltens der Mutter groß ist, wenn der Vater nicht unterstützt ($P_{2|21} - P_{2|11} = 70,6 - 22,4 = 48,2$), aber erheblich abgeschwächt wird, wenn der Vater vom Kind als unterstützend erlebt wird ($P_{2|22} - P_{2|12} = 58,2 - 38,5 = 19,7$). Die Haupteffekte von B und C werden bei der signifikanten Interaktion von BC auf die Zielgröße A nicht interpretiert; nur Modell $A : B * C$ passt gut.

3.3.3 Globaltests für Logit-Regressionen

Ebenso wie in der Varianzanalyse lassen sich Effekttests in Logit-Regressionen mit einem Globaltest ergänzen. Die statistischen Hypothesen für den Globaltest in der einfachen Logit-Regression mit Einflussgröße B, die J Klassen hat, sind

$$H_0\colon \delta_1^B = \delta_2^B = \ldots \delta_J^B = 0,$$

$$H_1\colon \text{mindestens ein } \delta_j \neq 0,$$

das heißt unter H_0 ist die Zielgröße A unabhängig von der Einflussgröße B. Wir beschreiben den Test für den etwas allgemeineren Fall, in dem die Zielgröße A nicht wie in der Logit-Regression binär ist, sondern mehr als zwei Klassen haben kann.

Die zum Globaltest zugehörige Nullhypothese lässt sich auf verschiedene Weise formulieren:

a) H_0: die beiden Zufallsvariablen A und B sind unabhängig $(A \perp\!\!\!\perp B)$

b) $H_0 : \pi_{ij} = \pi_{i+}\pi_{+j}$

c) $H_0 : \pi_{i|j} = \pi_{i+}$

Ein statistischer Test mit dem diese Nullhypothese geprüft werden kann, basiert auf den quadrierten Abweichungen der beobachteten Anzahlen n_{ij} von den unter H_0 geschätzten Anzahlen $\hat{m}_{ij}$. Die beobachtete Prüfgröße spricht mit großen Werten in einem zweiseitigen Test gegen die Nullhypothese.

Behauptung   (hier ohne Beweis)
Mit

$$\hat{m}_{ij} = n_{i+}n_{+j}/n$$

ist der beobachtete Prüfgrößenwert

$$\chi^2_{\text{beob}} = \sum(n_{ij} - \hat{m}_{ij})^2/\hat{m}_{ij}.$$

Die zugehörige Zufallsvariable ist unter der Nullhypothese für große n_{ij} annähernd Chi-Quadrat-verteilt mit Parameter $(I-1)(J-1)$. Man spricht auch vom Chi-Quadrat Test auf Unabhängigkeit.

Rechenbeispiel: Globaltest für zwei kategoriale Variable
Für $n = 60$ Personen sind fiktive Anzahlen für die Zielgröße A, Behandlungsstand nach einjähriger Therapie, und die mögliche Einflussgröße B, Geschlecht des Patienten, angegeben.

Anzahlen n_{ij} und Prozentangaben für die drei Klassen von A

A, Behand-	B, Geschlecht					
lungsstand	$j = 1$: männl.		$j = 2$: weibl.		zus.	
$i = 1$: erfolgr. beendet	14	70%	16	40,0%	30	50%
$i = 2$: andauernd	3	15%	9	22,5%	12	20%
$i = 3$: abgebrochen	3	15%	15	37,5%	18	30%
Summe	20	100%	40	100%	60	100%

Die unter der Annahme der Unabhängigkeit von A und B geschätzten Anzahlen, $\hat{m}_{ij} = n_{i+}n_{+j}/n$, und der Beitrag zum beobachteten Prüfgrößenwert sind für alle ij-Kombinationen in den beiden folgenden Tabellen angegeben.

Zum Beispiel ist für $i = 1$, $j = 1$:

$$\hat{m}_{11} = 20 \times 30/60 = 10 \text{ und } (n_{ij} - \hat{m}_{ij})^2 = (14 - 10)^2 = 16.$$

	$\hat{m}_{ij}$		$(n_{ij} - \hat{m}_{ij})^2 / \hat{m}_{ij}$	
	$j = 1$	$j = 2$	$j = 1$	$j = 2$
$i = 1$	10	20	$16/10 = 1{,}60$	$16/20 = 0{,}80$
$i = 2$	4	8	$1/4 = 0{,}25$	$1/8 = 0{,}13$
$i = 3$	6	12	$9/6 = 1{,}50$	$9/12 = 0{,}75$

Der beobachtete Prüfgrößenwert berechnet sich damit als

$$\chi^2_{\text{beob}} = 16/10 + 16/20 + 1/4 + 1/8 + 9/6 + 9/12 = 5{,}03.$$

Da $\chi^2_{\text{beob}} = 5{,}03$ kleiner ist als der 95%-Quantilswert der Chi-Quadrat-Verteilung mit Parameter zwei, $\chi^2_{0{,}95;2} = 5{,}99$, ist das Ergebnis zum Niveau 5% statistisch nicht signifikant. Der beobachtete Anteil für Therapieabbruch ist bei Männern im Vergleich zu Frauen zwar um $22{,}5 = 37{,}5 - 15$ Prozentpunkte niedriger, aber bei einem Stichprobenumfang von nur 60 Personen lässt sich diese Differenz noch mit bloßen Zufallsschwankungen erklären; sie kann entstehen, auch wenn in der Grundgesamtheit aller Patienten der Behandlungsstand unabhängig vom Geschlecht des Patienten ist.

Für eine 2^2 Tafel ist der beobachtete Chi-Quadrat-Wert gleich dem quadrierten Phi-Koeffizienten multipliziert mit dem Stichprobenumfang n (siehe Anhang D.3).

$$\chi^2_{\text{beob}} = n r^2_{ab}.$$

Globaltests für drei kategoriale Variable

Für zwei Einflussgrößen B, C und eine Zielgröße A gibt es zwei verschiedene Arten von Unabhängigkeitsstrukturen (siehe S. 152). Falls die kategorialen Variablen B, C die Ausprägungsanzahlen J, K haben, so können Globaltests die Tests auf Effekte in der Logit-Regression ergänzen, aber wiederum in der Regel nicht ersetzen. Bezeichnen n_{ijk} die beobachteten Anzahlen in einer dreidimensionalen Kontingenztafel, so basieren die Globaltests jeweils auf den Abweichungen der beobachteten Anzahlen von den geschätzten Anzahlen $\hat{m}_{ijk}$:

$$\chi^2_{\text{beob}} = \sum (n_{ijk} - \hat{m}_{ijk})^2 / \hat{m}_{ijk}.$$

Für jede Struktur sehen die geschätzten Anzahlen $\hat{m}_{ijk}$ jedoch anders aus.

Die folgenden Ergebnisse sind ohne Beweise kurz zusammengefasst. Angenommen wird jeweils, dass die beobachteten Anzahlen n_{ijk} groß sind.

Variable A ist unabhängig von den Variablen B, C gemeinsam ($A \perp\!\!\!\perp BC$)

a) $H_0 : \pi_{i|jk} = \pi_{i++}$

b) $\hat{m}_{ijk} = n_{i++}n_{+jk}/n$

c) die zu χ^2_{beob} gehörige Zufallsvariable ist für große n_{ijk} unter H_0 annähernd Chi-Quadrat-verteilt mit Parameter $(I-1)(JK-1)$.

Beispiel für $H_0 : A \perp\!\!\!\perp BC$ (Analyse von S. 156 und S. 218 ergänzt)
Es gibt $n = 246$ Beobachtungen zu den Variablen inkonsistentes Verhalten der Mutter, A, Unterstützung durch die Mutter, B, und Geschlecht des Kindes, C. Man erhält eine sehr gute Anpassung an die Hypothese $A \perp\!\!\!\perp BC$ mit $(I-1)(JK-1) = 3$, $\chi^2_{\text{beob}} = 1,05$ und dem p-Wert $\Pr(\chi^2_3 > 1,05) = 0,79$.

Variable A ist unabhängig von Variable C gegeben Variable B ($A \perp\!\!\!\perp C|B$)

a) $H_0 : \pi_{i|jk} = \pi_{i|j}$

b) $\hat{m}_{ijk} = n_{ij+}n_{+jk}/n_{+j+}$

c) die zu χ^2_{beob} gehörige Zufallsvariable ist für große n_{ijk} unter H_0 annähernd Chi-Quadrat-verteilt mit Parameter $(I-1)(K-1)J$.

Beispiel 1 für $H_0 : A \perp\!\!\!\perp C|B$ (Analyse von S.154 und S. 219 ergänzt)
Für die $n = 24220$ Beobachtungen zu den Variablen perinatale Mortalität, A, frühere Totgeburt, B, und Hautfarbe der Mutter, C, ergibt sich eine recht gute Anpassung an die Hypothese $A \perp\!\!\!\perp C|B$ mit $(I-1)(K-1)J = 2$, $\chi^2_{\text{beob}} = 4,93$ und einem p-Wert von $\Pr(\chi^2_2 > 4,93) = 0,1$.

Beispiel 2 für $H_0 : A \perp\!\!\!\perp C|B$ (Analyse von S. 88 und S. 220 ergänzt)
Für die $n = 1679$ Beobachtungen zu den Variablen Jugendlicher raucht Zigaretten, A, Geschwister rauchen, B und Eltern rauchen, C, ergibt sich keine gute Anpassung an die Hypothese $A \perp\!\!\!\perp C|B$ mit $(I-1)(K-1)J = 2$, da der beobachtete Prüfgrößenwert $\chi^2_{\text{beob}} = 30,11$ größer ist als $\chi^2_{0,99} = 9,21$ Der zugehörige p-Wert ist entsprechend sehr klein, $\Pr(\chi^2_2 > 30,11) < 0,001$. Die beobachteten Anzahlen belegen daher zum Niveau von 1% statistisch signifikant, dass das Rollenvorbild der Eltern zusätzlich zum Rollenvorbild

der älteren Geschwister wesentlich zur Vorhersage des Rauchverhaltens Jugendlicher beiträgt.

Die geschätzten Effektterme und die Effekttests auf S. 220 zeigen zusätzlich, dass es dennoch eine vereinfachende Modellstruktur gibt. Es trifft zwar keine Unabhängigkeitshypothese zu, aber ein additives Haupteffektmodell beschreibt die Daten gut.

3.3.4 Effekttests für logistische Regressionen

Für eine binäre Zielgröße wurde in Abschnitt 1.5.6 eine einfache logistische Regression beschrieben. Nun werden die Daten als Zufallsstichprobe für die Zielgröße A und die Einflussgröße X angesehen und Effekttests durchgeführt.

Für die Koeffizienten α und β in der logistischen Regressionsgleichung

$$\log(\pi_{1|x}/\pi_{0|x}) = \alpha + \beta x$$

erhält man die Schätzwerte für $\hat{\alpha}$ und für $\hat{\beta}$, den Effekt von X auf A, sowie die Standardabweichung $s(\hat{\beta})$ von $\hat{\beta}$ mit Hilfe der Maximum-Likelihood-Methode, die hier nicht beschrieben ist.

Unter $H_0 : \beta = 0$ ist der beobachtete Prüfgrößenwert

$$z_{\text{beob}} = \frac{\hat{\beta} - 0}{s(\hat{\beta})}.$$

Die zugehörige Zufallsvariable ist für große n_{ix} unter H_0 annähernd Standard-Gauß-verteilt.

Beispiel mit Interpretation (Analyse von S. 94 fortgesetzt)
Für $n = 58$ Patienten mit chronischen Schmerzen ist die binäre Zielgröße A der Behandlungserfolg ($i = 1$: ja, $i = 2$: nein). Die mögliche Einflussgröße X ist das Stadium chronischer Schmerzen mit Werten zwischen 6 und 11.

Zielgröße A, Behandlungserfolg				
Einflussgröße	geschätzte Werte	$s(\hat{\beta})$	z_{beob}	p-Wert
Konstante	$\hat{\alpha} =$ 4,52	–	–	–
B, Stadium chron. Schmerzen	$\hat{\beta} = -0,57$	0,222	$-2,56$	0,011

Der p-Wert ist $\Pr(|Z| > 2,56) = 0,0105$, so dass das Ergebnis bei einem zweiseitigen Test zum Niveau 5%, aber nicht zum Niveau 1% statistisch signifikant ist. Mit einer Irrtumswahrscheinlichkeit von 0,05 kann man davon ausgehen, dass der Behandlungserfolg für Patienten mit chronischen Schmerzen nach einem Klinikaufenthalt um so besser ist, je geringer das Stadium der Chronifizierung ihrer Schmerzen ist.

Für die Koeffizienten α, β, γ in der multiplen logistischen Regression

$$\log \pi_{1|jx}/\pi_{0|jx} = \alpha + \beta x + \gamma j$$

erhält man mit der Maximum-Likelihood-Methode die Schätzwerte für die drei Koeffizienten $\hat{\alpha}$, $\hat{\beta}$, $\hat{\gamma}$ und die Standardabweichungen. Die beobachteten Prüfgrößenwerte für $H_0 : \beta = 0$ und $H_0 : \gamma = 0$ sind

$$z_{\text{beob}} = \frac{\hat{\beta} - 0}{s(\hat{\beta})} \quad \text{und} \quad z_{\text{beob}} = \frac{\hat{\gamma} - 0}{s(\hat{\gamma})}.$$

Die zugehörigen Zufallsvariablen sind für große n_{ijx} annähernd Standard-Gauß-verteilt.

Beispiel mit Interpretation

In einer Studie zum Verlauf chronischer Schmerzen [17] wurde untersucht, ob die Schmerzlokalisation, A ($i = 1$: Gesichts-/Nackenschmerzen, $i = 2$: Rückenschmerzen), von der Dauer der formalen Schulbildung, B ($j = 1$: weniger als 10 Jahre, $j = 2$: 11 Jahre und mehr), und der Dauer des chronischen Schmerzes, X, abhängt.

Für $n = 201$ Schmerzpatienten erhält man folgende Schätzwerte und beobachtete Prüfgrößenwerte für die multiple logistische Regression von A mit den zwei möglichen Einflussgrößen B und X.

Zielgröße: A, Schmerzlokalisation				
Einflussgröße	Eff	$s(\text{Eff})$	z_{beob}	p-Wert
Konstante	1,59	–	–	–
X, Schmerzdauer	$-0,26$	0,153	$-1,70$	0,09
B, formale Schulbildung	$-1,17$	0,407	$-2,88$	0,00

Der Beitrag der Variablen X zur Vorhersage von A zusätzlich zur Variablen B ist zum Niveau 5% statistisch nicht signifikant, da der p-Wert, $\Pr(|Z| > 1,70) = 0,09$, größer als 0,05 ist.

Man findet aufgrund der Signifikanztests nur die Variable B als wichtige Einflussgröße (da $2,88 > z_{0,975} = 1,96$). Die Dauer der formalen Schulbildung hat einen statistisch signifikanten Einfluss auf die Schmerzlokalisation. Für Personen mit kürzerer formaler Schulbildung ist das Risiko chronischer Schmerzen im Kopfbereich geringer als für Personen mit längerer formaler Schulbildung. Umgekehrt ist das Risiko für chronische Rückenschmerzen höher bei Personen mit kürzerer formaler Schulbildung.

3.3.5 Zusammenfassung

Effekttests in der einfachen Logit-Regression
In der einfachen Logit-Regression mit der binären Variablen A als Zielgröße und der binären Einflussgröße B ist der geschätzte Effekt für die Abhängigkeit

$$\hat{\delta}_1^B = \frac{1}{2} \log \left(\frac{n_{11} n_{22}}{n_{12} n_{21}} \right).$$

Für die Nullhypothese $H_0 : \delta_1^B = 0$ ist der beobachtete Prüfgrößenwert

$$z_{\text{beob}} = \frac{(\hat{\delta}_1^B - 0)}{s(\hat{\delta}_1^B)}$$

mit

$$s(\hat{\delta}_1^B) = \frac{1}{2} \sqrt{\frac{1}{n_{11}} + \frac{1}{n_{21}} + \frac{1}{n_{12}} + \frac{1}{n_{22}}}.$$

Die zugehörige Zufallsvariable ist unter H_0 für große n_{ij} annähernd Standard-Gauss-verteilt.

Effekttests in der multiplen Logit-Regression
Für drei binäre Variable mit A als Zielgröße und B und C als mögliche Einflussgrößen gibt es in der multiplen Logit-Regression drei Effektterme: δ_{jk}^{BC}, δ_j^B und δ_k^C. Die geschätzten Effektterme (Eff) sind $\hat{\delta}_{jk}^{BC}$, $\hat{\delta}_j^B$ und $\hat{\delta}_k^C$; sie können mit dem Yates-Algorithmus berechnet werden. Die Prüfgrößenwerte für $H_0 : \delta_{11}^{BC} = 0$, $H_0 : \delta_1^B = 0$, $H_0 : \delta_1^C = 0$ sind

$$z_{\text{beob}} = \frac{\text{Eff} - 0}{s(\text{Eff})}$$

mit

$$s(\text{Eff}) = \frac{1}{4} \sqrt{\frac{1}{n_{111}} + \frac{1}{n_{211}} + \frac{1}{n_{121}} + \frac{1}{n_{221}} + \frac{1}{n_{112}} + \frac{1}{n_{212}} + \frac{1}{n_{122}} + \frac{1}{n_{222}}}.$$

Die zugehörige Zufallsvariable ist für große n_{ijk} und unter H_0 annähernd Standard-Gauß-verteilt.

Für die Prüfung eines Haupteffektterms $H_0 : \delta_1^B = 0$ oder $H_0 : \delta_1^C = 0$ setzt man voraus, dass es keine Interaktion von B und C auf A gibt.

Globaltests für kategoriale Variable

Als Ergänzung zu den Effekttests gibt es auch für die Logit-Regression einen Globaltest. Für **zwei kategoriale Variable** will man damit prüfen, ob die Variablen A und B abhängig sind. Für $\boldsymbol{H_0 : A \perp\!\!\!\perp B}$ sind die unter H_0 geschätzten Anzahlen $\hat{m}_{ij}$

$$\hat{m}_{ij} = n_{i+}n_{+j}/n.$$

Der beobachtete Prüfgrößenwert ist

$$\chi^2_{\text{beob}} = \sum (n_{ij} - \hat{m}_{ij})^2/\hat{m}_{ij}$$

und die zugehörige Zufallsvariable ist unter H_0 für große n_{ij} annähernd Chi-Quadrat-verteilt mit Parameter $(I-1)(J-1)$.

Für **drei kategoriale Variable** berechnet man χ^2_{beob} auf ähnliche Weise:

$$\chi^2_{\text{beob}} = \sum (n_{ijk} - \hat{m}_{ijk})^2/\hat{m}_{ijk}.$$

Die geschätzten Anzahlen $\hat{m}_{ijk}$ ändern sich, je nachdem, welche Nullhypothese geprüft wird.

Für $\boldsymbol{H_0 : A \perp\!\!\!\perp BC}$ sind die geschätzten Anzahlen

$$\hat{m}_{ijk} = n_{i++}n_{+jk}/n.$$

Die zum beobachteten Prüfgrößenwert χ^2_{beob} gehörige Zufallsvariable ist unter H_0 für große n_{ijk} annähernd Chi-Quadrat-verteilt mit Parameter $(I-1)(JK-1)$.

Für $\boldsymbol{H_0 : A \perp\!\!\!\perp C|B}$ sind die geschätzten Anzahlen

$$\hat{m}_{ijk} = n_{ij+}n_{+jk}/n_{+j+}.$$

Die zu χ^2_{beob} gehörige Zufallsvariable ist unter H_0 für große n_{ijk} annähernd Chi-Quadrat-verteilt mit Parameter $(I-1)(K-1)J$.

Effekttests für logistische Regressionen

In der logistischen Regression ist die Zielgröße A binär und es gibt mindestens eine quantitative Einflussgröße. Man erhält die Schätzwerte für Effektterme und für Standardabweichungen mit der Maximum-Likelihood-Methode. Liegen diese Werte berechnet vor, so sind die Effekttests wie in Logit-Regressionen durchzuführen.

In der **einfachen logistischen Regression** mit der quantitativen Einflussgröße X ist die zur Nullhypothese $H_0 : \beta = 0$ gehörige beobachtete Prüfgröße

$$z_{\text{beob}} = \frac{\hat{\beta} - 0}{s(\hat{\beta})}.$$

Die zugehörige Zufallsvariable ist für große n_{ix} unter H_0 annähernd Standard-Gauß-verteilt.

3.4 Lineare Regressionen

❯ 3.4.1 Einfache lineare Regression

Im einfachen linearen Regressionsmodell

$$Y = \alpha + \beta X + \varepsilon$$

ist der mit der Methode der kleinsten Quadrate geschätzte Regressionskoeffizient $\hat{\beta}$ ein Vielfaches des zugehörigen Korrelationskoeffizienten r_{xy}. Ebenso ist in einer Grundgesamtheit der Kleinst-Quadrat Regressionskoeffizient ein Vielfaches des zugehörigen Korrelationskoeffizienten ρ_{xy}. Genauer gilt

$$\hat{\beta} = r_{xy} \sqrt{\frac{\mathrm{SAQ}_y}{\mathrm{SAQ}_x}} = r_{xy} \frac{s_y}{s_x}, \qquad \beta = \rho_{xy} \frac{\sigma_y}{\sigma_x}.$$

Insbesondere wird deshalb ein statistischer Test mit der Nullhypothese $H_0 : \beta = 0$ identisch zum Test mit $H_0 : \rho_{xy} = 0$.

Behauptung   Die Zufallsvariable, die zu $\hat{\beta} = \mathrm{SAP}_{xy}/\mathrm{SAQ}_x$ gehört, ist

$$\sum \{ \frac{(x_l - \bar{x})}{\sum (x_l - \bar{x})^2} \}(Y_l - \bar{Y}).$$

Sie hat Mittelwert und Varianz

$$\mu(\hat{\beta}) = \beta \quad \text{und} \quad \sigma^2(\hat{\beta}) = \sigma^2 / \sum (x_l - \bar{x})^2.$$

Dabei ist σ^2 die Varianz von $Y_l - \bar{Y} = \beta(x_l - \bar{x}) + \varepsilon_l$ gleich der Varianz von ε_l, genannt die **Residualvarianz**.

Beweis   Mittelwert und Standardabweichung in einer Zufallsstichprobe ergeben sich aus der bedingten Verteilung von Y gegeben $X = x$. Aus dem Regressionsmodell $Y = \alpha + \beta x + \varepsilon$ folgt mit $\mu_\varepsilon = 0$, dass Y gegeben $X = x$ den Mittelwert $\alpha + \beta x$ hat. In einer Zufallsstichprobe mit Wertepaaren (y_l, x_l) haben Y_l und $\bar{Y} = (Y_1 + \ldots + Y_n)/n$ die Mittelwerte

$$\alpha + \beta x_l \quad \text{und} \quad \alpha + \beta \bar{x}.$$

Daher hat die Zufallsvariable $Y_l - \bar{Y}$ gegeben X den Mittelwert $\beta(x_l - \bar{x})$. Für Konstante a_l hat $\sum a_l (Y_l - \bar{Y})$ als Summe von linear transformierten Variablen den Mittelwert

$$\beta \sum a_l (x_l - \bar{x}).$$

Einsetzen von $a_l = (x_l - \bar{x})/\sum(x_l - \bar{x})^2$ ergibt β. Die Varianz von $\sum a_l(Y_l - \bar{Y})$ ist gleich $\sum a_l^2\sigma^2$, wenn X und ε nicht korrelieren. Einsetzen von a_l^2 ergibt $\sigma^2/\sum(x_l - \bar{x})^2$.

Die Residualvarianz σ^2 wird geschätzt mit

$$\hat{\sigma}^2 = \text{SAQ}_{\text{Res}}/(n-2) \quad \text{und} \quad \text{SAQ}_{\text{Res}} = \text{SAQ}_y(1 - r_{xy}^2)$$

und $\sigma^2(\hat{\beta})$, die Varianz des Schätzers für den Regressionskoeffizienten, mit

$$s^2(\hat{\beta}) = \hat{\sigma}^2/\text{SAQ}_x.$$

Unter $H_0 : \beta = 0$ erhält man als beobachteten Prüfgrößenwert

$$t_{\text{beob}} = \frac{\hat{\beta} - 0}{s(\hat{\beta})} \quad \text{mit} \quad s^2(\hat{\beta}) = \frac{\hat{\sigma}^2}{\text{SAQ}_x}.$$

Die zugehörige Zufallsvariable ist für einen großen Stichprobenumfang n annähernd Standard-Gauß-verteilt; für einen kleinen Stichprobenumfang ist sie t-verteilt mit Parameter $n - 2$, falls die Residuen Gauß-verteilt sind.

Rechenbeispiel: Effekttest in der einfachen linearen Regression (Analyse von S. 99 fortgesetzt)

i :	1	2	3	4	5	6	Summe	Mittelwert	s	SAQ
y_i :	65	75	80	80	85	95	480	80	10	500
x_i :	50	30	60	70	90	60	360	60	20	2000

$\text{SAP}_{xy} = 450, \quad r_{xy} = 0,45, \quad \text{SAQ}_{\text{Res}} = \text{SAQ}_y - \text{SAP}_{xy}^2/\text{SAQ}_x = 398,75$

$\hat{\alpha} = 66,5, \quad \hat{\beta} = 0,225, \quad R_{Y|X}^2 = 0,203, \quad \hat{\sigma}^2 = \text{SAQ}_{\text{Res}}/(n-2) = 99,69$

Der zum zweiseitigen Test von $H_0 : \beta = 0$ gehörige beobachtete t-Wert ist

$$t_{\text{beob}} = 0,225/\sqrt{99,69/2000} = 1,01.$$

Da $1,01 < t_{0,975;4} = 2,78$ wird die Nullhypothese bei einem zweiseitigen Test zum Niveau 5% beibehalten.

Obwohl über 20 Prozent ($R_{Y|X}^2 = 0,203$) in der Variabilität der Zielgröße durch die Regression erklärt werden, ist das Ergebnis statistisch nicht signifikant. Das hohe Bestimmheitsmaß kann in kleinen Stichproben entstehen, auch wenn es in der Grundgesamtheit keinen Zusammenhang zwischen Y und X gibt.

Behauptung Mit dem Korrelationskoeffizienten r_{xy} ist der Prüfgrößenwert

$$t_{\text{beob}} = \frac{\sqrt{(n-2)}\, r_{xy} - 0}{\sqrt{1 - r_{xy}^2}}.$$

Beweis Mit

$$\hat{\beta} = r_{xy}\sqrt{\frac{\text{SAQ}_y}{\text{SAQ}_x}}, \quad \frac{1}{\hat{\sigma}} = \frac{\sqrt{n-2}}{\sqrt{\text{SAQ}_y(1 - r_{xy}^2)}}, \quad s(\hat{\beta}) = \frac{\hat{\sigma}}{\sqrt{\text{SAQ}_x}}$$

wird

$$t_{\text{beob}} = \frac{\hat{\beta}}{s(\hat{\beta})} = \frac{\hat{\beta}\sqrt{\text{SAQ}_x}}{\hat{\sigma}} = \frac{\sqrt{(n-2)}\, r_{xy}}{\sqrt{1 - r_{xy}^2}}$$

Rechenbeispiel: Effekttest in der einfachen linearen Regression (Analyse von S. 231 fortgesetzt)

Für $n = 6$ und $r_{xy} = 0{,}45$ ergibt sich

$$t_{\text{beob}} = \frac{\sqrt{(6-2)} \times 0{,}45}{\sqrt{1 - 0{,}45^2}} = 1{,}01.$$

❯ 3.4.2 Effekttests für die multiple lineare Regression

Die mit der Methode der kleinsten Quadrate geschätzten Regressionskoeffizienten in einer multiplen linearen Regression von Y_1 auf zwei Einflussgrößen Y_2 und Y_3 sind jeweils ein Vielfaches der zugehörigen partiellen Korrelationskoeffizienten. Ebenso sind die Kleinst-Quadrat Regressionskoeffizienten in einer Grundgesamtheit ein entsprechendes Vielfaches der zugehörigen partiellen Korrelationskoeffizienten. Genauer gilt zum Beispiel

$$\hat{\beta}_{1|2.3} = r_{12|3}\frac{s_1}{s_2}\sqrt{\frac{1 - r_{13}^2}{1 - r_{23}^2}}, \qquad \beta_{1|2.3} = \rho_{12|3}\frac{\sigma_1}{\sigma_2}\sqrt{\frac{1 - \rho_{13}^2}{1 - \rho_{23}^2}}.$$

Insbesondere wird deshalb ein statistischer Test mit der Nullhypothese $H_0 : \beta_{1|2.3} = 0$ identisch zum Test mit $H_0 = \rho_{12|3} = 0$.

Mittelwert und Standardabweichung eines Schätzers von Koeffizienten in der multiplen linearen Regression ergeben sich auf ähnliche Weise wie in der einfachen linearen Regression. Die zu den Prüfgrößen gehörigen Zufallsvariable sind unter H_0 für große n annähernd t-verteilt mit Parameter $(n-3)$. Als beobachtete Prüfgrößenwerte erhält man unter $H_0 : \beta_{1|2.3} = 0$:

$$t_{\text{beob}} = \frac{\hat{\beta}_{1|2.3} - 0}{s(\hat{\beta}_{1|2.3})} \quad \text{mit} \quad s^2(\hat{\beta}_{1|2.3}) = \frac{\hat{\sigma}^2}{\text{SAQ}_2(1 - r_{23}^2)},$$

und unter $H_0 : \beta_{1|3.2} = 0$:

$$t_{\text{beob}} = \frac{\hat{\beta}_{1|3.2} - 0}{s(\hat{\beta}_{1|3.2})} \quad \text{mit} \quad s^2(\hat{\beta}_{1|3.2}) = \frac{\hat{\sigma}^2}{\text{SAQ}_3(1 - r_{23}^2)},$$

beide mit jeweils

$$\hat{\sigma}^2 = \text{SAQ}_{\text{Res}}/(n-3), \qquad \text{SAQ}_{\text{Res}} = \text{SAQ}_y(1 - R_{1|23}^2).$$

Rechenbeispiel: Effekttests in der multiplen linearen Regression (Analyse von S. 114 fortgesetzt)

Für die $n = 11$ beobachteten Tripel (y_{1l}, y_{2l}, y_{3l}) mit

$l:$	1	2	3	4	5	6	7	8	9	10	11	$\bar{y}_{i+}$	SAQ_i
$y_{1l}:$	70	60	50	60	60	65	60	60	60	60	55	60	250
$y_{2l}:$	78	70	62	66	74	70	70	70	70	70	70	70	160
$y_{3l}:$	66	42	50	50	50	50	50	50	50	58	34	50	550

$$\hat{\beta}_{1|2.3} = 0,83\bar{3}, \quad \hat{\beta}_{1|3.2} = 0,208, \quad \text{SAQ}_{\text{Res}} = 66,6\bar{6}, \quad r_{23} = 0,40$$

erhält man mit

$$\hat{\sigma}^2 = \text{SAQ}_{\text{Res}}/(n-3) = 66,6\bar{6}/8 = 8,33,$$

$$\text{SAQ}_2(1 - r_{23}^2) = 160 \times (1 - 0,40^2) = 134,4, \qquad \text{SAQ}_3(1 - r_{23}^2) = 537,6,$$

für $H_0 : \beta_{1|2.3} = 0 \qquad t_{\text{beob}} = 0,83\bar{3}/\sqrt{8,3\bar{3}/134,4} = 3,35,$

für $H_0 : \beta_{1|3.2} = 0 \qquad t_{\text{beob}} = 0,208/\sqrt{8,3\bar{3}/537,6} = 1,67.$

Für einen zweiseitigen Test zum Niveau 5% ist der kritische Wert $t_{0,975;8} = 2,31$. Die Nullhypothese, dass Y_3 zusätzlich zu Y_2 keinen wesentlichen Beitrag zur Erklärung von Y_1 bringt, wird bei einem zweiseitigen Test zum Niveau 5% beibehalten, da $1,67 < 2,31$ ist. Dagegen wird $H_0 : \beta_{1|2.3}$ zum Niveau 5% verworfen, da $3,35 > 2,31$ ist, das heißt Y_2 trägt zusätzlich zu Y_3 zur Erklärung von Y_1 bei.

Beispiel mit Interpretation (Analyse von S. 114 fortgesetzt)
In Abschnitt 1.6 ergab sich für die Daten der $n = 68$ Diabetiker in der linearen Regression der Variablen Y_1, krankheitsbezogenes Wissen, auf die möglichen erklärenden Variablen Y_2, Fatalismus, und Y_3, Schulabschluss:

$$\hat{\alpha}_{1|23} = 46,59, \quad \hat{\beta}_{1|2.3} = -0,578, \quad \hat{\beta}_{1|3.2} = 1,610.$$

Als beobachtete t-Werte erhält man

für $H_0 : \beta_{1|2.3} = 0$: $t_{\text{beob}} = -4,01$, p-Wert $< 0,001$,

für $H_0 : \beta_{1|3.2} = 0$: $t_{\text{beob}} = 2,05$, p-Wert $= 0,045$.

Die zur ersten der beiden Hypothesen gehörige Forschungshypothese sagt, dass fatalistische Attribution zusätzlich zum Schulabschluss eine wichtige erklärende Variable für das krankheitsbezogene Wissen ist. Die zweite Forschungshypothese besagt, dass der Schulabschluss zusätzlich zur fatalistischen Attribution eine wichtige erklärende Variable für das krankheitsbezogene Wissen darstellt.

Beide t-Tests ergeben hier statistisch signifikante Ergebnisse, der erste zum Niveau 1%, da $n - 3 = 65$ und $4,01 > t_{0,995;65} = 2,65$, der zweite knapp zum Niveau 5%, da $2,05 > t_{0,975;65} = 2,00$.

Die Tests stützen somit beide Forschungshypothesen. Das krankheitsbezogene Wissen ist für Patienten mit Abitur und ohne Abitur um so besser, je weniger ein Patient fatalistisch hinsichtlich seiner Krankheit attribuiert. Für Patienten mit vergleichbar großen Attributionsscores ist das Wissen um Diabetes bei Patienten mit Abitur besser als bei Patienten ohne Abitur.

Globaltests in der multiplen linearen Regression

Besonders wenn die Effekttests nur schwach signifikante Ergebnisse zeigen, kann es ratsam sein, sie mit einem Globaltest zu ergänzen. Geprüft wird dann für zwei Einflussgrößen:

H_0: $\beta_{1|2.3} = \beta_{1|3.2} = 0$,

H_1: mindestens ein Regressionskoeffizient ist von Null verschieden.

Es lässt sich zeigen, dass man mit dem Globaltest gleichzeitig die Nullhypothese prüft, dass das Bestimmtheitsmaß in der Grundgesamtheit gleich Null ist, da man den beobachteten Prüfgrößenwert wie folgt berechnen kann:

$$F_{\text{beob}} = \frac{R^2_{1|23}}{2} \Big/ \frac{(1 - R^2_{1|23})}{(n - 3)}.$$

Unter der Nullhypothese ist die zugehörige Zufallsvariable für Gauß-verteilte Residuen annähernd F-verteilt mit Parametern 2 und $(n - 3)$. Große Werte von F_{beob} sprechen gegen die Nullhypothese.

Rechenbeispiel: Globaltest in der multiplen linearen Regression (Analyse von S. 233 fortgesetzt)
Mit $R^2_{1|23} = 0,733$ erhält man für $H_0 : \beta_{1|2.3} = \beta_{1|3.2} = 0$ als beobachteten Prüfgrößenwert

$$F_{\text{beob}} = \frac{R^2_{1|23}}{2} \Big/ \frac{(1 - R^2_{1|23})}{(n - 3)} = \frac{0,733}{2} \Big/ \frac{(1 - 0,733)}{(11 - 3)} = 10,97.$$

Der Test ist zum Niveau 1% statistisch signifikant, da $10,97 > F_{0,99;2;8} = 8,65$. Die Nullhypothese, dass Y_1 in der Grundgesamtheit weder von Y_2 noch von Y_3 abhängt, wird verworfen.

3.4.3 Zusammenfassung

Effekttests für die einfache lineare Regression
Die Prüfgröße für $H_0 : \beta = 0$ im Modell $Y = \alpha + \beta X + \varepsilon$ ist für große n annähernd Standard-Gauß-verteilt und hat für kleine n eine t-Verteilung mit Parameter $n - 2$, sofern die Residuen Gauß-verteilt sind. Der beobachtete Wert der Prüfgröße ist unter H_0

$$t_{\text{beob}} = \frac{\hat{\beta} - 0}{s(\hat{\beta})}$$

mit

$$s^2(\hat{\beta}) = \frac{\hat{\sigma}^2}{\text{SAQ}_x}, \quad \hat{\sigma}^2 = \text{SAQ}_{\text{Res}}/(n - 2) \quad \text{und} \quad \text{SAQ}_{\text{Res}} = \text{SAQ}_y(1 - r^2_{xy}).$$

Mit Hilfe des Korrelationskoeffizienten r_{xy} erhält man den Prüfgrößenwert auch als

$$t_{\text{beob}} = \frac{\sqrt{(n - 2)}\, r_{xy}}{\sqrt{1 - r^2_{xy}}}.$$

Effekttests für die multiple lineare Regression

Wie in der einfachen linearen Regression können Tests für einzelne Regressionskoeffizienten durchgeführt werden. Für Y_1 als Zielgröße und Y_2, Y_3 als Einflussgrößen prüft man

$$H_0 : \beta_{1|2.3} = 0 \quad \text{und} \quad H_0 : \beta_{1|3.2} = 0$$

mit

$$\hat{\sigma}^2 = \text{SAQ}_{\text{Res}}/(n - 3) \quad \text{und} \quad \text{SAQ}_{\text{Res}} = \text{SAQ}_1(1 - R^2_{1|23}).$$

Die beobachteten t-Werte sind unter H_0

$$t_{\text{beob}} = \frac{\hat{\beta}_{1|2.3} - 0}{s(\hat{\beta}_{1|2.3})} \quad \text{mit} \quad s^2(\hat{\beta}_{1|2.3}) = \frac{\hat{\sigma}^2}{\text{SAQ}_2(1 - r^2_{23})},$$

$$t_{\text{beob}} = \frac{\hat{\beta}_{1|3.2} - 0}{s(\hat{\beta}_{1|3.2})} \quad \text{mit} \quad s^2(\hat{\beta}_{1|3.2}) = \frac{\hat{\sigma}^2}{\text{SAQ}_3(1 - r^2_{23})}.$$

Unter H_0 sind die zugehörigen Zufallsvariable für große n annähernd Standard-Gauß-verteilt; sie haben für kleine n eine t-Verteilung, mit Parameter $n - 3$, sofern die Residuen Gauß-verteilt sind.

Globaltests für die multiple lineare Regression

Für einen Globaltest zu

$$H_0 : \beta_{1|2.3} = \beta_{1|3.2} = 0$$

erhält man unter H_0 mit

$$F_{\text{beob}} = \frac{R^2_{1|23}}{2} \Big/ \frac{1 - R^2_{1|23}}{n - 3}$$

und Gauß-verteilten Residuen eine zugehörige F-verteilte Prüfgröße mit Parametern 2 und $(n - 3)$. Große Werte von F_{beob} sprechen gegen die Nullhypothese.

3.5 Messwiederholungen

Bisher sind zum Vergleich von Mittelwerten einer Zielgröße nur Tests beschrieben worden, die auf verschiedenen Zufallsstichproben basieren und zu unabhängigen Beobachtungen in mehreren Gruppen führen. Stattdessen werden nun Unterschiede beschrieben, die mit speziellen **Versuchsplänen für Messwiederholungen** entstehen, weil für dieselben Personen mehrfach Beobachtungen erhoben werden, oder weil sie im Rahmen von Studien mit **gepaarten Beobachtungen** (matched pair-designs) geplant werden.

In beiden Fällen ist man entweder direkt an Veränderungen von typischen Werten im Verlauf interessiert, oder man möchte biologische und andere personenbedingte Unterschiede kontrollieren. Die Wirksamkeit von zwei Sonnenschutzmitteln könnte man zum Beispiel mit so genanntem **self-matching** prüfen: jede von n Versuchspersonen verwendet das eine Mittel, Y, auf dem linken Arm und das andere Mittel, X, auf dem rechten Arm. In einer Zufallsstichprobe von n Personen ergibt dieser Versuchsplan n unabhängige Beobachtungen von Paaren (y_l, x_l); die Beobachtungen für jedes Paar sind abhängig.

Für eine Untersuchung zur Auswirkung von zwei Lernprogrammen zum selben Lehrstoff kann man dagegen das self-matching nicht verwenden. Man könnte aber Schülerpaare auswählen, von denen jedes hinsichtlich früherer Leistungen vergleichbar ist und per Zufallsauswahl entscheiden, welcher Schüler jedes Paares dem einen und welcher dem anderen Lernprogramm zugeteilt wird. Es würde mit Hilfe einer solchen Planung sichergestellt, dass unterschiedliche Ergebnisse über die Wirksamkeit der Lernprogramme nicht schon deshalb zustande kommen, weil bereits die Ausgangsleistungen deutlich verschieden sind.

Eine gute erste Datenbeschreibung beschränkt sich in solchen Situationen nicht auf Mittelwerte, sondern zeigt für jede am Versuch teilnehmende Person die Veränderung der beobachteten Werte. In Abbildung 3.8 sind solche **Verlaufskurven** für jede von sechs Versuchspersonen dargestellt. Zusätzlich sind die Gruppenmittelwerte miteinander verbunden. Diese Kurve kann man den typischen Verlauf nennen, wenn sie alle einzelnen Verlaufsformen gut zusammenfasst.

Beschrieben wird für $I > 2$ Messzeitpunkte nur der für Messwiederholungen oft verwendete Globaltest. Wir weisen insbesondere auf die Annahmen hin, die zusätzlich zur eigentlichen Varianzanalyse erfüllt sein müssen, damit die Prüfgröße unter H_0 F-verteilt ist. Im darauf folgenden Abschnitt wird erklärt,

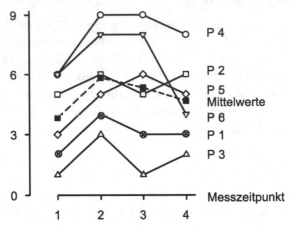

Abbildung 3.8. Datenbeschreibung (Verlaufskurven) für Y, Leistungsmotivation zu vier Messzeitpunkten (fiktive Daten).

warum eine multiple Regressionsanalyse für Effekttests besser geeignet ist, vorausgesetzt die Messungen zum früheren Zeitpunkt werden als mögliche erklärende Variable verwendet.

3.5.1 Varianzanalyse für Messwiederholungen

Will man Mittelwertsunterschiede einer Zielgröße im Verlauf, A, von $i = 1$ bis $i = I$ Messzeitpunkten, gemessen an $l = 1, \ldots, L$ Personen, prüfen, kann man die Daten so behandeln, als gehörten sie zu einer besonderen zweifachen Varianzanalyse. Die zweite Einflussgröße, P, hat als Ausprägungen die untersuchten Personen, und es gibt nur eine Beobachtung für jede Kombination (i, l) der Klassen der beiden Einflussgrößen A und P.

An den individuellen Verlaufskurven kann man sehen, ob die Verlaufsmuster ähnlich sind. Eine eventuell vorhandene Interaktion von Personen und Zeitpunkten auf die Zielgröße kann man aber nicht schätzen, da bei diesem Versuchsplan die Interaktion zwischen A und P auf Y gleich der Residualvariation ist. Mit

$$\hat{\gamma}_{il} = y_{il} - \bar{y}_{i+} - \bar{y}_{+l} + \bar{y}_{++},$$

dem Gesamteffekt μ und den Haupteffekttermen $\hat{\alpha}_i$ für A und $\hat{p}_l$ für P werden die beobachteten Werte für jede Person reproduziert:

$$y_{il} = \hat{\mu} + \hat{\alpha}_i + \hat{p}_l + \hat{\gamma}_{il}.$$

Dabei sind

$$\hat{\mu} = \bar{y}_{++}, \quad \hat{\alpha}_i = \bar{y}_{i+} - \bar{y}_{++}, \quad \hat{p}_l = \bar{y}_{+l} - \bar{y}_{++}.$$

Daher ist die Residualvariation – nicht wie bisher – eine gewichtete Summe der Varianzen in den einzelnen Gruppen, sondern sie ist identisch mit der Variation, die bisher als Interaktion bezeichnet wurde. Es gilt:

$$\mathrm{SAQ_{Res}} = \sum \hat{\gamma}_{il}^2 = \mathrm{SAQ}_y - \mathrm{SAQ}_A - \mathrm{SAQ}_P,$$

$$\mathrm{SAQ}_A = L \sum \hat{\alpha}_i^2 \qquad \mathrm{SAQ}_P = I \sum \hat{p}_l.$$

Für jedes Varianzanalysenmodell wird vorausgesetzt, dass es in den Grundgesamtheiten keine wesentlichen Unterschiede in der Variabilität gibt. Bei Varianzanalysen mit Messwiederholungen muss noch eine weitere Voraussetzung erfüllt sein, damit die Prüfgrößen für Globalhypothesen annähernd F-verteilt sind: die Korrelationen der Werte zwischen den Klassen des Messwiederholungsfaktors A müssen in der Grundgesamtheit gleich groß sein. Falls diese Voraussetzung nicht erfüllt ist, tendieren die beobachteten F-Werte dazu, signifikant zu werden, auch wenn es in der Grundgesamtheit keine von Null verschiedenen Effekte der Einflussgröße A gibt ([66], McCall, 1973).

Für $H_0 : \alpha_1 = \alpha_2 = \dots \alpha_I = 0$ und H_1: mindestens ein α_i ist von Null verschieden, ist der beobachtete Prüfgrößenwert

$$F_{\mathrm{beob}} = \frac{\mathrm{SAQ}_A}{I-1} \Big/ \frac{\mathrm{SAQ_{Res}}}{(I-1)(L-1)}.$$

Die zugehörige Zufallsvariable hat unter H_0 eine F-Verteilung mit Parametern $(I-1)$ und $(I-1)(L-1)$, sofern die Mittelwerte $\bar{y}_{i+}$ annähernd Gaußverteilt sind und die genannten weiteren Annahmen erfüllt sind.

Rechenbeispiel: Messwiederholungen (zu Abbildung 3.8)
Die Zielgröße Leistungsmotivation, Y, ist zu vier Zeitpunkten, A, vor $(i = 1)$, in der Mitte $(i = 2)$, unmittelbar nach Abschluss $(i = 3)$ und drei Monate $(i = 4)$ nach einem Trainingsprogramm erfasst. Je höher ein Score, desto höher ist die Motivation.

Die folgende Tabelle enthält die fiktiven Scores und zugehörigen Mittelwerte, Standardabweichungen und Korrelationen für die sechs Zeitpunktepaare $(1, 2), (1, 3), \dots (3, 4)$. Zusätzlich enthält die Tabelle Personenmittelwerte, $\bar{y}_{+l}$, Zeitpunkteffektterme, $\hat{\alpha}_i$, und Personeneffektterme, $\hat{p}_l$.

Person,	Zeitpunkt, A						Korrelationen				
P	$i=1$	$i=2$	$i=3$	$i=4$	$\bar{y}_{+l}$	$\hat{p}_l$	i	1	2	3	4
$l=1$	2	4	3	3	3,0	$-1,9$	1	1,00	0,96	0,91	0,77
$l=2$	5	6	5	6	5,5	0,6	2	.	1,00	0,96	0,79
$l=3$	1	3	1	2	1,8	$-3,2$	3	.	.	1,00	0,85
$l=4$	6	9	9	8	8,0	3,1	4	.	.	.	1,00
$l=5$	3	5	6	5	4,8	$-0,2$					
$l=6$	6	8	8	4	6,5	1,6					
$\bar{y}_{i+}$	3,8	5,8	5,3	4,7	$\bar{y}_{++}=4,9$						
s_i	2,14	2,32	3,01	2,16							
$\hat{\alpha}_i$	$-1,1$	0,9	0,4	$-0,3$							

Die beobachteten Standardabweichungen und Korrelationen weichen hier nicht stark voneinander ab.

$$\text{SAQ}_A = L \sum \hat{\alpha}_i = 6[(-1,08)^2 + \ldots + (-0,25)^2] = 13,50$$

$$\text{SAQ}_P = I \sum \hat{\beta}_l = 4[(-1,9)^2 + \ldots + 1.6^2] = 104,33$$

$$\text{SAQ}_y = 2^2 + 5^2 + \ldots + 4^2 - 24 \times 4,9 = 131,83$$

$$\text{SAQ}_{\text{Res}} = 131,83 - 13,5 - 104,33 = 14,0$$

Der beobachtete Prüfgrößenwert ist

$$F_{\text{beob}} = \frac{13,5}{3} / \frac{14}{3 \times 5} = 4,82.$$

Da $4,82 > F_{0,95;3;15} = 3,29$ wird die Nullhypothese bei einem zweiseitigen Test zum Niveau 5% verworfen.

Beispiel mit Interpretation

Von 38 Studierenden der Psychologie wurden die Herzschläge pro Minute, Y, zu drei Zeitpunkten, A, gemessen: in einer neutralen Ausgangssituation ($i = 1$), in der Vorbereitungsphase für eine frei zu haltende Rede ($i = 2$) und während der freien Rede ($i = 3$) [36]. Die folgende Tabelle gibt die Mittelwerte, die Standardabweichungen und die Korrelationen zwischen den Messwiederholungen für die beiden Variablen sowie die Effektterme $\hat{\alpha}_i$ an.

A	Korrelationen		
	$i = 1$	$i = 2$	$i = 3$
$i = 1$	1,00	0,82	0,72
$i = 2$	.	1,00	0,81
$i = 3$	.	.	1,00
$\bar{y}_{i+}$	88,97	100,18	108,14
s_i	14,43	16,25	17,04
$\hat{\alpha}_i$	$-10,1$	1,1	9,1

$$\mathrm{SAQ}_A = 7056,15, \quad \mathrm{SAQ}_B = 4167,10,$$

$$F_{\mathrm{beob}} = 62{,}65, \quad p\text{-Wert} < 0{,}001$$

Die typischen Herzschläge pro Minute nehmen von der Ausgangsphase bis zur freien Rede linear zu: 88,97; 100,18; 108,14. Die lineare Veränderung in der Herzschlagfrequenz ist statistisch signifikant. Die beobachteten Standardabweichungen nehmen über die ersten drei Klassen von A leicht zu: 14,4; 16,2; 17,0. Die zugehörigen Korrelationskoeffizienten liegen zwischen 0,72 und 0,82 schwanken also nicht sehr stark.

3.5.2 Zwei abhängige Stichproben

In der einfachen Varianzanalyse mit Messwiederholungen führt eine binäre Einflussgröße A zu einem Sonderfall, der etwas irreführend t-Test für zwei abhängige Stichproben genannt wird: es sind nur die gepaarten Beobachtungen abhängig, für das Paar (Y, X) gibt es aber $l = 1, \ldots, n$ unabhängige Stichproben.

Behauptung   Bezeichnet $D_l = Y_l - X_l$ die Zufallsvariable und $d_l = y_l - x_l$ eine der möglichen Ausprägungen dieser Zufallsvariablen, die man in einer Stichprobe vom Umfang n am Paar (Y, X) erhält, so ist der beobachtete Prüfgrößenwert für $H_0 : \mu_y = \mu_x$

$$t_{\mathrm{beob}} = (\bar{d} - 0)/s(\bar{d})$$

mit

$$s^2(\bar{d}) = \hat{\sigma}_d^2/n \quad \text{und} \quad \hat{\sigma}_d^2 = \mathrm{SAQ}_d/(n-1).$$

Beweis   Unter der Annahme gleich großer Varianzen $\sigma^2 = \sigma_y^2 = \sigma_x^2$ wird $\mathrm{cov}_{yx} = \sigma^2 \rho_{yx}$. Da $\mathrm{SAQ}_d = \sum (d_l - \bar{d})^2$ und

$$\mu\{\textstyle\sum (D_l - \bar{D})^2\} = (n-1)(\sigma^2 + \sigma^2 - 2\sigma^2 \rho_{yx}) = 2(n-1)\,\sigma_y^2(1 - \rho_{yx}),$$

schätzt $\mathrm{SAQ}_d/(n-1)$ die Varianz σ_d^2 von $Y - X$ gut, wenn Y und X abhängige Zufallsvariable sind.

Das bedeutet, das man zunächst die Differenzen $d = y_l - x_l$ berechnet, daraus den Mittelwert bestimmt und diesen durch die Standardabweichung, $s(\bar{d}) = \hat{\sigma}_d/\sqrt{n}$ teilt. Die zugehörige Zufallsvariable ist unter H_0 für große n annähernd Standard-Gauß-verteilt und somit, sofern $\bar{Y}$ und $\bar{X}$ Gauß-verteilt sind, t-verteilt mit Parameter $(n - 1)$.

Man erhält denselben Prüfgrößenwert in einer einfachen Regression mit Y als Zielgröße und X als Einflussgröße. Für mehr als eine Messwiederholung $(I > 2)$ führt eine multiple lineare Regression, in der frühere Messzeitpunkte als erklärende Variable verwendet werden, zu geeigneten statistischen Tests. Dies wird im folgenden Abschnitt anhand eines Beispiels erklärt, in dem es einen früheren Messzeitpunkt und eine weitere mögliche erklärende Variable gibt.

❯ 3.5.3 Korrektur für den Ausgangswert

Die folgende Übersichtstabelle (Tabelle 3.1) ist einer Studie an $n = 201$ Patienten [17] mit chronischen Schmerzen entnommen. Sie zeigt, dass sich die Schmerzintensität der Patienten mit chronischen Schmerzen im Kopf oder Nacken nach Behandlung verringert hat, da $\bar{y} - \bar{x} = -0,99$ eine niedrigere typische Schmerzintensität nach Behandlung im Vergleich zum Behandlungsbeginn ausweist.

Tabelle 3.1. Veränderung in der Schmerzintensität bei unterschiedlicher Lokalisation der Schmerzen.

Schmerzintensität: nach Behandlung, Y, und vor Behandlung, X		
	Lokalisation der Schmerzen, A	
Schmerzintensität	$i = 1$: Kopf/Nacken	$i = 2$: Rücken
Mittelwert nach Behandlung, $\bar{y}$	5,23	6,46
Mittelwert vor Behandlung, $\bar{x}$	6,22	6,02
Anzahl Personen, n_i	149	52
Mittelwertsdifferenz, $\bar{y} - \bar{x}$	$-0,99$	0,44
$s_{\bar{y}-\bar{x}}$	3,226	2,678
t_{beob}	$-3,77$	1,18
p-Wert	0,000	0,243

Bei Patienten mit chronischen Rückenschmerzen tritt dagegen keine solche Verbesserung auf, da $\bar{y} - \bar{x} = 0,44$. Zugehörige t-Tests für abhängige Stichproben scheinen dies zu bestätigen, wenn man die beiden Patientengruppen getrennt betrachtet.

Eine sich unmittelbar anschließende Frage ist: (1) Gibt es eine Interaktion vom Ausgangswert, X, und der Schmerzlokalisation A auf Y, die Schmerzintensität nach der Behandlung? Oder anders ausgedrückt, weist der beobachtete Unterschied von $-0,99$ und $0,44$ auf einen Unterschied in der Grundgesamtheit hin? Und falls dies nicht zutrifft, sind die weiteren Fragen: (2) Wirkt sich die Schmerzlokalisation, A, auf die Schmerzintensität nach der Behandlung, Y, auch dann aus, wenn für unterschiedliche Schmerzintensitätswerte vor der Behandlung X kontrolliert wird? (3) Gibt es eine Abhängigkeit der Schmerzintensität nach der Behandlung, Y, von der Schmerzintensität vor der Behandlung, X, auch wenn man die Lokalisation der Schmerzen A berücksichtigt?

Die zur Frage (1) gehörigen Hypothesen sind

$$H_0 : \beta_{y|p.ax} = 0, \qquad H_1 : \beta_{y|p.ax} \neq 0.$$

Hier gibt es keine signifikante Interaktion von X und A auf Y, da für $\hat{\beta}_{y|p.xa} = 0,087$ der beobachtete Prüfgrößenwert, $t_{\text{beob}} = 0,524$, einen p-Wert von $0,601$ hat. Das Ergebnis bedeutet, dass die beobachteten Mittelwertsdifferenzen $y_l - x_l$ für die 201 Patienten auch dann entstehen können, wenn es in den Grundgesamtheiten beider Patientengruppen dieselbe Veränderung von X und Y gibt, oder anders ausgedrückt, wenn die Regressionslinie für Y auf X gegeben $i = 1$ parallel zu der für $i = 2$ verläuft.

Der direkte Weg die beiden Fragen (2) und (3) zu beantworten, ist mit der Berechnung der Schätzwerte und Tests in der linearen Regression von Y auf X und A, die den folgenden Nullhypothesen entsprechen

$$H_0 : \beta_{y|a.x} = 0, \quad \text{und} \quad H_0 : \beta_{y|x.a} = 0.$$

Tabelle 3.2 zeigt als Ergebnis eine positive Antwort auf beide Fragen.

Tabelle 3.2. Regression von Y auf X und A.

Zielgröße Y, Schmerzintensität nach Behandlung				
Einflussgrößen	Eff	$s(\text{Eff})$	t_{beob}	p-Wert
Konstante	2,98	0,700	–	–
X, Schmerzintensität vor Behandlung	0,16	0,073	2,16	0,032
A, Schmerzlokalisation	1,27	0,388	3,26	0,001

Der Einfluss der Lokalisation für Patienten mit vergleichbar starker Schmer-
zintensität vor der Behandlung wird mit $\hat{\beta}_{y|a.x} = 1,27$ geschätzt und ent-
spricht einem hoch signifikanten Ergebnis (p-Wert $= 0{,}001$). Für gegebene
Ausgangswerte der Schmerzintensität vor der Behandlung erhöht sich die
Schmerzintensität nach der Behandlung um 1,27 Punkte, wenn man Patienten mit Rücken- anstatt mit Kopf/Nackenschmerzen betrachtet.

Der Einfluss des Ausgangswerts der Schmerzintensität wird für vorgegebene
Schmerzlokalisationen mit $\beta_{y|x.a} = 0{,}16$ geschätzt. Dieses Ergebnis ist in ei-
nem zweiseitigen Test zum Niveau 5%, nicht aber zum Niveau 1% signifikant,
da der p-Wert zwischen 0,05 und 0,01 liegt.

Mit einer multiplen Regression der Zielgröße Y auf die Messung X zu einem
früheren Zeitpunkt, oder auf mehrere Messungen $X_1, \ldots, X_{I-1}$ zu früheren
Zeitpunkten, kann man sowohl die einzelnen Effekte schätzen, als auch den
Einfluss weiterer Variablen auf Y prüfen und eventuell die Modelle vereinfachen (siehe Abschnitt 3.6).

Zu beachten ist dabei, dass das Bestimmtheitsmaß nur deshalb groß wird,
weil im Wesentlichen dieselben Variablen, nur gemessen zu einem früheren
Zeitpunkt, als Einflussgrößen verwendet werden. Ein hoher Wert des Be-
stimmtheitsmaßes sagt für solche Regressionen nur, dass frühere Messungen
dazu geeignet sind, den Wert der letzten Messung vorherzusagen.

Eine Differenz als Zielgröße
Tabelle 3.3 zeigt die analogen Testergebnisse, wenn man anstelle von Y die
Differenz $Y - X$ als Zielgröße verwendet und die Einflussgrößen unverändert
bleiben.

Tabelle 3.3. Regression von $Y - X$ auf X und A.

Zielgröße $Y - X$, Veränderung in der Schmerzintensität				
Einflussgrößen	Eff	$s(\text{Eff})$	t_{beob}	p-Wert
Konstante	4,24	0,498	−	−
X, Schmerzintensität vor Behandlung	$-0,84$	0,073	$-11,46$	0,000
A, Schmerzlokalisation	1,27	0,388	3,26	0,001

Der Prüfgrößenwert für den Einfluss der Lokalisation bleibt dabei unverändert,
aber die Abhängigkeit der Differenz vom Ausgangswert wird mit $\hat{\beta}_{y-x|x.a} = -0,84$ geschätzt.

Mit den Ergebnissen im Abschnitt 2.6 über Verteilungen von Summen und linearen Transformationen lässt sich zeigen (siehe Anhang D.4, S. 348), dass

$$\hat{\beta}_{y-x|x.a} = \hat{\beta}_{y|x.a} - 1,$$

so dass hier

$$\hat{\beta}_{y-x|x.a} = 0,16 - 1 = -0,84.$$

Die zugehörige Nullhypothese ist

$$H_0 : \beta_{y-x|x.a} = 0 \quad \text{oder} \quad H_0 : \beta_{y|x.a} = 1.$$

Das hoch signifikante Ergebnis sagt nur, dass $\beta_{y|x.a}$ nicht gleich Eins ist, nicht aber, dass es eine starke Abhängigkeit der Zielgröße Y vom Ausgangswert X gibt. Würde die Nullhypothese mit einem hohen p-Wert beibehalten, so wäre dies eine Rechtfertigung, die einfachen Differenzen $y_l - x_l$ zu verwenden, sonst ist $y_l - \hat{\beta}_{y|x.a}x_l$ eine bessere Korrektur für den Ausgangswert.

3.5.4 Zusammenfassung

Varianzanalysen mit Messwiederholungen

In der einfachen Varianzanalyse für Messwiederholungen mit Y als Zielgröße A und als Einflussgröße mit I Messzeitpunkten an $l = 1,\ldots,L$ Personen, werden die Daten wie in einer zweifachen Varianzanalyse behandelt, in der die untersuchten Personen, P, die zweite Einflussgröße sind und es nur eine Beobachtung für jede Kombination il der Klassen von A und P gibt. Geprüft wird die Forschungshypothese, dass sich die Mittelwerte von Y in der Grundgesamtheit im Verlauf unterscheiden.

Wie in allen Varianzanalysenmodellen ist vorausgesetzt, dass es keine wesentlichen Unterschiede in der Variabilität in den Grundgesamtheiten gibt. Zusätzlich müssen die Korrelationen der beobachteten Werte für alle Ausprägungspaare der Einflussgröße A ungefähr gleich groß sein. Sind diese Voraussetzungen nicht erfüllt, so tendieren die beobachteten F-Werte in einem Globaltest für die Messzeitpunkte A dazu, signifikant zu werden, auch wenn es in der Grundgesamtheit keinen Effekt der Variablen A gibt.

Test für zwei abhängige Stichproben

Für zwei Klassen der erklärenden Variablen (eine Messwiederholung) vereinfacht sich der Test. In einer Stichprobe von n beobachteten Paaren (y_l, x_l) berechnet man die Differenz $d_l = y_l - x_l$, prüft $H_0 : \mu_d = 0$ und erhält

$$t_{\text{beob}} = (\bar{d} - 0)/s(\bar{d})$$

mit

$$s^2(\bar{d}) = \hat{\sigma}_d^2/n \quad \text{und} \quad \hat{\sigma}_d^2 = \text{SAQ}_d/(n - 1).$$

Unter H_0 ist die zugehörige Zufallsvariable für große n Standard-Gauß-verteilt, sonst hat sie eine t-Verteilung mit Parameter $n - 1$, sofern die Mittelwerte $\bar{Y}$, $\bar{X}$ Gauß-verteilt sind. Die Prüfgröße ist identisch zu jener in einer einfachen linearen Regression von Y auf X und für H_0: der Regressionskoeffizient ist gleich Null.

Korrektur für Ausgangswerte

Gibt es frühere (wiederholte) Messungen $X_1, \ldots, X_{I-1}$ an einer Zielgröße Y und möglicherweise weitere Einflussgrößen $A, B, \ldots, U, V, \ldots$ für Y, so kann man für Effekte der Ausgangswerte kontrollieren, in dem man sie als erklärende Variable in multiple Regressionen einbezieht. Sowohl Haupteffekte als auch Interaktionen lassen sich auf diese Weise prüfen. Das Bestimmtheitsmaß ist nur mit besonderer Vorsicht zu interpretieren.

Verwendet man in einer Regression die Differenz $Y - X$ als Zielgröße und X als mögliche erklärende Variable, so prüft man mit $H_0 : \beta_{y-x|x} = 0$ nicht die Abhängigkeit der Veränderung vom Ausgangswert, sondern nur $H_0 : \beta_{y|x} = 1$.

3.6 Modelle vereinfachen, erweitern, verbinden

Hauptziel von statistischen Analysen ist es, anhand von Daten Forschungsfragen zu beantworten oder zumindest besser zu verstehen. Die wichtigsten Ergebnisse von empirischen Untersuchungen sollten anschaulich so dargestellt werden, dass sie Interpretationen möglichst überzeugend belegen. Für verschiedene Forschungsfragen und für verschiedene Modelle wird nun ein einheitliches Vorgehen vorgeschlagen: Abhängigkeitsmodelle werden, wenn möglich, vereinfacht, aber, wenn nötig, auch um komplexere Beziehungen erweitert.

Sofern man die Entwicklung von vorgegebenen Kontextvariablen über vermittelnde Variable bis hin zu einer wichtigen Zielgröße verstehen möchte, werden die Ergebnisse einzelner Regressionsanalysen zu einem gemeinsamen Modell verbunden, das alle wichtigen Variablen, deutliche Interaktionen und starke nicht-lineare Beziehungen enthält. Ein solches Modell ist ein spezielles **graphisches Kettenmodell** ([57], Cox und Wermuth, 1996, [60], Edwards, 2000, [73], Wermuth, 2005).

In graphischen Kettenmodellen können sowohl die Zielgrößen als auch die Einflussgrößen quantitativer oder kategorialer Art sein. Je nach Art der Ziel- und Einflussgrößen werden zur Analyse von Abhängigkeiten andere Modelle verwendet, zum Beispiel (1) Varianzanalysenmodelle, wenn die Zielgröße quantitativ und den Kombinationen der kategorialen Einflussgrößen durch Versuchsplan jeweils eine feste Anzahl von Personen zugeordnet ist, (2) Logit-Regressionen, wenn die Zielgröße binär ist und alle erklärenden Variablen kategorial sind, (3) logistische Regressionen, wenn die Zielgröße binär ist, es aber mindestens eine quantitative Einflussgröße gibt und (4) lineare Regressionsmodelle, wenn die Zielgröße quantitativ ist und es Einflussgrößen beliebiger Art gibt.

Vereinfachen von Modellen bedeutet hier, dass es zum Beispiel keine Interaktionen und keine nicht-linearen Effekte gibt oder dass man einzelne Variable nicht zur Vorhersage der Zielgröße braucht. In Abschnitt 1.6.8 wurde das Vereinfachen linearer Regressionsmodelle bereits als Selektion von Variablen beschrieben.

In Varianzanalysen und Logit-Regressionen werden alle möglichen interaktiven Effekte in der Regel direkt mit berücksichtigt. Für logistische und lineare Regressionen ist dagegen jeweils zu prüfen, welche nicht-linearen oder interaktiven Effekte einzubeziehen sind.

❯ 3.6.1 Modelle erweitern

Regressionsmodelle werden immer dann um nicht-lineare Beziehungen und Interaktionen erweitert, wenn es entsprechendes Vorwissen gibt oder diese von substanzwissenschaftlichen Theorien postuliert werden. Aber auch sonst ist es wichtig, dass starke nicht-lineare Beziehungen und Interaktionen aufgedeckt und nicht übersehen werden.

In Abschnitt 1.6.8 war dargestellt, wie man im Rahmen von linearen Modellen einen quadratischen Effekt Q oder einen Interaktionseffekt P einführt. Bei der Ergänzung um zugehörige Prüfgrößen werden untergeordnete Haupteffekte nicht direkt interpretiert. Es ist aber nötig, sie in die Regressionsgleichung einzubeziehen: der Einfluss eines quadratischen Effekts Q oder eines Interaktionseffekts P wird nur dann zusätzlich zu den möglichen Haupteffekten geprüft. Die folgenden beiden Beispiele betreffen lineare Regressionsmodelle.

Rechenbeispiel: Test auf einen quadratischen Effekt (Analyse von S. 120 fortgesetzt)

Einflussgröße	Eff	s_{Eff}	t_{beob}	p-Wert
Konstante	-1,25	–	–	–
$(Y_2 - \bar{Y}_2),$	1,26	0,639	–	–
$Q = (Y_2 - \bar{Y}_2)^2$	0,36	0,317	1,15	0,315

Obwohl der quadratische Effektterm 16 Prozentpunkte in der Variation der Zielgröße erklärt, ist dieser Beitrag für $n = 7$ statistisch nicht signifikant $(\Pr(|T| > 1,15) = 0,315)$.

Rechenbeispiel: Test auf einen Interaktionseffekt (Analyse von S. 121 fortgesetzt)

Einflussgröße	Eff	s_{Eff}	t_{beob}	p-Wert
Konstante	-0,71	–	–	–
$(Y_2 - \bar{Y}_2),$	0,14	0,910	–	–
$(Y_3 - \bar{Y}_3),$	1,71	1,232	–	–
$P = (Y_2 - \bar{Y}_2)(Y_3 - \bar{Y}_3)$	0,36	0,484	0,73	0,516

Obwohl der Interaktionsterm weitere fünf Prozentpunkte in der Variation der Zielgröße erklärt, ist dieser Beitrag für einen Stichprobenumfang von nur $n = 7$ statistisch nicht signifikant $(\Pr(|T| > 0,73) = 0,516)$.

Für eine systematische Suche nach solchen Effekten gibt es ein graphisches Verfahren, dass nützlich wird, sobald es mindestens fünf quantitative Variablen gibt ([56], Cox & Wermuth, 1994). Mit fünf Variablen gibt es $L = 5 \times 4 = 20$ Paare, für die quadratische Effekte auftreten können und $L = 5 \times 4 \times 3 = 60$ Tripel, für die es eine Interaktion von zwei Einflussgrößen auf eine Zielgröße geben kann. Wir erklären das Verfahren hier anhand von nur drei Variablen.

Die beobachteten Prüfgrößenwerte für $Q = Y_j^2$ in Regressionen von Y_i auf Y_j, Y_j^2 werden der Größe nach geordnet. Verglichen werden sie mit bestimmten Quantilswerten einer Standard-Gauß-Verteilung, nämlich den erwarteten geordneten Rangzahlen z, da es in gemeinsamen Gauß-Verteilungen weder quadratische noch interaktive Effekte gibt. Für $l = 1, \ldots, L$ wird der Anteil l/L ein wenig verändert zu $(l - 3/n)(L + 1/4)$, als Quantil interpretiert, und es wird der zugehörige Quantilswert in der Standard-Gauß-Verteilung zugeordnet.

Rechenbeispiel: Suche nach quadratischen Effekten
Es gibt $n = 7$ Beobachtungen für Y_1, Y_2, Y_3. Die beobachteten Werte in Abweichung vom Mittelwert sind

$(y_{1l} - \bar{y}_1)$:	-4	-3	-1	-3	3	2	6
$(y_{2l} - \bar{y}_2)$:	-2	1	-3	0	0	1	3
$(y_{3l} - \bar{y}_3)$:	-2	-1	-1	0	0	2	2

Die folgende Tabelle enthält die beobachteten t-Werte für sechs quadratische Effekte in den Regressionen von

$$Y_1 \text{ auf } Y_2, Y_2^2, \qquad Y_2 \text{ auf } Y_1, Y_1^2,$$
$$Y_1 \text{ auf } Y_3, Y_3^2, \qquad Y_3 \text{ auf } Y_1, Y_1^2,$$
$$Y_2 \text{ auf } Y_3, Y_3^2, \qquad Y_3 \text{ auf } Y_2, Y_2^2.$$

$t_{\text{beob},(l)}$ für Q :	$-0{,}23$	$0{,}00$	$0{,}00$	$0{,}48$	$1{,}01$	$1{,}15$
Zielgröße	Y_3	Y_1	Y_2	Y_3	Y_2	Y_1
Einflussgröße	Y_1	Y_3	Y_3	Y_2	Y_1	Y_2
l :	1	2	3	4	5	6
Quantil $= (l - 3/8)/(6 + 1/4)$:	$0{,}10$	$0{,}26$	$0{,}42$	$0{,}58$	$0{,}74$	$0{,}90$
z, zugehöriger Quantilswert :	$-1{,}28$	$-0{,}64$	$-0{,}20$	$0{,}20$	$0{,}64$	$1{,}28$

Mit $L = 6$ ergeben sich zum Beispiel als Quantile und Quantilswerte

$$l = 1: \quad (1 - 3/8)/(6 + 1/4) = 0,10, \qquad \Pr(Z < 0,10) = -1,28;$$
$$l = 6: \quad (6 - 3/8)/(6 + 1/4) = 0,90, \qquad \Pr(Z < 0,90) = 1,28.$$

Da hier die beobachteten t-Werte von $-0,23$ bis $1,15$ innerhalb des Bereichs des kleinsten und des größten z-Wertes von $-1,28$ bis $1,28$ liegen, gibt es weder auffällige positive noch auffällige negative quadratische Effekte.

Für Interaktionseffekte werden alle Regressionen von Y_i auf Y_j, Y_k und $Y_j \times Y_k$ berechnet. Dann werden die beobachteten Prüfgrößen für $P = Y_j \times Y_k$ der Größe nach geordnet und auf dieselbe Weise mit Mittelwerten von geordneten Rangzahlen in einer Standard-Gauss-Verteilung verglichen.

Rechenbeispiel: Suche nach Interaktionseffekten

Die folgende Tabelle enthält für dieselben $n = 7$ Beobachtungen die beobachteten t-Werte der drei Interaktionseffekte in den Regressionen von

$$Y_1 \text{ auf } Y_2, \ Y_3, \ Y_2 \times Y_3,$$
$$Y_2 \text{ auf } Y_1, \ Y_3, \ Y_1 \times Y_3,$$
$$Y_3 \text{ auf } Y_1, \ Y_2, \ Y_1 \times Y_2.$$

$t_{\text{beob},(l)}$ für P :	$-0,30$	$0,69$	$0,73$
Zielgröße	Y_3	Y_2	Y_1
Einflussgröße	Y_1, Y_2	Y_1, Y_3	Y_2, Y_3
l :	1	2	3
Quantil $= (l - 3/8)/(3 + 1/4)$:	$0,19$	$0,50$	$0,81$
z, zugehöriger Quantilswert:	$-0,87$	0	$0,87$

Da die beobachteten t-Werte von $-0,30$ bis $0,73$ innerhalb des Bereichs von $-0,87$ bis $0,87$ der z-Werte liegen, gibt es keine auffälligen Interaktionseffekte.

Abbildung 3.9 zeigt die Plots für die Diabetesstudie mit Y und X als den beiden primären Zielgrößen (siehe Abschnitt 1.1.7, S. 18). Die Abbildung enthält links den Plot für die interaktiven Effekte aller acht Variablen und rechts den Plot für die quadratischen Effekte der sechs quantitativen Variablen. Die gezeigte Linie ist mit der Methode der kleinsten Quadrate an die Paare (z, t_{beob}) angepasst, ohne dabei die ein Prozent Paare mit den größten und die ein Prozent Paare mit den kleinsten t_{beob}-Werten zu berücksichtigen.

Starke Abweichungen von positiven t_{beob}-Werten nach oben und von negativen t_{beob}-Werten nach unten weisen auf auffällige Ergebnisse hin. Solange dagegen alle Werte nahe der Linie liegen, bleiben dem Betrag nach große Werte unauffällig: sie können auch in gemeinsamen Gauß-Verteilungen vorkommen, einfach deshalb, weil viele Prüfgrößen berechnet werden.

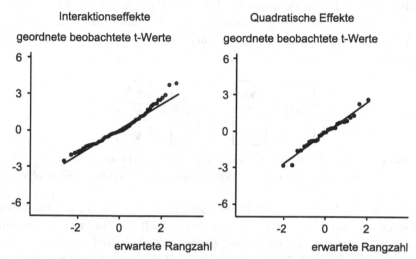

Abbildung 3.9. Plots für auffällige Interaktionen und quadratische Beziehungen der Variablen in der Diabetes-Studie. Links: zwei Punkte mit positiven t_{beob}-Werten weisen auf auffällige Abweichungen hin. Rechts: zwei Punkte mit negativen t_{beob}-Werten weisen auf möglicherweise auffällige Abweichungen hin.

Im Plot für Interaktionen (Abbildung 3.9 links) weichen zwei Punkte deutlich von der Linie ab. Die zu den abweichenden Punkten gehörigen Prüfgrößenwerte für Interaktionen sind für

$$W : Y \times A, \quad \text{mit } t_{\text{beob}} = 3,90 \quad \text{und} \quad Y : W \times A, \quad \text{mit } t_{\text{beob}} = 3,76.$$

Sie beziehen sich beide auf die Variablen Y, W, und A. Die Interaktion von W und A auf Y wird aufgrund dieses Ergebnisses zusätzlich zu den Haupteffekten von A und W in die Regressionsgleichung für Y aufgenommen.

Im Plot für quadratische Effekte (Abbildung 3.9 links) gibt es zwei dem Betrag nach recht große negative Prüfgrößenwerte,

$$U : X^2, \quad \text{mit } t_{\text{beob}} = -2,81 \quad \text{und} \quad W : Y^2, \quad \text{mit } t_{\text{beob}} = -2,77.$$

Die Zielgröße U ist keine direkt wichtige Variable und keine vermittelnde Variable für die beiden primären Zielgrößen Y oder X. Die Variable W ist keine Zielgröße, ihre quadratische Abhängigkeit von Y weist auf eine etwas größere Variabilität der Y-Werte für hohe verglichen mit niedrigen Werte von W. Beide quadratischen Effekte werden daher nicht berücksichtigt.

3.6.2 Vereinfachen von multiplen Varianzanalysen

In Daten für multiple Varianzanalysen ist die Zielgröße Y quantitativ und dieselbe Anzahl L von Personen wird per Versuchsplan jeder Kombination der Klassen der erklärenden Variablen zugeteilt. Daher gehen die erklärenden Variablen wie unabhängige Zufallsvariable in Analysen ein (siehe Abbildung 3.10).

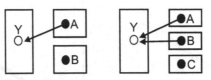

Abbildung 3.10. Graphische Darstellung vereinfachter Varianzanalysen.
Links: $Y \perp\!\!\!\perp B|A$, rechts: $Y \perp\!\!\!\perp C|AB$, beide für unabhängige erklärende Variable.

Die Berechnung der geschätzten Effektterme ändert sich wegen der Unabhängigkeit der erklärenden Variablen nach Vereinfachen nicht, wohl aber kann sich die Standardabweichung der Koeffizienten ändern und damit der beobachtete t-Wert. Sind alle Effektterme, die eine bestimmte Variable enthalten, nicht wesentlich von Null verschieden, so kann man die zugehörige Variable aus dem Modell entfernen.

Rechenbeispiel: Vereinfachtes Varianzanalysenmodell
Zielgröße ist die Anzahl richtig erinnerter Stichwörter, Y, in einem Text, der entweder nur gehört wird ($i = 1$ für A) oder aber zusammen mit einem kurzen Film dargeboten wird ($i = 2$ für A).

Von 10 Schülern mit früher unterdurchschnittlichen Leistungen ($j = 1$ für B) und 10 Schülern mit früher überdurchschnittlichen Leistungen ($j = 2$ für B) werden jeweils fünf Schüler per Zufall für die Gruppen $i = 1$ und $i = 2$ ausgewählt. Die folgenden fiktiven Ergebnisse liegen vor.

A, Art der Darbietung	B, Frühere Leistungen des Schülers									
	$j = 1$: unter Durchschnitt					$j = 2$: über Durchschnitt				
$i = 1$: audio	5	7	9	9	10	4	5	5	7	9
$i = 2$: audio-visuell	17	16	16	14	12	18	16	14	14	13

$\bar{y}_{ij+}$ und (s_{ij})				$\hat{\mu}+\hat{\alpha}_i = 11 \pm 4$		
	B				B	
A	$j=1$	$j=2$	$\bar{y}_{i++}$	A	$j=1$	$j=2$
$i=1$	8	6	7	$i=1$	7	7
	(2)	(2)		$i=2$	15	15
$i=2$	15	15	15			
	(2)	(2)				
$\bar{y}_{+j+}$	11,5	10,5	11			

Man erhält die mit der Methode der kleinsten Quadrate geschätzten Effekt-terme

$$\hat{\mu} = \bar{y}_{+++} = 11, \quad \hat{\alpha}_1 = \bar{y}_{1++} - y_{+++} = -4, \quad \hat{\beta}_1 = \bar{y}_{+1+} - y_{+++} = 0,5,$$

$$\hat{\gamma}_{11} = \bar{y}_{11+} - \bar{y}_{1++} - \bar{y}_{+1+} + y_{+++} = 0,5.$$

Mit

$$\text{SAQ}_y = 394, \quad \text{SAQ}_{\text{Res}} = (L-1)\sum s_{ij^2} = 64,$$

$$\hat{\sigma}^2 = 64/16 = 4 \quad \text{und} \quad s(\hat{\alpha}_1) = \hat{\sigma}/\sqrt{4L} = 0,447$$

ergeben sich für A:

$$t_{\text{beob}} = \frac{-4}{0,447} = -8,94$$

also ein deutlicher Hinweis, dass der Haupteffekt von A wichtig zur Erklärung von Y ist.

Dagegen ergeben sich für B: $t_{\text{beob}} = 1,12$ und für AB: $t_{\text{beob}} = 1,12$. Da beide beobachteten Prüfgrößenwerte sehr klein (verglichen mit $t_{0,975;16} = 2,12$) sind, kann Variable B aus dem Modell entfernt werden. Die Daten für die zugehörige einfache Varianzanalyse haben je $L^* = 10$ Schüler für die beiden Klassen von A, $i=1$ und $i=2$.

In diesem Modell ist

$$\text{SAQ}^*_{\text{Res}} = \text{SAQ}_{\text{Res}} + \text{SAQ}_B + \text{SAQ}_{AB} = 64 + 5 + 5 = 74$$

mit $\text{SAQ}_B = 20 \times (0,5)^2 = 5$ und $\text{SAQ}_{AB} = 20 \times (0,5)^2 = 5,$

so dass für $H_0 : \alpha_1 = 0$

$$(\hat{\sigma}^*)^2 = 74/18 = 4,11, \quad s^*(\hat{\alpha}_1) = (\hat{\sigma}^*)\sqrt{1/20} = 0,453 \quad \text{und} \quad t^*_{\text{beob}} = -8,82.$$

Die Testergebnisse für die 2^2 Varianzanalyse und für die einfache Varianz-analyse sind in der folgenden Tabelle zusammengefasst.

Zielgröße: Y, Anzahl erinnerter Stichworte						
	Ausgangsmodell			ausgewählt		
Einflussgröße	Eff	s_{Eff}	t_{beob}	Eff	s_{Eff}	t_{beob}
Konstante	$11,00$	$-$	$-$	$11,00$	$-$	$-$
A, Art der Darbietung	$-4,00$	$0,447$	$-8,94$	$-4,00$	$0,453$	$-8,82$
B, Frühere Leistung	$0,50$	$0,447$	$1,12$	$-$	$-$	$-$
AB-Interaktion	$0,50$	$0,447$	$1,12$	$-$	$-$	$-$

Abbildung 3.10 links zeigt die zugehörige vereinfachte Struktur $Y \perp\!\!\!\perp B | A$ für unabhängige Einflussgrößen, für die also gilt: $A \perp\!\!\!\perp B$.

Beispiel mit Interpretation (Analyse von S. 209 fortgesetzt)
In den Daten zur Schweinemast waren die Effektterme für Geschlecht, C, nicht wesentlich von Null verschieden. Wird die Variable C aus der 2^3 Varianz-analyse mit $L = 8$ entfernt, so erhält man Daten für eine 2^2 Varianzanalyse mit $L^* = 16$ Tieren, mit $IJ = 4$ Gruppen und

$$\text{SAQ}^*_{\text{Res}} = \text{SAQ}_{\text{Res}} + \text{SAQ}_C + \text{SAQ}_{AC} + \text{SAQ}_{BC} + \text{SAQ}_{ABC} = 1,35,$$

$$(\hat{\sigma}^*)^2 = \text{SAQ}^*_{\text{Res}}/60 = 0,022, \qquad s^*_{\text{Eff}} = (\hat{\sigma})^*/\sqrt{4L^*} = 0,019.$$

Zusammen mit den geschätzten Effekttermen für eine 2^2 Varianzanalyse er-gibt sich für das Ausgangsmodell und das ausgewählte Modell:

Zielgröße: Y, durchschnittliche tägliche Gewichtszunahme						
	Ausgangsmodell			ausgewählt		
Einflussgröße	Eff	s_{Eff}	t_{beob}	Eff	s_{Eff}	t_{beob}
Konstante	$1,22$	$-$	$-$	$1,22$	$-$	$-$
A, Lysin	$-0,01$	$0,019$	$-0,38$	$-0,01$	$0,019$	$-0,38$
B, Protein	$-0,08$	$0,019$	$-4,41$	$-0,08$	$0,019$	$-4,38$
AB-Interaktion	$-0,06$	$0,019$	$-3,42$	$-0,06$	$0,019$	$-3,40$
C, Geschlecht	$0,03$	$0,019$	$1,60$	$-$	$-$	$-$
AC-Interaktion	$-0,02$	$0,019$	$-1,30$	$-$	$-$	$-$
BC-Interaktion	$-0,00$	$0,019$	$-0,06$	$-$	$-$	$-$
ABC-Interaktion	$-0,01$	$0,019$	$-0,71$	$-$	$-$	$-$

Da es eine signifikante Interaktion von A und B auf Y gibt, werden die Haupteffekte von A und B nicht interpretiert. Abbildung 3.10 rechts zeigt die zugehörige vereinfachte Struktur $Y \perp\!\!\!\perp C|AB$ für völlig unabhängige Einflussgrößen, für die also gilt: $A \perp\!\!\!\perp B \perp\!\!\!\perp C$.

3.6.3 Vereinfachen von multiplen Logit-Regressionen

In Daten für multiple Logit-Regressionen ist die Zielgröße A binär und alle Einflussgrößen sind kategorial. Die erklärenden Variablen B, C,... können abhängig sein.

In Logit-Regressionen wird oft ein Ausgangsmodell formuliert, das alle möglichen Interaktionsterme enthält. Sind alle Effektterme, die eine bestimmte Variable enthalten, nicht wesentlich von Null verschieden, so kann die Variable aus der Logit-Regression entfernt werden. Geschätzte Effektterme, Standardabweichungen und Prüfgrößen ändern sich, wenn eine Logit-Regression auf diese Weise vereinfacht wird.

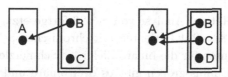

Abbildung 3.11. Graphische Darstellung vereinfachter Logit-Regressionen. Links: $A \perp\!\!\!\perp C \mid B$, rechts: $A \perp\!\!\!\perp D|BC$. Der doppelte Rahmen weist darauf hin, dass die Beziehungen der erklärenden Variablen nicht analysiert werden, sondern so, wie sie beobachtet sind, in die Regressionsanalyse eingehen.

Beispiel mit Interpretation (Analyse von S. 219 fortgesetzt)

Zielgröße: A, perinatale Mortalität						
	Ausgangsmodell			ausgewählt		
Einflussgröße	Eff	s_{Eff}	t_{beob}	Eff	s_{Eff}	t_{beob}
Konstante	$2,98$	$-$	$-$	$11,00$	$-$	$-$
B, Totgeburt zuvor	$0,45$	$0,037$	$12,18$	$0,44$	$0,037$	$12,07$
C, Hautfarbe Mutter	$0,04$	$0,037$	$1,10$	0	$-$	$-$
BC-Interaktion	$0,05$	$0,037$	$1,34$	0	$-$	$-$

Da die p-Werte für die BC-Interaktion $\Pr(|Z| > 1,34) = 0,18$ und für den Haupteffekt C $\Pr(|Z| > 1,10) = 0,27$ sind, kann man davon ausgehen, dass C keine wichtige Einflussgröße ist. Die unter $H_0 : A \perp\!\!\!\perp C|B$ geschätzten Effektterme erhält man mit dem Yates-Algorithmus angewandt auf Wettquoten von $\hat{m}_{ijk} = n_{ij+}n_{+jk}/n_{+j+}$ (siehe S. 154). Dies ergibt hier kaum eine Veränderung für den verbleibenden Effekt von B.

❯ 3.6.4 Vereinfachen von logistischen Regressionen

In Daten für logistische Regressionen ist die Zielgröße A binär und es gibt mindestens eine quantitative Einflussgröße X. Schätzwerte basieren auf dem Maximum-Likelihood-Verfahren. Gibt es kein Vorwissen über wichtige Interaktionen oder spezielle nicht-lineare Beziehungen und keine deutlichen Hinweise in den Daten auf solche Effekte, so kann man vom Haupteffektmodell ausgehen und versuchen, das Modell schrittweise weiter zu vereinfachen.

Beispiel mit Interpretation (Analyse von S. 226 fortgesetzt)
Für die Daten von $n = 201$ Patienten mit chronischen Schmerzen will man wichtige Determinanten für die binäre Zielgröße Schmerzlokalisation, A, finden. Als mögliche Einflussgrößen gibt es drei binäre und zwei quantitative Variable.

Zielgröße: A, Schmerzlokalisation

Einflussgröße	Ausgangsmodell			ausgewählt			ausgeschl.
	Eff	s_{Eff}	t_{beob}	Eff	s_{Eff}	t_{beob}	t'_{beob}
Konstante	$-0,84$	–	–	$0,60$	–	–	–
B, Schulbildung	$-1,12$	$0,41$	$-2,72$	$-1,28$	$0,40$	$-3,19$	–
C, Geschlecht	$0,25$	$0,37$	$0,66$	–	–	–	$0,52$
D, Ehestand	$0,93$	$0,66$	$1,42$	–	–	–	$1,37$
X, Anz. Krankheiten	$0,05$	$0,04$	$1,12$	–	–	–	$1,22$
Z, Dauer Schmerzen	$-0,29$	$0,16$	$-1,84$	–	–	–	$-1,70$

Zunächst wird die Variable Geschlecht, C, aus dem logistischen Haupteffektmodell entfernt, da der zugehörige Prüfgrößenwert $t_{\text{beob}} = 0,66$ klein ist. Danach werden die Schätzwerte neu berechnet und eine weitere Variable entfernt. Dieser Schritt wiederholt sich hier dreimal und es bleibt nur die Variable Dauer der formalen Schulbildung, B ($j = 1$: weniger als 10 Jahre, $j = 2$: mindestens 10 Jahre), im Modell.

Der zusätzlich angegebene Wert t'_{beob} weist aus, wie wichtig die zugehörige Einflussgröße wäre, wenn sie als nächste – zusätzlich zur Variablen B – in das logistische Regressionsmodell aufgenommen würde.

3.6.5 Modelle verbinden

Hat man für eine vorgegebene Folge von Regressionsanalysen die Modelle erweitert und vereinfacht, so lassen sich die einzelnen Modelle zu einem gemeinsamen Kettenmodell verbinden, das eine Entwicklung von Kontextvariablen über vermittelnde Variablen zur primär interessierenden Zielgröße abbildet.

Für die Diabetes-Daten möchte man verstehen, wie sich verschiedene Eigenschaften der Patienten auf die Einstellungen und das Wissen auswirken und welche Variablen den Blutzuckergehalt beeinflussen. Eine erste Anordnung der erfassten Variablen aus Abschnitt 1.1.7, S. 18 ist hier wiederholt.

Abbildung 3.12. Anordnung der Variablen, die die Art der Analysen festlegt.

Abbildung 3.12 enthält als primäre Zielgröße den Blutzuckergehalt, Y. Je besser es einem an Diabetes erkrankten Patienten gelingt, diesen Zuckergehalt stabil auf einem möglichst niedrigen Niveau zu halten, desto besser sind die Chancen, negative Auswirkungen dieser chronischen Erkrankung zu vermeiden. Als möglicherweise wichtige Einflussgrößen sind sieben Variable beobachtet: das Wissen über die Krankheit, X, Einstellungen zum Krankheitsverlauf, Z, U und V, sowie die Kontextvariablen, A, B und W.

Das Wissen, X, und die Einstellungen Z, U und V werden als mögliche vermittelnde Variable zwischen dem Ausgangsstatus der Patienten, der mit den Kontextvariablen W, A und B beschrieben wird, und der primären Zielgröße Y angesehen. Über die sekundäre Zielgröße, das Wissen über die Krankheit, X, gab es vor der Untersuchung wenig Vorwissen, aber die Vermutung, dass es direkt sowohl von der Einstellung der Patienten zu ihrer Erkrankung aber auch vom Schulabschluss abhängt. Die Anordnung des Wissens, X, nach dem Blutzuckergehalt, Y, bedeutet, dass man Y nicht als mögliche erklärende Variable für die Zielgröße X mit einbeziehen möchte, sondern stattdessen nur sechs möglicherweise erklärende Variable Z, U, V, W, A und B verwendet.

Für die Einstellungsvariablen Z, U und V werden ähnliche Beziehungen erwartet, wie sie für die allgemeinen, das heißt nicht krankheitsbezogenen Attributionen bekannt sind. Je mehr sich eine Person für ihr Handeln als selbst verantwortlich sieht (Internalität, V), desto weniger tendiert sie dazu, mächtige Andere, (soziale Externalität, U) oder den Zufall (Fatalismus, Z) als Erklärung heranzuziehen. Zwischen den beiden Arten externaler Attribution, Z und U, wird eine schwache, aber positive Korrelation erwartet. Für jede der Einstellungsvariablen sind W, A oder B die möglichen Einflussgrößen. Die Art der Beziehungen zwischen den Kontextvariablen W, A, B wird als vorgegeben angesehen. Sie ist daher nicht weiter zu analysieren.

Es zeigt sich in den zugehörigen Regressionsanalysen, die in den Tabellen 3.4 und 3.5 zusammengefasst sind, dass Y nicht von den Einstellungsvariablen U und V abhängt, wenn A, W und X die direkt erklärenden Variable sind, und X dann nicht von U und V abhängt, wenn Z bereits eine der erklärenden Variablen ist. Daher kann man U und V als nicht direkt relevant für die beiden Zielgrößen ansehen und sie von weiteren Analysen ausschließen.

Tabelle 3.4. Schrittweise Rückwärtsselektion für Zielgröße Blutzuckergehalt, Y.

Zielgröße: Y, Blutzuckergehalt							
	Ausgangsmodell			ausgewählt			ausgeschl.
Einflussgröße	Eff	s_{Eff}	t_{beob}	Eff	s_{Eff}	t_{beob}	t'_{beob}
Konstante	$10,44$	$2,92$	–	$11,97$	$1,14$	–	–
X, Wissen	$-0,07$	$0,03$	$-1,89$	$-0,06$	$0,03$	$-2,02$	–
Z, Fatalismus	$0,02$	$0,05$	$0,35$	–	–	–	$-0,34$
U, Externalität	$-0,03$	$0,04$	$-0,71$	–	–	–	$-0,83$
V, Internalität	$0,05$	$0,05$	$0,98$	–	–	–	$1,22$
W, Dauer	$-0,04$	$0,03$	–	$-0,03$	$0,03$	–	–
A, Schulabschluss	$-1,70$	$0,39$	–	$-1,68$	$0,38$	–	–
B, Geschlecht	$-0,08$	$0,22$	$-0,35$	–	–	–	$-0,55$
WA-Interaktion*	$0,11$	$0,03$	$3,48$	$0,11$	$0,03$	$3,56$	–

*Die WA-Interaktion ist als Variable $P = W \times A$ ins Modell aufgenommen.

Tabelle 3.5. Schrittweise Rückwärtsselektion für die Zielgröße Wissen, X.

Zielgröße: X, Krankheitsbezogenes Wissen

Einflussgröße	Ausgangsmodell			ausgewählt			ausgeschl.
	Eff	s_{Eff}	t_{beob}	Eff	s_{Eff}	t_{beob}	t'_{beob}
Konstante	$45,82$	$9,18$	$-$	$46,59$	$2,83$	$-$	$-$
Z, Fatalismus	$-0,57$	$0,18$	$-3,12$	$-0,58$	$0,14$	$-4,01$	$-$
U, Externalität	$-0,05$	$0,13$	$-0,39$	$-$	$-$	$-$	$-0,62$
V, Internalität	$0,03$	$0,18$	$0,15$	$-$	$-$	$-$	$-0,02$
W, Dauer	$0,06$	$0,12$	$0,54$	$-$	$-$	$-$	$0,65$
A, Schulabschluss	$1,75$	$0,82$	$2,13$	$1,61$	$0,79$	$2,05$	$-$
B, Geschlecht	$0,98$	$0,80$	$1,22$	$-$	$-$	$-$	$1,33$

Für den Blutzuckergehalt, Y, als Zielgröße ist der Interaktionseffekt der Dauer der Erkrankung, W und des Schulabschlusses, A in das Modell aufgenommen. Er war mit der graphischen Suche nach wichtigen Interaktionen und nicht-linearen Beziehungen gefunden worden (siehe S. 251) und lässt sich mit Hilfe der Punktwolken (siehe S. 122) gut interpretieren. In mehreren Studien (zum Beispiel [30]) hat sich seitdem bestätigt, dass es Patienten mit kürzerer formaler Schulbildung schwerer haben, sich gut auf ihre chronische Erkrankung einzustellen.

Die Ergebnisse der Regressionsanalysen für die fatalistische Attribution, Z, sind in Tabelle 3.6 zusammengefasst. Die Variablen Geschlecht, B, und Schulabschluss, A, verbessern die Vorhersage von Z nicht, wenn man die Dauer der Erkrankung, W, kennt.

Tabelle 3.6. Schrittweise Rückwärtsselektion für die Zielgröße Fatalismus, Z.

Zielgröße: Z, Fatalistische Attribution

Einflussgröße	Ausgangsmodell			ausgewählt			ausgeschl.
	Eff	s_{Eff}	t_{beob}	Eff	s_{Eff}	t_{beob}	t'_{beob}
Konstante	$17,10$	$1,16$	$-$	$16,81$	$1,15$	$-$	$-$
W, Dauer	$0,17$	$0,10$	$1,83$	$0,21$	$0,09$	$2,33$	$-$
A, Schulabschluss	$-1,07$	$0,66$	$-1,62$	$-$	$-$	$-$	$-1,66$
B, Geschlecht	$0,23$	$0,64$	$0,37$	$-$	$-$	$-$	$0,47$

Abbildung 3.13 stellt wichtige Aspekte der Regressionsanalysen graphisch dar. Zur Vorhersage von Y sind nur drei der sieben möglichen Variablen direkt wichtige Einflussgrößen, A, X und W, für X nur zwei der sechs möglichen Variablen, A und Z, und für Z nur eine der drei Kontextvariablen, W.

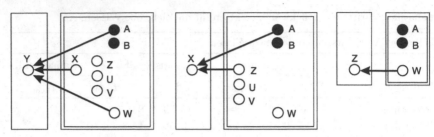

Abbildung 3.13. Vereinfachte Modelle für drei Zielgrößen.

Die drei Regressionsgraphen aus Abbildung 3.13 sind in Abbildung 3.14 links zusammen dargestellt. In diesem Kettengraphen sieht man zum Beispiel, dass der Blutzuckergehalt, Y, nicht nur direkt vom Schulabschluss, A abhängt, sondern auch indirekt: es gibt einen gerichteten Pfad von Pfeilen beginnend mit A über die vermittelnde Variable X hin zu Y.

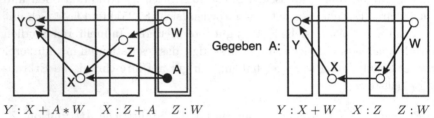

$$Y : X + A * W \quad X : Z + A \quad Z : W \qquad Y : X + W \quad X : Z \quad Z : W$$

Abbildung 3.14. Links: ein Kettengraph als Zusammenfassung der Analysen. Rechts: der Kettengraph dargestellt für Patienten mit vorgegebener Ausprägung der Variablen Schulabschluss, A.

Die Abbildung ist um die Beschreibung $Y : X + A * W$ ergänzt. Sie weist auf den Interaktionseffekt der Dauer der Erkrankung, W, und des Schulabschlusses, A, auf die Blutzuckerkontrolle, Y, hin. Dazu kommt der additive Effekt des Wissens um die Erkrankung, X.

Ausschließlich additive Effekte verbleiben, wenn man die Abhängigkeiten gegeben A betrachtet, also die Abhängigkeitskette, die in Abbildung 3.14 rechts gezeigt ist, die für jede der beiden Klassen von A zutrifft. Die geschätzten Regressionsgleichungen für Y unterscheiden sich jedoch wegen der signifikanten Interaktion von A und W. Man erhält für den Schulabschluss ohne Abitur ($i = -1$), beziehungsweise für den Schulabschluss Abitur ($i = 1$)

$$\hat{y} = 14,15 - 0,08x - 0,14w \qquad \hat{y} = 8,58 - 0,02x + 0,09w.$$

Der Blutzuckerspiegel ist daher in beiden Gruppen niedriger, je mehr der Patient über Diabetes weiß. Aber der Effekt der Erkrankungsdauer geht in verschiedene Richtungen, da das Vorzeichen von $\hat{\beta}_{y|w.x}$ unterschiedlich ist.

Die indirekte Abhängigkeit des Blutzuckers, Y, von der fatalistischen Attribution, Z, ist in beiden Kettengraphen zu erkennen: als Pfad von Z über X nach Y.

Erst mit dem graphischen Kettenmodell lassen sich Hypothesen über mögliche Entwicklungswege formulieren. Zum Beispiel scheint es mit einer längeren Erkrankungsdauer wahrscheinlicher zu werden, dass die Patienten fatalistisch attribuieren. Je mehr aber die Patienten denken, dass ihr Krankheitsverlauf von Zufall abhängt, desto weniger scheinen sie zu versuchen, etwas über die Erkrankung zu erfahren. Je besser aber das Wissen über die Erkrankung ist, desto besser gelingt es den Patienten, den Blutzuckerspiegel niedrig zu halten und damit die möglichen negativen Auswirkungen der chronischen Erkrankung zu vermeiden.

3.7 Weiterführende Literatur

Wir haben uns in diesem Buch vor allem darauf konzentriert, wie man Abhängigkeit einer Variablen von mehreren möglicherweise wichtigen Einflussgrößen beschreiben, verstehen und darstellen kann. Wichtig war es uns einerseits zu zeigen, wie dieselbe Art von Fragen mit jeweils anderen Methoden zu beantworten ist, wenn sich die Art der Ziel- oder Einflussgrößen ändert oder wenn per Versuchsplan unabhängige kategoriale Einflussgrößen entstanden sind. Andererseits wollten wir erklären, warum man oft mit wiederholten Messungen keine neuen, zusätzlichen Verfahren braucht, sondern dass man stattdessen einfach in den Regressionsmodellen die früheren Messungen als möglicherweise wichtige erklärende Variable mit berücksichtigen kann.

Wir haben deshalb zum Beispiel keine der so genannten nicht-parametrischen Verfahren dargestellt. Ein Buch, das solche Verfahren einfach und gut erklärt, ist von Mosteller & Rourke ([68], 1973). Einige grundlegende Prinzipien der mathematischen Statistik, die auch für Datenanalysen wichtig sind, beschreiben Fahrmeir et al. ([61], 2004) und veranschaulichen sie detailliert anhand von Beispielen. In die Welt der Wahrscheinlichkeitsrechnung führen schrittweise und leicht nachvollziehbar sowohl Mosteller et al. ([69], 1970) als auch Olofsson ([70], 2006) ein. Eine erste Übersicht zu einer Fülle traditionell verwendeter statistischer Verfahren gibt Bortz ([52], 2004).

Weitere der generalisierten linearen Modelle, zu denen die in unserem Buch beschriebenen Logit- und Logistische Regressionen gehören, findet man in McCullagh und Nelder ([67], 1997) und Fahrmeir und Tutz ([62], 2001). In einfache Versuchspläne und spezielle Varianzanalysenmodelle führt Kirk ([65], 1995) ein und in verschiedene komplexere Prinzipien der Inferenzstatistik Cox ([55], 2006).

Zu den besonderen Verfahren, mit denen sich auch Entwicklungsprozesse gut abbilden lassen und die graphische Kettenmodelle genannt werden, gibt es neue methodische Entwicklungen, die ihre Anwendbarkeit in Kürze erheblich verbessern sollten, siehe Wermuth und Cox ([75], 2004) und Wermuth et al. ([76], 2006).

Anhang
Übungsaufgaben

A

A

A Übungsaufgaben

A Übungsaufgaben

A.1 Studien und Variable

Aufgabe 1

Lesen Sie die folgenden Zusammenfassungen von empirischen Studien. Geben Sie zu jeder Studie an, ob es eher ein Experiment oder eine Beobachtungsstudie ist. Falls es eine Beobachtungsstudie ist, geben Sie an, ob ist sie vorwiegend retrospektiv, prospektiv oder eine Querschnittstudie ist. Begründen Sie Ihre Entscheidung kurz.

Studienabbruch

Im Rahmen eines Forschungprojektes zu Bildungslebensläufen wurden 3500 Schülerinnen und Schüler der 11. Jahrgangsstufe aus vier aufeinander folgenden Kohorten (Schuljahre 1971/72, 1972/73, 1973/74 und 1975/76) repräsentativ ausgewählt und mit einem umfangreichen diagnostischen Instrumentarium in der 12. Klasse untersucht [13]. Dabei wurden neben verschiedenen Fähigkeits- und Leistungstests auch Daten über die bisherige Schulkarriere sowie den sozioökonomischen Hintergrund erhoben.

2544 Schülerinnen und Schüler dieser Stichprobe haben zwischen 1974 und 1979 ein Studium aufgenommen und bis 1993 abgebrochen oder erfolgreich beendet. Im Verlauf des Studiums fanden weitere Befragungen statt, jeweils im ersten Studienabschnitt (2./3.Semester), zur Studienmitte (6./7. Semester) und nach Studienabschluss.

Ausführliche Analysen der Daten zeigten, dass sich die Wahrscheinlichkeit eines Studienabbruchs wesentlich durch die selbst eingeschätzte Leistungserwartung und die Integration in die Studiengruppe zu Studienbeginn, sowie durch die Durchschnittsnote in den Hauptfächern der Schuljahre 11 bis 13 abschätzen lässt. So sinkt die Wahrscheinlichkeit eines Studienabbruchs von 30% für Studierende, die von sich eine geringe Studienleistung erwarten, auf ca. 10% für Studierende, die eine hohe Leistungserwartung zu Studienbeginn äußerten [18], [9].

Aggressives Verhalten und Vorbilder

Bandura untersuchte in einer heute als klassisch zu bezeichneten Studie [3], wie sich aggressive Rollenvorbilder auf das Verhalten von Kindern im Kindergartenalter auswirken.

In seiner Studie gibt es eine Gruppe von 24 Kindern, denen als Kontroll-gruppe kein aggressives Verhalten gezeigt wird. Einer anderen Gruppe von 24 Kindern wird ein Zeichentrickfilm gezeigt, in dem sich eine Figur aggressiv verhält. Einer weiteren Gruppe von 24 Kindern wird ein Film mit einer realen Person gezeigt, die sich aggressiv verhält. Eine vierte Gruppe von 24 Kindern sieht direkt eine Person, die sich aggressiv verhält. In jeder Gruppe waren jeweils die Hälfte der Kinder Mädchen.

Aggressives Verhalten wurde dargestellt, in dem eine große Puppe mit einem Hammer geschlagen, getreten und umher geworfen wurde. Das Rollenvorbild ruft zusätzlich aus: „schlag' ihn ins Gesicht" oder „tritt ihn" und Ähnliches, sodass kein Zweifel darüber aufkommen kann, dass es sich um ernst gemeinte Aggressionen handelt.

Die Kinder wurden danach beim Spielen verärgert, indem ihnen Spielzeu-ge, mit denen sie zunächst spielen durften, wieder weggenommen wurden, weil sie für andere reserviert seien. Jedes Kind durfte dann in einem anderen Raum weiter spielen, in dem sich auch eine große Puppe und ein Hammer be-fand. Während der nächsten 20 Minuten wurde jedes Kind ohne es zu wissen gefilmt und es wurde für jedes der aufeinander folgenden 240 Fünf-Sekunden-Intervalle festgehalten, ob und welches aggressive Verhalten auftrat. Die Be-urteilungen wurden von zwei unabhängigen Beobachtern durchgeführt. Es gab eine gute Übereinstimmung in den Urteilen der Beobachter.

Festgehalten wurden zwei Zielgrößen, die Anzahl der nachgeahmten aggressi-ven Verhaltensweisen und die Anzahl aggressiver Verhaltensweisen allgemein. Für beide Zielgrößen gibt es dieselben zwei Variablen als mögliche Einfluss-größen: die Versuchsbedingung mit den genannten vier Ausprägungen und das Geschlecht des Kindes. Frustrierte Kinder reagierten aggressiver, aber das spezielle Rollenvorbild wurde stärker von Jungen als von Mädchen nach-geahmt.

Kindheitsängste
Die meisten Kinder haben zahlreiche Ängste. Um zu untersuchen, ob diese Bestandteil einer normalen kindlichen Entwicklung sind, wurden 62 Kinder im Alter zwischen fünf und achtzehn Jahren befragt [5]. Keines der Kinder hatte in seiner Vorgeschichte eine psychische Störung oder psychiatrische be-ziehungsweise psychologische Behandlung.

Ein Drittel der Kinder zeigte sich übermäßig besorgt um ihre Fähigkeiten und zeigten ein überstarkes Bedürfnis nach Bestätigung, etwa ein Fünftel berichtete von Höhenängsten und Angst vor dem Sprechen in der Öffentlichkeit, der Furcht vor Kontakt zu anderen und von körperlichen Beschwerden. Obwohl bei den befragten Kindern eine Vielzahl von Angstsymptomen vorhanden waren, erfüllte keines die Kriterien einer Angststörung. Angst und Furcht sind daher anscheinend ein normaler Teil der kindlichen Entwicklung.

Aufgabe 2

In einer Studie mit 201 Patienten, die an chronischen Schmerzen leiden, sollte untersucht werden, wie sich der Schmerzort (Variable A, mit Ausprägungen Kopf/Nacken oder Rücken) auf den Depressionsscore der Patienten auswirkt [17]. Dieser wurde vor einer dreiwöchigen Behandlung, X, und nach der Behandlung, Y, gemessen. Beide wurden aus Antworten zu einem psychometrischen Fragebogen ermittelt. Zusätzlich waren erfasst: das Stadium der Chronifizierung der Schmerzen, Z, die Anzahl zusätzlicher Krankheiten, U, die Schmerzdauer in Monaten, V, das Geschlecht des Patienten, B, die Dauer seiner formalen Schulbildung, C (weniger als 10 Jahre, 10 Jahre oder mehr) und sein Familienstand, D (verheiratet: nein, ja).
a) Geben Sie eine erste Anordnung dieser Variablen, beginnend mit der primären Zielgröße bis hin zu den verschiedenen Kontextvariablen. Wählen Sie eine Folge von vermittelnden Variablen, die eine mögliche Entwicklung widerspiegelt, ähnlich wie es in Abschnitt 1.1.7, S. 16 für die Diabetesdaten gezeigt ist.
b) Falls Sie in ihrer Wahl der Variablenabfolge an manchen Stellen unsicher sind, erklären Sie kurz, weshalb.

Aufgabe 3

Gegeben sind Ihnen die Daten der Diabetes-Studie in Tabelle 1.1, S. 23.
a) Bilden Sie aus den Beobachtungen an der Variablen Fatalistische Attribution, Z, für die 33 Werte männlicher Patienten je eine ungeordnete und eine geordnete Stamm- und Blatt-Darstellung mit Blattdichte 5. Beginnen Sie den Stamm mit der Ziffer 0 und beenden Sie den Stamm mit der Ziffer 3.
b) Erstellen Sie die zugehörige Fünf-Punkte-Zusammenfassung.

Aufgabe 4

Gegeben sind Ihnen die folgenden Stamm- und Blatt-Darstellungen der Variablen Internalität, V, für die 33 Patienten und die 35 Patientinnen aus der Diabetesstudie.
a) Vervollständigen Sie damit die zugehörigen Fünf-Punkte-Zusammenfassungen und interpretieren Sie kurz die Unterschiede beziehungsweise Gemeinsamkeiten der beiden beobachteten Verteilungen.

Internalität Männer   Internalität Frauen

2	
3	4
3	577889
4	0000112223344444
4	5566777788

2	77
3	4
3	5567778888888999
4	233444
4	5555667788

$x_{(1)}$	Q_1	Q_2	Q_3	$x_{(n)}$
34	40	43		48

$x_{(1)}$	Q_1	Q_2	Q_3	$x_{(n)}$
27		39	45	48

b) Erstellen Sie aus den beiden Fünf-Punkte-Zusammenfassungen je einen Box-Plot. Zeichnen Sie beide Diagramme in ein gemeinsames Koordinatensystem und beschriften Sie es.

Aufgabe 5

a) Erstellen Sie zu der Ihnen in Abschnitt 1.2 gegebenen Stamm-und Blatt-Darstellung für die Variable Internalität, V, der 68 Patienten eine Tabelle mit einfachen Häufigkeiten in Anzahlen und in Prozent, sowie ein Histogramm. Vergessen Sie die Beschriftung nicht.

b) Erstellen Sie für die folgende beobachtete Verteilung in Anzahlen die einfache Verteilung in Prozentangaben und interpretieren Sie diese kurz. Diese Daten stammen aus einer repräsentativen Umfrage in den neuen Bundesländern in den Jahren 1991/92 [50]. Die 2366 Befragten sind keine Schüler mehr, mindestens 20 und höchstens 65 Jahre alt.

	Schulabschluss				
	keiner	Hauptschule	Realschule	Fachhochschulreife	Abitur
Anzahl	75	871	987	88	345

c) Erstellen Sie für diese Verteilung ein Säulen- und ein Kreisdiagramm.

Aufgabe 6

Bestimmen Sie Mittelwert und Median für:

a) x_l : 4, 5, 5, 5, 4, 2, 6, 5, 4, 3, 6

b) y_l : 5, -7, 4, 4, -9, 8, 8, 4, -5, 4

c) Nehmen Sie an, jemand will sich für eine Erhöhung der Renten in Deutschland einsetzen. Er will dabei das typische Einkommen von Personen über 65 Jahren als Argumentationshilfe verwenden. Begründen Sie, ob er Mittelwert oder Median für seinen Zweck geeigneter finden wird, indem Sie Ihre Vermutung über die Form der Einkommensverteilung formulieren.

d) Erklären Sie warum die folgenden Kategorien zur Einnahme eines Medikamentes keine Ausprägungen einer Variablen sind, die sich für statistische Auswertungen eignet: regelmäßig, nach Bedarf, 1-2 Tabletten pro Tag, mehr als zwei Tabletten pro Tag.

Aufgabe 7

a) Vervollständigen Sie die folgende Tabelle:

Zeile	l	1	2	3	4	5	Summe	Schreibweise mit $\sum$
1	x_l	3	1	4	0	−1	7	$\sum x_l = 7$
2	y_l	4	5	1	−2	3		
3	z_l	3	3	3	3	3		
4	$x_l + y_l$							
5	$x_l y_l$							
6	$-2y_l$							
7	x_l^2							
8	$x_l^2 - 2y_l$							

b) Schreiben Sie die Summe in der letzten Zeile mit Hilfe des Summenzeichens so um, dass Sie die bereits berechneten Summen

1.) aus Zeilen 6 und 7

2.) aus Zeile 2 und 7

verwenden können und führen Sie die beiden Rechenanweisungen aus.

c) Vervollständigen Sie die folgende Tabelle und führen Sie die Rechenanweisungen für die folgenden drei Werte aus: $x_1 = -1$, $x_2 = 3$, $x_3 = 4$

	Rechen-anweisung	Schreibweise mit $\sum$	Ergebnis
Summe der beobachteten Werte	$(x_1 + x_2 + x_3)$	$\sum x_l$	6
Mittelwert, $\bar{x}$			
Summe der quadrierten beobachteten Werte			
Summe der Abweichungsquadrate, SAQ_x			

d) In der folgenden Tabelle sind für die beobachteten Werte x_l mit $l = 1, \ldots, n$ die mehrfach vorkommen, zugehörige Häufigkeiten angegeben. Vervollständigen Sie die Tabelle und berechnen Sie mit Hilfe Ihrer Ergebnisse $\bar{x}$, und s_x.

x:	1	2	3	4	5	6	Summe
n_x:	2	1	3	2	1	1	n
$n_x \times x$:							$\sum_l x_l$
$x - \bar{x}$:							—
$(x - \bar{x})^2$:							—
$n_x(x - \bar{x})^2$:							SAQ_x

Aufgabe 8

Für die Variable psychosoziales Funktionsniveau von Kindern, X, werden Fähigkeiten aus den folgenden Gebieten beurteilt: die Beziehungen zur Familie, Gleichaltrigen und Erwachsenen außerhalb der Familie, die Art der Bewältigung von verschiedenen sozialen Situationen (allgemeine Selbständigkeit, lebenspraktische Fähigkeiten, persönliche Hygiene und Ordnung), schulische oder berufliche Anpassung sowie Interessen und Freizeitaktivitäten. Niedrige Werte bedeuten eine hohe soziale Anpassung, ein Wert von $x = 8$ bedeutet soziale Beeinträchtigung, die eine ständige Betreuung erfordert [34].

a) Berechnen Sie für die folgende beobachtete Verteilung von X in Anzahlen n_x für 119 Kinder mit Verhaltensstörungen, Mittelwert und Standardabweichung sowie die Quartilwerte Q_1, Q_2 und Q_3.

x:	0	1	2	3	4	5	6	7	8
n_x:	3	5	8	14	14	23	24	9	19

b) Was sagt $\bar{x}$ und was sagt der Median über die Gruppe dieser Kinder aus? Was können Sie über die Gruppe der 119 Kinder aussagen, wenn Ihnen
1.) nur $\bar{x}$ und s_x oder aber
2.) nur die drei Werte Q_1, Q_2 und Q_3 zur Verfügung stehen?

Aufgabe 9

Die folgende Tabelle enthält für $n = 7$ Studenten fiktive Ergebnisse X, Y, erreichte Punktzahlen in zwei Klausuren.

Student	l		1	2	3	4	5	6	7
1 Klausur	x_l:		93	80	70	76	65	65	69
2. Klausur	y_l:		103	80	91	80	84	75	75
	$x_l - \bar{x}$:								
	$y_l - \bar{y}$:								
	$z_{1l} = (x_l - \bar{x})/s_x$:								
	$z_{2l} = (y_l - \bar{y})/s_y$:								

a) Vervollständigen Sie die Tabelle.

b) Bewerten Sie die Ergebnisse der Studenten 1, 2 und 4 anhand der beobachteten Punktzahlen.

c) Bewerten Sie die Ergebnisse nun anhand der zugehörigen 0-1-standardisierten Werte und erklären Sie die Unterschiede zu b).

d) In diesem Beispiel ist $s_x = s_y$. Welche andere Transformation der beobachteten Punktzahlen ermöglicht daher auch einen direkten Vergleich der Einzelleistungen bezogen auf die Gruppe?

Aufgabe 10

a) Für $n_m = 33$ Patienten und $n_w = 35$ Patientinnen in der Diabetesstudie (m: männlich, w: weiblich) sind Mittelwert und Standardabweichungen der Internalität V für die Patienten: $\bar{v}_m = 42,4$, $s_m = 3,8$ und für die Patientinnen: $\bar{v}_w = 40,3$, $s_w = 5,3$. Zu berechnen sind aus diesen Angaben Mittelwert und Standardabweichung für die 68 Patienten.

Als Hilfe für diese Aufgabe finden Sie zunächst eine Lösung anhand des folgenden kleinen Zahlenbeispiels

	beobachtete Werte			
Frauen:	4	8	12	16
Männer:	5	9		

für das Sie auch die folgende Zusammenfassung der Daten erhalten

	Frauen	Männer	Gesamt
Anzahl	$n_w = 4$	$n_m = 2$	$n = 6$
Mittelwert	$\bar{x}_w = 10$	$\bar{x}_m = 7$	$\bar{x} = 9$
SAQ	$\text{SAQ}_w = 80$	$\text{SAQ}_m = 8$	$\text{SAQ}_x = 100$
$\sum x_l$			
$\sum x_l^2$			

b) Vervollständigen Sie die Tabelle in dem Sie zuerst mit den beobachteten Werten direkt rechnen und danach mit den zusammengefassten Angaben. Verwenden Sie dazu, dass $\sum x_l = n\bar{x}$ und $\sum x_l^2 = \text{SAQ}_x + n\bar{x}^2$.

c) Formulieren Sie nun mit Ihren Ergebnissen für die Gesamtgruppe der n Personen eine Rechenanweisung für $\bar{x}$ und SAQ_x in der Sie nur die zusammengefassten Daten verwenden und lösen Sie damit a).

A.2 Daten zu Varianzanalysen

Aufgabe 1

In einer Studie mit körperlich misshandelten Kindern [7] sollte untersucht werden, wie sich die Art der Reintegration, A, auf die Entwicklung des psychosozialen Funktionsniveaus der Kinder, Y, auswirkt. Die Kinder kamen entweder in die Herkunftsfamilie zurück ($i = 1$), in eine Pflegefamilie ($i = 2$) oder in ein Heim ($i = 3$). 27 Kinder mit ähnlichem Störungsbild wurden ausgewählt, die zunächst stationär behandelt worden waren. Gegeben sind die Werte (Scores) des psychosozialen Funktionsniveaus nach 3 Jahren der Reintegration und ein Teil der zusammen gefassten Daten. Ein hoher Score (y_{il}) bedeutet starke soziale Beeinträchtigung.

Art der Anschlusshilfe	psychosoz. Funktionsniveau, y_{il}	$\bar{y}_{i+}$	s_i
Herkunftsfamilie	y_{1l} : 5 3 4 7 8 2 3 3 6 7	4,80	2,0976
Pflegefamilie	y_{2l} : 4 1 0 1 2 3 1 3 4	2,11	1,4530
Heim	y_{3l} : 8 5 5 6 2 7 5 3		
$\sum_{il} y_{il}^2 = 564,0$			

a) Vervollständigen Sie die Datenbeschreibung mit $\bar{y}_{3+}$, $\bar{y}_{++}$, und Standardabweichungen s_3, s.

b) Berechnen Sie im einfachen Varianzanalysenmodell
- die nach der Methode der kleinsten Quadrate geschätzten Effektterme $\hat{\alpha}_i$ der drei Arten der Reintegration,
- SAQ_y als Maß für die gesamte Variation in der Zielgröße, Y,
- $\text{SAQ}_{\text{Mod}} = \sum n_i \hat{\alpha}_i^2$ als Maß für die Variation in Y, die durch das Modell erklärt wird,
- die verbleibende Residualvariation als $\text{SAQ}_{\text{Res}} = \text{SAQ}_y - \text{SAQ}_{\text{Mod}}$.

c) Beschreiben Sie
- anhand der geschätzten Effektterme, welche Art der Abhängigkeit der Zielgröße, Y, von der Einflussgröße, A, es in diesen Daten gibt.
- Beurteilen Sie, ob es sich um eine eher starke oder eine eher schwache Abhängigkeit handelt. Welches Maß ziehen Sie dazu heran? Welchen Wert hat es?

d) Formulieren Sie Hypothesen für eine Anschlussstudie mit einer größeren Anzahl körperlich misshandelter Kinder, das heißt formulieren Sie, welchen Effekt Sie aufgrund Ihrer Ergebnisse in c) erwarten hinsichtlich
- der Reintegration in die Herkunftsfamilie,
- der Vermittlung in eine Pflegefamilie.

Aufgabe 2

In den folgenden beiden Tabellen sind Ihnen fiktive Reaktionszeiten, Y, für zwei getrennt zu betrachtende Experimente angegeben, in denen jeweils 15 Versuchspersonen in drei Experimentalgruppen (die drei Klassen von A) eingeteilt sind. Die Reaktionszeiten sind in Sekunden angegeben.

Experiment 1						
Gruppe		Reaktionszeiten, y_{il}				$\bar{y}_{i+}$
$i = 1$	y_{1l} :	8	7	6	10	9	8
$i = 2$	y_{2l} :	12	10	11	9	8	10
$i = 3$	y_{3l} :	14	13	12	11	10	12

Experiment 2						
Gruppe		Reaktionszeiten, y_{il}				$\bar{y}_{i+}$
$i = 1$	y_{1l} :	12	10	6	4	8	8
$i = 2$	y_{2l} :	10	6	12	14	8	10
$i = 3$	y_{3l} :	12	10	16	8	14	12

a) Berechnen Sie für Experiment 1 die geschätzten Effektterme der drei Gruppen im einfachen Varianzanalysenmodell.

b) Worin unterscheiden sich die beiden Experimente trotz gleicher Mittelwerte wesentlich?

c) In welcher Maßzahl würde sich dieser Unterschied widerspiegeln?

d) Führen Sie keine Berechnungen durch, sondern begründen Sie nur, wie sich der beobachtete Unterschied in den Daten auf den Wert dieser Maßzahl – berechnet für Experiment 1 und berechnet für Experiment 2 – auswirken muss.

Aufgabe 3

Im folgenden Experiment wurde erwartet, dass 15 Minuten nach dem Rauchen von Zigaretten, die Marihuana enthalten, die motorische Geschicklichkeit stärker eingeschränkt ist, wenn die Zigaretten 2 Gramm statt 0.5 Gramm Marihuana enthalten.

An einer Studie über den Einfluss von Marihuana auf die motorische Geschicklichkeit [46] nahmen neun Studenten teil. Jeder dieser Studenten rauchte unter jeweils drei Bedingungen ($i = 1, 2, 3$) an aufeinander folgenden Tagen zwei Zigaretten. Die zwei Zigaretten enthielten kein Marihuana ($i = 1$: Placebo), eine niedrige Dosis ($i = 2$: 0,5 Gramm) oder eine hohe Dosis ($i = 3$: 2

Gramm). Gemessen wurde jeweils vor der Sitzung und 15 Minuten danach, wie lange (in Sekunden) die Versuchsteilnehmer in der Lage sind, einen sich bewegenden Punkt mit einem Stab zu verfolgen. Angegeben sind für Zeitdifferenzen: Nachtest minus Vortest, y_{il}, die Mittelwerte $\bar{y}_{i+}$ und die Standardabweichungen s_i.

| | | A, Marihuana-Gehalt in Gramm | | | |
		$i = 1$: 0	$i = 2$: 0,5	$i = 3$: 2	Gesamt
Mittelwert	$\bar{y}_{i+}$:	1,76	$-0,5$	-2.02	-0.27
Standardabweichung	s_i:	1,395	0,804	2,304	2,226

a) Was sagen die Mittelwerte $\bar{y}_{1+} = 1,76$ und $\bar{y}_{3+} = -2,02$ über die Leistungen im Nachtest im Vergleich zum Vortest aus, das heißt begründen Sie, warum ein positiver Wert für $\bar{y}_{1+}$ zu erwarten ist und erklären Sie was der negative Wert $\bar{y}_{3+}$ bedeutet.

b) Was sagen die Standardabweichungen $s_1 = 1,40$ und $s_3 = 2,30$ über die zugehörigen Leistungen einzelner Personen aus?

c) Warum ist ein einfaches Varianzanalysenmodell für dieses Experiment nicht geeignet?

d) Begründen Sie, inwiefern die Daten den Erwartungen der Autoren entsprechen.

Aufgabe 4

Mit dem folgenden Experiment [48] sollte geprüft werden, ob man den von Sigmund Freud postulierten Ödipuskomplex beobachten kann. Demzufolge gibt es bei Männern Verdrängungs- bzw. Vergessenstendenzen, weil ihr erstes Begehren sich auf die Mutter richtet und zu einer Rivalität mit dem Vater führt. (In der griechischen Mythologie tötet der in der Fremde aufgewachsene Königssohn Ödipus, ohne es zu wissen, seinen Vater und heiratet seine Mutter.)

Je eine Experimentalgruppe von 25 männlichen und 25 weiblichen Versuchspersonen erhielt eine Geschichte mit einer ödipalen Mutter-Sohn-Thematik, je eine Kontrollgruppe von 25 männlichen und 25 weiblichen Versuchspersonen erhielt eine neutrale Geschichte. Nach einer halbstündigen Pause wurde ermittelt, an wie viele Texteinheiten sich die Versuchspersonen erinnerten. Die Daten sind wie folgt zusammen gefasst.

| | Experimentalgruppe | | Kontrollgruppe | |
	Mittelwert	Standardabw.	Mittelwert	Standardabw.
Männer	10,4	4,45	16,5	5,12
Frauen	18,3	2,51	17,3	2,36

Die Standardabweichung ist jeweils mehr als doppelt so groß bei Männern wie bei Frauen, deshalb ist die Annahme gleich großer Variabilität im Allgemeinen vermutlich nicht haltbar und es ist daher nicht angebracht, das 2^2 Varianzanalysenmodell zu verwenden.

Betrachten Sie daher die erinnerten Texteinheiten als Zielgröße, Y, und die experimentellen Bedingungen als Einflussgröße, A, ($i = 1$: Experimentalgruppe mit Ödipusthematik, $i = 2$: Kontrollgruppe mit neutralem Thema) getrennt für Männer und Frauen.
a) Berechnen Sie den jeweils geschätzten Gesamteffekt $\hat{\mu}$, den Effektterm für die Experimentalgruppe $\hat{\alpha}_1$ und das Bestimmtheitsmaß.
b) Interpretieren Sie Ihre Ergebnisse im Hinblick auf die Fragestellung der Autoren.

Aufgabe 5

An der Erprobung einer neuen Unterrichtsmethode zum Rechtschreiben nehmen 20 Schüler teil. Von den zehn Schülern mit früher unterdurchschnittlichen Leistungen und von den zehn Schülern mit früher überdurchschnittlichen Leistungen werden jeweils $L = 5$ der neuen Methode per Los zugeteilt. Nach mehreren Wochen wird die Leistung überprüft. Die Variablen sind: Y, Schreibfehleranzahl in einem Diktat, A, Unterrichtsmethode (mit $i = 1$: Standard; $i = 2$: neu), B, Frühere Leistungen des Schülers (mit $j = 1$: unter Durchschnitt; $j = 2$: über Durchschnitt). Sie erhalten die folgenden fiktiven Daten y_{ijl}, $i = 1, 2$; $j = 1, 2$; $l = 1, \ldots, 5$.

A, Unterrichts-	B, Frühere Leistungen des Schülers										
methode	$j = 1$: unter Durchschnitt					$j = 2$: über Durchschnitt					
$i = 1$: Standard	y_{11l}:	6	9	8	8	4	y_{12l} :	4	8	6	4	3
$i = 2$: neu	y_{21l}:	11	7	7	11	9	y_{22l} :	4	6	9	8	8

a) Vervollständigen Sie die folgende Tabelle. Sie enthält für die vier Klassenkombinationen der beiden Einflussgrößen beobachtete Mittelwerte der Zielgröße ($\bar{y}_{ij+}$, $\bar{y}_{i++}$, $\bar{y}_{+j+}$, y_{+++}), sowie Standardabweichungen, s_{ij}, in Klammern.

	B		
A	$j=1$	$j=2$	$\bar{y}_{i++}$
$i=1$	7,0	5,0	6,0
	(2,00)	(2,00)	
$i=2$		7,0	8,0
	( )	(2,0)	
$\bar{y}_{+j+}$			$\bar{y}_{+++}=7{,}0$

b) Berechnen Sie die geschätzten Effektterme im 2^2 Varianzanalysenmodell mit Hilfe des Yates-Algorithmus.

c) Berechnen Sie direkt aus der Tabelle

$- \hat{\beta}_1 = \bar{y}_{+1+} - \bar{y}_{+++}$

$- \hat{\gamma}_{11} = \bar{y}_{11+} - \bar{y}_{1++} - \bar{y}_{+1+} + \bar{y}_{+++}$

d) Stellen Sie die Mittelwerte graphisch so dar, dass Sie erkennen können, ob es der Tendenz nach eine Wechselwirkung von A und B auf Y gibt.

e) Interpretieren Sie inhaltlich, was die berechneten Effekte aussagen.

f) Berechnen Sie die Variation in der Zielgröße aufgrund der Variablen A mit $\text{SAQ}_A = JL \sum_i \hat{\alpha}_i^2$, aufgrund der Variablen B mit $\text{SAQ}_B = IL \sum_j \hat{\beta}_j^2$ und aufgrund der Interaktion der beiden Einflussgrößen mit $\text{SAQ}_{AB} = L \sum_{ij} \hat{\gamma}_{ij}^2$.

g) Wie groß ist die Residualvariation: $\text{SAQ}_{\text{Res}} = (L-1) \sum_{ij} s_{ij}^2$?

h) Geben Sie an, wie viel der Variation in der Zielgröße durch 1. den Haupteffekt von A erklärt wird, 2. zusätzlich durch den Haupteffekt von B, 3. zusätzlich durch die Interaktion.

Aufgabe 6

An $n=28$ Personen wurde untersucht, wie sich die Erfahrung mit Rauchen von Marihuana, A, auf die Rauschintensität, Y, auswirkt [46]. Die Hälfte der Personen rauchte regelmäßig Marihuana ($i=1$), die andere Hälfte nicht ($i=2$). Es gab zwei Versuchsbedingungen, B. In der Experimentalgruppe rauchten jeweils sieben per Los ausgewählte Personen zwei Marihuana-Zigaretten ($j=1$). In der Kontrollgruppe rauchten weitere sieben Personen zwei Zigaretten ohne Marihuana ($j=2$).

Sie erhalten für die quantitative Zielgröße Y und die beiden möglichen kategorialen Einflussgrößen die folgenden Daten und Zusammenfassung. Angegeben ist die Intensität des Rausches, die die Teilnehmer und ein anwesender Arzt kurz nach dem Rauchen der Zigaretten einschätzten. Je höher der Score, desto intensiver der Rausch.

Beobachtete Werte y_{ijl}, $i = 1, 2$, $j = 1, 2$, $l = 1, \ldots, 7$

A, Erfahrung	B, Gerauchte Zigaretten enthalten	
	Marihuana ($j = 1$)	kein Marihuana ($j = 2$)
$i = 1$: ja	y_{11l}: 29 33 19 23 27 21 25	y_{12l}: 17 21 19 22 18 14 23
$i = 2$: nein	y_{21l}: 14 10 17 9 11 13 15	y_{22l}: 15 12 10 16 11 12 9

Mittelwerte und Standardabweichungen in Klammern:

A	$j = 1$	$j = 2$	$\bar{y}_{i++}$
$i = 1$	25,3	19,1	22,2
	(4,820)	(3,132)	
$i = 2$	12,7	12,1	12,4
	(2,870)	(2,545)	
$\bar{y}_{+j+}$	19,0	15,6	$\bar{y}_{+++}$=17,3

a) Zeichnen Sie die Mittelwerte so in ein Diagramm ein, dass Sie sehen können, ob es der Tendenz nach einen Interaktionseffekt der beiden erklärenden Variablen auf die Zielgröße gibt.

b) Berechnen Sie die Effekte im Varianzanalysenmodell (Haupteffekt $\hat{\alpha}_1$, $\hat{\beta}_1$ und Interaktionseffekt $\hat{\gamma}_{11}$), die sich nach der Methode der kleinsten Quadrate ergeben.

c) Berechnen Sie aus $\text{SAQ}_A = 670,32$, $\text{SAQ}_B = 78,89$, $\text{SAQ}_{AB} = 54,32$ und $\text{SAQ}_{\text{Res}} = 286,57$ das Bestimmtheitsmaß

– für das Modell mit additiven Haupteffekten beider erklärender Variablen
– für das Modell mit einem zusätzlichen Interaktionseffekt.

d) Begründen Sie anhand Ihrer Ergebnisse, ob es Ihnen hier sinnvoll erscheint, nur die beiden Haupteffekte oder zusätzlich die Interaktion zur Vorhersage der Zielgröße zu verwenden.

Aufgabe 7

a) In einem Lehrbuch der Allgemeinen Psychologie [2] finden Sie auf S. 109 die folgende Darstellung zu den Ergebnissen einer zweifachen Varianzanalyse, in der mit der Zielgröße, Y, Reaktionszeiten in Sekunden gemessen werden.

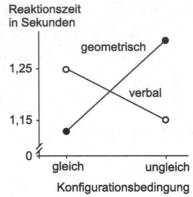

Es ist die Zeit, die eine Versuchsperson benötigt, um zu entscheiden, ob in Abbildungen dieselbe oder aber eine andere Information enthalten ist, als in zuvor gezeigten Vorgaben. Die beiden Einflussgrößen sind A, die Art der Objekte ($i = 1$: geometrische Figuren selbst, $i = 2$: die Namen der geometrischen Figuren) und B, die Art der Anordnung der Informationen wie in der Vorlage ($j = 1$: gleich, $j = 2$: ungleich). Gezeigt sind Mittelwerte $\bar{y}_{ij+}$.

a) Wie verändert sich die Abbildung, wenn an der vertikalen Achse, der Abstand zwischen $1,25$ und $1,15$ zum Beispiel nur noch mit einem Millimeter eingezeichnet wird? Welche Information fehlt in der Abbildung, damit man die beobachteten Mittelwertsunterschiede gut beurteilen kann?

b) Im selben Lehrbuch finden Sie auf S. 13 die folgende Abbildung mit der eine einflussreiche Theorie der Informationsverarbeitung belegt werden soll [41].

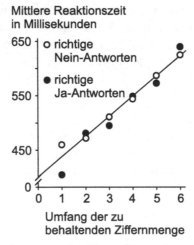

Das Experiment besteht aus sechs Versuchen mit mehreren Aufgaben. Jede Aufgabe besteht darin, sich zunächst eine Ziffernfolge zu behalten, zum Beispiel 3, 6, 9 und danach so schnell wie möglich anzugeben, ob sich eine Testziffer, zum Beispiel die 6 oder die 5, in dieser Folge befand.

Die Versuche unterscheiden sich erstens in der Anzahl der Ziffern in der Ziffernfolge ($i = 1, \ldots, 6$), zweitens in der Anzahl der Aufgaben pro Anzahl der Ziffern in einer Ziffernfolge, $j = 1, \ldots, J$, und drittens in der Anzahl der Personen, $l = 1, \ldots, L$, die jeweils jede Aufgabe durchgeführt haben. Dargestellt sind die Mittelwerte $\bar{y}_{i++}$ der benötigten Reaktionszeiten für richtige Ja-Antworten (schwarz) und für richtige Nein-Antworten (weiß). Die Abbildung suggeriert, dass die Reaktionszeit linear mit dem Umfang der Information zunimmt, die zu verarbeiten ist. Warum sagt die Abbildung tatsächlich aber nichts darüber aus, wie Personen komplexer werdende Informationen verarbeiten?

A.3 Daten zu Logit-Regressionen

Aufgabe 1

a) Erstellen Sie für die folgenden Daten aus einer Befragung aller Erstsemester in Psychologie, Universität Mainz im Herbst 2001, eine 2^2 Kontingenztafel mit der Zielgröße A, Mathematik-Leistungskurs ($i = 1$: ja, $i = 0$: nein), und der Einflussgröße B, Geschlecht ($j = 1$: weiblich, $j = 2$: männlich). Ergänzen Sie die Tafel um die beiden Randverteilungen in Anzahlen.

l	B	A	l	B	A	l	B	A	l	B	A
1	1	0	21	1	0	41	1	0	61	2	1
2	2	1	22	1	0	42	1	0	62	1	0
3	1	0	23	1	0	43	1	0	63	1	0
4	2	1	24	1	0	44	2	1	64	1	0
5	1	0	25	1	0	45	1	0	65	2	1
6	2	1	26	1	0	46	1	0	66	1	0
7	1	0	27	1	0	47	1	0	67	1	1
8	1	0	28	1	0	48	2	0	68	1	1
9	1	0	29	2	0	49	2	0	69	2	0
10	1	0	30	1	0	50	1	0	70	1	0
11	1	1	31	1	0	51	1	0	71	1	0
12	1	0	32	1	0	52	1	0	72	1	0
13	1	0	33	1	0	53	1	0	73	1	0
14	1	0	34	1	1	54	1	0	74	1	1
15	1	0	35	1	1	55	2	0	75	1	0
16	1	0	36	1	1	56	1	0	76	1	0
17	1	0	37	2	1	57	1	0			
18	1	0	38	1	0	58	1	0			
19	2	0	39	1	0	59	2	0			
20	1	1	40	2	0	60	1	0			

Ergänzen Sie nun Ihre Kontingenztafel um die bedingten Verteilungen in Prozent für die Variable A, Leistungskurs Mathematik,

b) für alle

c) für weibliche und

d) für männliche Erstsemester.

Beantworten Sie anhand Ihrer Tabellen die folgenden Fragen:

e) Wie viel Prozent der weiblichen Erstsemester hatten Mathematik Leistungskurs?

f) Wie viel Prozent der männlichen Erstsemester hatten Mathematik Leistungskurs?

g) Wie viel Prozent aller Erstsemester hatten Mathematik Leistungskurs?

h) Wie viel Prozent aller Erstsemester waren weibliche Studierende mit Mathematik Leistungskurs?

Aufgabe 2

Die folgenden Daten (Anzahlen, n_{ij}) kommen aus einer Längsschnittstudie [14]. Zielgröße ist die Studiendauer, Variable A. Sie hat die Ausprägungen $i = 1$: Regelstudium und $i = 2$: Langzeitstudium, Studium frühestens 5 Semester nach Ende der staatlichen Förderungshöchstdauer abgeschlossen. Mögliche Einflussgröße ist die Variable B, Hauptfinanzierungsart, mit den Ausprägungen $j = 1$: Eigenmittel von der Familie oder aus Arbeit neben dem Studium, $j = 2$: Fördermittel (Stipendien).

A, Studien-	B, Hauptfinanzierungsart		
dauer	Eigenmittel	Fördermittel	Summe
Regelstudium	530	169	699
Langzeitstudium	217	16	233
Summe	747	185	932

Wie hoch sind:

a) die Chancen in Prozent für ein Regelstudium
 — bei einer Hauptfinanzierung durch Eigenmittel,
 — bei einer Hauptfinanzierung durch Fördermittel?

b) die Risiken in Prozent für ein Langzeitstudium
 — bei einer Hauptfinanzierung durch Eigenmittel,
 — bei einer Hauptfinanzierung durch Fördermittel?

Was sind, in Symbolen und in Zahlen:

c) die Wettquote für ein Regelstudium gegenüber einem Langzeitstudium bei einer Finanzierung mit Eigenmitteln?

d) die relative Chance für ein Regelstudium bei Finanzierung mit Eigenmitteln im Vergleich zu Fördermitteln?

e) das relative Risiko für ein Langzeitstudium bei Finanzierung mit Eigenmitteln im Vergleich zu Fördermitteln?

f) die relative Wettquote der Chance für ein Regelstudium gegenüber dem Risiko eines Langzeitstudiums?

g) das zu f) gehörende Kreuzproduktverhältnis in Anzahlen?

h) Wie interpretieren Sie die beobachtete relative Wettquote?

Aufgabe 3

a) Erstellen Sie aus den folgenden Angaben einer norwegischen Studie mit Jugendlichen [27] die zugehörige 2×3 Kontingenztafel einschließlich der beiden Randverteilungen der Variablen A und B in Anzahlen. Zielgröße ist die Verhaltensauffälligkeit, Variable A, mit den Ausprägungen $i = 1$: ja, $i = 2$: nein.

	B, Art der Gespräche mit Eltern		
A, Verhalten	viel und oft	gelegentlich intensiv	selten oder nie
Anzahl auffällig:	20	18	35
Gesamtanzahl	174	122	84

b) Berechnen Sie das Risiko für Verhaltensauffälligkeit ($i = 1$) für alle drei Klassen der möglichen erklärenden Variablen B, Art der Gespräche mit den Eltern. Interpretieren Sie Ihre Ergebnisse.

Aufgabe 4

Sie erhalten kurze Beschreibungen von zwei Studien, die beobachtete Anzahlen n_{ij} für zwei binäre Variable betreffen, sowie die Ergebnisse des Yates-Algorithmus, angewandt auf die logarithmierte Wettquote $\log(n_{1j}/n_{2j})$. Weisen die Ergebnisse auf eine Abhängigkeit der Variablen A von B hin? Wie?

a) In einer Untersuchung über Geschlechtsrollen-Stereotypien [31] wurden 485 Erwachsene über ihre Einstellungen zu allein erziehenden Müttern und ihrer eigenen Erfahrung mit der Erziehung von Kindern, B, befragt. Es wurden folgende Fragen beantwortet: A, kann eine allein erziehende Mutter allen Bedürfnissen ihrer Kinder gerecht werden ($i = 1$: ja)? Haben Sie eigene Kinder, B, ($j = 1$: ja)?

Klassen von B j	Wettquote n_{1j}/n_{2j}	$\log(n_{1j}/n_{2j})$	Schritt 1	Geschätzter Effektterm	Art des Effekts
1	$81/242 = 0{,}33$	$-1{,}09$	$-2{,}75$	$-1{,}37 = \hat{\delta}^-$	$-$
2	$26/136 = 0{,}19$	$-1{,}65$	$0{,}56$	$0{,}28 = \hat{\delta}_1^B$	B

b) In einer Untersuchung über elterliche Erziehungsstile bei 11-13 jährigen Schülern [21], ist die Zielgröße, A, Inkonsistentes Verhalten der Mutter, ($i = 1$: ja), die mögliche Einflussgröße ist das Geschlecht des Kindes, B, ($j = 1$: weiblich).

Klassen von B j	Wettquote n_{1j}/n_{2j}	$\log (n_{1j}/n_{2j})$	Schritt 1	Geschätzter Effektterm	Art des Effekts
1	$85/73 = 1{,}16$	$0{,}15$	$0{,}22$	$0{,}11 = \hat{\delta}^-$	–
2	$91/85 = 1{,}07$	$0{,}07$	$0{,}08$	$0{,}04 = \hat{\delta}_1^B$	B

Aufgabe 5

Die folgende Kontingenztafel basiert auf Mordfällen [32], die zwischen 1973 und 1979 vor Gerichten in Florida verhandelt wurden. Die Variablen und ihre Ausprägungen sind

– A: Todesurteil ($i = 1$, ja; $i = 2$, nein)
– B: Hautfarbe des Täters ($j = 1$: dunkel; $j = 2$: hell)
– C: Hautfarbe des Opfers ($k = 1$: dunkel; $k = 2$: hell)

	C, Hautfarbe des Opfers			
	$k = 1$: dunkel		$k = 2$: hell	
	B, Hautfarbe Täter		B, Hautfarbe Täter	
A, Todesurteil	$j = 1$: dunkel	$j = 2$: hell	$j = 1$: dunkel	$j = 2$: hell
$i = 1$: ja	11	1	48	72
$i = 2$: nein	2209	111	239	2074

a) Beschreiben Sie den Zusammenhang zwischen Todesurteil, A, und Hautfarbe des Täters, B, gegeben die Hautfarbe des Opfers, C, mit Hilfe geeigneter berechneter Prozentzahlen.

b) In der New York Times wurde behauptet: „Die Daten zeigen, dass Mörder heller Hautfarbe in Florida eher zum Tode verurteilt werden als Mörder dunkler Hautfarbe". Erklären Sie, wie die Autoren aufgrund der Beobachtungen fälschlicherweise zu dieser Aussage kommen konnten.

Aufgabe 6

Gegeben sind Ihnen die folgenden Daten vom Arbeitsmarkt für Akademiker in Deutschland im Jahr 1986 [6]. Der Vermittlungserfolg, A, ist die Zielgröße mit den Ausprägungen $i = 1$: ja und $i = 2$: nein. Mögliche Einflussgrößen sind das Studienfach, B, mit den Klassen $j = 1$: Hauswirtschaft, $j = 2$: Maschinenbau und das Geschlecht des Bewerbers, C, mit den Klassen $k = 1$: weiblich und $k = 2$: männlich.

A, Vermitt-	B, Studienfach			
	Hauswirtschaft		Maschinenbau	
	C, Geschlecht		C, Geschlecht	
lungserfolg	weiblich	männlich	weiblich	männlich
ja	15	2	4	95
	(3,61%)	(3,64%)	(20,0%)	(21,1%)
nein	400	53	16	355
Basisanzahl	415	55	20	450

a) Erklären Sie mit Hilfe der angegebenen Prozentzahlen in den beiden Teilta-feln von A und C für gegebene Klassen von B, warum das Geschlecht zusätz-lich zum Studienfach keine wichtige Einflussgröße für den Vermittlungserfolg der Stellenbewerber bei der Vermittlungsstelle für Akademiker ist.

b) Bilden Sie die 2^2 Randtafel der Variablen B und C und berechnen Sie für die Stellenbewerber die Anteile (in Prozent), die sich in Hauswirtschaft bzw. in Maschinenbau mit einem akademischen Abschluss qualifiziert haben,

— für die Frauen,

— für die Männer.

c) Aus der folgenden 2^2 Randtafel der Variablen A und C scheint hervorzu-gehen, dass Männer eine erheblich bessere Chance haben (19,2%), eine Stelle vermittelt zu bekommen als Frauen (4,4%): die relative Chance ist fast 5mal so hoch bei Männern im Vergleich zu Frauen

A, Vermitt-	C, Geschlecht des Bewerbers	
lungserfolg	weiblich	männlich
ja	19	97
	(4,4%)	(19,2%)
nein	416	408
Basisanzahl	435	505
Relative Chance für Erfolg, Männer gegenüber Frauen	(19, 2/4, 4) = 4, 36	

Erklären Sie, wie dieses Ergebnis mit dem in a) zu vereinbaren ist, also nicht als Diskriminierung der Vermittlungsstelle gegenüber Frauen interpretiert werden kann. Verwenden Sie zu Ihrer Erklärung Ihre unter b) berechnete Randtafel sowie die folgende Randtafel der Variablen A und B.

A, Vermitt-	B, Studienfach	
lungserfolg	Hauswirtschaft	Maschinenbau
ja	17	99
	(3,6%)	(21,1%)
nein	453	37
Basisanzahl	470	470
Relative Chance für Erfolg, Maschb. gegenüber Hauswirt.	$(21,1/3,6) = 5,86$	

Aufgabe 7

Aus einer Untersuchung mit $n = 330$ Schülern im Alter von 11 bis 13 Jahren [21], erhalten Sie die folgende 2^3 Kontingenztafel mit den Variablen A, Inkonsistentes Verhalten der Mutter, B, Inkonsistentes Verhalten des Vaters und C, Geschlecht des Kindes . Die angegebenen Prozentzahlen in den beiden Teiltafeln von A und C gegeben B scheinen auf den ersten Blick auf dieselbe Art von Struktur hinzuweisen wie in Aufgabe 6, da sich Variable C nicht zusätzlich zu B zur Vorhersage der Zielgröße A eignet.

	B, Vater inkonsistent			
	ja		nein	
A, Mutter	C, Geschlecht Kind		C, Geschlecht Kind	
inkonsistent	weiblich	männlich	weiblich	männlich
ja	64	57	18	17
	(75,3%)	(70,4%)	(21,2%)	(21,5%)
nein	21	24	67	62
Basisanzahl	85	81	85	79
Relatives Risiko: Mutter inkonsistent, Kind weiblich gegenüber männlich	(75,3/70,4)=1,07		(21,2/21,5)=0,99	

a) Berechnen Sie die Randtafeln der Variablen A, B und B, C und erklären sie anhand Ihrer Ergebnisse, warum die Struktur hier dennoch einfacher ist, als jene in Aufgabe 6.

b) Können sie mit Ihren Ergebnissen begründen, ob das inkonsistente Verhalten der Mutter und des Vaters vom Geschlecht des Kindes abhängt? Wie?

Aufgabe 8

Für die ersten beiden der drei 2^3-Kontingenztafeln in den Aufgaben 5, 6, 7 erhalten Sie Ergebnisse des Yates-Algorithmus angewandt auf logarithmierte Wettquoten.

Klassen jk von B, C:	11	21	12	22
Anzahl n_{1jk}:	11	1	48	72
Anzahl n_{2jk}:	2209	111	239	2074
Wettquote (n_{1jk}/n_{2jk}):	0,00	0,01	0,20	0,03
Art des Effekts:	$-$	B	C	BC
geschätzte Effektterme*:	$-3,74$	$0,29$	$-1,26$	$-0,59$

* für Klassen 1

Klassen jk von B, C:	11	21	12	22
Anzahl n_{1jk}:	15	4	2	95
Anzahl n_{2jk}:	400	16	53	355
Wettquote (n_{1jk}/n_{2jk}):	0,04	0,25	0,04	0,27
Art des Effekts:	$-$	B	C	BC
geschätzte Effektterme*:	$-2,32$	$-0,96$	$-0,02$	$0,02$

* für Klassen 1

Klassen jk von B, C:	11	21	12	22
Anzahl n_{1jk}:	64	18	57	17
Anzahl n_{2jk}:	21	67	24	62
Wettquote (n_{1jk}/n_{2jk}):	3,05	0,27	2,38	0,27
Art des Effekts:	$-$	B	C	BC
geschätzte Effektterme*:				

* für Klassen 1

a) Vervollständigen Sie die dritte Tabelle zur Berechnung der Effektterme.

b) Erklären Sie, inwiefern die berechneten Effektterme jeweils auf dieselbe Art der Abhängigkeit der Zielgröße A von den beiden möglichen Einflussgrößen hinweisen, die Sie zuvor in Aufgaben 6, 7, 8 bereits beschrieben haben.

A.4   Daten zu linearen Regressionen

Aufgabe 1

In der folgenden Tabelle sind Ihnen für $n = 6$ Studenten fiktive beobachtete Paare (x_l, y_l) von Punktzahlen in zwei Klausuren X, Y angegeben.

l	1	2	3	4	5	6	Summe
y_l:	25	20	20	35	5	15	120
x_l:	3	9	12	12	15	21	72
$y_l - \bar{y}$:							
$x_l - \bar{x}$:							
$(y_l - \bar{y})(x_l - \bar{x})$:							
$(y_l - \bar{y})^2$:	25	0	0	225	225	25	500
$(x_l - \bar{x})^2$:	81	9	0	0	9	81	180

$$\bar{y} = 20, \ \bar{x} = 12, \ \text{SAQ}_y = 500, \ \text{SAQ}_x = 180$$

a) Zeichnen Sie die Punktwolke.

b) Vervollständigen Sie die Tabelle und

c) berechnen Sie mit den Ergebnissen die Summe der Abweichungsprodukte, SAP_{xy}, und den Korrelationskoeffizienten, r_{xy}.

d) Geben Sie die nach der Methode der kleinsten Quadrate geschätzte Regressionsgerade für die lineare Regression von Y auf X an: $\hat{y} = \hat{\alpha} + \hat{\beta}x$.

e) Zeichnen Sie die Regressionsgerade in die Punktwolke ein. Kennzeichnen Sie in der Abbildung $\hat{\alpha}$ und $\hat{\beta}$.

f) Berechnen Sie für $l = 1, \ldots 6$, die beobachteten Residuen, $\hat{\varepsilon}_l = y_l - \hat{y}_l$, sowie die Residualvariation, $\text{SAQ}_{\text{Res}} = \sum \hat{\varepsilon}_l^2$.

g) Berechnen Sie für $l = 1, \ldots 6$ die Werte $(\hat{y}_l - \bar{y})$ und damit $\text{SAQ}_{\text{Mod}} = \sum (\hat{y}_l - \bar{y})^2$, die Variation in der Zielgröße, die durch die Regression erklärt wird. Wie lässt sich SAQ_{Mod} mit Hilfe von SAP_{xy}, SAQ_x berechnen und SAQ_{Res} mit Hilfe von SAQ_y, SAQ_{Mod}?

h) Berechnen und interpretieren Sie das Bestimmtheitsmaß $R^2_{y|x}$.

Aufgabe 2

Nach einem Diktat geben 20 Schüler einer Klasse an, wie viele Fehler x_l sie in ihrem eigenen Diktat vermuten. Festgehalten sind außerdem die tatsächlichen Fehleranzahlen y_l.

l	1	2	3	4	5	6	7	8	9	10	11	12	13	14	15	16	17	18	19	20
y_l	10	9	11	3	4	3	6	2	3	16	13	5	6	19	15	15	24	8	22	6
x_l	8	12	9	5	5	2	4	2	3	13	14	3	4	13	10	16	15	15	16	11

Für diese Daten erhalten Sie weiterhin

$\bar{y} = 10$	$\bar{x} = 9$	
$\text{SAQ}_y = 842$	$\text{SAQ}_x = 494$	$\text{SAP}_{xy} = 529$

a) Berechnen Sie aus den zusammen gefassten Daten den Korrelationskoeffizienten r_{xy}, die Kleinst-Quadrat-Schätzer $\hat{\beta}$ und $\hat{\alpha}$ und geben Sie die zugehörige geschätzte Regressionsgerade an.

b) Welche Fehleranzahl schätzen Sie damit für einen Schüler, der 7 als vermutete Punktzahl angibt?

c) Berechnen sie SAQ_{Res} mit Hilfe von SAQ_y und r_{xy}.

d) Die folgende Abbildung enthält die Punktwolke der Residuen, das heißt die Paare $(x_l, \hat{\varepsilon}_l)$. Sie zeigt, dass sich die Residuen noch systematisch mit den Werten von x_l ändern, dass also die lineare Regression nicht ausreichend beschreibt, wie Y von X abhängt. Was sagt Ihnen dieser Residualplot darüber aus, wie die tatsächlichen Fehleranzahlen von den vermuteten Fehleranzahlen abhängen? Erscheint Ihnen dies plausibel? Warum?

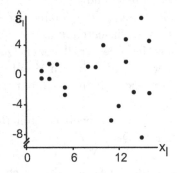

Aufgabe 3

Aus den Daten von S. 23 erhalten Sie für die Variablen krankheitsbezogenes Wissen, X, fatalistische Attribution, Z, und internale Attribution V

$\bar{x}$	$=$	$35{,}4$	$\bar{z}$	$=$	$19{,}0$	$\bar{v}$	$=$	$41{,}3$
s_x	$=$	$7{,}259$	s_z	$=$	$5{,}540$	s_v	$=$	$4{,}729$
			r_{xz}	$=$	$-0{,}49$	r_{xv}	$=$	$0{,}14$
			$\hat{\beta}_{x\mid z}$	$=$	$-0{,}654$	$\hat{\beta}_{x\mid v}$	$=$	$0{,}218$
			$\hat{\alpha}_{x\mid z}$	$=$	$47{,}85$	$\hat{\alpha}_{x\mid v}$	$=$	$26{,}42$
			$\hat{y}_l$	$=$	$47{,}85 - 0{,}654 z_l$	$\hat{y}_l$	$=$	$26{,}42 + 0{,}218 v_l$

a) Mit welchen der drei Maßzahlen, die Ihnen für die Paare (X, V) und (X, Z) angegeben sind, kann man begründen, dass sich die fatalistische Attribution besser als die interne Attribution dazu eignet, das krankheitsbezogene Wissen vorherzusagen? Mit welchen nicht? Warum?

b) Zeichnen Sie die zugehörige Regressionsgerade in die unten stehende Punktwolke ein.

c) Welche Werte sagen Sie mit der linearen Regression von X auf Z für das krankheitsbezogene Wissen vorher, wenn Sie nur die folgenden Fatalismus-Scores kennen: $z = 10$, $z = 30$? Warum sollten Sie hier keine Vorhersagen für z-Werte größer als 35 machen?

d) Warum sollte man nicht dieselbe Gerade verwenden, wenn Sie den Fatalismus-Score aus dem krankheitsbezogenen Wissen vorhersagen möchten. Was ist die mit der Methode der kleinsten Quadrate geschätzte Gerade für die lineare Regression von Z auf X?

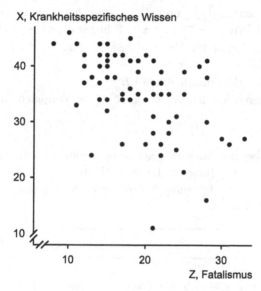

Aufgabe 4

Für $n = 7$ Studierende erhalten Sie die folgenden fiktiven Daten für die Klausurergebnisse und Noten: Punktzahl in Statistik II (Zielgröße, Y), Punktzahl in Statistik I, X, und Summe der Abiturnoten, Z, (jeweils 1: sehr gut, 6: ungenügend) in „Deutsch" und „Erste Fremdsprache".

Daten							SAQ, SAP			Korrelationen		
l:	1	2	3	4	5	6	7	Y	X	Z		Y	X	Z
y_l:	66	69	69	70	70	73	73	Y	36	.	.	Y	1	.	.
x_l:	74	78	78	77	76	79	77	X	16	16	.	X	0,67	1	.
z_l:	8	3	6	8	3	5	2	Z		-8	36	Z	$-0.5\overline{5}$	$-0,33$	1

a) Vervollständigen Sie die Tabelle. Gibt es einen Rundungsfehler, wenn Sie die auf zwei Kommastellen zusammengefassten Daten verwenden?

b) Ist es plausibel, dass r_{zx} negativ ist? Warum?
Berechnen Sie $\text{SAP}_{yx|z}$, $\text{SAQ}_{x|z}$, $\text{SAP}_{y|x}$, $\text{SAQ}_{z|x}$

c) aus den Angaben für SAQ, SAP;

d) aus den Korrelationskoeffizienten und SAQ. Gibt es Rundungsfehler?

e) Berechnen Sie die nach der Methode der kleinsten Quadrate geschätzten Regressionskoeffizienten $\hat{\beta}_{y|x.z}$ und $\hat{\beta}_{y|z.x}$. Berechnen Sie auch $\hat{\alpha}_{y|xz}$.

f) Wenn Sie die Werte $x = 75$ und $z = 6$ bereits kennen, welchen Wert sagen Sie mit Ihrer geschätzten Regressionsgleichung für die Punktzahl in der zweiten Statistikklausur vorher?

g) Wie groß ist das Bestimmtheitsmaß $R^2_{y|xz}$?

h) Wie interpretieren Sie den Wert von $R^2_{y|xz}$ im Vergleich zu $R^2_{y|x} = 0,44$?

Aufgabe 5

Aus der Studie über die Auswirkungen verschiedener Erziehungsstile [21] erhalten Sie für $n = 62$ Jungen, die ihre Mütter und Väter als wenig unterstützend empfinden, folgende Mittelwerte, Standardabweichungen und Korrelationskoeffizienten

Variable	Y	X	Z	U
Y, Ängstlichkeit des Kindes	1			
X, Inkonsistentes Verhalten der Mutter	0,59	1		
Z, Inkonsistentes Verhalten des Vaters	0,46	0,66	1	
U, Tadelndes Verhalten der Mutter	0,52	0,38	0,32	1
Mittelwert	29,5	23,5	23,4	29,9
Standardabweichung	6,8	6,9	6,8	9,2

Partielle Korrelationen gegeben X			
Variable	Y	Z	U
Y, Ängstlichkeit des Kindes	1		
Z, Inkonsistentes Verhalten des Vaters	0,12	1	
U, Tadelndes Verhalten der Mutter	0,39	0,10	1

a) Wie erklären Sie sich, dass $r_{yz|x} = 0,12$ sehr viel kleiner ist als $r_{yz} = 0,46$, dass aber $r_{yu|x} = 0,39$ nicht so stark von $r_{yu} = 0,52$ abweicht?

b) Berechnen Sie $r_{yz|xu}$, $R^2_{y|x}$, $R^2_{y|xu}$.

c) Erklären Sie mit Ihren Ergebnissen, dass man X und U als gute erklärende Variable für Y auswählen kann, nicht aber Z zusätzlich zu X und U.

d) Berechnen Sie $\hat{\beta}_{y|x}$ und $\hat{\beta}_{y|x.u}$.

e) Was bedeuten hier die beiden Bedingungen unter denen $\hat{\beta}_{y|x}$ und $\hat{\beta}_{y|x.u}$ gleich groß wären?

f) Was sagen die beiden Koeffizienten in c) jeweils im Hinblick auf die Zielgröße, Ängstlichkeit des Kindes, Y, aus?

Aufgabe 6

In einer Untersuchung darüber, wie sich Fernsehprogramme mit gewalttätigen Szenen auf das Sozialverhalten von Kindern auswirken, sollen sich die folgenden Beobachtungen für eine speziell ausgewählte Kindergartengruppe mit 13 Kindern ergeben haben. Es bezeichne X einen Agressivitätsscore (höhere Werte bedeuten größere Aggressivität); Y die Zeit in Minuten, während der das Kind pro Tag gewöhnlich solche Sendungen sieht; A das Geschlecht des Kindes ($i = 0$, männlich; $i = 1$, weiblich).

l:	1	2	3	4	5	6	7	8	9	10	11	12	13
x_l:	6	7	3	8	8	10	9	4	9	5	7	3	6
y_l:	20	60	40	80	90	70	100	50	20	30	40	60	70
a_l:	0	0	0	0	0	0	0	1	1	1	1	1	1

a) Zeichnen Sie die Punktwolke für die 13 Kinder mit zwei verschieden Symbolen, so dass sie in der Abbildung die Punkte für Jungen und für Mädchen unterscheiden können. Der Korrelationskoeffizient für die 13 Kinder gemeinsam ist $r_{xy} = 0,36$.

b) Erklären Sie anhand Ihrer Abbildung, wie sich die Interpretation der Abhängigkeit des aggressiven Verhaltens vom Anschauen gewalttätiger Szenen ändert, wenn Sie die Punktwolken für Jungen und und für Mädchen getrennt betrachten.

c) Erwarten Sie aufgrund Ihrer Abbildung, dass die Fernsehprogramme sich auf die 7 Jungen und die 6 Mädchen auf dieselbe Weise auswirken?

d) Wenn Sie die Punktwolken für Jungen und und für Mädchen getrennt betrachten, welche Richtung und Stärke erwarten Sie jeweils für den einfachen Korrelationskoeffizienten?

e) Warum kann der partielle Korrelationskoeffizient $r_{xy|a}$ alleine betrachtet, die hier beobachteten Abhängigkeiten nicht gut zusammenfassen?

Aufgabe 7

Einer Untersuchung über Strategien der Stressbewältigung (Copingstrategien) mit 2300 Personen [33] sind die folgenden Ergebnisse entnommen. Es bezeichnen Y: die Anzahl der Stresssymptome (zum Beispiel Gefühle der Angst, der Depression), X: die Anzahl der psychischen Belastungen (zum Beispiel Enttäuschungen, Konflikte) und Z: die Anzahl der im selben Zeitraum verwendeten Copingstrategien. Angegeben sind einfache Korrelationskoeffizienten r_{yx} für Stress-Symptome und psychische Belastung in zwei verschiedenen Lebensbereichen, in der Ehe und im Beruf, jeweils getrennt berechnet für Personen, die hinsichtlich der Anzahl der eingesetzten Copingstrategien vergleichbar sind.

Für den Lebensbereich Ehe ergab sich

	Anzahl eingesetzter Copingstrategien, Z					
	0	1	2	3	4	5 und 6
Korrelationen r_{yx}:	0,78	0,63	0,49	0,43	0,33	0,01

a) Was sagen diese Korrelationskoeffizienten darüber aus, wie sehr sich zunehmende Anzahlen belastender Situationen als negativer Stress auswirken (in Stress-Symptomen manifestieren), wenn Sie Personen vergleichen, die über fast keine Strategien (0 oder 1) verfügen, mit denjenigen, die mehrere Strategien einsetzen $(2, 3, \ldots)$?

b) Warum würde der partiellen Korrelationskoeffizient $r_{yx|z}$, alleine betrachtet, diese Daten schlecht zusammenfassen?

Für den Lebensbereich Beruf ergab sich stattdessen

	Anzahl eingesetzter Copingstrategien, Z				
	0	1	2	3	4
Korrelationen r_{yx}:	0,60	0,49	0,44	0,46	0,51

c) Was sagen diese Korrelationskoeffizienten aus, wenn Sie sie als fast gleich groß betrachten?

d) Warum würde der partiellen Korrelationskoeffizient $r_{yx|z}$ diese Daten recht gut zusammenfassen?

e) Wie erklären Sie sich die unterschiedliche Effektivität der zusätzlich verfügbaren Strategien zur Stressbewältigung in den beiden Lebensbereichen?

Aufgabe 8

In Aufgabe 3 auf S. 289 berechneten Sie die lineare Regressionsgleichung von Y auf X und Z mit der Methode der kleinsten Quadrate. Verwenden Sie hier Ihre Ergebnisse und die folgende Tabelle

	Daten							Mittel-	Standard-	Korrelationen			
l:	1	2	3	4	5	6	7	wert	abweichung		Y	X	Z
y_l:	66	69	69	70	70	73	73	70	2,45	Y	1	.	.
x_l:	74	78	78	77	76	79	77	77	1,63	X	0,67	1	.
z_l:	8	3	6	8	3	5	2	5	2,45	Z	-0,56	-0,33	1

a) Berechnen Sie $r_{yx|z}$
b) Berechnen Sie $\hat{\beta}_{y|z}$ und $\hat{\beta}_{x|z}$
c) Vervollständigen Sie damit die folgende Tabelle, in der u_l die Residuen in der Regression von Y auf Z und v_l die Residuen in der Regression X auf Z bezeichnen

$$u_l = (y_l - \bar{y}) - \hat{\beta}_{y|z}(z_l - \bar{z}), \quad v_l = (x_l - \bar{x}) - \hat{\beta}_{x|z}(z_l - \bar{z})$$

$(y_l - \bar{y})$:	-4	-1	-1	0	0	3	3
$(x_l - \bar{x})$:	-3	1	1	0	-1	2	0
$(z_l - \bar{z})$:	3	-2	1	3	-2	0	-3
$\hat{\beta}_{y|z}(z_l - \bar{z})$:	$-1,67$	$1,11$	$-0,56$	$-1,67$	$1,11$	$0,00$	$1,67$
$\hat{\beta}_{x|z}(z_l - \bar{z})$:							
u_l:							
v_l:	$-2,33$	$0,56$	$1,22$	$0,67$	$-1,44$	$2,00$	$-0,67$

d) Berechnen Sie r_{uv}. Stimmt Ihr Ergebnis mit $r_{yx|z}$ überein? Warum?
e) Erstellen Sie den Residualplot mit den Paaren (v_l, u_l) für $l = 1, \ldots, 7$ und beurteilen Sie anhand des Plots, ob nach Berücksichtigung des linearen Einflusses der Variablen Z noch eine lineare Beziehung zwischen Y und X verbleibt.

Aufgabe 9

Sie erhalten die folgenden fiktiven Daten und Ergebnisse für eine einfache Varianzanalyse mit Zielgröße Y und Einflussgröße A, die drei Klassen hat ($I = 3$). Es gibt jeweils 5 verschiedene Personen in jeder Gruppe, das heißt $n_i = 5$ für $i = 1, 2, 3$

A		beobachtete Werte y_{il}					Mittelwert	Standardabw.
$i = 1$	$y_{1l}:$	8	7	6	10	9	$\bar{y}_1 = 8$	$s_1 = 1,58$
$i = 2$	$y_{2l}:$	12	10	11	9	8	$\bar{y}_2 = 10$	$s_2 = 1,58$
$i = 3$	$y_{3l}:$	14	13	12	11	10	$\bar{y}_3 = 12$	$s_3 = 1,58$

Berechnungen für die Varianzanalyse

	$i = 1$	$i = 2$	$i = 3$	Summe
$\hat{\alpha}_i = \bar{y}_{i+} - \bar{y}_{++}$	-2	0	2	0
$n_i \hat{\alpha}_i^2$	20	0	20	40
$(n_i - 1)s_i^2$	10	10	10	30

$$\text{SAQ}_{\text{Mod}} = \sum n_i \hat{\alpha}_i^2 = 40, \quad \text{SAQ}_{\text{Res}} = \sum (n_i - 1)s_i^2 = 30$$

$$\text{SAQ}_y = \text{SAQ}_{\text{Mod}} + \text{SAQ}_{\text{Res}} = 40 + 30 = 70$$

$$R^2_{Y|A} = \frac{\text{SAQ}_{Mod}}{\text{SAQ}_y} = \frac{40}{70} = 0,571$$

a) Welche Werte für Y sagen Sie für eine Person vorher, wenn Sie nur wissen, dass für sie Klasse 3 zutrifft?

Sie erhalten nun dieselben Daten für Y, zusammen mit einer kategorialen Variablen B, die für Variable A einen Vergleich der Klassen 1 und 3 definiert ($j = 0$, wenn $i = 2$; $j = 1$, wenn $i = 1$; $j = -1$, wenn $i = 3$ ist). Variable C definiert einen Vergleich der Klassen 2 und 3 von Variable A ($k = 0$, wenn $i = 1$; $k = 1$, wenn $i = 2$; $k = -1$, wenn $i = 3$ ist). Die Variablen B und C werden als künstliche oder **Dummy Variable** für eine **Effekt-Codierung** der Variablen A bezeichnet. Sie ermöglichen es, eine lineare Regression auf eine kategoriale Einflussgröße mit mehr als zwei Klassen durchzuführen.

	$i = 1$					$i = 2$					$i = 3$				
y_{1l}	8	7	6	10	9	12	10	11	9	8	14	13	12	11	10
j	1	1	1	1	1	0	0	0	0	0	-1	-1	-1	-1	-1
k	0	0	0	0	0	1	1	1	1	1	-1	-1	-1	-1	-1

Berechnungen für die multiple Regression

Variable	Y	B	C
Y	1	.	.
B	−0,76	1	.
C	−0,38	0,50	1
Mittelwert	10,00	0,00	0,00
Standardabw.	2,24	0,85	0,85

$$\hat{\alpha}_{y|bc} = 10, \quad \hat{\beta}_{y|b.c} = -2, \quad \hat{\beta}_{y|c.b} = 0, \quad R^2_{Y|BC} = 0,57$$

b) Was sagen Sie mit diesem Regressionsmodell für Y vorher, falls $(j, k) = (-1, -1)$ als Ausprägungen von B, C vorliegen?

c) Welche Klassen von A werden mit $(j, k) = (1, 0)$ und mit $(j, k) = (0, 1)$ erfasst?

d) Vergleichen Sie die Ergebnisse in a) bis c) mit jenen in der Varianzanalyse.

e) Warum stimmen $R^2_{Y|A}$ und $R^2_{Y|BC}$ überein?

f) Warum ist es im Allgemeinen nicht sinnvoll, für Dummy Variable B, C die Bestimmtheitsmaße $R^2_{Y|B}$ oder $R^2_{Y|C}$ zu berechnen und zu interpretieren?

Aufgabe 10

Weisen die folgenden fiktiven Daten darauf hin, dass es zusätzlich zu einer linearen eine nicht-lineare Abhängigkeit der Zielgröße Y_1 von Y_2 gibt?

l	1	2	3	4	5	6	7			
y_{1l}	−1	−3	−5	−5	−3	1	7	$\bar{y}_1 = -1,29$	$s_1 = 4,23$
y_{2l}	−4	−3	−1	1	3	5	7	$\bar{y}_2 = 1,14$	$s_2 = 4,10$

a) Erstellen Sie dazu die Tabelle mit $(y_{1l} - \bar{y}_1)$, $(y_{2l} - \bar{y}_2)$ und damit die Werte $(y_{2l} - \bar{y}_2)^2$ für die Variable $Q = (Y_{2l} - \bar{Y}_2)^2$.

b) Vervollständigen Sie die folgende Korrelationsmatrix.

$$\begin{pmatrix} 1 & . & . \\ r_{12} & 1 & . \\ r_{1q} & r_{2q} & 1 \end{pmatrix} = \begin{pmatrix} 1 & . & . \\ 0,656 & 1 & . \\ & 0,152 & 1 \end{pmatrix}$$

c) Berechnen Sie $r_{1q|2}$ und $R^2_{1|2Q}$. Was sagen diese Maße jeweils aus?

d) Wie viel trägt der quadratische Effekt von Y_2 auf Y_1, zusätzlich zum linearen Effekt von Y_2 auf Y_1, zur Erklärung der Variation von Y_1 bei?

Aufgabe 11

Für $n = 236$ Psychologie-Erstsemester an der Universität Mainz in den Jahren 2000, 2001, 2002 erhalten Sie die folgenden zusammengefassten Daten zu den Inventaren STAI und IPC, (siehe Anhang B).

Variable	Y	V	U	Z
Y, Ängstlichkeit (trait)	1,00			
V, Internalität	-0,29	1,00		
U, Externalität	0,43	-0,21	1,00	
Z, Fatalismus	0,31	-0,23	0,47	1,00
Mittelwert	40,41	35,87	21,05	23,94
Standardabweichung	7,76	3,88	4,73	4,78

Finden Sie mit einer Vorwärtsselektion wichtige Einflussgrößen für Y.

A.5 Wahrscheinlichkeiten und Zufallsvariable

Aufgabe 1

Ein fairer Würfel wird geworfen und es werden die folgenden Ereignisse definiert:

a : eine ungerade Zahl wird geworfen

b : eine 3 oder eine 5 wird geworfen

a) Beschreiben Sie dafür die folgenden beiden Ereignisse in Worten und als Liste der zugehörigen möglichen Ergebnisse

— $(a \cap b)$ „entweder a oder b tritt ein"

— $(a \cup b)$ „a oder b oder beide treten ein".

b) Kennzeichnen Sie in einem Venn-Diagramm die Ereignisse und zählen Sie die zugehörige Anzahl der möglichen Ergebnisse aus, für

— $a \cap b$,

— $a \cap \bar{b}$,

— $\bar{a} \cap b$,

— $\bar{a} \cap \bar{b}$.

c) Kennzeichnen Sie dieselben Ereignisse mit Hilfe einer 2×2-Kontingenztafel mit $(a, \bar{a})$ als Zeilen und $(b, \bar{b})$ als Spalten.

d) Kennzeichnen Sie nun das Ereignis $a \cup b$ sowohl in einem Venn-Diagramm als auch in einer Kontingenztafel.

Aufgabe 2

Berechnen Sie jeweils unter Angabe der Anzahl der günstigen Ergebnisse und der möglichen Ergebnisse für das Experiment in Aufgabe 1

— $\Pr(a)$, $\Pr(\bar{a})$,

— $\Pr(a \cap b)$,

— $\Pr(a \cup b)$,

— $\Pr(a \mid b)$, $\Pr(\bar{a} \mid b)$,

— $\Pr(b \mid b)$, $\Pr(b \mid a)$, $\Pr(\bar{b} \mid a)$.

Aufgabe 3

In einer amerikanischen Untersuchung wurde für mehrere tausend Frauen sowohl eine Vorsorgeuntersuchung (per Abstrich) auf Gebärmutterkrebs durchgeführt, als auch eine Gewebeprobe entnommen, anhand derer sozusagen mit Sicherheit festgestellt wird, ob die Erkrankung vorliegt oder nicht. Für die folgenden beiden Ereignisse

a : das Ergebnis der Vorsorgeuntersuchung ergibt einen auffälligen Befund

e : die Frau ist an Gebärmutterkrebs erkrankt

wurden als Wahrscheinlichkeiten geschätzt

	a	$\bar{a}$
e	$\Pr(e \cap a) = 0,02$	$\Pr(e \cap \bar{a}) = 0,01$
$\bar{e}$	$\Pr(\bar{e} \cap a) = 0,04$	$\Pr(\bar{e} \cap \bar{a}) = 0,93$

Berechnen Sie damit jede der folgenden Wahrscheinlichkeiten und beschreiben Sie die zugehörigen Ereignisse in Worten

- $\Pr(e)$, $\Pr(\bar{e})$,
- $\Pr(a)$, $\Pr(\bar{a})$,
- $\Pr(a \mid e)$,
- $\Pr(a \mid \bar{e})$,
- $\Pr(e \mid a)$, $\Pr(\bar{e} \mid a)$,
- $\Pr(\bar{e} \mid \bar{a})$.

Aufgabe 4

Wie viele Möglichkeiten gibt es und was ist jeweils die Liste der möglichen Anordnungen?

a) Sie verteilen vier Eintrittskarten, je eine für die Konzerte a, b, c, d, nacheinander an vier Freunde.

b) Sie haben je eine Eintrittskarte für die Konzerte a, b, c, d, e. Sie verteilen nacheinander drei der fünf Eintrittskarten, je eine an drei Freunde.

c) Sie verschenken drei der fünf Eintrittskarten.

d) Wie wahrscheinlich ist es, dass im Fall
- a) zuerst Eintrittskarte d und danach Eintrittskarte c vergeben wird?
- b) Eintrittskarten c und d vergeben werden?
- c) Eintrittskarten c und d verschenkt werden?

Aufgabe 5

An einem Tutorium nehmen 9 Studierende teil. Drei davon sind Studenten (m), 6 Studentinnen (w). Sie nummerieren die 9 Personen und 9 Lose von 1 bis 9 und ziehen nacheinander drei Lose. Ein Buchstaben-Tripel bezeichnet jeweils eines der möglichen Ergebnisse des zusammengesetzten Experiments. Zum Beispiel bedeutet (w, m, m): zuerst wird eine Frau, danach jeweils ein Mann per Los ausgewählt.

a) Zeichnen Sie ein Baumdiagramm, mit dem sich die möglichen Ergebnisse des zusammengesetzten Experiments systematisch anordnen lassen und schreiben Sie die Ergebnismenge auf.

Wie viele mögliche Elementarereignisse gibt es insgesamt,

b) wenn jeder der Studierenden mehrfach ausgewählt werden kann (weil ein Los nach dem Ziehen zurückgelegt wird)?

c) wenn jeder der Studierenden nur einmal ausgewählt werden kann (weil die Lose nicht zurückgelegt werden)?

Erstellen Sie die Wahrscheinlichkeitsverteilung in Tabellenform für X, die Anzahl ausgeloster Männer,

d) für Fall b)

e) für Fall c)

Berechnen Sie jeweils die Wahrscheinlichkeit dafür, dass mit den drei Losen

f) kein Mann ausgewählt wird,

g) mindestens ein Mann ausgewählt wird,

h) entweder zwei oder drei Männer ausgewählt werden?

Aufgabe 6

Sie werfen einen fairen roten und einen fairen grünen Würfel. Beide haben Augenzahlen von 1 bis 6.

a) Schreiben Sie die Ergebnismenge in Tabellenform.

Wie groß ist die Wahrscheinlichkeit, dass

b) ein Pasch geworfen wird, das heißt dass dieselbe Augenzahl auf dem roten und auf dem grünen Würfel nach oben zeigt?

c) die geworfene Augensumme größer gleich 10 ist?

d) der rote Würfel 5 oder 6 zeigt, wenn Sie bereits wissen, dass die Augensumme größer gleich 10 ist?

Aufgabe 7

In den folgenden beiden 2×2-Kontingenztafeln sind Ihnen beobachtete Anzahlen n_{jk} für die vier Ausprägungskombinationen der beiden Variablen B, C angegeben. Wird eine Person per Los ausgewählt, so ist n_{jk}/n die Wahrscheinlichkeit dafür, dass die ausgewählte Person die Ausprägungskombination jk von B, C hat.

a) Berechnen Sie jeweils diejenigen „Anzahlen", die sich bei einer Losauswahl ergäben, falls die beiden Variablen unabhängig wären.

b) Vergleichen Sie Differenzen zwischen beobachteten und den erwarteten Werten in den beiden Tafeln.

Studienfach und Geschlecht von Bewerbern um eine Arbeitsstelle

	C, Geschlecht	
B, Studienfach	weiblich	männlich
Hauswirtschaft	415	55
Maschinenbau	20	450

Unterstützendes Verhalten des Vaters und Geschlecht des Kindes

B, Unterstützendes	C, Geschlecht	
Verhalten Vater	weiblich	männlich
ja	85	81
nein	85	79

Aufgabe 8

Der Hersteller eines Lügendetektors möchte ihn an Warenhäuser verkaufen, in denen etwa einer von 2000 Käufern stiehlt. Der Hersteller beschreibt die hervorragende Eigenschaften des Detektors: er reagiert mit einer Wahrscheinlichkeit von 0,98 positiv, wenn die befragte Person gestohlen hat, aber nur mit Wahrscheinlichkeit 0,15 positiv, wenn die befragte Person nicht gestohlen hat.

a) Berechnen Sie aus diesen Angaben, mit welcher Wahrscheinlichkeit man bei einer positiven Reaktion des Lügendetektors schließen kann, dass die befragte Person tatsächlich gestohlen hat.

b) Verwenden Sie Ihr Ergebnis, um zu beurteilen, ob der Einsatz dieses Lügendetektors sinnvoll ist.

Aufgabe 9

Es sind Ihnen beobachtete Anzahlen n_{ijk} in zwei 2^3-Kontingenztafeln angegeben. Interpretieren Sie n_{ijk}/n als die Wahrscheinlichkeit, eine Person per Los auszuwählen, die die Ausprägungskombination ijk in den drei Variablen A, B, C hat. Berechnen Sie jeweils die „Anzahlen", die man bei einer Losauswahl erhielte, wenn jeweils die Unabhängigkeitsstruktur $A \perp\!\!\!\perp BC$ zuträfe.

siehe S. 283	C, Hautfarbe des Opfers			
	$k = 1$, dunkel		$k = 2$, hell	
	B, Hautfarbe Täter		B, Hautfarbe Täter	
A, Todesurteil	$j = 1$, dunkel	$j = 2$, hell	$j = 1$, dunkel	$j = 2$, hell
$i = 1$, ja	11	1	48	72
$i = 2$, nein	2209	111	239	2074

siehe S. 285	C, Vater inkonsistent		nicht inkonsistent	
	B, Geschlecht Kind		B, Geschlecht Kind	
A	weiblich	männlich	weiblich	männlich
Mutter inkonsistent	64	57	18	17
nicht inkonsistent	21	24	67	62

A.6   Verteilungen und Kennwerte

Aufgabe 1

Gegeben ist Ihnen die folgende Wahrscheinlichkeitsverteilung einer diskreten Zufallsvariablen X in Tabellenform

$\Pr(X = x)$:	0,1	0,4	0,2	0,3
x:	0	1	2	3

a) Zeichnen Sie die Verteilung und berechnen Sie den Mittelwert μ_x und die Standardabweichung σ_x.

b) Erstellen Sie die Wahrscheinkeitsverteilung von $Y = 10+3X$ und zeichnen Sie diese.

c) Berechnen Sie den Mittelwert μ_y und die Standardabweichung σ_y mit Hilfe der Ergebnisse über Mittelwerte von linear transformierten Zufallsvariablen.

d) Wie wahrscheinlich ist es, dass Y kleiner gleich 12 ist? Berechnen Sie diese Wahrscheinlichkeit zum einen aus der Verteilung von Y und zum anderen mit Hilfe der Verteilung von X.

Aufgabe 2

a) Zeichnen Sie die Verteilungsfunktion einer stetigen Zufallsvariablen X, die gleich-verteilt ist im Intervall 1 bis 7 mit $\mu_x = 4$ und $\sigma_x^2 = 3$.

b) Berechnen Sie $\Pr(X \leq 3)$ und zeichnen Sie diese als Fläche ein.

c) Was sind Mittelwert und Standardabweichung der Variablen $Y = 10+3X$?

d) Wie wahrscheinlich ist es, dass Y kleiner gleich 16 ist? Berechnen Sie diese Wahrscheinlichkeit zum einen aus der Verteilung von Y und zum anderen mit Hilfe der Verteilung von X.

Aufgabe 3

Gegeben ist Ihnen die Wahrscheinlichkeitsverteilung einer diskreten Zufalls- variablen X in Tabellenform.

$\Pr(X = x)$:	0,1	0,4	0,2	0,3
x:	-2	-1	1	2

a) Erstellen und zeichnen Sie die Verteilung von $Y = X^2$ mit den Ausprägun- gen $y = 1$ und $y = 4$. Berechnen Sie damit μ_y und σ_y^2.

b) Erstellen Sie die gemeinsame Verteilung von Y und X und berechnen Sie ihre Kovarianz.

c) Erstellen und zeichnen Sie die Verteilung von $S = X + Y \ (= X + X^2)$.

d) Berechnen Sie den Mittelwert μ_s und die Standardabweichung σ_s von S mit Hilfe der Ergebnisse über Kennwerte von Summen.

Aufgabe 4

Gegeben ist Ihnen eine gemeinsame Wahrscheinlichkeitsverteilung mit zugehörigen Randverteilungen und Kennwerten $\mu_x = 10/16 = 0,625$, $\sigma_x^2 = (10/16)(1 - 10/16) = 0,2344$, $\mu_y = -1/8$, $\sigma_y^2 = (44/16) - (1/64) = 2,734$.

| | y | | | |
x	-2	0	2	$\Pr(X = x)$
0	1/16	2/16	3/16	6/16
1	5/16	3/16	2/16	10/16
$\Pr(Y = y)$	6/16	5/16	5/16	

a) Sind X und Y unabhängige Zufallsvariable? Warum oder warum nicht?
b) Berechnen Sie den Korrelationskoeffizienten ρ_{xy}.
c) Erstellen Sie die gemeinsame Verteilung von Y und $V = 1 - 2X$.
d) Welchen Wert hat der Korrelationskoeffizient ρ_{yv}? Warum?

Aufgabe 5

Gegeben ist Ihnen die folgende Wahrscheinlichkeitsverteilung
$\Pr(Y = y, X = x)$

| | x | | | |
y	1	2	3	$\Pr(Y = y)$
1	0,4	0,1	0	5/10
2	0,1	0,1	0,1	3/10
3	0	0,1	0,1	2/10
$\Pr(X = x)$	5/10	3/10	2/10	1

Erstellen Sie in Tabellenform die Verteilungen
a) der Summe $S = Y + X$,
b) der Differenz $D = Y - X$, indem Sie $D = Y + U$ mit $U = -X$ betrachten
c) die gemeinsame Verteilung von $D = Y - X$ und X.
d) Berechnen Sie $\text{cov}_{d,x}$ und $\rho_{d,x}$.

Aufgabe 6

Gegeben ist Ihnen die folgende gemeinsame Wahrscheinlichkeitsverteilung
$Pr(Y_1 = y_1, Y_2 = y_2)$

y_1	y_2			$Pr(Y_1 = y1)$
	1	2	3	
1	0,25	0,15	0,10	5/10
2	0,15	0,09	0,06	3/10
3	0,10	0,06	0,04	2/10
$Pr(Y_2 = y_2)$	5/10	3/10	2/10	1

Erstellen Sie in Tabellenform die Verteilungen von
a) der Summe $S_2 = Y_1 + Y_2$,
b) der Differenz $D_2 = Y_1 - Y_2$.
c) Berechnen Sie Mittelwert und Standardabweichung der Summe S_2 und der Differenz D_2
d) Begründen Sie, warum hier die Standardabweichungen von S_2 und D_2 gleich groß sind, sich aber die Standardabweichungen der Summe, σ_s, und der Differenz, σ_d, in Aufgabe 5 unterscheiden.

Aufgabe 7

Ein fairer Würfel mit Augenzahlen 1, 3 und 5 (er hat jeweils dieselbe Ziffer auf zwei gegenüber liegenden Seiten) wird zweimal geworfen. X ist die Augenzahl beim ersten, Y beim zweiten Wurf.
a) Erstellen Sie die gemeinsame Verteilung von $Y - X$ und X, sowie von $Y - X$ und $Y + X$.
b) Berechnen Sie aus der gemeinsamen Verteilung von $Y - X$ und X den Korrelationskoeffizienten $\rho_{y-x,x}$ und aus der gemeinsamen Verteilung von $Y - X$ und $Y + X$ den Korrelationskoeffizienten $\rho_{y-x,y+x}$ (Sie illustrieren mit Ihren Berechnungen in diesem Beispiel ein allgemeines Ergebnis: für unabhängige Zufallsvariable mit gleich großen Varianzen ergibt sich $\rho_{y-x,x} = -1/\sqrt{2} = -0,7071$ und $\rho_{y-x,y+x} = 0$).

Aufgabe 8

Skizzieren Sie jeweils die Funktion einer Gauß-Verteilung und kennzeichnen Sie die unten zu berechnenden Wahrscheinlichkeiten und Quantile.
a) Finden Sie für eine Standard-Gauß-Verteilung von Z und eine Gauß-Verteilung von X mit Mittelwert 1 und Standardabweichung 2
– $Pr(Z \leq 1,5), Pr(X \leq 0,5)$
– $Pr(-0,5 < Z \leq 1,5), Pr(-0,5 < X \leq 1,5)$
b) Finden Sie jeweils die 5% und 97,5%-Quantile für Z und für X.

A.7   Stichprobenverteilungen und Tests für Mittelwerte

Aufgabe 1

Ein genormter Intelligenztest X sei Gauß-verteilt mit Mittelwert $\mu_x = 100$ und Standardabweichung $\sigma_x = 10$.

a) Berechnen Sie die Wahrscheinlichkeiten, Testwerte x zu erreichen, die
  - kleiner gleich 95 sind, das heißt $\Pr(X \leq 95)$,
  - kleiner 95 sind, das heißt $\Pr(X < 95)$,
  - im Bereich von 95 bis 110 liegen, das heißt $\Pr(95 < X \leq 110)$.
  - Für welchen Wert gilt, dass 95% aller x-Werte kleiner sind?
  - Für welche beiden Werte gilt, dass sie einen mittleren Bereich von 90% kennzeichnen?

b) Wie Aufgabe a) aber Berechnungen für $\bar{X}_{25}$, die Zufallsvariable Mittelwert in Zufallsstichproben an X vom Umfang $n = 25$, die Ausprägungen $\bar{x}$ hat.

Aufgabe 2

Der Ängstlichkeitsscore X, berechnet mit dem Fragebogen STAI, hat im Normkollektiv ungefähr Mittelwert $\mu_x = 36$ und Standardabweichung $\sigma_x = 8$.

Falls $X_1, \ldots, X_n$ eine Zufallsstichprobe vom Umfang n aus dieser Grundgesamtheit darstellt, wie groß ist die Wahrscheinlichkeit, einen Mittelwert $\bar{x}$ im Bereich von 34 bis 38 zu beobachten

a) für $n = 1$, b) für $n = 4$, c) für $n = 81$, d) für $n = 256$?

Falls stattdessen $\mu_x = 40$, $\sigma_x = 8$, wie groß sind dann die Wahrscheinlichkeiten, einen Mittelwerte im selben Bereich, das heißt von 34 bis 38 zu beobachten

e) für $n = 1$, f) für $n = 4$, g) für $n = 81$, h) für $n = 256$?

Aufgabe 3

Es wird manchmal behauptet, dass Studierende der Psychologie höhere Ängstlichkeitsscores erreichen, als es dem Normkollektiv des Tests entspricht. Für das Normkollektiv der deutschen Version des STAI (Angst-Trait)-Fragebogens sind $\mu_x = 36$ und $\sigma_x = 8$ angegeben. Für 85 Erstsemester der Psychologie in Mainz 2002 wurde ein Mittelwert von $\bar{x} = 40,8$ beobachtet. Schätzen Sie s mit σ_x Prüfen Sie die Behauptung

a) mit einem einseitigen statistischen Test, für den Sie die Irrtumswahrscheinlichkeit mit $0,01$ festlegen.

b) mit einem zweiseitigen Test und einer Irrtumswahrscheinlichkeit von $0,01$.

c) wie a) aber mit Irrtumswahrscheinlichkeit mit $0,05$.

d) Wird es in b) und c) jeweils systematisch schwerer oder leichter als in a), die Nullhypothese zu verwerfen? Warum?

Aufgabe 4

Betrachten Sie die Daten zur einfachen Varianzanalyse (S. 272) als Zufallsstichproben von körperlich misshandelten Kindern, die an verschiedenen Arten der Reintegration nach einer stationären Behandlung teilnehmen. Zielgröße ist das psychosoziale Funktionsniveau, Y, (je höher der Wert, desto schwerwiegender ist die soziale Beeinträchtigung). Es gibt drei Arten der Reintegration, A: Die Kinder kommen in die Herkunftsfamilie, in eine Pflegefamilie oder in ein Heim. Sie erhalten die Daten wie folgt zusammengefasst

A, Art der Reintegration	Y, Psychosoziales Funktionsniveau					
	$\bar{y}_{i+}$	s_i	n_i	$\hat{\alpha}_i$	$s_{\hat{\alpha}_i}$	t
$i = 1$: Herkunftsfamilie	4,80	2,0976	10	0,800	0,4676	1,71
$i = 2$: Pflegefamilie	2,11	1,4530	9	$-1,889$		
$i = 3$: Heim	5,13	1,9594	8	1,125	0,5527	2,04
Gesamt	4,00	2,2532	27			

$\text{SAQ}_y = 132$, $\text{SAQ}_{\text{Mod}} = 48,636$, $\text{SAQ}_{\text{Res}} = 83,364$

a) Formulieren Sie die Forschungshypothese für den Test mit $H_0 : \alpha_2 = 0$.

b) Berechnen Sie den beobachteten Prüfgrößenwert der zu einer t-Verteilung mit Parameter $n - 3 = 24$ gehört.

c) Beurteilen Sie, ob der zu $H_1 : \alpha_2 \neq 0$ gehörige p-Wert kleiner als 0,01 ist.

d) Skizzieren Sie die t-Verteilung und kennzeichnen Sie den p-Wert als Fläche.

e) Formulieren Sie die statistische Nullhypothese zur Frage „Unterscheiden sich die früher misshandelten Kinder, die nach Behandlung in Pflegefamilien leben, hinsichtlich der sozialen Beeinträchtigung von jenen Kindern, die in ihrer Herkunftsfamilie oder in einem Heim leben?" mit $H_0 : K = 0$, indem Sie geeignete Gewichte für den Kontrast K wählen.

f) Ist das Ereignis zu e) für einen zweiseitigen Test zum Niveau 1% statistisch signifikant? Wie begründen Sie Ihre Antwort?

Aufgabe 5

Auf S. 273 waren Ihnen fiktive Reaktionszeiten, Y, für zwei Experimente mit je 15 Versuchspersonen angegeben. Betrachten Sie jeweils die beobachteten Werte in den drei Klassen der Einflussgröße A, als Ergebnisse in Zufallsstichproben vom Umfang 5.

Die Daten sind teilweise zusammengefasst und um eine Abbildung für Experiment 2 ergänzt. Sie zeigt die geschätzten Effekte $\hat{\alpha}_i$ zusammen mit dem zweifachen Wert ihrer Standardabweichung, das heißt $\hat{\alpha}_i \pm 2s(\hat{\alpha}_i)$.

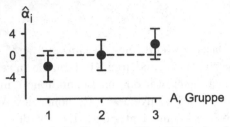

a) Was bedeutet es, dass alle Balken den Wert Null einschließen?

b) Berechnen Sie $s(\hat{\alpha}_1)$ und t_{beob} für $H_0 : \alpha_1 = 0$ in Experiment 2.

Experiment 1						Experiment 2				
A	$\bar{y}_{i+}$	s_i	n_i	$\hat{\alpha}_i$	t	A	$\bar{y}_{i+}$	s_i	n_i	$\hat{\alpha}_i$
$i = 1$	8	1,58	5	−2	−3.46	$i = 1$	8	3,16	5	−2
$i = 2$	10	1,58	5	0	0	$i = 2$	10	3,16	5	0
$i = 3$	12	1,58	5	2	3,46	$i = 3$	12	3,16	5	2
Gesamt	10	2,236	15			Gesamt	10	3,381	15	
$\text{SAQ}_y = 70$, $\text{SAQ}_{\text{Mod}} = 40$						$\text{SAQ}_y = 160$, $\text{SAQ}_{\text{Mod}} = 40$				

c) Berechnen Sie die Standardabweichung der Effektterme in Experiment 1 und zeichnen Sie die Abbildung, die der für Experiment 2 entspricht.

d) Vergleichen Sie Ihre Zeichnung mit den t-Werten, die in der Tabelle für Experiment 1 angegeben sind, das heißt berechnen Sie den zu einem zweiseitigen Test gehörigen p-Wert.

Aufgabe 6

Auf S. 276 erhielten Sie Daten zur Rauschintensität, Y für $n = 28$ Personen. Je 14 Personen hatten entweder Erfahrung mit dem Rauchen von Marihuana (A, $i = 1$) oder keine Erfahrung ($i = 2$). Jeweils 7 Personen aus der Gruppe mit beziehungsweise ohne Erfahrung wurden per Los den beiden Versuchsbedingungen, B, ($j = 1$: Rauchen von zwei Zigaretten mit Marihuana, $j = 2$: Rauchen von zwei Zigaretten ohne Marihuana) zugewiesen. Die Daten, zusammengefasst mit Mittelwerten, Standardabweichungen (in Klammern) und geschätzten Effekttermen, sind hier nochmals angegeben; die Anzahl der Beobachtungen in jeder der vier Gruppen ist $L = 7$.

		B	
A	$j = 1$	$j = 2$	$\bar{y}_{i++}$
$i = 1$	25,3	19,1	22,2
	(4,82)	(3,13)	(5,04)
	$\hat{\gamma}_{11} = 1,39$	$\hat{\gamma}_{12} = -1,39$	$\hat{\alpha}_1 = 4,89$
$i = 2$	12,7	12,1	12,4
	(2,87)	(2,54)	(2,62)
	$\hat{\gamma}_{21} = -1,39$	$\hat{\gamma}_{22} = 1,39$	$\hat{\alpha}_2 = -4,89$
$\bar{y}_{+j+}$	19,0	15,6	$\bar{y}_{+++} = 17,3$
	(7,55)	(4,55)	(6,35)
	$\hat{\beta}_1 = 1,68$	$\hat{\beta}_2 = -1,68$	

$$\text{SAQ}_y = 1090,20 \quad \text{SAQ}_{\text{Res}} = 286,57$$

a) Berechnen Sie die Standardabweichung eines Mittelwerts $\bar{y}_{11+}$ und des Terms $\hat{\gamma}_{11}$ für den Interaktionseffekt.

b) Berechnen Sie für $H_0 : \gamma_{11} = 0$ den beobachteten t-Wert.

c) Beurteilen Sie für $H_1 : \gamma_{11} \neq 0$, ob der beobachtete Effekt stark genug von Null abweicht, so dass das Ergebnis bei einer Irrtumswahrscheinlichkeit von $0,01$ statistisch signifikant ist.

d) Vervollständigen Sie Ihre Abbildung zu S. 277 um die Variabilität der Mittelwerte, dass heißt zeichnen Sie $\bar{y}_{ij} \pm 2s(\bar{y}_{ij})$ und vergleichen Sie ihre Zeichnung mit dem Ergebnis zu c).

Aufgabe 7

Mit einem Gedächtnisexperiment soll untersucht werden, wie sich Kontext-bezogene Hinweise auf die Erinnerungsleistung (Y, Anzahl erinnerter Wörter) auswirken. Den Versuchsperson werden jeweils unterschiedlich lange Wortlisten (B, mit den Ausprägungen $j = 1$, kurz, $j = 2$, mittel und $j = 3$, lang) vorgelesen. Nach einer bestimmten Zeit sollen sie die Worte aus der Wortliste nennen, an die sie sich erinnern. Es gibt zwei Versuchsbedingungen, A, ($i = 1$: die Kontrollgruppe erhält keinerlei Hinweise und $i = 2$: die Experimentalgruppe erhält Hinweise, auf welchen Kontext sich die Wortliste bezog).

Zur Auswertung wird geplant vier Kontraste mit $H_0 : K = 0$ zu prüfen, für die die Gewichte wie folgt gewählt sind.

	A, Versuchsbedingung: Kontext-bezogener Hinweis					
	i = 1: nein			i = 2: ja		
	B, Wortlisten			B, Wortlisten		
Kontrast	j = 1: kurz	j = 2: mittel	j = 3: lang	j = 1: kurz	j = 2: mittel	j = 3: lang
1	1	1	−2	1	1	−2
2	0	0	−1	0	0	1
3	−1	−1	−1	1	1	1
4	0	−1	1	0	0	0

Formulieren Sie die zugehörigen vier Forschungshypothesen.

A.8 Tests in weiteren Modellen für Abhängigkeiten

Aufgabe 1

Aus zwei Untersuchungen, die zuvor auf S. 282, 283 beschrieben wurden, sind die Daten für jeweils zwei binäre Variablen hier mit beobachteten Anzahlen in 2^2-Kontingenztafeln zusammengefasst und um geschätzte Effektterme in Logit-Regressionen ergänzt.

a) Berechnen Sie jeweils die Standardabweichung für den geschätzten Effektterm $\hat{\delta}_1^B$.

b) Prüfen Sie jeweils $H_0 : \delta_1^B = 0$ mit einem zweiseitigen z-Test und einer Irrtumswahrscheinlichkeit von $0,05$.

Klassen von B j	Wettquote n_{1j}/n_{2j}	$\log(n_{1j}/n_{2j})$	Schritt 1	Geschätzter Effektterm	Art des Effekts
1	$81/242 = 0,33$	$-1,09$	$-2,75$	$-1,37 = \hat{\delta}^-$	$-$
2	$26/136 = 0,19$	$-1,65$	$0,56$	$0,28 = \hat{\delta}_1^B$	B

Klassen von B j	Wettquote n_{1j}/n_{2j}	$\log(n_{1j}/n_{2j})$	Schritt 1	Geschätzter Effektterm	Art des Effekts
1	$85/73 = 1,16$	$0,15$	$0,22$	$0,11 = \hat{\delta}^-$	$-$
2	$91/85 = 1,07$	$0,07$	$0,08$	$0,04 = \hat{\delta}_1^B$	B

Sie erhalten die folgenden zusätzlichen Angaben für Chi-Quadrat-Tests zu $H_0 : A \perp\!\!\!\perp B$ (die bei 2^2 Tafeln in der Regel zum selben Ergebnis kommen, wie die t-Tests für $H_0 : \delta_1^B = 0$)

Beobachtete und erwartete Anzahlen für $A \perp\!\!\!\perp B$

A, Alleinerz. Mutter geeignet	B, eigene Erziehungserfahrung			
	$j = 1$: ja		$j = 2$: nein	
	beob.	erw.	beob.	erw.
$i = 1$: ja	81	83,26	26	35,74
$i = 2$: nein	242	251,74	136	126,26

c) Berechnen Sie den beobachteten Prüfgrößenwert χ^2_{beob}, vergleichen Sie ihn für einen zweiseitigen Test und Irrtumswahrscheinlichkeit $0,05$ mit $\chi^2_{0,95;1} = 3,84$, und interpretieren Sie das Testergebnis im Hinblick auf die Forschungsfrage: Wie hängt die Beurteilung allein erziehender Mütter von der eigenen Erziehungserfahrung ab?

d) Berechnen Sie für die folgende Tabelle die bei Unabhängigkeit erwarteten Anzahlen, überprüfen Sie damit den angegeben Wert $\chi^2_{\text{beob}} = 0,146$, und interpretieren Sie das Testergebnis im Hinblick auf die Forschungsfrage: Wie wird inkonsistentes Verhalten einer Mutter vom Geschlecht ihres Kindes beeinflusst?

Beobachtete und erwartete Anzahlen für $A \perp\!\!\!\perp B$

A, Mutter	B, Geschlecht des Kindes			
	$j = 1$: weiblich		$j = 2$: männlich	
inkonsistent	beob.	erw.	beob.	erw.
$i = 1$: ja	85		91	
$i = 2$: nein	73		85	

$$\chi^2_{\text{beob}}(A \perp\!\!\!\perp B) = 0,146 < \chi_{0,95;1} = 3,84$$

Aufgabe 2

Ergänzen Sie die Ergebnisse der norwegischen Studie mit verhaltensauffälligen Jugendlichen S. 282 um einen Chi-Quadrat Test mit $H_0 : A \perp\!\!\!\perp B$ und interpretieren Sie Ihr Ergebnis im Hinblick auf die zugehörige Forschungsfrage.

Aufgabe 3

Die folgende 2^3 Kontingenztafel von S. 283 basiert auf Daten zu Mordfällen die zwischen 1973 und 1979 vor Gerichten in Florida verhandelt wurden.

Beobachtete Anzahlen n_{ijk} und Prozentangaben für Klasse 1 der Variablen A

A,	C, Hautfarbe Opfer			
	$k = 1$, dunkel		$k = 2$, hell	
	B, Hautfarbe Täter		B, Hautfarbe Täter	
Todesurteil	$j = 1$, dunkel	$j = 2$, hell	$j = 1$, dunkel	$j = 2$, hell
$i = 1$, ja	11	1	48	72
	0,5%	0,9%	16,7%	3,4%
$i = 2$, nein	2209	111	239	2074
n_{+jk}	2220	112	287	2146

Ergänzen Sie die folgenden Angaben zur Logit-Regression von Variable A auf die Variablen B, C um einen Test zu $H_0 : \delta^{BC}_{11} = 0$, $H_1 : \delta^{BC}_{11} \neq 0$ und interpretieren Sie Ihr Ergebnis.

Klassen jk von B, C:	11	21	12	22
Anzahl n_{1jk}:	11	1	48	72
Anzahl n_{2jk}:	2209	111	239	2074
Wettquote (n_{1jk}/n_{2jk}):	0,00	0,01	0,20	0,03
Art des Effekts:	−	B	C	BC
Eff, geschätzter Effektterm*:	−3,74	0,29	−1,26	−0,59
$s(\text{Eff})$:	−	0,267	0,267	0,267
z_{beob}:	−	1,09	−4,73	
p-Wert:	−	0,28	0,00	

* für Klassen 1

Aufgabe 4

Die folgende 2^3 Kontingenztafel von S. 284 basiert auf Daten vom Arbeitsmarkt für Akademiker in Deutschland im Jahr 1986.

	B, Studienfach			
	Hauswirtschaft		Maschinenbau	
A, Vermitt-	C, Geschlecht		C, Geschlecht	
lungserfolg	weiblich	männlich	weiblich	männlich
ja	15	2	4	95
	(3,61%)	(3,64%)	(20,0%)	(21,1%)
nein	400	53	16	355
n_{+jk}	415	55	20	450

In der folgenden Tabelle mit Angaben zur Logit-Regression von Variable A auf die Variablen B, C ist der p-Wert zu $H_0 : \delta_{11}^{BC} = 0$ so groß, dass man von einer fehlenden Interaktion von BC auf A ausgehen und die Haupteffekte ohne neue Berechnungen prüfen kann.

Klassen jk von B, C:	11	21	12	22
Anzahl n_{1jk}:	15	4	2	95
Anzahl n_{2jk}:	400	16	53	355
Wettquote (n_{1jk}/n_{2jk}):	0,04	0,25	0,04	0,27
Art des Effekts:	−	B	C	BC
Eff, geschätzter Effektterm*:	−2,32	−0,96	−0,02	0,04
$s(\text{Eff})$:	−	0,239	0,239	0,239
z_{beob}:	−	−4,03	−0,08	0,06
p-Wert:	−			0,95

* für Klassen 1

Ergänzen Sie die Angaben um den p-Wert in einem z-Test zu
a) $H_0 : \delta_1^C = 0$, $H_1 : \delta_1^C \neq 0$ und interpretieren Sie Ihr Ergebnis und
b) $H_0 : \delta_1^B = 0$, $H_1 : \delta_1^B \neq 0$ und interpretieren Sie Ihr Ergebnis.

Aufgabe 5

Für die fiktiven Klausurergebnisse von S. 287 ergab die lineare Regression von Y auf X

	Mittel- wert	Standard- abweichg.	SAQ, SAP		
				Y	X
Y	20	10	Y	500	.
X	12	6	X	-135	180

$$n = 6, \quad r_{xy} = -0,45, \quad \hat{\beta}_{y|x} = -0,75, \quad \hat{\alpha}_{y|x} = 29$$

Berechnen Sie den beobachteten t-Wert, der zu $H_0 : \beta_{y|x} = 0$ und $H_1 : \beta_{y|x} \neq 0$ gehört und beurteilen Sie, ob das Ergebnis bei einer Irrtumswahrscheinlichkeit von $0,05$ statistisch signifikant ist.

Aufgabe 6

Für die Diabetes-Daten berechneten Sie die lineare Regression von X, krankheitsbezogenes Wissen, auf Z, Fatalismus. Die Nullhypothese $H_0 : \beta_{y|x} = 0$ wird in einem zweiseitigen Test zum Niveau 1% verworfen.
a) Welche Forschungshypothese wird mit diesem Test geprüft?
b) Wie interpretieren Sie das statistische Testergebnis im Hinblick auf die Forschungshypothese?

Aufgabe 7

Für die lineare Regression der fiktiven Klausurergebnisse Y auf X und Z von S. 289 ergab sich:

	Mittel- wert	Standard- abweichg.	SAQ, SAP				Korrelation		
				Y	X	Z		Y	X	Z
Y	70	2,449	Y	36	.	.	Y	1	.	.
X	77	1,633	X	16	16	.	X	0,67	1	.
Z	5	2,449	Z	-20	-8	36	Z	$-0,56$	$-0,33$	1

$$n = 7, \quad \hat{\beta}_{y|x.z} = 0,812, \quad \hat{\beta}_{y|z.x} = -0,375, \quad \hat{\alpha}_{y|xz} = 9,313$$

Prüfen Sie mit einer Irrtumswahrscheinlichkeit von $0,01$ und zweiseitigen Tests $H_0 : \beta_{y|z.x} = 0$ und $H_0 : \beta_{y|x.z} = 0$.

Aufgabe 8

Für die Daten zum Erziehungsverhalten von S. 290 berechneten Sie die lineare Regression von Y, Ängstlichkeit, auf X, inkonsistentes Verhalten der Mutter und U, Tadelverhalten der Mutter. Als t-Werte für $H_0 : \beta_{y|x.u} = 0$ beziehungsweise $H_0 : \beta_{y|u.x} = 0$ ergeben sich

$$t_{\text{beob}} = 4,40 \quad \text{und} \quad t_{\text{beob}} = 3,31.$$

a) Welche Forschungshypothesen werden damit jeweils geprüft?
b) Interpretieren Sie die beiden statistischen Testergebnisse im Hinblick auf diese Forschungshypothesen.

Aufgabe 9

Die fiktiven Daten zur Auswirkung gewalttätiger Szenen in Fernsehprogrammen auf Kinder (S. 291) enthalten die folgenden Angaben für einen t-Test von $H_0 : \beta_{x|p.ya} = 0$ gegen $H_0 : \beta_{x|p.ya} \neq 0$

$$\hat{\beta}_{x|p.ya} = -0,125 \quad \hat{s}_\beta = 0,052 \quad t_{\text{beob}} = -2,39 \quad p\text{-Wert} \leq 0,04$$

a) Welcher Forschungshypothese entspricht dieser Test?
b) Was sagt das Testergebnis darüber aus?

Aufgabe 10

Für die Diabetes-Daten von S. 23 erhalten Sie folgende Tabelle von beobachteten Prüfgrößenwerten für partielle Regressionskoeffizienten in zweiseitigen Tests, die für eine Rückwärtsselektion von fünf möglichen Einflussgrößen auf das krankheitsbezogenen Wissen X verwendet werden.
a) Erklären Sie das schrittweise Vorgehen anhand dieser Tabelle.

Regression von		Z	U	V	W	A
Y auf Z, U, V, W, A	t:	-3.07	$-0,57$	$-0,14$	$0,62$	$2,02$
	p:	$0,03$	$0,57$	$0,89$	$0,54$	$0,05$
Y auf Z, U, W, A	t:	-3.20	$-0,57$	$-$	$0,61$	$2,06$
	p:	$0,02$	$0,57$	$-$	$0,55$	$0,04$
Y auf Z, W, A	t:	-4.03	$-$	$-$	$0,65$	$2,13$
	p:	$0,00$	$-$	$-$	$0,52$	$0,04$
Y auf Z, A	t:	-4.01	$-$	$-$	$-$	$2,05$
	p:	$0,000$	$-$	$-$	$-$	$0,05$

Zusätzlich erhalten Sie die folgende Tabelle von t-Werten, für den jeweiligen Beitrag der Variablen zur Vorhersage von X, wenn sie als dritte Variable, nach Z und A in der Regression verwendet würde,

$$H_0 : \beta_{x|3.za} = 0, \quad H_1 : \beta_{x|3.za} \neq 0.$$

Man fragt damit danach, ob jeweils eine der schrittweise ausgeschlossenen Variablen doch noch, zusätzlich zu den ausgewählten Variablen, wichtig sein könnte.

Dritte Einflussgröße	U	V	W
t'_{beob}	$-0,62$	$-0,02$	$0,65$
p-Wert	$0,54$	$0,99$	$0,52$

b) Beurteilen Sie kurz die Aussagen der berechneten Werte.

c) Führen Sie die Vorwärtsselektion für Y als Zielgröße und für dieselben Daten durch.

d) Ergänzen Sie die Vorwärtsselektion um zugehörige Prüfgrößenwerte und Entscheidungen.

Aufgabe 11

Aus einer Studie [28] an $n = 149$ Patienten mit chronischen Schmerzen, die stationär behandelt wurden, erhalten Sie die folgenden zusammengefassten Daten für die Variablen typische Schmerzintensität am Ende einer Nachbetreuung, Y, und vor dem Klinikaufenthalt, X; Stadium der Schmerzchronifizierung (A, mit den Klassen $i = 1$: niedrige oder mittlere Chronifizierung, $i = 2$: hohe Chronifizierung) und Differenz der Schmerzintensität ($Y - X$).

Variable	Korrelationskoeffizienten			
	Y	X	A	$(Y - X)$
Y, Schmerzintensität, Ende Nachbetreuung	1,00	.	.	.
X, Schmerzintensität, Beginn Klinikaufenthalt	0,57	1,00	.	.
A, Chronifizierung der Schmerzen	0,24	0,11	1,00	.
$(Y - X)$, Differenz Schmerzintensitäten	0,64	$-0,28$	0,18	1,00
Mittelwert	6,25	7,05	1,65	$-0,72$
Standardabweichung	2,411	1,941	0,478	2,07

Zusätzlich erhalten Sie die folgenden Ergebnisse von zwei Regressionsanalysen, der linearen Regressionen von $Y - X$ und von Y auf X und A.

Zielgröße $Y - X$, Veränderung der Schmerzintensität

Einflussgröße	Eff	s(Eff)	t_{beob}	p-Wert
Konstante	0,065	–	–	–
X, Schmerzintensität, Beginn	$-0,320$	0,097	$-3,300$	0,001
A, Chronifizierung der Schmerzen	0,894	0,386	2,314	0,023

Zielgröße Y, Schmerzintensität am Ende der Nachbetreuung

Einflussgröße	Eff	s(Eff)	t_{beob}	p-Wert
Konstante	0,065	–	–	–
X, Schmerzintensität, Beginn	0,680	0,097	7,012	$< 0,0001$
A, Chronifizierung der Schmerzen	0,894	0,386	2,314	0,0230

Welches Ergebnis weist in den Tabellen darauf hin,

a) dass für diese Daten keine einfachen Differenzen zwischen Schmerzintensität nach und vor Behandlung verwendet werden sollten? Warum?

b) wie Sie die Schmerzwerte nach der Behandlung am besten um den Ausgangswert korrigieren?

c) dass die Schmerzintensität nach Behandlung sowohl bei geringer wie bei hoher Chronifizierung von den Ausgangswerten der Schmerzintensität vor der Behandlung abhängen? Wie?

d) Was sagt der geschätzte Wert $\hat{\beta}_{y|a.x} = 0,89$ aus?

A.9 Modellsuche

Aufgabe 1

In Abschnitt 2.4.1, S. 152 wurden Beispiele für drei Unabhängigkeitsstrukturen in gemeinsamen Verteilungen der Variablen A, B, C dargestellt.

a) Wenn Sie Variable A als Zielgröße ansehen, welche der beiden Einflussgrößen B, C sind wichtige Einflussgrößen, wenn jeweils die folgende (oder keine einfachere) Struktur zutrifft

- $A \perp\!\!\!\perp C|B$
- $A \perp\!\!\!\perp BC$
- $A \perp\!\!\!\perp B \perp\!\!\!\perp C$?

b) Zeichnen Sie die zugehörige Abhängigkeitsstruktur, die man jeweils mit einer Logit-Regression von A auf B, C erhält, mit einem Kettengraphen (die Variablen B, C werden dabei als fest vorgegeben betrachtet und nicht analysiert).

Aufgabe 2

Die Daten von S. 290 für $n = 62$ Jungen aus einer Studie zu Erziehungsstilen und ihrer Auswirkung auf die Entwicklung kindlicher Ängstlichkeit, sind hier nochmals zusammengefasst.

Variable	Y	X	Z	U
Y, Ängstlichkeit des Kindes	1			
X, Inkonsistentes Verhalten der Mutter	0,59	1		
Z, Inkonsistentes Verhalten des Vaters	0,46	0,66	1	
U, Tadelndes Verhalten der Mutter	0,52	0,38	0,32	1
Mittelwert	29,5	23,5	23,4	29,9
Standardabweichung	6,8	6,9	6,8	9,2

Die Regressionsanalyse mit Zielgröße Y, Ängstlichkeit auf die Variablen X, Z, U lässt sich vereinfachen:

Zielgröße Y, Ängstlichkeit

Ausgangsmodell			
Einflussgröße	Eff	s_{Eff}	t_{beob}
Konstante	0,40	–	–
X, Inkonsistentes Verhalten der Mutter	0,40	0,017	3,05
Z, Inkonsistentes Verhalten des Vaters	0,08	0,017	0,64
U, Tadelndes Verhalten der Mutter	0,25	0,006	3,21

	Ausgewählt			Ausgeschlossen
Einflussgröße	Eff	s_{Eff}	t_{beob}	t'_{beob}
Konstante	16,81	–	–	–
X	0,45	0,103	4,40	–
Z	–	–	–	0,64
U	0,26	0,077	3,31	–

a) Begründen Sie, warum sich die Regressionskoeffizienten für X im Ausgangsmodell und im ausgewählten Modell unterscheiden.

b) Welche Regressionsgleichung ergibt sich mit den obigen Angaben zum ausgewählten Modell?

c) Zeichnen sie in einen Kettengraphen mit Y als Zielgröße und X, Z, U als mögliche Einflussgrößen das ausgewählte Modell ein.

Aufgabe 3

In Abschnitt 1.6.4, S. 108 wurde Ihnen ein psychologisches Modell zur Entwicklung von Ängstlichkeit vorgestellt. Für $n = 246$ Kinder sind die Daten für die folgenden Variablen: Y, Ängstlichkeit des Kindes, X, inkonsistentes Verhalten der Mutter und A, Unterstützung des Vaters, nochmals zusammengefasst.

$n_1 = 126$, Kinder mit weniger unterstützenden Vätern ($z \le 34$)

Mittelwert	Standardabweichung	Korrelationskoeffizient	Regressionsgerade $\hat{y}_l = \hat{\alpha} + \hat{\beta} x_l$
$\bar{y} = 31,2$	$s_y = 7,48$	$r_{yx} = 0,64$	$\hat{\beta}_{y\mid x} = 0,73$
$\bar{x} = 23,9$	$s_x = 6,58$		$\hat{\alpha}_{y\mid x} = 13,85$

$n_2 = 120$, Kinder mit stärker unterstützenden Vätern ($z > 34$)

Mittelwert	Standardabweichung	Korrelationskoeffizient	Regressionsgerade $\hat{y}_l = \hat{\alpha} + \hat{\beta} x_l$
$\bar{y} = 29,9$	$s_y = 6,45$	$r_{yx} = 0,40$	$\hat{\beta}_{y\mid x} = 0,38$
$\bar{x} = 23,3$	$s_x = 6,69$		$\hat{\alpha}_{y\mid x} = 20,99$

Für eine lineare Regression von Y auf X und A wird zusätzlich die Variable $P = X \times A$ berücksichtigt. Als Ergebnis erhalten Sie die folgenden Tabelle.

Zielgröße Y, Ängstlichkeit

Ausgangsmodell			
Linearer Effekt	Eff	s_{Eff}	t_{beob}
Konstante	13,86	–	–
X, Inkonsistenz Mutter	0,73	0,08	–
A, Unterstützung Vater	7,14	2,78	–
P, Produkt $X \times A$	$-0,35$	0,113	$-3,05$

a) Welcher Regressionskoeffizient wird mit $-0,35$ geschätzt?

b) Wie interpretieren Sie $t_{\text{beob}} = -3,05$?

c) Welcher Regressionskoeffizient wird mit 7,14 geschätzt?

d) Warum ist es für die vorliegenden Ergebnisse nicht sinnvoll, zu prüfen, ob dieser Koeffizient gleich Null ist?

e) Zeichnen Sie den Kettengraphen mit Y als Zielgröße und A, X als mögliche Einflussgrößen und ergänzen Sie ihn mit einer Modellnotation, die widerspiegelt, dass es eine signifikante Interaktion gibt.

Aufgabe 4

In Abschnitt 3.3.4, S. 226 wurde das Ergebnis einer logistischen Regression für die Schmerzlokalisation, A, als Zielgröße auf zwei mögliche Einflussgrößen B und X in Tabellenform zusammengestellt. Zeichnen Sie in den Kettengraphen mit A als Zielgröße und den Variablen B, X als mögliche Einflussgrößen, das vereinfachte Modell ein, das man aufgrund der statistischen Analyse formulieren kann.

Aufgabe 5

Aus der Studie zur Bedeutung der Lokalisation für die Entwicklung und Behandlung chronischer Schmerzen [17] erhalten Sie hier die Ergebnisse einer Folge von Regressionsanalysen:

– als Zielgröße:

   X, Depression zu Beginn des Klinikaufenthalts (niedrige Werte: geringe Depression)

– als vermittelnde Variable:

   U, Schmerzchronifizierung (niedrige Werte: geringe Chronifizierung)

   A, Schmerzlokalisation ($i = 1$: Kopf-/Nackenschmerzen, $i = 2$: Rückenschmerzen)

– als Kontextvariable:

V: Anzahl zusätzlicher Erkrankungen

B: Geschlecht ($j = 1$: männlich, $j = 2$: weiblich)

Sie erhalten folgende Ergebnisse für Regressionsanalysen:

Zielgröße X, Depression

Einflussgröße	Ausgangsmodell		
	Eff	s_{Eff}	t_{beob}
Konstante	8,76	–	–
U, Schmerzchronifizierung	2,02	0,492	4,11
A, Schmerzlokalisation	−2,11	1,481	−1,42
V, Anzahl zusätzlicher Erkrankungen	0,54	0,182	2,96
B, Geschlecht	0,12	1,319	0,09

Einflussgröße	Ausgewählt			Ausgeschlossen
	Eff	s_{Eff}	t_{beob}	t'_{beob}
Konstante	7,31	–	–	–
U	1,78	0,460	3,87	–
A	–	–	–	−1,42
V	0,55	0,180	3,06	–
B	–	–	–	0,03

Zielgröße U, Schmerzchronifizierung

Einflussgröße	Ausgangsmodell		
	Eff	s_{Eff}	t_{beob}
Konstante	2,96	0,420	–
A, Schmerzlokalisation	1,02	0,202	5,05
V, Anzahl zusätzlicher Erkrankungen	0,15	0,024	6,08
B, Geschlecht	−0,31	0,19	−1,62

Einflussgröße	Ausgewählt			Ausgeschlossen
	Eff	s_{Eff}	t_{beob}	t'_{beob}
Konstante	2,47	–	–	–
A	1,02	0,203	5,03	–
V	0,14	0,024	5,92	–
B	–	–	–	−1,62

Zielgröße A, Schmerzlokalisation

Ausgangsmodell			
Einflussgröße	Eff	s_{Eff}	t_{beob}
Konstante	$-1,43$	$-$	$-$
V, Anzahl zusätzlicher Erkrankungen	$0,06$	$0,043$	$1,44$
B, Geschlecht	$0,01$	$0,352$	$0,04$

	Ausgewählt			Ausgeschlossen
Einflussgröße	Eff	s_{Eff}	t_{beob}	t'_{beob}
Konstante	$-1,05$	$-$	$-$	$-$
V	$-$	$-$	$-$	$1,46$
B	$-$	$-$	$-$	$0,19$

a) Zeichnen Sie für jede der drei Regressionsanalysen einen Kettengraphen, aus dem hervorgeht, welche der möglichen erklärenden Variablen aufgrund der statistischen Ergebnisse als wichtige Einflussgrößen ausgewählt werden.

b) Verbinden Sie die Ergebnisse der einzelnen Analyseschritte zu einem gemeinsamen Kettengraphen.

c) Interpretieren Sie die gerichteten Pfade in dem Graphen als mögliche Entwicklungswege.

d) Fassen Sie die Ergebnisse als Hypothesen zusammen, die man in einer weiteren Studie prüfen kann.

Anhang
Psychologische Tests

B

Anhang
Psychologische Tests

B

B   Psychologische Tests

B

B Psychologische Tests

Psychologische Tests sind Fragebögen, die auf spezielle Weise konstruiert werden und mit denen Variablen erfasst werden, die man nicht direkt beobachten oder messen kann, wie zum Beispiel Überzeugungen und Beweggründe. Solche Fragebögen werden manchmal auch als **Inventar** bezeichnet, die erfassten Variablen als **Skalen**.

Werden mit demselben Inventar Fragen zu verschiedenen Variablen gestellt, so spricht man von **Subskalen**. Die aus einem Fragebogen berechneten Werte werden **Scores** genannt.

B.1 Allgemeine Attribution

IPC (I: Internal, P: Powerful others, C: Chance) [29], [22], [20].
In empirischen Untersuchungen in der Psychologie hat sich gezeigt, dass sich Personen darin unterscheiden, wem sie die Verantwortung für Dinge und Ereignisse, die in ihrem Leben geschehen, hauptsächlich zuschreiben (Kontrollüberzeugung oder Attribution). Einerseits gibt es Personen, die denken, dass sie ihr Leben weitgehend selbst kontrollieren können (**internale Attribution**). Andererseits gibt es Personen, die glauben, dass ihr Leben stark von äußeren Faktoren, also zum Beispiel von Ereignissen oder Personen in ihrer Umgebung (**externale Attribution**), bestimmt wird. Für externale Ursachen wird zusätzlich unterschieden, ob man sein Leben von anderen, mächtigen und einflussreichen Personen bestimmt sieht (**powerful others, sozial-externale Attribution**) oder eher von Glück, Pech oder Zufall (**chance, fatalistische Attribution**)

Zu jeder der drei Subskalen I, P, C gibt es acht Fragen mit sechs Antwortmöglichkeiten. Sie reichen von „sehr falsch" bis „sehr richtig". Beispiele zu den Fragen sind

— „Ich kann ziemlich viel von dem, was in meinem Leben passiert, selbst bestimmen." (internale Attribution)
— „Ob ich einen Autounfall habe oder nicht, hängt vor allem von den anderen Autofahrern ab." (sozial-externale Attribution)
— „Ob ich keinen Autounfall habe, ist vor allem Glücksache." (fatalistische Attribution)

Der Fragebogen zur Diabetes-spezifischen Attribution ist analog gestaltet: jeder der allgemeinen Bereiche wurde durch krankheitsspezifische Bereiche ersetzt. Der Fragebogen soll erfassen, ob an Diabetes erkrankte Personen das Krankheitsgeschehen als eher von außen bestimmt sehen, durch Ärzte, Medikamente, Zufall, oder durch ihr eigenes Verhalten.

B.2   Elterliche Erziehungsstile

ESI (Erziehungsstil-Inventar) [24], [23].
Im Allgemeinen geht man davon aus, dass Eltern durch ihr Erziehungsverhalten die Entwicklung der Persönlichkeit ihrer Kinder beeinflussen. Mit dem Begriff „Erziehungsstile" werden generelle Tendenzen der Eltern beschrieben, in der Erziehungspraxis auf bestimmte Art und Weise zu reagieren. Die Erziehungsstile unterscheiden sich von einzelnen Verhaltensweisen der Eltern, die nur in bestimmten Situationen auftreten. Befragt werden Kinder.

Das ESI besteht aus den Subskalen **Lob**, **Tadel**, **Inkonsistenz**, **Strafintensität**, **Unterstützung** und **Einschränkung**. Jede Skala umfasst 15 Fragen, die sich auf die Mutter, und 15 Fragen, die sich auf den Vater beziehen. Die möglichen Antworten sind jeweils: sehr selten, manchmal, oft, sehr oft.

Beispiele zu Fragen über unterstützendes Verhalten sind

— „Meine Mutter zeigt mir, wie Dinge funktionieren, mit denen ich umgehen möchte."
— „Mein Vater lässt mich bei Dingen mitmachen, für die er sich interessiert."

Beispiele zu Fragen über inkonsistentes Verhalten sind

— „Wenn ich mit meiner Mutter herum spiele und sie necke, passiert es, dass aus 'Spaß' plötzlich 'Ernst' wird, und sie ärgerlich wird."
— „Mein Vater verspricht, mir etwas mitzubringen und macht es dann doch nicht."

B.3   Angst

STAI (State- Trait Angst Inventar) [39], [26].
Angst ist gekennzeichnet durch Anspannung, Besorgtheit, Nervosität, innere Unruhe und Furcht vor zukünftigen Ereignissen. Wenn eine Person Angst hat, ist außerdem das vegetative Nervensystem aktiver, sie schwitzt zum Beispiel.

Man unterscheidet zwischen zwei Arten von Angst, der Angst in einer bestimmten Situation (**state anxiety, Zustandsangst**) und Angst als generelle Reaktion einer Person (**trait anxiety, Angst als Eigenschaft**). Zustandsangst ist die Angst, die man in einer speziellen Situation empfindet. In einer Vorlesung wird die Zustandsangst im allgemeinen niedrig sein, vor einer wichtigen Prüfung kann sie dagegen hoch sein. Unter Angst als Eigenschaft versteht man die Tendenz von Personen, Situationen als bedrohlich zu bewerten und darauf mit Angst zu reagieren.

Der erste Teil des Fragebogens soll die Zustandsangst erfassen. Er enthält 20 Fragen mit jeweils vier möglichen Antworten: überhaupt nicht, ein wenig, ziemlich, sehr. Beispiele zu den Fragen sind

— „Ich bin ausgeglichen.“
— „Ich mache mir Sorgen über mögliches Missgeschick.“

Mit dem zweiten Teil soll Angst als Eigenschaft erfasst werden. Er enthält dieselben 20 Fragen, aber zu beantworten ist, wie bedrohlich man die Situationen im Allgemeinen wahrnimmt. Die vier mögliche Antworten sind: fast nie, manchmal, oft, fast immer.

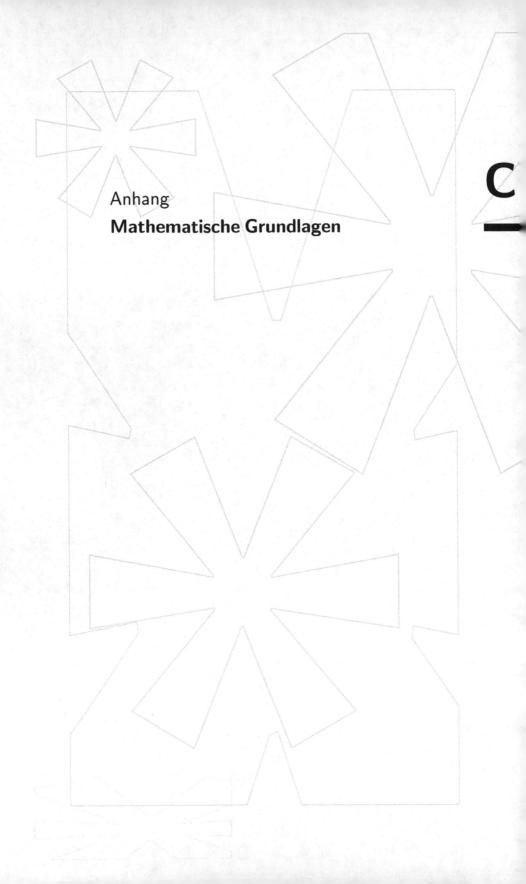

Anhang
Mathematische Grundlagen

C

C   **Mathematische Grundlagen**

C

C Mathematische Grundlagen

C.1 Summen

Mit dem Summenzeichen $\sum$ werden Rechenanweisungen zum Addieren kompakt geschrieben. Sie lassen sich oft mit Hilfe der Summenregeln vereinfachen.

Gibt es insgesamt n Werte in einer Zahlenreihe für Variable X, so schreibt man x_l für $l = 1, \ldots, n$ und

$$\sum_{l=1}^{l=n} x_l$$

bedeutet dann: „Summiere die x_l-Werte für $l = 1$ bis $l = n$". Noch kompakter schreibt man für „Summiere alle Werte von x"

$$\sum_l x_l \quad \text{oder} \quad \sum x_l$$

Rechenbeispiele: Summen bilden $(n = 4)$

		l				Summe	Schreibweise mit $\sum$
		1	2	3	4		
	x_l	4	1	6	-2	9	$\sum x_l = 9$
	y_l	3	-2	0	-2	-1	$\sum y_l = -1$
a)	$x_l + y_l$	7	-1	6	-4	8	$\sum(x_l + y_l) = 8$
b)	$3y_l$	9	-6	0	-6	-3	$\sum(3y_l) = -3$
c)	$-2x_l$	-8	-2	-12	4	-18	$\sum(-2x_l) = -18$
d)	$x_l y_l$	12	-2	0	4	14	$\sum x_l y_l = 14$
e)	z_l^*	3	3	3	3	12	$\sum z_l = \sum 3 = 12$

$^*z_l$ ist eine Konstante, da sie für alle l denselben Wert hat.

Regeln für Summen

Für Werte x_l und y_l mit $l = 1, \ldots, n$ und einer Konstanten c gilt:

Regel 1: Die Summe von addierten x_l- und y_l-Werten ist gleich der Summe der x_l-Werte addiert zur Summe der y_l-Werte.

$$\sum(x_l + y_l) = \sum x_l + \sum y_l$$

Regel 2: Die Summe der mit einer Konstanten c multiplizierten x_l-Werte ist gleich der Summe der x_l-Werte multipliziert mit c.

$$\sum cx_l = c\sum x_l$$

Regel 3: Die Summe von n Werten einer Konstante c ist gleich der Anzahl n multipliziert mit der Konstanten c.

$$\sum c = nc$$

Für $n=4$ erhält man ausführlich geschrieben:

für Regel 1) $(x_1 + y_1) + (x_2 + y_2) + (x_3 + y_3) + (x_4 + y_4)$
$= (x_1 + x_2 + x_3 + x_4) + (y_1 + y_2 + y_3 + y_4)$

für Regel 2) $cx_1 + cx_2 + cx_3 + cx_4 = c(x_1 + x_2 + x_3 + x_4)$

für Regel 3) $c + c + c + c = 4c$

Summen mit Summationsgrenzen

Sollen nicht alle Werte aufsummiert werden, so gibt man am Summenzeichen die Summationsgrenzen an. Zum Beispiel bedeutet $\sum_{l=2}^{4} x_l$ „summiere x_l für $l=2$ bis $l=4$" und $\sum_{l\leq 3} x_l$ „summiere alle x-Werte deren Laufindex kleiner gleich 3 ist".

Rechenbeispiele: Summen mit Summationsgrenzen (Werte aus der Tabelle S. 329)

$$\sum_{l=2}^{4} x_l = x_2 + x_3 + x_4 = 1 + 6 + (-2) = 5$$

$$\sum_{l=2}^{2} x_l = x_2 = 1$$

$$\sum_{l\leq 3} x_l = \sum_{l=1}^{3} x_l = x_1 + x_2 + x_3 = 4 + 1 + 6 = 11$$

Rechenbeispiele: Summenregeln anwenden

Beispiel 1: Für die folgende Werte und $c = 3$ wird sowohl $\sum x_l(y_l + c)$ als auch $\sum x_l y_l + c \sum x_l$ berechnet

l	1	2	3	4	Summen
x_l	4	1	6	-2	$\sum x_l = 9$
y_l	3	-2	0	-2	
$y_l + c$	6	1	3	1	
$x_l(y_l + c)$	24	1	18	-2	$\sum x_l(y_l + c) = 41$
$x_l y_l$	12	-2	0	4	$\sum x_l y_l = 14; \quad 14 + 3 \times 9 = 41$

Beispiel 2: Für $n = 4$ sei $\sum x_l = 8$ und $\sum y_l = 10$. Daraus ergibt sich

$$\sum(-y_l) \qquad = (-1)\sum y_l = -10$$

$$\sum(x_l - y_l) \qquad = \sum x_l - \sum y_l = -2$$

$$\sum(2 + 3y_l) \qquad = \sum 2 + \sum 3y_l = 4 \times 2 + 3\sum y_l = 38$$

$$\sum(y_l - 2x_l + 5) = \sum y_l - 2\sum x_l + 4 \times 5 = 14$$

Beispiel 3: Vereinfachen

$$\frac{\sum(cx_l + x_l)}{\sum x_l} = \frac{\sum x_l(c+1)}{\sum x_l} = \frac{(c+1)\sum x_l}{\sum x_l} = c + 1$$

Beispiel 4: Vereinfachen

$$\frac{\sum(x_l - y_l)^2 + \sum 2x_l y_l}{\sum 3(x_l^2 + y_l^2)}$$

$$= \frac{\sum(x_l^2 - 2x_l y_l + y_l^2) + \sum 2x_l y_l}{\sum 3(x_l^2 + y_l^2)} \qquad \text{binomische Formel, Anhang C.3}$$

$$= \frac{\sum x_l^2 - 2\sum x_l y_l + \sum y_l^2 + 2\sum x_l y_l}{3\sum(x_l^2 + y_l^2)} \qquad \text{Regeln (1), (2)}$$

$$= \frac{\sum(x_l^2 + y_l^2)}{3\sum(x_l^2 + y_l^2)} = \frac{1}{3} \qquad \text{Regel (1) und } \sum(x_l^2 + y_l^2),$$

kürzen

C.2   Doppelsummen

Summen mit variablen Summationsgrenzen

Mit Werten x_{ij} für $i = 1, \ldots I$ und $j = 1, \ldots n_I$ kennzeichnet man Werte x nach zwei Kriterien. So kann man zum Beispiel den Wert jeder Person j innerhalb Gruppe i zuordnen.

x_{ij}

	Person in Gruppe i					Summe	Personenanzahl
Gruppe i	$j:1$	2	3	4	5	x_{i+}	n_i
1	1	3	5			9	3
2	2	4	5	8	6	25	5
3	2	4				6	2

In Symbolen schreibt man die obigen Werte x_{il} wie folgt:

x_{ij}

			j				
i	1	2	3	4	5	x_{i+}	n_i
1	x_{11}	x_{12}	x_{13}			x_{1+}	n_1
2	x_{21}	x_{22}	x_{23}	x_{24}	x_{25}	x_{2+}	n_2
3	x_{31}	x_{32}				x_{3+}	n_3

So bezeichnet dann $x_{32} = 4$ den Wert für die zweite Person in der dritten Gruppe.

Die Summe in der ersten Zeile, ausführlicher „die Summe der Werte x_{1j} für $j = 1, 2, 3$" ist

$$x_{1+} = \sum_{j=1}^{n_1} x_{1j} = \sum_{j=1}^{3} x_{1j} = 1 + 3 + 5 = 9$$

Die Summe der i-ten Zeile schreibt man

$$x_{i+} = \sum_{j=1}^{n_i} x_{ij} = \sum_j x_{ij}$$

Die Summe aller Werte kann man in einer der folgenden Weisen schreiben:

$$x_{++} = \sum_{i=1}^{I} \sum_{j=1}^{n_i} x_{ij} = \sum_i \sum_j x_{ij} = \sum_{ij} x_{ij} = \sum x_{ij}$$

Summen mit festen Summationsgrenzen

Sind jeweils gleich viele Werte J in jeder Gruppe i, so schreibt man:

$$x_{ij} \quad \text{für} \quad i = 1, \ldots, I \text{ und } j = 1, \ldots, J.$$

Es lassen sich dann nicht nur Summen in jeder Zeile i sondern zusätzlich die Summen in jeder Spalte j bilden.

x_{ij}

		j				Summe
i	1	2	3	4	5	x_{i+}
1	1	3	5	-2	3	10
2	2	4	5	8	6	25
3	2	4	-1	-3	5	7
Summe: x_{+j}	5	11	9	3	14	$x_{++} = 42$

Regeln für Doppelsummen

Für Werte x_{ij}, y_{ij} und z_i mit $i = 1, \ldots, I$, $j = 1, \ldots, J$ und eine Konstante c gilt

Regel 1: $\sum_{ij}(x_{ij} + y_{ij}) = \sum_{ij} x_{ij} + \sum_{ij} y_{ij}$

Regel 2: $\sum_{ij} z_i x_{ij} = \sum_i z_i \sum_j x_{ij}$

Regel 3: $\sum_{ij} c = IJc$

Rechenbeispiele: für $I = 2$ und $J = 3$
Beispiel für Regel 1

x_{ij}

i	1	2	3	x_{i+}
1	1	0	-2	-1
2	4	2	1	7
x_{+j}	5	2	-1	

y_{ij}

i	1	2	3	y_{i+}
1	2	2	1	5
2	-1	3	-4	-2
y_{+j}	1	5	-3	

$u_{ij} = x_{ij} + y_{ij}$

i	1	2	3	u_{i+}
1	3	2	-1	4
2	3	5	-3	5
u_{+j}	6	7	-4	

$$\sum x_{ij} = \sum_i(\sum_j x_{ij}) = \sum_i x_{i+} = -1 + 7 = 6$$

$$= \sum_j(\sum_i x_{ij}) = \sum_j x_{+j} = 5 + 2 - 1 = 6$$

$$\sum y_{ij} = 5 - 2 = 3$$

$$\sum x_{ij} + \sum y_{ij} = 9 \qquad \sum(x_{ij} + y_{ij}) = \sum u_{ij} = 9$$

Beispiel für Regel 2

x_{ij}					z_i					$v_{ij} = z_i x_{ij}$				
	j					j					j			
i	1	2	3	x_{i+}	i	1	2	3	Jz_i	i	1	2	3	v_{i+}
1	1	0	−2	−1	1	3	3	3	9	1	3	0	−6	−3
2	4	2	1	7	2	1	1	1	3	2	4	2	1	7
x_{+j}	5	2	−1		z_+	4	4	4		v_{+j}	7	2	−5	

$$\sum_i z_i x_{ij} = \sum_i z_i \sum_j x_{ij} = \sum z_i x_{i+} = 3 \times (-1) + 1 \times 7 = 4$$

$$\sum_i z_i x_{ij} = \sum v_{ij} = 4$$

Beispiel für Regel 3

x_{ij}					c					$w_{ij} = c x_{ij}$				
	j					j					j			
i	1	2	3	x_{i+}	i	1	2	3	Jc	i	1	2	3	w_{i+}
1	1	0	−2	−1	1	2	2	2	6	1	2	0	−4	−2
2	4	2	1	7	2	2	2	2	6	2	8	4	2	14
x_{+j}	5	2	−1		Ic	4	4	4		w_{+j}	10	4	−2	

$$\sum c x_{ij} = c \sum x_{ij} = 2 \times 6 = 12$$

$$\sum c x_{ij} = \sum w_{ij} = 12$$

$$\sum_{ij} c = \sum_i \left(\sum_j c \right) = \sum_i Jc = IJc = 2 \times 3 \times 2 = 12$$

C.3   Binomische Formeln

Die Formel

$$(a+b)^2 = a^2 + 2ab + b^2$$

lässt sich geometrisch erklären. Die Fläche eines Quadrats mit Seitenlänge $(a + b)$ ist $(a + b)^2$. Sie setzt sich zusammen aus zwei Quadraten mit den Seitenlängen a und b, sowie zwei Rechtecken, beide mit Flächeninhalt ab

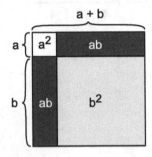

Alternativ rechnet man ausführlich

$$\begin{aligned}(a+b)^2 &= (a+b)(a+b) \\ &= a(a+b) + b(a+b) \\ &= a^2 + ab + ba + b^2 = a^2 + 2ab + b^2\end{aligned}$$

Auf ähnliche Weise ergeben sich die beiden anderen binomischen Formeln, die oft zum Vereinfachen von Berechnungen benutzt werden:

$$(a-b)^2 = a^2 - 2ab + b^2,$$
$$(a+b)(a-b) = a^2 - b^2.$$

4

C.4   Notwendige und hinreichende Bedingungen

Notwendige, hinreichende und äquivalente Aussagen gehören in das Gebiet der Logik. Sie sind zum Beispiel wesentlich für mathematische Beweise. Es sind Aussagen A, B, C ..., für die jeweils eindeutig entschieden werden kann, ob sie zutreffen. Man sagt, B folgt aus A $(A \Rightarrow B)$, oder B folgt nicht aus A $(A \nRightarrow B)$.

Anhand der folgenden Vierecke kann man sich unterschiedliche Arten von Bedingungen verdeutlichen.

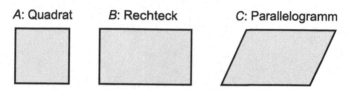

A: Quadrat   B: Rechteck   C: Parallelogramm

(1) Die Aussage, A: ein Viereck ist ein Quadrat, ist hinreichend, aber nicht notwendig für die Aussage B: ein Viereck ist ein Rechteck.

Hier folgt B aus A $(A \Rightarrow B)$, da jedes Quadrat vier rechte Winkel hat, also auch ein Rechteck ist, aber A folgt nicht aus B $(A \nLeftarrow B)$, da in einem Rechteck nicht alle vier Seiten gleich lang sein müssen. Da $A \Rightarrow B$ und $A \nLeftarrow B$ gilt, sagt man **A ist hinreichend, aber nicht notwendig für B**.

(2) Die Aussage, C: ein Viereck ist ein Parallelogramm, ist notwendig, aber nicht hinreichend für die Aussage B: ein Viereck ist ein Rechteck.

Hier folgt C aus B $(B \Rightarrow C)$, da jedes Rechteck jeweils zwei gegenüberliegende Seite hat, die parallel verlaufen, also auch ein Parallelogramm ist, aber aus C folgt nicht B $(B \nLeftarrow C)$, da ein Parallelogramm keine rechten Winkel haben muss. Da $B \Rightarrow C$ und $B \nLeftarrow C$ gilt, sagt man **C ist notwendig aber nicht hinreichend für B**.

(3) Die Aussage, D: ein Parallelogramm hat rechte Winkel und die Aussage, B: ein Viereck ist ein Rechteck, sind äquivalent $(B \Leftrightarrow D)$.

Hier folgt B aus D, da ein Parallelogramm mit rechten Winkeln ein Rechteck ist und D folgt aus B, da jedes Rechteck auch ein Parallelogramm ist. Da sowohl $B \Rightarrow D$ als auch $B \Leftarrow D$ gilt, sagt man, die Aussagen **B und D sind äquivalent $(B \Leftrightarrow D)$**.

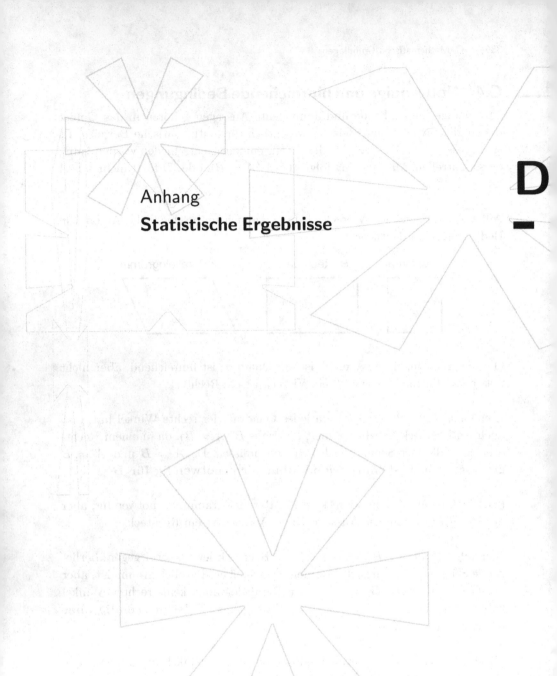

Anhang
Statistische Ergebnisse

D   **Statistische Ergebnisse**

D

D Statistische Ergebnisse

D.1 Methode der kleinsten Quadrate

Quadratische Ergänzung

Behauptung Eine quadratische Funktion in z der Form $f(z) = c - 2az + bz^2$ mit $b > 0$ nimmt den kleinstmöglichen Wert an, wenn $z = a/b$ gewählt wird. Die Funktion hat in diesem Punkt den Wert $c - a^2/b$.

Beweis Addieren und subtrahieren von a^2/b und danach ausklammern von b gibt

$$c - 2az + bz^2 = b\left(\frac{-2a}{b}z + z^2 + \frac{a^2}{b^2}\right) + \left(c - \frac{a^2}{b}\right) = b\left(z - \frac{a}{b}\right)^2 + \left(c - \frac{a^2}{b}\right).$$

Da nur z frei gewählt werden kann, wird das Minimum, der kleinstmögliche Wert der Funktion, dann erreicht, wenn der erste Term gleich Null wird, also für $z = a/b$. Der Funktionswert für $z = a/b$ ist $c - a^2/b$.

Methode der kleinsten Quadrate in der einfachen Regressionsanalyse

Behauptung Im einfachen linearen Regressionsmodell

$$(y_l - \bar{y}) = \beta(x_l - \bar{x}) + \varepsilon_l$$

wird ε_l^2 minimiert für $\hat{\beta} = \text{SAP}_{xy}/\text{SAQ}_x$ und die Residualvarianz

$$\text{SAQ}_{\text{Res}} = \text{SAQ}_y - \text{SAP}^2_{xy}/\text{SAQ}_x$$

ist die kleinstmögliche.

Beweis Im linearen Regressionsmodell ist die Summe der quadrierten Residuen eine quadratische Funktion in β, da $\varepsilon_l = (y_l - \bar{y}) - \beta(x_l - \bar{x})$. Es ist

$$\sum \varepsilon_l^2 = \text{SAQ}_y - 2\text{SAP}_{xy}\beta + \text{SAQ}_x\beta^2,$$

wobei SAQ_y, SAP_{xy} und SAQ_x durch die beobachteten Werte festgelegt sind.

Will man die quadratische Ergänzung auf diese Funktion in β übertragen, so wählt man $c = \mathrm{SAQ}_y$, $a = \mathrm{SAP}_{xy}$, $z = \beta$ und $b = \mathrm{SAQ}_x$. Damit wird $\sum \varepsilon_i^2$ für $\beta = a/b = \mathrm{SAP}_{xy}/\mathrm{SAQ}_x$ minimiert und hat als kleinstmöglichen Wert

$$c - a^2/b = \mathrm{SAQ}_y - \mathrm{SAP}_{xy}/\mathrm{SAQ}_x.$$

Methode der kleinsten Quadrate in der einfachen Varianzanalyse

Behauptung   Im Modell der einfachen Varianzanalyse mit $\hat{\mu} = \bar{y}_{++}$

$$y_{il} - \bar{y}_{++} = \alpha_i + \varepsilon_{il}$$

wird die Summe der quadrierten Residuen $\sum \varepsilon_{il}^2$ minimiert für $\hat{\alpha}_i = \bar{y}_{i+} - \bar{y}_{++}$ und die Residualvariation

$$\mathrm{SAQ_{Res}} = \mathrm{SAQ}_y - \sum n_i \hat{\alpha}_i^2$$

ist die kleinstmögliche.

Beweis   Aus $\sum_{il}(y_{il} - \bar{y}_{++}) = 0$ folgt

$$\sum \varepsilon_{il} = 0 \qquad \text{und} \quad \sum n_i \alpha = 0$$

Die Summe der quadrierten Residuen ist

$$\sum \varepsilon_{il}^2 = \sum\{(y_{il} - \bar{y}_{++}) - \alpha_i\}^2 = \mathrm{SAQ}_y + \sum_i n_i\{\alpha_i^2 - 2\alpha_i(\bar{y}_{i+} - \bar{y}_{++})\}$$

Addiert und subtrahiert man $\mathrm{SAQ_{Mod}} = \sum_i n_i(\bar{y}_{i+} - \bar{y}_{++})^2$, erhält man die Gleichung

$$\sum \varepsilon_{il}^2 = \sum_i n_i\{\alpha_i - (\bar{y}_{i+} - \bar{y}_{++})\}^2 + \mathrm{SAQ}_y - \mathrm{SAQ_{Mod}}$$

In diesem Ausdruck sind SAQ_y und $\mathrm{SAQ_{Mod}}$ durch die beobachteten Werte festgelegt. Die quadrierte Summe der Residuen wird daher am kleinsten, wenn der erste Summand Null ist, wenn also

$$\hat{\alpha}_i = (\bar{y}_{i+} - \bar{y}_{++}).$$

Damit wird

$$\mathrm{SAQ_{Res}} = \mathrm{SAQ}_y - \mathrm{SAQ_{Mod}}$$

die kleinstmögliche Residualvarianz.

D.2 Yates-Algorithmus

Zur **additiven Zerlegung von 2^r Zahlenreihen** hat Yates ([77], 1937) einen einfachen Algorithmus vorgeschlagen. Solche Zerlegungen eignen sich dazu, in Daten mit ausschließlich binären Einflussgrößen zu erkennen, welche der Variablen wichtig für eine Zielgröße sind, gleichgültig, ob diese Zielgröße quantitativ oder binär ist.

2^2 Zahlenreihe

Tabelle D.1 zeigt den Algorithmus für eine 2^2 Varianzanalyse in Symbolen, danach folgt ein Rechenbeispiel. Die Zahlenreihe besteht hier aus vier Mittelwerten, die Einflussgrößen sind die beiden binären Variablen A und B.

Tabelle D.1. Yates Algorithmus für eine 2^2 Zahlenreihe in Symbolen.

Klassen von A, B ij	Mittelwerte $\bar{y}_{ij}$	Schritt 1 Summe aufeinander folgender Paare	Schritt 2	geschätzte Effektterme	Art der Effekte
11	$\bar{y}_{11} = a$	$a' = a + b$	$a'' = a' + b'$	$\hat{\mu} = a''/4$	$-$
21	$\bar{y}_{21} = b$	$b' = c + d$	$b'' = c' + d'$	$\hat{\alpha}_1 = b''/4$	A
		Differenz aufeinander folgender Paare			
12	$\bar{y}_{12} = c$	$c' = a - b$	$c'' = a' - b'$	$\hat{\beta}_1 = c''/4$	B
22	$\bar{y}_{22} = d$	$d' = c - d$	$d'' = c' - d'$	$\hat{\gamma}_{11} = d''/4$	AB

Die Zahlenreihe ist zunächst so in eine Spalte geschrieben, dass sich der Index der ersten Variable, A, am schnellsten ändert. In zwei Schritten werden neue Spalten erstellt. Die jeweils neue Spalte enthält in der ersten Hälfte Summen und in der zweiten Hälfte Differenzen aufeinander folgender Zahlenpaare. In einem weiteren, letzten Schritt wird die letzte Zahlenreihe durch $2^2 = 4$ geteilt. Das Ergebnis sind die **additiven Effektterme** die in der Folge $(-, A, B, AB)$ angeordnet sind.

Rechenbeispiel: Yates-Algorithmus für eine 2^2 Varianzanalyse

Klassen		Schritt			
von A, B	Mittelwerte	1	2	geschätzte	Art der
ij	$\bar{y}_{ij}$	Summe		Effektterme	Effekte
11	$a = 4$	$a' = 4$	$a'' = 28$	$\hat{\mu} = 7$	–
21	$b = 0$	$b' = 24$	$b'' = -4$	$\hat{\alpha}_1 = -1$	A
		Differenz			
12	$c = 8$	$c' = 4$	$c'' = -20$	$\hat{\beta}_1 = -5$	B
22	$d = 16$	$d' = -8$	$d'' = 12$	$\hat{\gamma}_{11} = 3$	AB

Die geschätzten Effektterme addieren sich direkt zu

$$\bar{y}_{11} = \hat{\mu} + \hat{\alpha}_1 + \hat{\beta}_1 + \hat{\gamma}_{11}$$

Dabei ist jeder Effektterm der beobachtete Wert eines Kontrasts.

$$\hat{\mu} = \{ a+b+c+d \} / 4$$
$$\hat{\alpha}_1 = \{(a-b)+(c-d)\} / 4$$
$$\hat{\beta}_1 = \{(a-c)+(b-d)\} / 4$$
$$\hat{\gamma}_{11} = \{(a-b)-(c-d)\} / 4$$
$$= \{(a-c)-(b-d)\} / 4$$

Durch die Restriktionen für die so genannten Effektcodierung (S. 294) ergeben sich die Schätzwerte für die zweite Klasse der binären Variablen mit Verändern des Vorzeichens, das heißt aus

$$0 = \sum_i \hat{\alpha}_i = \sum_j \hat{\beta}_j = \sum_i \hat{\gamma}_{ij} = \sum_j \hat{\gamma}_{ij}.$$

Man spricht von einer additiven Zerlegung, da die geschätzten Effektterme die Ausgangswerte additiv reproduzieren. Im Beispiel sind

$$\bar{y}_{11} = 7 + (-1) + (-5) + 3 = 4$$
$$\bar{y}_{21} = 7 + 1 + (-5) + (-3) = 0$$
$$\bar{y}_{12} = 7 + (-1) + 5 + (-3) = 8$$
$$\bar{y}_{22} = 7 + 1 + 5 + 3 = 16$$

2^3 Zahlenreihe

Für drei binäre Einflussgrößen A, B, C in einer Varianzanalyse besteht die Zahlenreihe aus acht Mittelwerten. Die Werte werden zunächst so in eine Spalte geschrieben, dass sich der Index der ersten Variablen, A, am schnellsten ändert, der Index der zweiten Variablen, B, am zweitschnellsten und der Index der dritten Variablen, C, zuletzt. Anstatt in zwei Schritten, gibt der Algorithmus die geschätzten Effektterme für Klassen 1 nach drei Schritten des Addierens und Subtrahierens in der Reihenfolge $(-, A, B, AB, C, AC, BC, ABC)$ aus. Dies wird manchmal eine lexikographische Anordnung genannt. Man beginnt mit $-$, fügt A hinzu und erhält $-, A$, fügt B hinzu und erhält $-, A, B, AB$ fügt C hinzu und erhält $-, A, B, AB, C, AC, BC, ABC$.

Rechenbeispiel: Yates-Algorithmus für eine 2^3 Varianzanalyse

Klassen von		Schritt				
A, B, C	Mittelwerte	1	2	3	geschätzte	Art der
ijk	$\bar{y}_{ijk}$		Summe		Effektterme	Effekte
111	4	4	28	64	8	$-$
211	0	24	36	-8	-1	A
121	8	8	-4	-40	-5	B
221	16	28	-4	24	3	AB
			Differenz			
112	6	4	-20	-8	-1	C
212	2	-8	-20	0	0	AC
122	10	4	12	0	0	BC
222	18	-8	12	0	0	ABC

Die geschätzten Effektterme erhält man aus der Zahlenreihe des dritten Schritts mit Division durch $2^3 = 8$.

3

D.3   Korrelationen mit binären Variablen

Phi-Koeffizient

Pearsons Korrelationskoeffizient wird für zwei binäre Variable Phi-Koeffizient genannt.

Behauptung   Der einfache Korrelationskoeffizient der binären Variablen A mit Klassen $i = 0, 1$ und B mit Klassen $j = 0, 1$ und Häufigkeiten n_{ij} hat die Form

$$r_{ab} = (nn_{11} - n_{1+}n_{+1})/\sqrt{n_{1+}n_{0+}n_{+1}n_{+0}}$$
$$= (n_{00}n_{11} - n_{10}n_{01})/\sqrt{n_{0+}n_{1+}n_{+0}n_{+1}}$$

Beweis   Gibt es $l = 1, \ldots, n$ Beobachtungspaare (x_l, y_l), derart, dass x_l nur die Werte $i = 0$ oder $i = 1$ annimmt und y_l nur die Werte $j = 0$ oder $j = 1$, so werden vier verschiedene Paare (i, j) mit Häufigkeit n_{ij} beobachtet, die sich zu n addieren:

(i, j):	(0,0)	(1,0)	(0,1)	(1,1)
n_{ij}:	n_{00}	n_{10}	n_{01}	n_{11}

Für die Summen der Abweichungsquadrate und -produkte

$$\mathrm{SAQ}_x = \sum_l x_l^2 - \left(\sum_l x_l\right)^2/n, \quad \mathrm{SAP}_{xy} = \sum_l x_l y_l - \left(\sum_l y_l\right)\left(\sum_l x_l\right)/n,$$

erhält man mit direktem Auszählen

$$\sum_l x_l = n_{00} \times 0 + n_{10} \times 1 + n_{01} \times 0 + n_{11} \times 1 = n_{10} + n_{11} = n_{1+},$$
$$\sum_l x_l^2 = n_{00} \times 0^2 + n_{10} \times 1^2 + n_{01} \times 0^2 + n_{11} \times 1^2 = n_{10} + n_{11} = n_{1+},$$
$$\sum_l x_l y_l = n_{00} \times 0 \times 0 + n_{10} \times 1 \times 0 + n_{01} \times 0 \times 1 + n_{11} \times 1 \times 1 = n_{11},$$

und analog für SAQ_y:

$$\sum_l y_l = n_{+1}, \qquad \sum_l y_l^2 = n_{+1}.$$

Damit werden

$$\mathrm{SAQ}_x = n_{1+}(n - n_{1+})/n = n_{1+}n_{0+}/n, \qquad \mathrm{SAQ}_y = n_{+1}n_{+0}/n,$$
$$\mathrm{SAP}_{xy} = n_{11} - n_{1+}n_{+1}/n$$

Einsetzen in die Definitionsgleichung des Korrelationskoeffizienten ergibt

$$r_{xy} = \mathrm{SAP}_{xy}/\sqrt{\mathrm{SAQ}_x \mathrm{SAQ}_y} = (nn_{11} - n_{1+}n_{+1})/\sqrt{n_{1+}n_{0+}n_{+1}n_{+0}}.$$

Schreibt man für

$$nn_{11} = (n_{00} + n_{01} + n_{10} + n_{11})n_{11}$$

$$n_{1+}n_{+1} = (n_{10} + n_{11})(n_{01} + n_{11})$$

so erhält man

$$nn_{11} - n_{1+}n_{+1} = n_{00}n_{11} - n_{10}n_{01}$$

und damit die zweite angegebene Form von r_{ab}

Wird zum Beispiel für A anstelle von $(0,1)$ die Codierung $(1,2)$ und für B anstelle $(0,1)$ die Codierung $(-1,1)$ verwendet, so entspricht dies den linearen Transformationen $2 + x_l$ und $1 - 2y_l$ und der Korrelationskoeffizient ändert das Vorzeichen (siehe S. 101).

Behauptung Der Phi-Koeffizient ist ein Maß für die Abweichungen der beobachteten Anzahlen von denjenigen Anzahlen, die sich bei fehlendem Zusammenhang ergäben $\sqrt{\chi^2/n} = r_{ab}$.

Beweis Falls zwei binäre Variable A und B unabhängig sind, so wiederholt sich die prozentuale Randverteilung von A, gleichgültig welche Ausprägung von B man betrachtet. Multipliziert man daher den Anteil der Beobachtungen für Klasse i von A, also n_{i+}/n, mit der Anzahl der beobachteten Werte für Klasse j von B, also mit n_j, so erhält man die bei Unabhängigkeit erwarteten Anzahlen in der Vierfeldertafel:

beobachtete Anzahlen n_{ij} und erwartete Anzahlen $\hat{m}_{ij} = n_{i.}n_{.j}/n$

n_{ij}

A	$j = 0$	$j = 1$	Summe
$i = 0$	n_{00}	n_{01}	n_{0+}
$i = 1$	n_{10}	n_{11}	n_{1+}
Summe	n_{+0}	n_{+1}	n

$\hat{m}_{ij}$

A	$j = 0$	$j = 1$	Summe
$i = 0$	$n_{0+}n_{+0}/n$	$n_{0+}n_{+1}/n$	n_{0+}
$i = 1$	$n_{1+}n_{+0}/n$	$n_{1+}n_{+1}/n$	n_{1+}
Summe	n_{+0}	n_{+1}	n

Die beobachteten und die erwarteten Anzahlen haben dieselben Randsummen. Daher erhält man dem Betrag nach dieselbe Differenz $(n_{ij} - \hat{m}_{ij})$ für die vier (i, j). Insbesondere sind

$$d_{11} = n_{11} - \hat{m}_{11} = (nn_{11} - n_{1.}n_{.1})/n = d_{00}$$

und

$$d_{10} = d_{01} = -d_{11}.$$

Daher ist

$$\chi^2 = \sum(n_{ij} - \hat{m}_{ij})^2/\hat{m}_{ij} = nd_{11}^2 \left(\frac{1}{n_{0+}n_{+0}} + \frac{1}{n_{1+}n_{+0}} + \frac{1}{n_{0+}n_{+1}} + \frac{1}{n_{1+}n_{+1}} \right)$$

$$= \frac{n^3 d_{11}^2}{n_{0+}n_{1+}n_{+0}n_{+1}}.$$

Einsetzen von $d_{11} = (nn_{11} - n_{1+}n_{+1})/n$ ergibt r_{ab}.

Punkt-biserialer Koeffizient

Pearsons Korrelationskoeffizient für eine binäre Variable und eine quantitative Variable wird Punkt-biserialer Koeffizient genannt.

Behauptung   Der Punkt-biseriale Koeffizient für eine quantitative Variable Y und eine binäre Variable A mit Klassen $i = 0$ und $i = 1$ hat die Form

$$r_{ya} = (\bar{y}_1 - \bar{y}_0)/\sqrt{n_1 n_0/(n\mathrm{SAQ}_y)}$$

Beweis   Wir gehen davon aus, dass es $l = 1, \ldots, n$ Beobachtungspaare (x_l, y_l) gibt, bei denen x nur die Werte 0 oder 1 annimmt und y_l beliebige Werte. Diese Beobachtungspaare lassen sich wie folgt anordnen:

x:	0	0	$\ldots$	0	1	1	$\ldots$	1
y:	y_{01}	y_{02}	$\ldots$	y_{0,n_0}	y_{11}	y_{12}	$\ldots$	y_{1,n_1}

Bezeichnet n_0 die Anzahl der beobachteten Werte für die Klassen $i = 0$ von A und n_1 die Anzahl für $i = 1$, so ist die Summe der y-Werte für die beiden Klassen von A sind $\sum_{j=1}^{n_0} y_{0j} = n_0 \bar{y}_0$ und $\sum_{j=1}^{n_1} y_{1j} = n_1 \bar{y}_1$ und die Gesamtanzahl ist $n = n_0 + n_1$.

Für die Summen der Abweichungsquadrate und -produkte

$$\text{SAQ}_x = \sum x_l^2 - (\sum x_l)^2/n, \qquad \text{SAP}_{xy} = \sum x_l y_l - (\sum x_l)(\sum y_l)/n$$

erhält man nun mit direktem Auszählen

$$\sum x_l = n_0 \times 0 + n_1 \times 1 = n_1, \qquad \sum x_l^2 = n_0 \times 0^2 + n_1 \times 1^2 = n_1,$$

$$\sum y_l = n_0 \bar{y}_0 + n_1 \bar{y}_1, \qquad \sum x_l y_l = n_1 \bar{y}_1.$$

Damit ergeben sich

$$\text{SAQ}_x = n_1 - n_1^2/n = n_1(n - n_1)/n = n_1 n_0/n,$$

$$\text{SAP}_{xy} = n_1 \bar{y}_1 - (n_0 \bar{y}_0 + n_1 \bar{y}_1)n_1/n = n_0 n_1(\bar{y}_1 - \bar{y}_0)/n.$$

Einsetzen in die Definitionsgleichung des Korrelationskoeffizienten ergibt

$$r_{xy} = \text{SAP}_{xy}/\sqrt{\text{SAQ}_x \text{SAQ}_y} = (\bar{y}_1 - \bar{y}_0)\sqrt{n_0 n_1/(n\text{SAQ}_y)}$$

und damit die angegebene spezielle Form r_{ay} für eine binäre Variable A und eine quantitative Variable Y.

Behauptung Der Punkt-biseriale Koeffizient nimmt die Werte plus und minus Eins an, wenn es keine Variabilität von Y innerhalb jeder der Klassen von A gibt, wenn also für $i = 0$ jeder beobachtete y-Wert gleich $\bar{y}_0$ und für $i = 1$ jeder beobachtete y-Wert gleich $\bar{y}_1$ ist.

Beweis Aus der Diskussion der einfachen Varianzanalyse in Abschnitt 1.4.1 folgt, dass bei dieser fehlenden Variabilität $\text{SAQ}_y = \sum n_i(\bar{y}_{i+} - \bar{y}_{++})^2$ wird.

Für nur zwei Klassen vereinfacht sich dieses SAQ_y mit Hilfe von

$$\bar{y}_{++} = (n_0 \bar{y}_0 + n_1 \bar{y}_1)/n$$

zu $\text{SAQ}_y = n_0 n_1(\bar{y}_1 - \bar{y}_0)^2/n$. Nach Einsetzen in die Definitionsgleichung von r_{ay} ergibt sich dann ein Wert von entweder plus Eins oder minus Eins, je nachdem, ob $\bar{y}_1 > \bar{y}_0$ ist oder nicht.

D.4   Korrektur für Ausgangswerte

Die Beziehung zwischen einer Differenz $Y - X$ und dem so genannten **Ausgangswert** X, hat eine besondere Bedeutung für Untersuchungen, in denen es das Ziel ist, Veränderungen zu messen. Viele Untersuchungen, in denen der Effekt einer Behandlung erfasst werden soll, gehören dazu. Zum Beispiel könnte X das Gewicht vor einer Diät sein und Y das Gewicht nach der Diät. In diesem Fall erwartet man typischerweise, dass die Wirkung der Behandlung davon abhängt, welcher Ausgangswert x vorliegt und man möchte daher manchmal die Werte y nach der Behandlung auf geeignete Weise um die Ausgangswerte korrigieren. Um den Effekt einer solchen Korrektur für lineare Effekte zu beurteilen, ist es zunächst nötig die lineare Regression für Zufallsvariablen in ähnlicher Weise einzuführen wie für beobachtete Variable.

Die einfache lineare Regressionsgleichung für n beobachtete Wertepaare (y_l, x_l), die in Abweichung von ihrem Mittelwert gemessen sind, ist (siehe Abschnitt 1.6) $y_l = \beta_{y|x} x_l + \varepsilon_l$. Der mit der Methode der kleinsten Quadrate geschätzte Regressionskoeffizient ist

$$\hat{\beta}_{y|x} = \frac{\mathrm{SAP}_{yx}}{\mathrm{SAQ}_{yx}} = s_{yx}/s_x^2,$$

wobei $s_{yx} = \mathrm{SAP}_{yx}/(n-1)$ die beobachtete Kovarianz und $s_x^2 = \mathrm{SAQ}_{yx}/(n-1)$ die beobachtete Varianz von X bezeichnen.

Behauptung   Für Zufallsvariable ist der lineare Kleinst-Quadrat Regressionskoeffizient der Quotient aus Kovarianz und Varianz der Einflussgröße,

$$\beta_{y|x} = \mathrm{cov}_{yx}/\sigma_x^2.$$

Beweis   Der Koeffizient ergibt sich aus der linearen Regressionsgleichung $Y = \beta_{y|x} X + \varepsilon$ für Zufallsvariablen Y und X, die beide einen Mittelwert von Null haben, mit der Annahme, dass die Residuen ε und X unkorreliert sind:

$$0 = \mathrm{cov}_{\varepsilon x} = \mathrm{cov}(Y - \beta_{y|x}X, X) = \mathrm{cov}(Y, X) - \beta_{y|x}\mathrm{cov}(X, X) = \mathrm{cov}_{yx} - \beta_{y|x}\sigma_x^2.$$

Wird nun anstelle von Y die Differenz $Y - X$ als Zielgröße für eine Regression auf X verwendet, so bedeutet dies, dass man $\beta_{y|x} = 1$ als Koeffizient in der **Regressionskorrektur**, $Y - \beta_{y|x}X$ angenommen hat.

Behauptung In der Regressionsgleichung $(Y - X) = \beta_{y-x,x}X + \tilde{\varepsilon}$ hat der Regressionskoeffizient die Form

$$\beta_{y-x|x} = \beta_{y|x} - 1.$$

Beweis Für $D = Y - X$ ist der Mittelwert $\mu_d = \mu_y - \mu_x$ und die Varianz $\sigma_d^2 = \sigma_y^2 + \sigma_x^2 - 2\mathrm{cov}_{yx}$. Die Kovarianz von D und X, cov_{dx}, ist

$$\mathrm{cov}_{dx} = \mathrm{cov}(Y - X, X) = \mathrm{cov}(Y, X) - \mathrm{cov}(X, X) = \mathrm{cov}_{xy} - \sigma_x^2.$$

Daher wird

$$\beta_{y-x|x} = \frac{\mathrm{cov}_{dx}}{\sigma_x^2} = \frac{\mathrm{cov}_{xy}}{\sigma_x^2} - 1 = \beta_{y|x} - 1$$

Das Ergebnis bedeutet, dass der Regressionskoeffizient von X, in der linearen Regression der Differenz $Y - X$ auf den Basiswert, X, genau dann Null ist, wenn der einfache Regressionskoeffizient $\beta_{y|x}$ den Wert Eins hat und dass $\beta_{y|x}$ immer von Null verschieden ist, wenn Y und X unkorreliert sind.

Tatsächlich wird für unkorrelierte Variablen mit gleich großen Varianzen $\sigma^2 = \sigma_y^2 = \sigma_x^2$ immer eine hohe negative Korrelation erzeugt, da

$$\rho_{y-x,x} = \mathrm{cov}_{y-x,x}/(\sigma_{y-x}\sigma_x) = (0 - \sigma_x^2)/\sqrt{2\sigma_x^2\sigma_x^2} = -1/\sqrt{2} = -0{,}7071.$$

Rechenbeispiel: Summe und Differenz (siehe Beispiel S. 170)
Es bezeichne $S = Y + X$ die Summe und $D = Y - X$ die Differenz der beiden Zufallsvariablen X und Y.

$\mathrm{Pr}(Y = y, X = x)$:

	x			
y	1	2	$\mathrm{Pr}(Y = y)$	
1	6/15	4/15	2/3	
2	4/15	1/15	1/3	
$\mathrm{Pr}(X = x)$	2/3	1/3		

$\mu_x = \mu_y = 4/3$

$\sigma_x^2 = \sigma_y^2 = 2/9$

$\mathrm{cov}_{xy} = -2/45$

$\rho_{xy} = -0{,}20$

$\beta_{y|x} = \mathrm{cov}_{xy}/\sigma_x^2 = -1/5$

Mögliche Ausprägungen von S und D ergeben sich als Summen und Differenzen der Ausprägungen von x und y,

$s = y + x$				$d = y - x$		
	x				x	
y	1	2		y	1	2
1	2	3		1	0	−1
2	3	4		2	1	0

Die einfachen Wahrscheinlichkeiten für S und D erhält man durch Auszählen aus $\Pr(Y = y, X = x)$; zum Beispiel ist $\Pr(S = 3) = 4/15 + 4/15$.

$\Pr(S = s)$:	6/15	8/15	1/15	$\Pr(D = d)$	4/15	7/15	4/15
s:	2	3	4	d	−1	0	1

$$\mu_s = \mu_y + \mu_x = 8/3 = 2,67 \qquad \mu_d = \mu_y - \mu_x = 0$$

$$\sigma_s^2 = \sigma_y^2 + \sigma_x^2 + 2\text{cov}_{xy} \qquad \sigma_d^2 = \sigma_y^2 + \sigma_x^2 - 2\text{cov}_{xy}$$

$$= 2/9 + 2/9 - 4/45 = 16/45 \qquad = 2/9 + 2/9 + 4/45 = 24/45$$

Die gemeinsamen Verteilungen von Summe und Differenz und von Differenz und Ausgangswert erhält man ebenfalls durch Auszählen aus $\Pr(Y = y, X = x)$

$\Pr(D = d, S = s)$				$\Pr(D = d, X = x)$			
	s				x		
d	2	3	4	d	1	2	$\Pr(D = d)$
−1	0	4/15	0	−1	0	4/15	4/15
0	6/15	0	1/15	0	6/15	1/15	7/15
1	0	4/15	0	1	4/15	0	4/15
$\Pr(S = s)$	6/15	8/15	1/15	$\Pr(X = x)$	2/3	1/3	1

$$\text{cov}_{ds} = \sigma_y^2 - \sigma_x^2 = 0 \qquad \text{cov}_{dx} = \text{cov}_{yx} - \sigma_x^2$$

$$\sigma_s^2 - \sigma_d^2 = 16/45 - 24/45 = 8/45 \qquad = -2/45 - 10/45 = -4/15$$

$$\beta_{d|x} = \beta_{y-x|x} = (-4/15)/(2/9)$$

$$= -6/5 = \beta_{y|x} - 1$$

Die Summe und die Differenz von zwei Zufallsvariablen sind immer stark voneinander abhängig, weil sie dieselben Variablen als Komponenten enthalten, aber sie sind ebenfalls immer unkorreliert, wenn ihre Varianzen gleich groß sind. Es werden daher mit der Summe und der Differenz von Y und X zwei neue Zufallsvariablen erzeugt, deren starke nichtlineare Beziehung keinen linearen Anteil hat, wenn $\sigma_y^2 = \sigma_x^2$ zutrifft.

Will man beurteilen, ob die Summe und die Differenz von zwei abhängigen Zufallsvariablen Y, X dieselbe Varianz haben, so ist $H_0 : \sigma_s^2 = \sigma_d^2$ identisch mit $H_0 : \rho_{yx} = 0$, da $\sigma_s^2 - \sigma_d^2 = 4\text{cov}_{yx}$.

Für die Korrektur einer Zielgröße Y um den Effekt eines Ausgangswertes X folgt aus dem beschriebenen Ergebnis, dass es im allgemeinen sinnvoll ist, die Residuen von Y nach Regression auf X zu verwenden, nicht aber die Residuen der Veränderung $Y - X$ nach Regression auf X, es sei denn $\beta_{y|x} = 1$.

5

D.5 Laplace-Verteilung

In einer Laplace-Verteilung von X mit möglichen Ergebnissen $i = 1, \ldots, n$ tritt jedes Ergebnis mit Wahrscheinlichkeit $1/n$ ein. Der Mittelwert ist

$$\mu_x = \sum i \Pr(X = i) = \frac{(n+1)}{2}$$

und die Varianz ist

$$\sigma_x^2 = \sum i^2 \Pr(X = i) - \mu^2 = \frac{1}{n} \sum i^2 - \frac{(n+1)^2}{4} = \frac{(n+1)(n-1)}{12}.$$

Für einen Beweis der Form von μ_x und σ_x benötigt man daher $\sum i$ und $\sum i^2$.

Eine Anekdote über den siebenjährigen Carl-Friedrich Gauß erklärt $\sum i$. Es heißt, dass sein Lehrer ihm die Aufgabe gab, die Summe der Zahlen von 1 bis 500 zu berechnen. Der Lehrer hoffte, dass Carl-Friedrich ihn nun für eine längere Zeit nicht mehr mit Fragen stören würde, da er damit beschäftigt sei, die Antwort zu finden. Aber Carl-Friedrich Gauß schrieb die Zahlen wie folgt auf:

	1	2	3	...	498	499	500
	500	499	498	...	3	2	1
Summe:	501	501	501	...	501	501	501

und bemerkte, dass die Summe 501 genau 500 mal vorkommt, dass also $2 \sum_{i=1}^{500} i = 500 \times 501$ ist. Dementsprechend gilt allgemein

$$\sum i = n\,(n+1)/2$$

Für $n = 4$ geben die folgenden Abbildungen einen Beweis ohne Worte für

$$6 \sum i^2 = (2n+1)(n+1)n$$

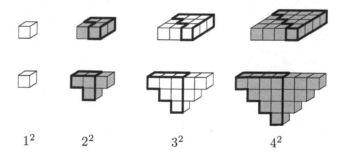

$1^2 \qquad 2^2 \qquad\qquad 3^2 \qquad\qquad 4^2$

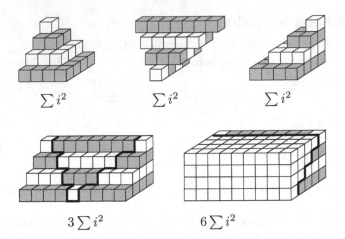

Daher wird

$$\sigma_x^2 = \frac{1}{n} \sum i^2 - \frac{(n+1)^2}{4} = \frac{(2n+1)(n+1)}{6} - \frac{(n+1)^2}{4}$$

$$= (n+1) \left\{ \frac{2(2n+1)}{12} - \frac{3(n+1)}{12} \right\} = \frac{(n+1)(n-1)}{12}.$$

Anhang
Verteilungstabellen

E

E

E Verteilungstabellen

E.1 Tabelle zur Standard-Gauß-Verteilung

Für die Funktion

$$f(z) = \frac{1}{2\pi}\, e^{-z^2/2} \quad \text{mit } -\infty < z < \infty$$

enthält die folgende Tabelle die Quantilswerte, das heißt

$$\Pr(Z \le z) = \int_{-\infty}^{z} f(z)\, dz,$$

also die Fläche unter $f(z)$ von minus unendlich bis zum Wert z. Die Standard-Gauß-Verteilung ist symmetrisch um den Mittelwert Null, glockenförmig und hat Wendepunkte bei -1 und 1. In der Tabelle sind zum Beispiel angegeben

$$\Pr(Z \le -1,08) = 0,1401, \quad \Pr(Z \le -1,18) = 0,1190$$

Für $z = -1,18$ sucht man zunächst in der ersten Spalte die Zeile mit $z = -1,1$, danach findet man in der Spalte mit Spaltenkopf 8 den Wert 0,1190.

z	0	1	2	3	4	5	6	7	8	9
-3,0	0,0013	0,0013	0,0013	0,0012	0,0012	0,0011	0,0011	0,0011	0,0010	0,0010
-2,9	0,0019	0,0018	0,0018	0,0017	0,0016	0,0016	0,0015	0,0015	0,0014	0,0014
-2,8	0,0026	0,0025	0,0024	0,0023	0,0023	0,0022	0,0021	0,0021	0,0020	0,0019
-2,7	0,0035	0,0034	0,0033	0,0032	0,0031	0,0030	0,0029	0,0028	0,0027	0,0026
-2,6	0,0047	0,0045	0,0044	0,0043	0,0041	0,0040	0,0039	0,0038	0,0037	0,0036
-2,5	0,0062	0,0060	0,0059	0,0057	0,0055	0,0054	0,0052	0,0051	0,0049	0,0048
-2,4	0,0082	0,0080	0,0078	0,0075	0,0073	0,0071	0,0069	0,0068	0,0066	0,0064
-2,3	0,0107	0,0104	0,0102	0,0099	0,0096	0,0094	0,0091	0,0089	0,0087	0,0084
-2,2	0,0139	0,0136	0,0132	0,0129	0,0125	0,0122	0,0119	0,0116	0,0113	0,0110
-2,1	0,0179	0,0174	0,0170	0,0166	0,0162	0,0158	0,0154	0,0150	0,0146	0,0143
-2,0	0,0228	0,0222	0,0217	0,0212	0,0207	0,0202	0,0197	0,0192	0,0188	0,0183
-1,9	0,0287	0,0281	0,0274	0,0268	0,0262	0,0256	0,0250	0,0244	0,0239	0,0233
-1,8	0,0359	0,0351	0,0344	0,0336	0,0329	0,0322	0,0314	0,0307	0,0301	0,0294
-1,7	0,0446	0,0436	0,0427	0,0418	0,0409	0,0401	0,0392	0,0384	0,0375	0,0367
-1,6	0,0548	0,0537	0,0526	0,0516	0,0505	0,0495	0,0485	0,0475	0,0465	0,0455
-1,5	0,0668	0,0655	0,0643	0,0630	0,0618	0,0606	0,0594	0,0582	0,0571	0,0559
-1,4	0,0808	0,0793	0,0778	0,0764	0,0749	0,0735	0,0721	0,0708	0,0694	0,0681
-1,3	0,0968	0,0951	0,0934	0,0918	0,0901	0,0885	0,0869	0,0853	0,0838	0,0823
-1,2	0,1151	0,1131	0,1112	0,1093	0,1075	0,1056	0,1038	0,1020	0,1003	0,0985
-1,1	0,1357	0,1335	0,1314	0,1292	0,1271	0,1251	0,1230	0,1210	0,1190	0,1170

z	0	1	2	3	4	5	6	7	8	9
-1,0	0,1587	0,1562	0,1539	0,1515	0,1492	0,1469	0,1446	0,1423	0,1401	0,1379
-0,9	0,1841	0,1814	0,1788	0,1762	0,1736	0,1711	0,1685	0,1660	0,1635	0,1611
-0,8	0,2119	0,2090	0,2061	0,2033	0,2005	0,1977	0,1949	0,1922	0,1894	0,1867
-0,7	0,2420	0,2389	0,2358	0,2327	0,2296	0,2266	0,2236	0,2206	0,2177	0,2148
-0,6	0,2743	0,2709	0,2676	0,2643	0,2611	0,2578	0,2546	0,2514	0,2483	0,2451
-0,5	0,3085	0,3050	0,3015	0,2981	0,2946	0,2912	0,2877	0,2843	0,2810	0,2776
-0,4	0,3446	0,3409	0,3372	0,3336	0,3300	0,3264	0,3228	0,3192	0,3156	0,3121
-0,3	0,3821	0,3783	0,3745	0,3707	0,3669	0,3632	0,3594	0,3557	0,3520	0,3483
-0,2	0,4207	0,4168	0,4129	0,4090	0,4052	0,4013	0,3974	0,3936	0,3897	0,3859
-0,1	0,4602	0,4562	0,4522	0,4483	0,4443	0,4404	0,4364	0,4325	0,4286	0,4247
0,0	0,5000	0,5040	0,5080	0,5120	0,5160	0,5199	0,5239	0,5279	0,5319	0,5359
0,1	0,5398	0,5438	0,5478	0,5517	0,5557	0,5596	0,5636	0,5675	0,5714	0,5753
0,2	0,5793	0,5832	0,5871	0,5910	0,5948	0,5987	0,6026	0,6064	0,6103	0,6141
0,3	0,6179	0,6217	0,6255	0,6293	0,6331	0,6368	0,6406	0,6443	0,6480	0,6517
0,4	0,6554	0,6591	0,6628	0,6664	0,6700	0,6736	0,6772	0,6808	0,6844	0,6879
0,5	0,6915	0,6950	0,6985	0,7019	0,7054	0,7088	0,7123	0,7157	0,7190	0,7224
0,6	0,7257	0,7291	0,7324	0,7357	0,7389	0,7422	0,7454	0,7486	0,7517	0,7549
0,7	0,7580	0,7611	0,7642	0,7673	0,7704	0,7734	0,7764	0,7794	0,7823	0,7852
0,8	0,7881	0,7910	0,7939	0,7967	0,7995	0,8023	0,8051	0,8078	0,8106	0,8133
0,9	0,8159	0,8186	0,8212	0,8238	0,8264	0,8289	0,8315	0,8340	0,8365	0,8389
1,0	0,8413	0,8438	0,8461	0,8485	0,8508	0,8531	0,8554	0,8577	0,8599	0,8621
1,1	0,8643	0,8665	0,8686	0,8708	0,8729	0,8749	0,8770	0,8790	0,8810	0,8830
1,2	0,8849	0,8869	0,8888	0,8907	0,8925	0,8944	0,8962	0,8980	0,8997	0,9015
1,3	0,9032	0,9049	0,9066	0,9082	0,9099	0,9115	0,9131	0,9147	0,9162	0,9177
1,4	0,9192	0,9207	0,9222	0,9236	0,9251	0,9265	0,9279	0,9292	0,9306	0,9319
1,5	0,9332	0,9345	0,9357	0,9370	0,9382	0,9394	0,9406	0,9418	0,9429	0,9441
1,6	0,9452	0,9463	0,9474	0,9484	0,9495	0,9505	0,9515	0,9525	0,9535	0,9545
1,7	0,9554	0,9564	0,9573	0,9582	0,9591	0,9599	0,9608	0,9616	0,9625	0,9633
1,8	0,9641	0,9649	0,9656	0,9664	0,9671	0,9678	0,9686	0,9693	0,9699	0,9706
1,9	0,9713	0,9719	0,9726	0,9732	0,9738	0,9744	0,9750	0,9756	0,9761	0,9767
2,0	0,9772	0,9778	0,9783	0,9788	0,9793	0,9798	0,9803	0,9808	0,9812	0,9817
2,1	0,9821	0,9826	0,9830	0,9834	0,9838	0,9842	0,9846	0,9850	0,9854	0,9857
2,2	0,9861	0,9864	0,9868	0,9871	0,9875	0,9878	0,9881	0,9884	0,9887	0,9890
2,3	0,9893	0,9896	0,9898	0,9901	0,9904	0,9906	0,9909	0,9911	0,9913	0,9916
2,4	0,9918	0,9920	0,9922	0,9925	0,9927	0,9929	0,9931	0,9932	0,9934	0,9936
2,5	0,9938	0,9940	0,9941	0,9943	0,9945	0,9946	0,9948	0,9949	0,9951	0,9952
2,6	0,9953	0,9955	0,9956	0,9957	0,9959	0,9960	0,9961	0,9962	0,9963	0,9964
2,7	0,9965	0,9966	0,9967	0,9968	0,9969	0,9970	0,9971	0,9972	0,9973	0,9974
2,8	0,9974	0,9975	0,9976	0,9977	0,9977	0,9978	0,9979	0,9979	0,9980	0,9981
2,9	0,9981	0,9982	0,9982	0,9983	0,9984	0,9984	0,9985	0,9985	0,9986	0,9986
3,0	0,9987	0,9987	0,9987	0,9988	0,9988	0,9989	0,9989	0,9989	0,9990	0,9990

Ablesebeispiele

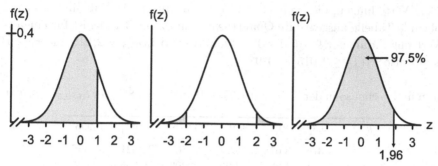

Abbildung E.1. Links: $\Pr(Z \leq 1)$; Mitte: $\Pr(|Z| \leq -2)$; rechts: 97,5%-Quantilswert.

Abbildung links: Direkt aus der Tabelle findet man

$$\Pr(Z \leq 1) = 0,8413$$

Daraus folgt zum Beispiel

$$\Pr(Z \geq 1) = 1 - \Pr(Z \leq 1) = 0,1587$$

Abbildung Mitte: In der Tabelle findet man

$$\Pr(Z \leq -2) = 0,0228 \text{ und } \Pr(Z \leq 2) = 0,9772$$

Daraus folgt zum Beispiel

$$\Pr(Z > 2) = 1 - \Pr(Z \leq 2) = 0,0228 = \Pr(Z \leq -2).$$

Dasselbe Ergebnis erhält man mit der Symmetrie der Verteilung

$$\Pr(Z \leq -2) = \Pr(Z \geq 2) = 0,0228.$$

Es ist daher

$$\Pr(|Z| \leq 2) = \Pr(Z \leq -2) + \Pr(Z \geq 2) = 2\Pr(Z \leq -2) = 0,0456.$$

Abbildung rechts: Die Abbildung kennzeichnet das 97,5%-Quantil der Standard-Gauß-Verteilung. Gesucht wird der zugehörige Quantilswert, also $z_{0,975}$ für den gilt

$$\Pr(Z \leq z_{0,9750}) = 0,975$$

In der Tabelle findet man zunächst 0,9750. Die zugehörige Spaltenüberschrift 6 gibt die zweite Kommastelle von $z_{0,975}$ an und der erste Wert in der Zeile zu 0,9750 gibt den Quantilswert bis zur ersten Kommastelle an. Daher ist

$$z_{0,975} = 1,96.$$

E.2   Tabelle zur t-Verteilung

Für t-Verteilungen, die symmetrisch um den Mittelwert Null sind, gibt die folgende Tabelle ausgewählte Quantilswerte an. Zum Beispiel ist für einen t-Wert mit Parameter $k = 5$ der 95%-Quantilswert $t_{0,95;5} = 2,015$ angegeben, es gilt also $\Pr(T_5 \leq 2,015) = 0,95$.

Man findet ebenso in der Tabelle $\Pr(T_5 \leq 0,920) = 0,80$ oder $t_{0,80;5} = 0,920$.

k	0,8	0,9	0,95	0,975	0,99	0,995
1	1,376	3,078	6,314	12,706	31,821	63,656
2	1,061	1,886	2,920	4,303	6,965	9,925
3	0,978	1,638	2,353	3,182	4,541	5,841
4	0,941	1,533	2,132	2,776	3,747	4,604
5	0,920	1,476	2,015	2,571	3,365	4,032
6	0,906	1,440	1,943	2,447	3,143	3,707
7	0,896	1,415	1,895	2,365	2,998	3,499
8	0,889	1,397	1,860	2,306	2,896	3,355
9	0,883	1,383	1,833	2,262	2,821	3,250
10	0,879	1,372	1,812	2,228	2,764	3,169
11	0,876	1,363	1,796	2,201	2,718	3,106
12	0,873	1,356	1,782	2,179	2,681	3,055
13	0,870	1,350	1,771	2,160	2,650	3,012
14	0,868	1,345	1,761	2,145	2,624	2,977
15	0,866	1,341	1,753	2,131	2,602	2,947
16	0,865	1,337	1,746	2,120	2,583	2,921
17	0,863	1,333	1,740	2,110	2,567	2,898
18	0,862	1,330	1,734	2,101	2,552	2,878
19	0,861	1,328	1,729	2,093	2,539	2,861
20	0,860	1,325	1,725	2,086	2,528	2,845
21	0,859	1,323	1,721	2,080	2,518	2,831
22	0,858	1,321	1,717	2,074	2,508	2,819
23	0,858	1,319	1,714	2,069	2,500	2,807
24	0,857	1,318	1,711	2,064	2,492	2,797
25	0,856	1,316	1,708	2,060	2,485	2,787
26	0,856	1,315	1,706	2,056	2,479	2,779
27	0,855	1,314	1,703	2,052	2,473	2,771
28	0,855	1,313	1,701	2,048	2,467	2,763
29	0,854	1,311	1,699	2,045	2,462	2,756
30	0,854	1,310	1,697	2,042	2,457	2,750
40	0,851	1,303	1,684	2,021	2,423	2,704
50	0,849	1,299	1,676	2,009	2,403	2,678
∞	0,842	1,282	1,645	1,961	2,327	2,577

E.3   Tabelle zur χ^2-Verteilung

Die Chi-Quadrat-Verteilungen mit Parameter $k \leq 60$ sind linksgipflig mit Mittelwert k und Varianz $2k$. Die folgende Tabelle enthält ausgewählte Quantilswerte. Zum Beispiel ist für eine Chi-Quadrat-Verteilung mit Parameter $k = 1$ der 95%-Quantilswert mit $\chi^2_{1;0,95} = 3,841$ angegeben, es gilt also $\Pr(\chi^2_1 \leq 3,841) = 0,95$.

k	0,01	0,025	0,05	0,1	0,7	0,8	0,9	0,95	0,975	0,99
1	0,000	0,001	0,004	0,016	1,074	1,642	2,706	3,841	5,024	6,635
2	0,020	0,051	0,103	0,211	2,408	3,219	4,605	5,991	7,378	9,210
3	0,115	0,216	0,352	0,584	3,665	4,642	6,251	7,815	9,348	11,345
4	0,297	0,484	0,711	1,064	4,878	5,989	7,779	9,488	11,143	13,277
5	0,554	0,831	1,145	1,610	6,064	7,289	9,236	11,070	12,832	15,086
6	0,872	1,237	1,635	2,204	7,231	8,558	10,645	12,592	14,449	16,812
7	1,239	1,690	2,167	2,833	8,383	9,803	12,017	14,067	16,013	18,475
8	1,647	2,180	2,733	3,490	9,524	11,030	13,362	15,507	17,535	20,090
9	2,088	2,700	3,325	4,168	10,656	12,242	14,684	16,919	19,023	21,666
10	2,558	3,247	3,940	4,865	11,781	13,442	15,987	18,307	20,483	23,209
11	3,053	3,816	4,575	5,578	12,899	14,631	17,275	19,675	21,920	24,725
12	3,571	4,404	5,226	6,304	14,011	15,812	18,549	21,026	23,337	26,217
13	4,107	5,009	5,892	7,041	15,119	16,985	19,812	22,362	24,736	27,688
14	4,660	5,629	6,571	7,790	16,222	18,151	21,064	23,685	26,119	29,141
15	5,229	6,262	7,261	8,547	17,322	19,311	22,307	24,996	27,488	30,578
16	5,812	6,908	7,962	9,312	18,418	20,465	23,542	26,296	28,845	32,000
17	6,408	7,564	8,672	10,085	19,511	21,615	24,769	27,587	30,191	33,409
18	7,015	8,231	9,390	10,865	20,601	22,760	25,989	28,869	31,526	34,805
19	7,633	8,907	10,117	11,651	21,689	23,900	27,204	30,144	32,852	36,191
20	8,260	9,591	10,851	12,443	22,775	25,038	28,412	31,410	34,170	37,566
21	8,897	10,283	11,591	13,240	23,858	26,171	29,615	32,671	35,479	38,932
22	9,542	10,982	12,338	14,041	24,939	27,301	30,813	33,924	36,781	40,289
23	10,196	11,689	13,091	14,848	26,018	28,429	32,007	35,172	38,076	41,638
24	10,856	12,401	13,848	15,659	27,096	29,553	33,196	36,415	39,364	42,980
25	11,524	13,120	14,611	16,473	28,172	30,675	34,382	37,652	40,646	44,314
26	12,198	13,844	15,379	17,292	29,246	31,795	35,563	38,885	41,923	45,642
27	12,878	14,573	16,151	18,114	30,319	32,912	36,741	40,113	43,195	46,963
28	13,565	15,308	16,928	18,939	31,391	34,027	37,916	41,337	44,461	48,278
29	14,256	16,047	17,708	19,768	32,461	35,139	39,087	42,557	45,722	49,588
30	14,953	16,791	18,493	20,599	33,530	36,250	40,256	43,773	46,979	50,892
40	22,164	24,433	26,509	29,051	44,165	47,269	51,805	55,758	59,342	63,691
50	29,707	32,357	34,764	37,689	54,723	58,164	63,167	67,505	71,420	76,154
60	37,485	40,482	43,188	46,459	65,226	68,972	74,397	79,082	83,298	88,379

Literatur zu Studien

[1] Alkon, D. L. (1980). Cellular analysis of a gastropod (Hermissenda crassicornis) model of associative learning. *Biological Bulletin*, **159**, 505-560.

[2] Anderson J. R. (2001). *Kognitive Psychologie*. 3. Aufl. Heidelberg: Spektrum.

[3] Bandura, Albert, Ross, D. & Ross, S. A. (1963). Imitation of film - mediated aggressive models. *Journal of Abnormal and Social Psychologie*, **66**, 3-11.

[4] Beckwith, J., Kiviat, N. & Bonadio, J. (1990). Nephrogenic rests, nephroblastomatosis, und the pathogenesis of Wilm's tumor. *Pediatr. Pathol.*, **10**, 1-25.

[5] Bell-Dolan, D.J., Last, C.G. & Strauss, C.C. (1990). Symptoms of anxiety disorders in normal children. *Journal of The American Academy of Child and Adolescent Psychiatry*, **29**, 759-765.

[6] Bundesanstalt für Arbeit (1986). *Amtliche Nachrichten* **5**, 846-847.

[7] Caritas-Kinderheim gemeinnützige GmbH (Hrsg.) (2000). *Effekte in der Therapeutischen Übergangshilfe*. Rheine: Caritas-Kinder und Jugendheim.

[8] Colton, T. (1974). *Statistics in medicine*. Boston: Little, Brown und Company.

[9] Cox, D.R. & Wermuth, N. (1996). *Multivariate Dependencies. Models, analysis and interpretation*. London: Chapman & Hall.

[10] The Diabetes Control and Complications Trial Research Group (1993). The effect of intensive treatment of diabetes on the development and progression of long-term complications in insulin-dependent diabetes mellitus. *The New England Journal of Medicine*, **329**, 977-986.

[11] Doll, R. & Hill, A. (1956). Lung cancer und other causes of death in relation to smoking. A second report on the mortality of British doctors. *British Medical Journal*, **2**, 1071-1081.

[12] Dreyer, A. S. & Rigler, D. (1969). Cognitive performance in Montessori and nursery school children. *Journal of Educational Research*, **62**, 411-416.

[13] Giesen, H., Gold, A., Hummer, A. & Jansen, R. (1986). *Prognose des Studienerfolges. Ergebnisse aus Längsschnittuntersuchungen*. Frankfurt am Main: Arbeitsgruppe Bildungslebensläufe.

[14] Giesen, H. & Gold, A. (1996). Individuelle Determinanten der Studiendauer. Ergebnisse einer Längsschnittuntersuchung. In: Lompscher, J. & Mandel, H. (Hrsg.). *Lehr- und Lernprobleme im Studium*, 86-99. Bern: Huber.

[15] Gregg, N.M. (1941). Congenital cataract following German measles in the mother. *Transactions of the Ophthalmological Society of Australia*, **3**, 35-46.

[16] Heinisch, K. (1969). *Kaiser Friedrich der II. Sein Leben in zeitgenössischen Berichten.* München: Winkler.

[17] Kappesser, J. (1997). *Bedeutung der Lokalisation für die Entwicklung und Behandlung von chronischen Schmerzen.* Psychologisches Institut, Universität Mainz, Diplomarbeit.

[18] Klessinger, N. (1997). *Determinanten der Studiendauer und Studienleistung - Analysen mit Graphischen Kettenmodellen.* Psychologisches Institut, Universität Mainz, Diplomarbeit.

[19] Kohlmann, C.-W., Krohne, H.W., Küstner, E., Schrezenmeir, J. Walter, U. & Beyer, J. (1991). Der IPC-Diabetes-Fragebogen: ein Instrument zur Erfassung krankheitsspezifischer Kontrollüberzeugungen bei Typ-I-Diabetikern. *Diagnostica*, **37**, 252 - 270.

[20] Kohlmann, C., Küstner, E., Schuler, M. & Tausch, A. (1994). *Der IPC-Diabetes Fragebogen: Ein Inventar zur Erfassung krankheitsspezifischer Kontrollüberzeugungen bei Typ-I-Diabetes mellitus.* Bern: Huber.

[21] Kohlmann, C.-W., Schumacher, A. & Streit, R. (1988). Trait anxiety und parental child rearing: support as moderator variable? *Anxiety Research*, **1**, 53-64.

[22] Krampen, G. (1981). *IPC-Fragebogen zu Kontrollüberzeugungen.* Göttingen: Hogrefe.

[23] Krohne, H. & Hock, M. (1994). *Elterliche Erziehung und Angstentwicklung des Kindes.* Göttingen: Hans Huber.

[24] Krohne, H. & Pulsack, A. (1990). *Das Erziehungsstil-Inventar (ESI).* Weinheim: Beltz.

[25] Laucht, M., Esser, G. & Schmidt, M. (1992). Verhaltensauffälligkeiten bei Säuglingen und Kleinkindern: ein Beitrag zu einer Psychopathologie der frühen Kindheit. *Zeitschrift für Kinderpsychiatrie*, **20**, 22-33.

[26] Laux, L., Glanzmann, P., Schaffner, P. & Spielberger, C. (1981). *Das State-Trait Angst Inventar (STAI). Theoretische Grundlagen und Handanweisung.* Weinheim: Beltz.

[27] Lavik, N.J. (1977). Urban-rural differences in rates of disorder, a comparative psychiatric population study of Norwegian adolescents. In: *Epidemiological Approaches in Child Psychiatry.* P.J. Graham (ed), 222-249, Academic Press.

[28] Leber, M. (2001). *Die Effekte einer poststationären telefonischen Nachbetreuung auf das Befinden chronischer Schmerzkranker.* Dissertation, Medizinische Fakultät, Universität Mainz.

[29] Levenson, H. (1973). Perceived parental antecedents of internal, powerful others, und chance locus of control orientations. *Developmental Psychology*, **9**, 268 - 274.

[30] Mielck A, Reitmeir P, Rathmann W: Knowledge about Diabetes and Participation in Diabetes Training Courses: The Need for Improving Health Care for Diabetes Patients with low SES. *Experimental and Clinical Endocrinology & Diabetes* (im Druck).

[31] Napp-Peters, A. (1983). Geschlechtsrollenstereotypen und ihr Einfluß auf Einstellungen zum Alleinerziehenden. *Kölner Zeitschrift für Soziologie und Sozialpsychologie*, **35**, 304-320.

[32] New York Times, 11. März 1979.

[33] Pearlin, L. & Schooler, C. (1978). The structure of coping. *Journal of Health and Social Behavior*, **19**, 2-21.

[34] Remschmidt, H. & Schmidt, M.H. (1994). Multiaxiales Klassifikationsschema für psychische Störungen des Kindes- und Jugendalters nach ICD-10 der WHO. Bern: Huber.

[35] Schmitt, N. (1990). *Stadieneinteilung chronischer Schmerzen.* Dissertation, Medizinische Fakultät, Universität Mainz.

[36] Schwerdtfeger, A. (2004). Predicting autonomic reactivity to public speaking: don't get fixed on self-report data! *International Journal of Psychophysiology*, **52**, 217-224.

[37] Snedecor, W.E. & Cochran, W.G. (1978). *Statistical Methods* (6th ed.). Ames: The Iowa State University Press.

[38] Snow, J. (1855). *On the mode of communication of Cholera* (2nd. ed.) London: J. Churchill.

[39] Spielberger, C., Gorsuch, R. & Lushene, R. (1970). *Manual for the State-Trait Anxiety Inventory.* Palo Alto, CA.

[40] Spielberger, C.D., Jacobs, G.A., Crane, R.S. & Russell, S.T. (1983). On the relation between family smoking habits and the smoking behaviour of college students. *International Review of Applied Psychology*, **32**, 54-69.

[41] Sternberg S. (1969). The discovery of processing stages, *Acta Psychologica.* **30**, 34-78.

[42] U.S Department of Health, Education and Welfare. (1964). *Smoking und health. Report of the advisory committee to the surgeon general of the public health service* (No. 1103). Washington: U.S. Government Printing Office.

[43] U.S Department of Health, Education and Welfare. (1972). *The women and their pregnancies.* DHEW Publication No. (NIH) 73-379. Washington: U.S. Government Printing Office.

[44] Verplanck, W.S. (1955). The control of the content of conversation: reinforcement of statements of opinion. *Journal of Abnormal Social Psychology*, **51**, 668-676.

[45] Watzlawick, P. (1983). *Anleitung zum Unglücklichsein.* München: Piper.

[46] Weil, A., Zinberg, N. & Nelson, J. (1968). Clinical und psychological effects of marihuana in man. *Science*, **162**, 1234-1242.

[47] Werner, M., Wiedemann, B. and Flamm, H. (1972). *Angewandte Hygiene im Krankenhaus.* Wien: Göschel.

[48] Wilkinson & Cargill (1955).
Repression elicited by story material
based on the Oedipus complex. *Journal
of Social Psychology*, **42**, 209-214.

[49] Wundt, W. (1880). *Grundzüge der
physiologischen Psychologie*. Leipzig:
Engelmann.

[50] Zentralarchiv für Empirische
Sozialforschung & ZUMA (1992).
*Allgemeine Bevölkerungsumfrage der
Sozialwissenschaften (ALLBUS),
Basisumfrage 1991*. Codebuch ZA-Nr.
1990. Köln: Zentralarchiv.

Statistische Literatur

[51] Anscombe, F.J. (1973). Graphs in statistical analysis. *The American Statistician*, **27**, 17-21.

[52] Bortz, J. (2004). *Statistik für Human- und Sozialwissenschaftler*, (6. Auflage). Berlin: Springer

[53] Cochran, W. G. (1938). The omission or addition of an independent variable in multiple linear regression. *Supplement to the Journal of the Royal Statistical Society*, **5**, 171-176.

[54] Cox, D. R. (1972). The analysis of multivariate binary data. *Applied Statistics, Journal of the Royal Statistical Society C*, **21**, 113-120.

[55] Cox, D.R. (2006). *Principles of statistical inference*. Cambridge: Cambridge University Press.

[56] Cox, D. & Wermuth, N. (1994). Tests of linearity, multivariate normality und the adequacy of linear scores. *Applied Statistics, Journal of the Royal Statistical Society C*, **43**, 347-355.

[57] Cox, D. & Wermuth, N. (1996). *Multivariate dependencies. Models, analysis and interpretation*. London: Chapman and Hall.

[58] Cox, D.R. & Wermuth, N. (2001). Causal inference and statistical fallacies. *International Encyclopedia of the Social and Behavioral Sciences*. In: P.B. Baltes & N.J. Smelser (Eds.). **3**, 1554-1661. Amsterdam: Elsevier.

[59] Edwards, A. W. F. (1963). The measure of association in a 2 x 2 table. *Journal of the Royal Statistical Society A* , **126**, 109-114.

[60] Edwards, D. (2000). *Introduction to Graphical Modeling*. 2nd. ed. New York: Springer.

[61] Fahrmeir, L., Künstler, R., Pigeot, I. % Tutz, G. (2004). *Statistik - Der Weg zur Datenanalyse*. (5. ed). Heidelberg: Springer.

[62] Fahrmeier, L. & Tutz G. (2001). *Multivariate statistical modelling based on generalized linear models*, (2. Auflage). Berlin: Springer.

[63] Feller, W. (1957). *An introduction to probability theory and its application*. Vol. I. New York: John Wiley & Sons.

[64] Holm, S. (1979). A simple sequentially rejective multiple test procedure. *Scandinavian Journal of Statistics*, **6**, 65-70.

[65] Kirk, R. E. (1995). *Experimental design: procedures for the behavioral sciences*. 3rd. ed. Pacific Grove, CA: Brooks/Cole.

[66] McCall, R.B. & Appelbaum, M.I. (1973). Bias in the analysis of repeated-measures designs: Some alternative approaches. *Child Development*, **44**, 401/415.

[67] McCullagh, Peter & Nelder, J.A. (1997). *Generalized linear models*. 2nd ed. London: Chapman and Hall.

[68] Mosteller, F. & Rourke, R. (1973). *Sturdy statistics*. Reading, MA: Addison-Wesley.

[69] Mosteller, F., Rourke, R. & Thomas, G.B. (1970). *Probability with statistical applications*. Reading, MA: Addison-Wesley.

[70] Olofsson, Peter (2006). *Probabilities. The little numbers that rule our lives.* New York: Wiley (im Druck).

[71] Sackett, D. L, Richardson, S., Rosenberg, W. & Haynes R.B. (1996). *Evidence-based medicine: how to practice and teach EBM.* London: Churchill Livingstone.

[72] Simpson, E. H. (1951). The interpretation of interaction in contingency tables. *Journal of the Royal Statistical Society B*, **13**, 238-241.

[73] Wermuth, N. (2005). Graphical chain models. In: *Encyclopedia of Behavioral Statistics*, II. B. Everitt & David C. Howell (eds). Wiley, Chichester, 755-757.

[74] Wermuth, N. & Cox, D.R. (2001). Graphical models: overview. *International Encyclopedia of the Social and Behavioral Sciences.* In: P.B. Baltes & N.J. Smelser(Eds.). **9**, 6379-6386. Amsterdam: Elsevier.

[75] Wermuth, N. & Cox, D.R. (2004). Joint response graphs and separation induced by triangular systems. *Journal of the Royal Statistical Society, B*, **66**, 687-717.

[76] Wermuth, N., Wiedenbeck, M. & Cox, D.R. (2006). Partial inversion for linear systems and partial closure of independence graphs. *BIT, Numerical Mathematics.* Im Druck.

[77] Yates, F. (1937). *The design and analysis of factorial experiments.* Harpenden: Imperial Bureau of Soil Science.

Index

Druck: Krips bv, Meppel
Verarbeitung: Stürtz, Würzburg